消防行业特有工种
职业培训与技能鉴定统编教材

消防设施操作员

（技师 高级技师）

中国消防协会　组织编写

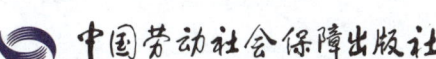

图书在版编目（CIP）数据

消防设施操作员：技师　高级技师 / 中国消防协会组织编写. -- 北京：中国劳动社会保障出版社，2020

消防行业特有工种职业培训与技能鉴定统编教材

ISBN 978-7-5167-4457-4

Ⅰ.①消… Ⅱ.①中… Ⅲ.①建筑物 – 消防 – 技术培训 – 教材　Ⅳ.①TU998.1

中国版本图书馆 CIP 数据核字（2020）第 095654 号

中国劳动社会保障出版社出版发行

（北京市惠新东街 1 号　邮政编码：100029）

*

北京华联印刷有限公司印刷装订　　新华书店经销

787 毫米 ×1092 毫米　16 开本　36.75 印张　679 千字
2020 年 6 月第 1 版　　2020 年 6 月第 1 次印刷

定价：98.00 元

读者服务部电话：（010）64929211/84209101/64921644

营销中心电话：（010）64962347

出版社网址：http://www.class.com.cn

版权专有　　侵权必究

如有印装差错，请与本社联系调换：（010）81211666

我社将与版权执法机关配合，大力打击盗印、销售和使用盗版图书活动，敬请广大读者协助举报，经查实将给予举报者奖励。

举报电话：（010）64954652

编写委员会

主　任：陈伟明
副主任：张荣昌　曹忙根　司　戈
委　员（按姓氏笔画）：
　　　　马振国　张国庆　周广连　段　炼　郭树林

本书编写人员

主　编：刘加奇　李黎丽
编　者（按姓氏笔画）：
　　　　丁显孔　王　力　王　晞　王勇俞　石峥嵘　龙道成　田锦林
　　　　刘　凯　刘玉宝　刘加奇　刘咏梅　许春元　芦日新　李　然
　　　　李宁宁　李国华　李黎丽　杨志军　杨志强　余广智　沈贺坤
　　　　宋　洋　张　曦　张洁玉　张逸斌　陈玉法　邵　磊　罗宗军
　　　　周广连　费春祥　骆明宏　翁立坚　黄朝辉　梅志斌　盛彦锋
　　　　董海斌　程波涛　蔡彦坡　潘志文
主　审：郭树林
审　稿（按姓氏笔画）：
　　　　刘　凯　李春强　张建国　赵玉全　南江林　晏　风　高晓斌
编　务：刘　峰　施　策　张　莹　葛书君

PREFACE 序

消防行业特有工种实行职业资格鉴定、推行持证上岗制度，是国家改进和加强社会公共消防安全的一项重要举措，对提高社会消防从业人员的业务技能和职业素质，推动社会化消防工作发展起到了重要的作用。特别是近年来，国家在深化改革的进程中，相继取消了一批职业资格，但仍然保留消防设施操作员职业资格，并作为准入类列入国家职业资格目录（《人力资源社会保障部关于公布国家职业资格目录的通知》，人社部发〔2017〕68号），充分说明党和国家对关乎人民生命财产安全的消防工作的重视。

为了推进消防职业技能鉴定工作的发展，人力资源社会保障部、应急管理部批准了重新修订的《消防设施操作员国家职业技能标准》（以下简称《标准》），将于2020年1月起实施。

为了配合《标准》的实施，中国消防协会组织有关专家编写了这套消防行业特有工种职业培训与技能鉴定统编教材。

本套教材对标《标准》，按照消防设施操作员参加职业资格培训和技能鉴定的需求设定内容，并根据《标准》中划定的不同等级职业技能要求，将教材分成《消防设施操作员（基础知识）》《消防设施操作员（初级）》《消防设施操作员（中级）》《消防设施操作员（高级）》《消防设施操作员（技师 高级技师）》五册。

在教材编写过程中，应急管理部消防救援局、人力资源社会保障部职业技能鉴定中心以及有关单位给予了大力支持和指导，教材编写人员和审稿专家付出了辛勤的汗水，作出了突出的贡献，在此一并表示感谢。

本教材还有许多不足之处，欢迎读者提出宝贵意见，以便及时修改。

中国消防协会会长

编写说明

消防设施操作员是指从事建（构）筑物消防设施运行、操作和维修、保养、检测等工作的人员。《消防设施操作员国家职业技能标准》（以下简称《标准》）按照从业人员的职业活动范围、工作责任和工作难度将其划分为2个方向、5个等级，其中消防设施监控操作职业方向分别为：五级/初级工、四级/中级工、三级/高级工、二级/技师；消防设施检测维修保养职业方向分别为：四级/中级工、三级/高级工、二级/技师、一级/高级技师。

为配合《标准》在2020年1月顺利施行，中国消防协会组织来自消防科研院校、产品生产企业、技术服务机构、消防救援队伍、职业技能鉴定站等从事一线工作的人员，编写了这套消防行业特有工种职业培训与技能鉴定统编教材。本套教材的总体构思由江苏省消防救援总队培训基地周广连高级工程师负责。本套教材的编写以《标准》为依据，分为基础知识和操作技能两大类；以"职业等级制划分"为基础，操作技能类分为《消防设施操作员（初级）》《消防设施操作员（中级）》《消防设施操作员（高级）》《消防设施操作员（技师 高级技师）》4个分册；以"职业活动导向"为核心，《消防设施操作员（基础知识）》设9个培训模块，操作技能类依《标准》确定的职业方向及职业功能分设相应的培训模块；以"评价什么编什么"为思路，技能类分册依据职业功能划分培训模块，每个培训模块依工作内容划分为若干培训项目，每个培训项目再依技能点设若干培训单元，每个培训单元以职业能力为主线，按照"培训重点""知识要求""技能操作"3个组成部分来编写内容，强调知识为技能服务。本套教材内容全面对标《标准》，尤其是《标准》中确定的40项关键技能。

根据《标准》所确定的各等级鉴定申报条件，本套教材的配套使用情况为：《消防设施操作员（基础知识）》及《消防设施操作员（初级）》适用五级/初级工学习；五级/初级工所适用教材及《消防设施操作员（中级）》适用四级/中级工学习；四级/中级工所适用教材及《消防设施操作员（高级）》适用三级/高级工学习；三级/高级工所适用教材及《消防设施操作员（技师　高级技师）》适用二级/技师、一级/高级技师学习。各等级职业方向考生可参考《标准》中要求的考核科目，选择本等级培训教材中的相应培训模块进行学习。

《消防设施操作员（技师 高级技师）》共设"技师""高级技师"两篇。其中，"技师"篇含"设施操作""设施保养""设施维修""设施检测""技术管理与培训"5个培训模块，"高级技师"含"设施维修""设施检测""技术管理与培训"3个培训模块。各培训模块中涉及"火灾自动报警系统"的相关内容由刘凯、梅志斌、杨志强、王勇俞、程波涛、蔡彦坡、刘玉宝、李宁宁编写；涉及"自动灭火系统"的相关内容由盛彦锋、黄朝辉、骆明宏、罗宗军、沈贺坤、许春元、李然、董海斌、杨志军编写；涉及"其他消防设施"的相关内容由张洁玉、陈玉法、邵磊、潘志文、费春祥、王力、翁立坚、张曦、宋洋、王晞、张逸斌、刘加奇、芦日新、余广智、石峥嵘、龙道成、李国华、田锦林编写；"技术管理与培训"由李黎丽、周广连、丁显孔、刘咏梅编写。本分册主编为刘加奇、李黎丽。

本教材编写、审稿期间，郭树林、刘凯、李春强、张建国、赵玉全、南江林、晏风、高晓斌等专家提出了宝贵的修改意见和建议。本教材存在的不足之处，敬请各位读者批评指正，以便进一步修改和完善。本教材中如存在与现行的相关国家法律、法规、规章、标准不一致的内容，以国家法律、法规、规章、标准为准。

编写组

2019年12月

目录

二级 / 技师

培训模块一　设施操作

- 培训项目 1　自动灭火系统操作　　005
- 培训项目 2　其他消防设施操作　　016

培训模块二　设施保养

- 培训项目 1　火灾自动报警系统保养　　031
- 培训项目 2　自动灭火系统保养　　040
- 培训项目 3　其他消防设施保养　　094

培训模块三　设施维修

- 培训项目 1　火灾自动报警系统维修　　139
- 培训项目 2　自动灭火系统维修　　177
- 培训项目 3　其他消防设施维修　　197

培训模块四　设施检测

- 培训项目 1　自动灭火系统检测　　221
- 培训项目 2　其他消防设施检测　　245

培训模块五　技术管理和培训

- 培训项目 1　消防控制室的管理　　259

| 培训项目 2　开展消防培训 | 272 |

一级 / 高级技师

培训模块六　设施维修

培训项目 1　火灾自动报警系统维修	310
培训项目 2　自动灭火系统维修	319
培训项目 3　其他消防设施维修	373

培训模块七　设施检测

培训项目 1　火灾自动报警系统检测	411
培训项目 2　自动灭火系统检测	421
培训项目 3　其他消防设施检测	508

培训模块八　技术管理和培训

| 培训项目 1　开展消防培训 | 551 |
| 培训项目 2　优化创新 | 557 |

二级 / 技师考核示范样例

一级 / 高级技师考核示范样例

附录　消防设施操作员（技师　高级技师）教材目录与标准对照表

二级/技师

培训模块 一

设施操作

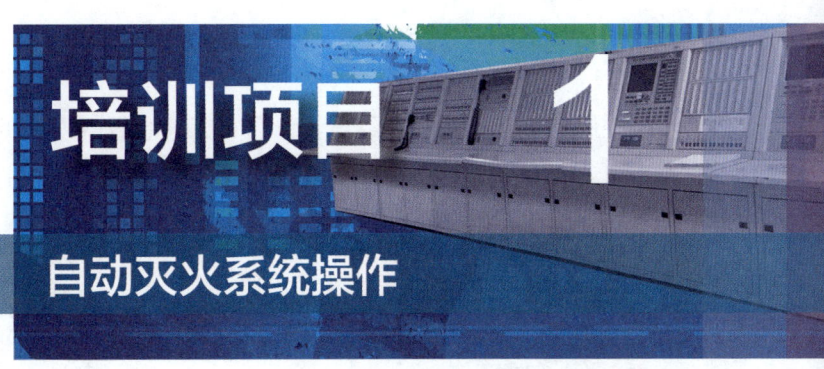

培训项目 1　自动灭火系统操作

培训单元 1　油浸变压器排油注氮灭火装置的工作原理和操作方法

【培训重点】

掌握油浸变压器排油注氮灭火装置的组成及工作原理。
掌握油浸变压器排油注氮灭火装置的操作方法。

【知识要求】

一、油浸变压器排油注氮灭火装置的组成

油浸变压器排油注氮灭火装置一般由消防柜、控制柜、断流阀、火灾探测装置及与之配套的管路管件等组成。

1. 消防柜

消防柜包含柜体、氮气瓶组、氮气释放阀、压力显示器、减压装置、排油阀及与之配套的管路管件等,是实施排油、注氮搅拌、冷却灭火的执行部件,如图 1-1-1 所示。

2. 控制柜

控制柜是能接收气体继电器、火灾探测装置等发出的信号，控制柜内相应部件动作，启动排油注氮灭火装置，并显示灭火装置各种状态的控制单元，如图1-1-2所示。

图 1-1-1 消防柜

图 1-1-2 控制柜

3. 断流阀

断流阀安装于油枕与变压器连接的管路上，口径与该管路相同，如图1-1-3所示。

4. 火灾探测装置

火灾探测装置是利用玻璃球或易熔合金作为探测火灾温度的元件，动作后输出报警信号，一般安装于变压器顶部或套管位置，如图1-1-4所示。

二、油浸变压器排油注氮灭火装置的工作原理

1. 油浸变压器发生火灾的原因

油浸变压器的爆炸和燃烧一般是由于绝缘部件老化（或损坏）、过负荷、雷击过电压等原因，使内部绝缘部件遭破坏发生击穿而引起的。发生击穿时，产生的电弧所释放的能量导致变压器油分解，产生大量可燃气体，变压器本体内部的压力和温度急剧上升，同时，可燃气体还会使得气体继电器动作报警。如果变压器不能承受本体内

图 1-1-3 断流阀

图 1-1-4 火灾探测装置

部的压力，上部的瓷套管部分会最先爆裂，释放出来的高温可燃气体遇空气形成喷射火焰，引燃泄漏出来的变压器油，形成火灾。

2. 排油注氮灭火装置的工作原理

当油浸变压器内部发生故障时，油箱内部产生大量可燃气体，引起气体继电器动作，发出重瓦斯信号，断路器跳闸；油浸变压器内部故障同时导致油温上升，布置在油浸变压器上的感温火灾探测器动作，向控制柜发出火警信号。控制柜接收到火警信号后，启动排油注氮灭火装置，将油浸变压器内的油排出；同时储油柜下方的断流阀自动关闭，切断储油柜向油浸变压器油箱供油，油浸变压器油箱油位下降。经延时后（一般为 2 ~ 20 s），氮气释放阀开启，氮气经过注氮管路从油浸变压器箱体底部注入，搅拌冷却变压器油，使其温度降至闪点以下，并隔绝空气，达到防火灭火的目的。

三、装置操作方法

控制柜的面板上设置手动/自动转换按钮，可以转换设备到对应的状态，如图 1-1-5 所示。

1. 手动启动

装置处于手动状态时，能够接收气体继电器、火灾探测装置等部件的报警信号，发出声光报警，但是不会启动排油阀和氮气释放阀，不会自动进入灭火程序。只有当操作人员按下手动启动按钮，或接收到消防控制中心发出的远程启动信号时，装置才能够按照预设的程序进行注氮灭火。

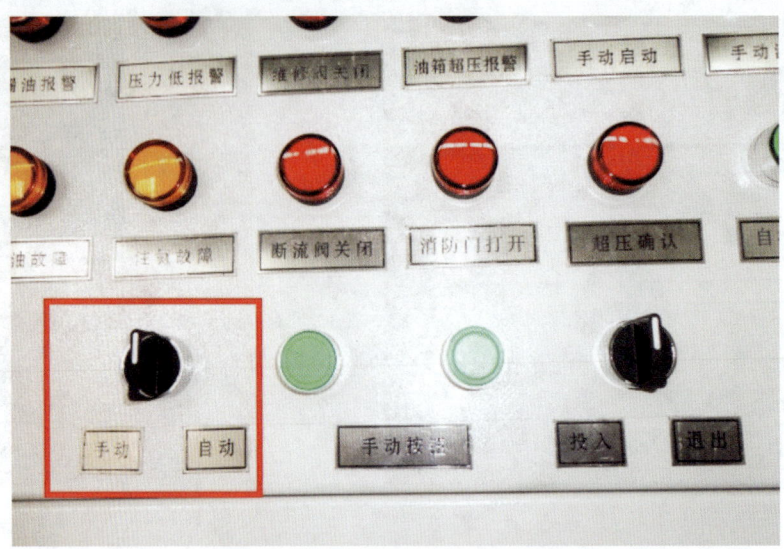

图 1-1-5 手动/自动转换按钮

2. 自动启动

装置处于自动状态时，能够接收气体继电器和火灾探测装置等部件的报警信号，自动进入灭火程序；或接收到消防控制中心发出的启动信号后，自动进入灭火程序，实施排油、注氮灭火。

控制柜面板上一般有启动按钮。启动按钮应有防止误操作的措施，一般是加一个保护罩，或是采取两个组合按钮同时按下的保护方式。当需要手动启动油浸变压器排油注氮灭火装置进行灭火时，不论设备是处于手动状态还是处于自动状态，仅需打开或击碎按钮保护罩，手动按下启动按钮，或按下两个组合启动按钮，设备就会进入灭火程序，实施排油、注氮灭火。

【技能操作】

油浸变压器排油注氮灭火装置的操作

一、操作准备

检查消防柜、控制柜的接线是否正确，消防柜与变压器的连接管路是否牢固。

二、操作程序

某型油浸变压器排油注氮灭火装置的操作程序如下。

步骤1　检查面板指示灯

控制柜面板上有一个"试灯"或"自检"按钮，用于检查各报警信号指示灯是否正常工作。手动按下这个按钮，面板上所有指示灯应该亮起。

步骤2　手动与自动功能转换

装置具有手动/自动功能切换按钮，将按钮转向自动位置或按下对应的按钮即可。

步骤3　启动

（1）手动紧急启动

将控制柜面板的手动/自动功能按钮转换到手动位置，打开防止手动误动作的保护罩，按下启动按钮，或同时按下两个组合启动按钮，启动排油注氮灭火装置，如图1-1-6和图1-1-7所示。观察安装在排油管路上的排油阀是否动作，安装在氮气储存瓶组上的氮气释放阀是否打开并释放氮气。

图1-1-6　手动按钮启动方式

图1-1-7　同时按下两个组合按钮启动方式

（2）远程控制启动

通过消防控制中心直接发出启动信号，启动装置投入运行。观察安装在排油管路上的排油阀是否动作，安装在氮气储存瓶组上的氮气释放阀是否打开并释放氮气。

培训单元 2
探火管式灭火装置、其他灭火系统或装置的工作原理和操作方法

【培训重点】

了解探火管式灭火装置的分类、构成及适用范围。
掌握探火管式灭火装置的控制要求及工作原理。
掌握探火管式灭火装置的操作方法。

【知识要求】

一、概述

探火管式灭火装置（简称探火管，又称感温自启动灭火装置）是一种采用探火管探测火灾并能启动喷射的预制灭火装置。该装置仅需用自身的储压便可操作，依靠一根经充压的探管及一套瓶组就能快速、准确地探测和传递火灾信号，并可扑灭在灭火装置保护区域范围内的初起火灾。间接探火管式灭火装置如图 1-1-8 所示。

1. 探火管式灭火装置的分类

（1）按充装的灭火剂类别分类

探火管式灭火装置按充装的灭火剂类别不同，可分为干粉类和气体类。

1）干粉类探火管式灭火装置。在干粉类探火管式灭火装置中，A 表示 ABC 干粉灭火剂，BC 干粉灭火剂不表示，C 表示超细干粉灭火剂。

2）气体类探火管式灭火装置。在气体类探火管式灭火装置中，E 表示二氧化碳灭火剂，L 表示六氟丙烷灭火剂，Q 表示七氟丙烷灭火剂。

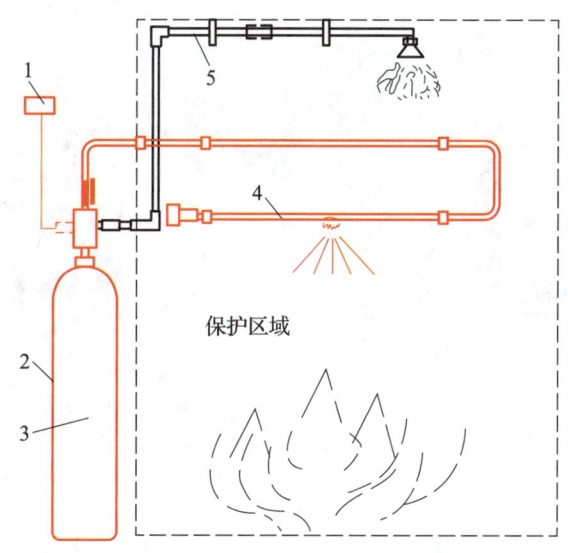

图 1-1-8 间接探火管式灭火装置示意图
1—压力显示装置 2—灭火剂储存瓶 3—灭火剂 4—探火管 5—释放管

（2）按工作原理不同分类

探火管式灭火装置按工作原理不同，可分为直接探火管式灭火装置（以 Z 表示）和间接探火管式灭火装置（以 J 表示）。

1）直接探火管式灭火装置。直接探火管式灭火装置是将探火管作为火灾探测、装置启动、灭火剂释放部件的灭火装置。

2）间接探火管式灭火装置。间接探火管式灭火装置是将探火管作为火灾探测及启动部件，释放管、喷嘴作为灭火剂释放部件的灭火装置。

2. 探火管式灭火装置的构成

间接探火管式灭火装置应至少由探火管、灭火剂储存容器、容器阀、单向阀、压力显示器、喷嘴及与之配套的管路管件构成。直接探火管式灭火装置应至少由探火管、灭火剂储存容器、容器阀、单向阀和压力显示器构成，如图 1-1-9 所示。

二、探火管式灭火装置的控制要求及工作原理

1. 控制要求

探火管式灭火装置动作时，应提供灭火装置释放信号。当设有消防控制室时，应提供有关信号给消防控制室。

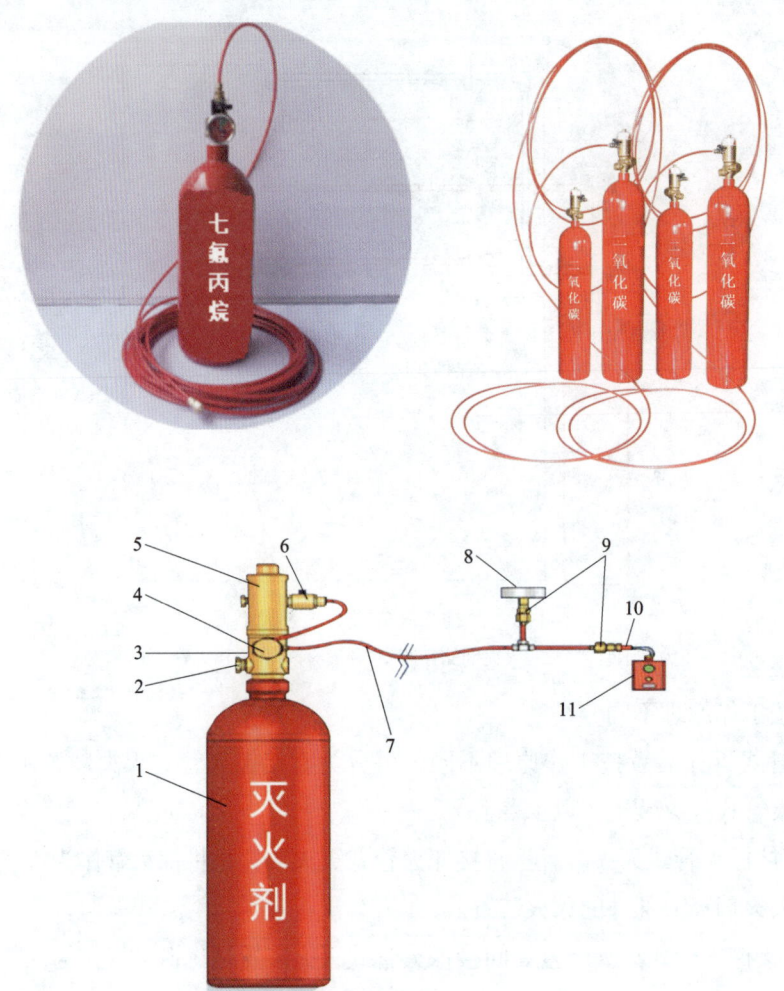

图 1-1-9 直接探火管式灭火装置的构成
1—灭火剂储存瓶 2—安全泄放口 3—灭火剂充装口 4—灭火剂出口 5—容器阀
6—球阀 7—探火管 8—压力显示器（终端压力表）9—单向阀 10—压力开关 11—报警铃

（1）间接探火管式灭火装置

间接探火管式灭火装置通过探火管探测火情并启动灭火装置，灭火剂通过释放管和喷头进行释放。灭火装置可通过自动控制方式启动，也可增设手动操作控制方式启动。

（2）直接探火管式灭火装置

直接探火管式灭火装置通过探火管探测火情并启动灭火装置，灭火剂通过探火管进行释放，只要求具有自动控制方式，无手动控制启动方式。

2. 工作原理

（1）间接探火管式自动灭火装置

间接探火管式自动灭火装置是通过探火管探测火情并控制瓶头阀的启闭，并通过释放管及喷嘴喷射灭火剂实施灭火的装置。探火管通过球阀与瓶头阀控制口相连,释放管与瓶头阀出口相连,发生火情后,探火管受热破裂,瓶头阀打开,灭火剂经过释放管从喷嘴喷出,扑灭火源。

间接探火管式自动灭火装置的工作原理如图 1-1-10 所示。

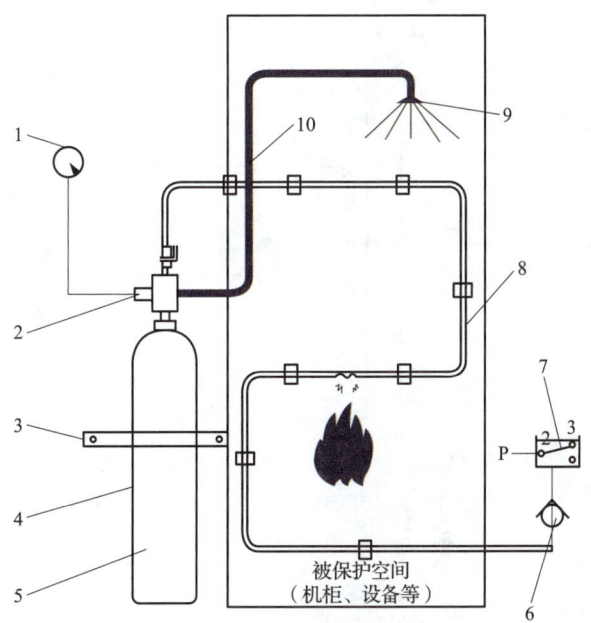

图 1-1-10　间接探火管式自动灭火装置工作原理
1—压力显示器(压力表)　2—容器阀(含旁通阀)　3—瓶架　4—灭火剂储存瓶　5—灭火剂
6—单向阀　7—压力开关　8—探火管　9—喷嘴　10—释放管

（2）直接探火管式自动灭火装置

直接探火管式自动灭火装置是通过球阀（常开）、瓶头阀与灭火剂储瓶连通,布置在保护区中,探火管末端压力表用来显示探火管中的压力。发生火情后,探火管受热,在最先达到熔点处发生破裂,灭火剂从破裂的孔口喷向火源,实施灭火。

直接探火管式自动灭火装置的工作原理如图 1-1-11 所示。

三、探火管式灭火装置的手动操作方法

对于间接探火管式灭火装置,需要在探火管连接球阀处设置手动旁通阀。如在发生火情时,间接探火管式灭火装置未能及时启动,人工打开探头管连接球阀处的手动旁通阀门,即可开启间接式灭火装置进行灭火。现场手动操作灭火流程如图 1-1-12 所示。

对于直接探火管式灭火装置,无此手动操作方法。

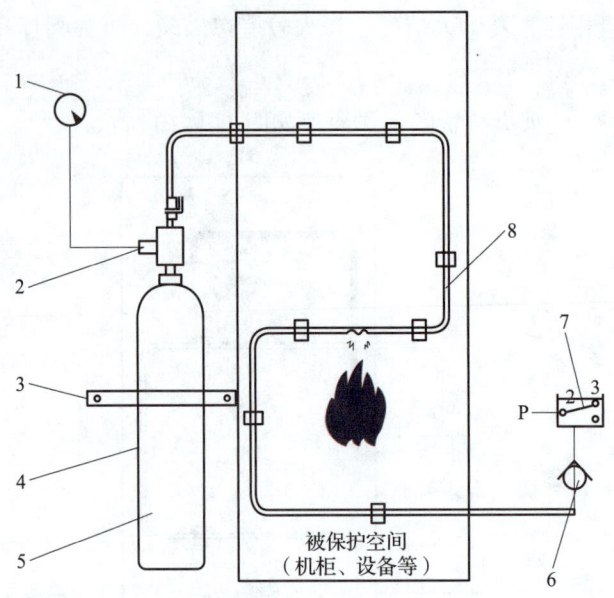

图 1-1-11 直接探火管式自动灭火装置工作原理
1—压力表 2—容器阀 3—瓶架 4—灭火剂储瓶
5—灭火剂 6—单向阀 7—压力开关 8—探火管

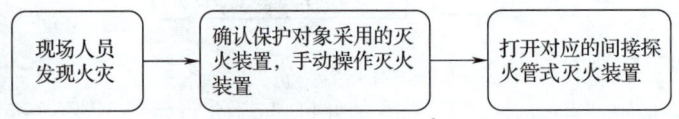

图 1-1-12 现场手动操作灭火流程

【技能操作】

探火管式灭火装置的手动操作

一、操作准备

1. 按照设备组装要求将零部件组装好,设备处于准工作状态。

2. 观察设备各部件连接正确性,对设备进行压力及密封性检查,确保压力符合规范要求。注意安全泄放装置的泄放方向不应朝向操作面,且使操作人员便于通视全部设备。

二、操作程序

某型间接探火管式灭火装置手动操作方法和步骤如下。

步骤1 如在发生火灾时,间接探火管式灭火装置未能及时启动,打开探火管连接球阀处的手动旁通阀门,即可开启间接式灭火装置进行灭火。

间接探火管式自动灭火装置现场紧急手动操作如图1-1-13所示。

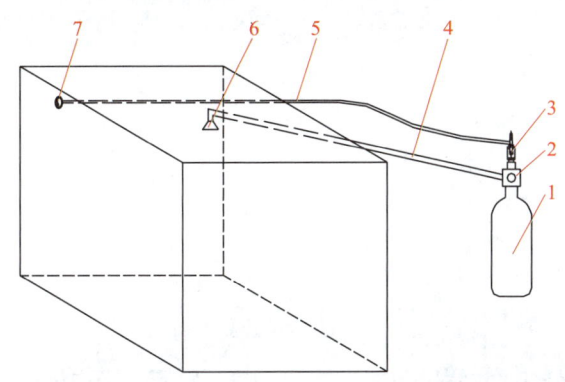

图1-1-13 间接探火管式自动灭火装置现场紧急手动操作
1—灭火剂储存瓶 2—瓶头阀 3—球阀(设有手动旁通阀)
4—释放管 5—探火管 6—喷嘴 7—压力显示器(压力表)

步骤2 观察压力显示器,看压力是否下降,同时听释放管是否有强烈的气流声发出。如此时探火管未能释放灭火剂,应采取其他紧急灭火措施进行灭火。

步骤3 填写记录。

三、注意事项

1. 模拟手动释放时不应损坏系统组件。
2. 灭火设置启用后,应及时更换、补充灭火剂和探火管等。

培训项目 2
其他消防设施操作

培训单元 1
消防设备末端配电装置的工作原理和操作方法

【培训重点】

掌握消防设备末端配电装置的组成及工作原理。
掌握消防设备末端配电装置的操作方法。

【知识要求】

一、消防设备末端配电装置的组成

消防设备末端配电装置由配电箱、按钮、指示灯、转换开关、断路器、电线电缆等器件组成。

消防设备末端配电装置操作面板一般有 1# 电源指示灯、1# 电源合闸指示灯、2# 电源指示灯、2# 电源合闸指示灯，如图 1-2-1 所示。

消防设备末端配电装置的组成如图 1-2-2 所示。

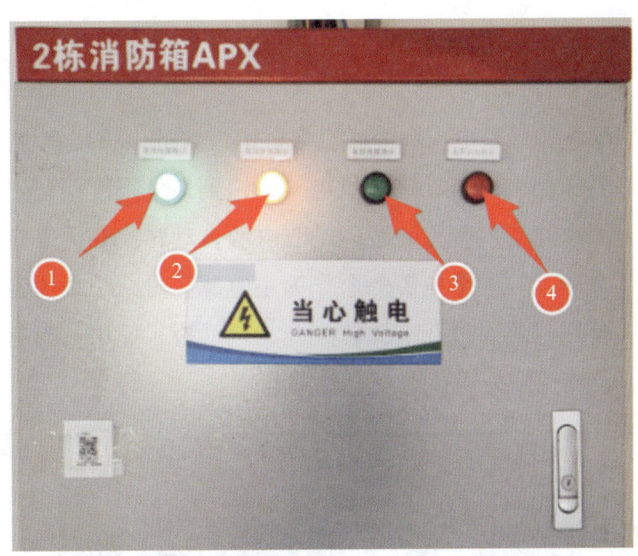

图 1-2-1　消防设备末端配电装置操作面板
①—1#电源指示灯　②—1#电源合闸指示灯　③—2#电源指示灯　④—2#电源合闸指示灯

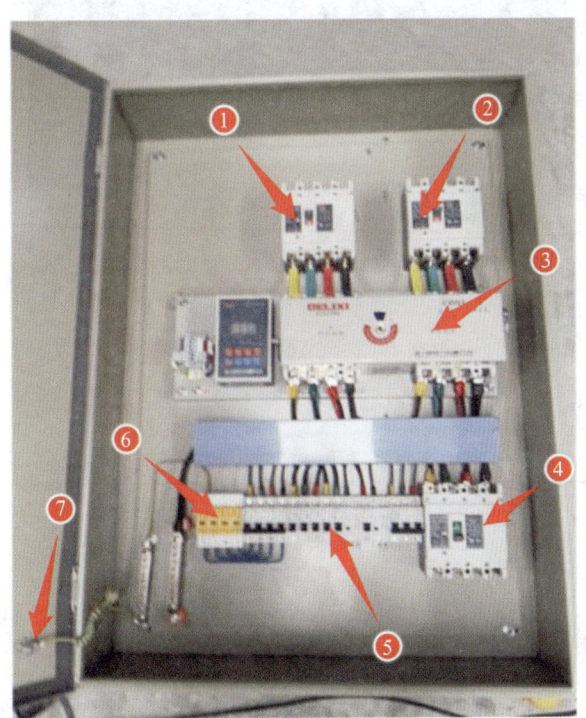

图 1-2-2　消防设备末端配电装置的组成
①—1#电源断路器　②—2#电源断路器　③—双电源转换开关　④—1#输出电源
⑤—2#输出电源　⑥—空气断路器　⑦—面板外壳接地端子

二、消防设备末端配电装置的工作原理

消防设备末端配电装置是专门为消防设备供电设置的,该装置应由两路电源供电,当其中一路断电后另一路可以自动进行供电,以达到最大限度保证不间断为消防设备供电。消防设备电源末端切换是靠装置内的双电源自动转换开关来完成两个电源相互切换的,如图 1-2-3 所示。两个电源一个作为主电源,另一个作为备用电源。当主电源损坏或故障时,备用电源通过双电源转换开关自动投入使用;当备用电源损坏或故障时,则通过双电源转换开关切换到主电源供电。

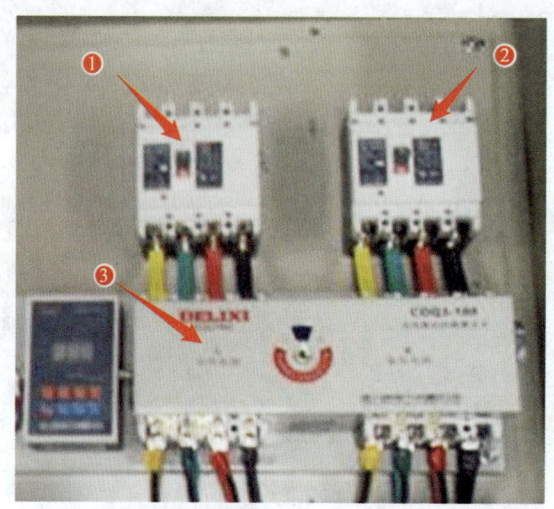

图 1-2-3 双电源自动转换开关配电装置
①—1# 电源输入 ②—2# 电源输入 ③—双电源转换开关

双电源自动转换开关常见故障及原因见表 1-2-1。

表 1-2-1　　　　　　　双电源自动转换开关常见故障及原因

故障	原因
接入电源后,双电源自动转换开关不工作	配电装置电源没接通,指示灯不亮: 1. 中性线端子未接中性线 2. 配电装置内熔断器断开或接触不良 3. "手动/自动"开关置于手动
	配电装置电源接通,指示灯亮: "手动/自动"开关置于手动
接入电源后,常用电源正常,双电源自动转换开关工作在备用电源位置	1. 常用电源进线端接线松脱 2. 控制器常用电源熔断器断开或接触不良
备用电源正常,切断常用电源,双电源自动转换开关不向备用电源转换	备用电源进线端接线松脱

【技能操作】

消防设备末端配电装置的操作

一、操作准备

在操作之前,应全面检查接线是否正确,确定无误后方可进行操作。

二、操作程序

步骤1　将双电源自动转换开关的"手动/自动"开关置于手动位置。

步骤2　接通1#常用电源和2#备用电源,待1#电源指示灯、2#电源指示灯亮,说明两电源接通,供电正常。

步骤3　将双电源自动转换开关的"手动/自动"开关置于自动位置,则双电源自动转换开关进入自动控制状态。此时,双电源自动转换开关内部电动机将转动使1#电源合闸,常用电源处于工作状态,1#电源指示灯、1#电源合闸指示灯、2#电源指示灯亮。

步骤4　断开1#常用电源(或设置1#常用电源故障),双电源自动转换开关由常用电源工作位置转换至备用电源工作位置,1#电源合闸指示灯灭、2#电源合闸指示灯亮。

步骤5　当1#常用电源恢复正常时,双电源自动转换开关自动转换至1#电源工作位置。

三、注意事项

1. 双电源自动转换开关打到手动位置,如果1#常用电源断开,开关不会动作;只有当开关打到自动位置时,开关才会自动转换。开关在手动位置时,可以用手柄手动操作常/备用电源转换。

2. 开关在自动状态、通电情况下,严禁用手柄操作,以防触电或损坏设备。

培训单元 2
注氮控氧防火装置的工作原理和操作方法

【培训重点】

掌握注氮控氧防火装置的组成及工作原理。

掌握注氮控氧防火装置的操作方法。

【知识要求】

一、注氮控氧防火装置的组成

注氮控氧防火装置一般由氮气产生组件、氮气增压储存组件、区域控制阀、控制器、氧浓度传感器、输送管路及喷嘴等组成。

氮气产生组件一般由压缩空气源系统、压缩空气净化处理系统及分离系统等部件组成。

氮气增压储存组件由增压机、容器、安全阀、压力显示及控制仪表和相关阀门部件等组成,用于储存分离出来的氮气。

二、注氮控氧防火装置的防火原理与工作原理

1. 防火原理

当空气中的氧浓度下降到小于 16% 时,绝大部分物质就不会燃烧。注氮控氧防火装置正是利用这个原理,通过将空气中的氮气和氧气分离,将氮气注入保护区,降低保护区内的氧浓度,控制防护区氧浓度在 14%~16%,即达到防火的目的。

2. 工作原理

注氮控氧防火装置的核心部件是氮气产生组件,该组件的主要作用是将空气中的氮气和氧气分离,排除氧气,输送氮气。空气分离一般采用膜法分离技术或变压吸附

分离技术。由于这两种方法都对进入分离器的空气有较高的纯度要求，因此都需要较复杂的空气预处理过程，去除空气中的水分和部分杂质，因此装置的组成类似。采用变压吸附分离技术的氮气产生组件如图 1-2-4 所示。

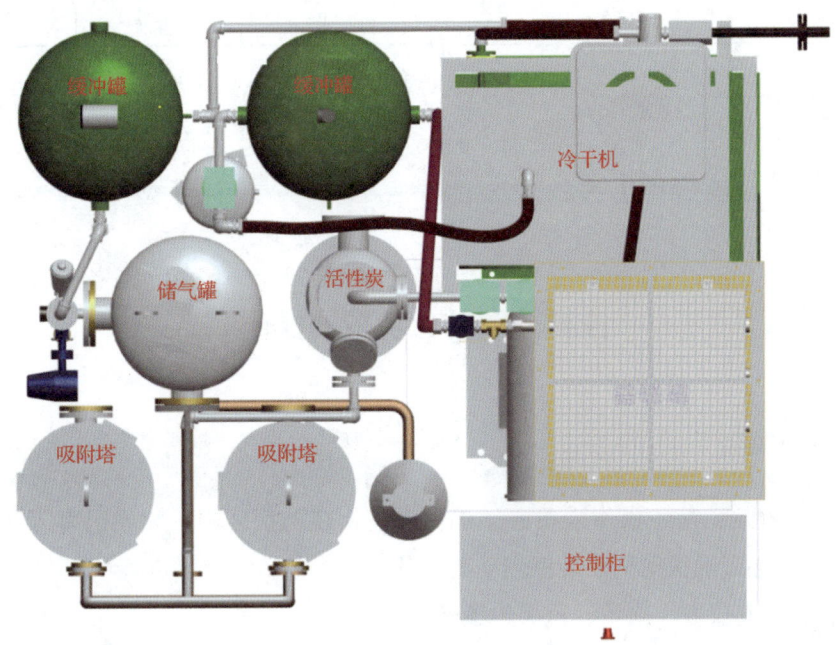

图 1-2-4 采用变压吸附分离技术的氮气产生组件示意图

三、注氮控氧防火装置的功能

1. 手动/自动启动

注氮控氧防火装置一般设有手动和自动运行状态。手动状态下按下启动键，装置会投入运行分离出氮气，但不能自动控制防护区氧浓度。自动状态下按下启动键，装置会按照控制器设定的参数控制防护区内的氧浓度，使之在规定范围内达到防火的目的。

控制过程说明：开机后，控制器先进行自检测，指示灯全亮，然后控制器接通，相应的控制器指示灯被点亮。若控制器有故障，则相应的控制器指示灯闪烁，蜂鸣器报警。

2. 氧浓度设定

防护区中氧浓度的设定值应根据防护区有无人员和保护物来设定。通常情况下，防护区氧浓度按表 1-2-2 的规定设定。

表 1–2–2　　　　　　　　　防护区氧浓度设定值

分类	正常氧浓度	设备启动氧浓度	停机氧浓度	高氧报警	低氧报警
有人短暂停留场所	14%～16%	17%	13%	>17%	<13%
无人场所	12.5%～13.5%	14%	12%	>14%	<12%

【技能操作】

注氮控氧防火装置的操作

一、操作准备

1. 在装置启动前，操作人员必须确保没有人在防护区中。如果仍有人在防护区中，操作人员必须确保他们在装置启动前离开。
2. 检查所有仪表、阀组、开关位置及状态。
3. 检查各设备仪器、仪表的指示状态。
4. 操作人员应熟知产品结构、功能、关键参数及产品使用要求。

二、操作程序

某型注氮控氧防火装置操作程序如下。

步骤1　启动装置

（1）合上系统电源总开关。

（2）在控制面板上选择启动方式（手动控制/自动控制）。

控制面板主界面如图1–2–5所示。

1）手动控制。手动控制一般用于调试和测试，分别启动各设备，检测各设备运行状况。

点击 [手动控制] 图标，进入手动控制模式。

点击 [冷干机 启动 停止] 图标上的"启动"，冷干机启动。

点击 [空压机 启动 停止] 图标上的"启动"，空压机启动。

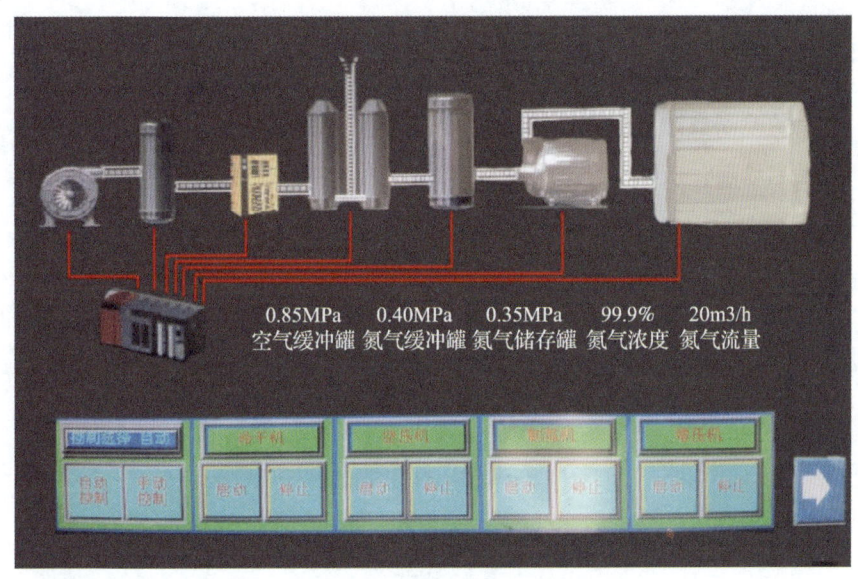

图 1-2-5 控制面板主界面

点击 [制氮机 启动 停止] 图标上的"启动",制氮机启动。

点击 [增压机 启动 停止] 图标上的"启动",增压机启动。

2)自动控制。点击 [自动控制] 图标,制氮控制系统的冷干机、空压机、制氮机和增压机会按内部程序相继启动并进入正常运转模式。

步骤2 停止装置

(1)正常停机

正常停机包括调试、维修和维护情况下的停机操作。打开控制面板电气控制安全门,断开电气控制器的安全开关,停止系统运行,关闭安全门。

(2)异常停机

出现异常情况时,按下控制面板电气控制安全门上的红色急停按钮,停止系统运行。

(3)空压机、冷干机、制氮机和增压机的手动停止。

点击 [冷干机 启动 停止] 图标上的"停止",冷干机停止。

点击 [空压机 启动 停止] 图标上的"停止",空压机停止。

点击 [制氮机 启动 停止] 图标上的"停止",制氮机停止。

点击 [增压机 启动 停止] 图标上的"停止",增压机停止。

三、注意事项

1. 当保护空间氧浓度低于16%时,人员严禁进入防护区。

2. 装置启动前,应检查电源及保护地线是否连接正确,保护区门口的警示灯是否显示正常。

培训模块

设施保养

消防设施的维护保养主要包括前期准备、维护保养计划制订、设施维护保养、维护保养报告编制及维护保养结果存档、上报等几个步骤，工作流程如图2-0-1所示。

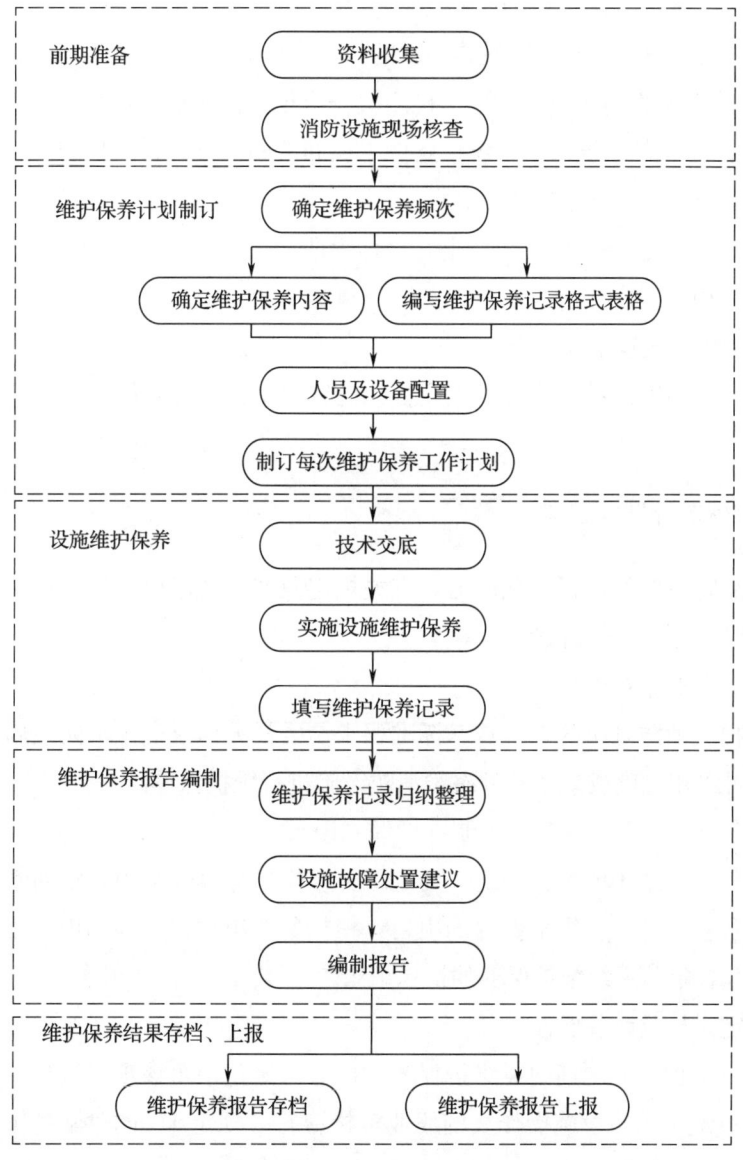

图 2-0-1 维护保养工作流程

一、维护保养计划的编制方法

在对消防设施进行维护保养之前，应根据消防设施的设置情况编制维护保养计划。

1. 前期准备工作

消防设施维护保养计划编制前,应做好如下准备工作。

(1) 资料收集

收集资料时,应收集与消防设施相关的技术资料。

1) 建(构)筑物消防设施的竣工检测报告或年度检测报告。

2) 各消防系统的系统图、系统设备的平面布置图、火灾自动报警系统现场部件的编码表、联动控制逻辑设计文件等资料。

3) 各消防系统设备的使用说明书、设计手册。

4) 其他相关技术资料。

(2) 消防设备设置情况核查

应对照设计图纸,对各消防系统设备的设置数量、设置部位及运行状态等进行核查。

2. 维修保养计划的编制

应根据消防设施的设置情况、国家有关规定及产品使用说明等资料编制维护保养计划。维护保养计划应包括如下内容。

(1) 确定维护保养频次

应根据相关消防系统的工程技术标准要求与委托方商议确定消防设施的维护保养频次。一般可采用月度或季度的频次对消防设施进行维护保养。

(2) 确定维护保养的内容并编制维护保养记录

应根据各消防系统的设置情况,确定每一个维护保养周期内各消防系统维护保养设备的范围及各系统设备维护保养的项目;根据每个维护保养周期内需维护保养的内容,分别编写各消防系统维护保养的格式记录表。

(3) 确定人员及设备配置

根据每个维护保养周期内需维护保养的内容,确定从事该项目维护保养的消防设施操作员的数量(消防设施操作员的职业资格应符合规定),同时配备维护保养所需的车辆、仪器设备及耗材。

(4) 形成维护保养工作计划

将所有消防设施按照数量、维护保养内容及方法、维护保养周期编制成表,形成维护保养工作计划表。计划表应包括维护保养日期、人员工作分工及工作时长等内容。

3. 注意事项

（1）编制维护保养计划应覆盖维护保养项目的设备总数，不应有漏项。

（2）编制维护保养计划的维护保养周期不应低于国家相关工程技术标准、产品使用说明等规定的最小维护保养周期。对于委托单位有特殊要求需要高于规定周期的，应加以注明。

二、维护保养报告的编制方法

按照维护保养计划完成维护保养作业后，应将现场维护保养记录汇总，分类判定结果，并对发现的问题提出处理建议方案，最终编制形成维护保养报告。

1. 维护保养记录的归纳整理

应对现场的维护保养记录进行归纳整理，对照维护保养计划核对工作的完成情况，对维护保养过程中发现的问题进行分类汇总。

2. 故障设施的处置措施建议

针对维护保养过程发现的系统或设备故障，详细描述故障部位及故障现象，并按照故障类型提出相应的处置措施建议，报请委托方、维修单位及时处理。

3. 编制维护保养报告

每个维护保养周期结束后，应编制维护保养报告。维护保养报告应包括本次维护保养工作开展的时间、作业人员、消防设施的范围、故障消防设施的部位及故障现象、故障设施的处置建议及故障设施的处置结果等。

维护保养报告具体内容形式如下所示。

（1）封面

封面主要包含委托单位、项目名称，项目负责人及从业或职业资格证书编号、维保日期等内容，如图2-0-2所示。

（2）项目概况

项目概况主要包括单位信息、建筑物信息、联系人及联系电话、项目地址、建筑面积、建筑结构类型及耐火等级、建筑使用性质、电源等级、消防控制室与消防泵房具体位置、消防用水量等信息。

（3）维保范围

维保范围主要包括委托单位委托的建筑范围和消防设施范围。

（4）检查概况

结合项目实际情况列出各系统的各个消防设备检查及测试的具体要求、具体数量，对存在问题的消防设备按所属系统进行归类并加以分析。

```
资质编号/有效期/级别


            消 防 设 施 维 保 报 告

            报告编号：××××（年号）—××（月号）



    委托单位：_____

    维护保养项目：_____

    项目负责人：_____

    维护保养时间：_____




              （维护保养机构）（盖章）
```

图 2-0-2　维护保养报告封面样例

（5）附件

附件主要包括维护保养过程中形成的各项记录表。

培训模块二　设施保养

培训项目 1
火灾自动报警系统保养

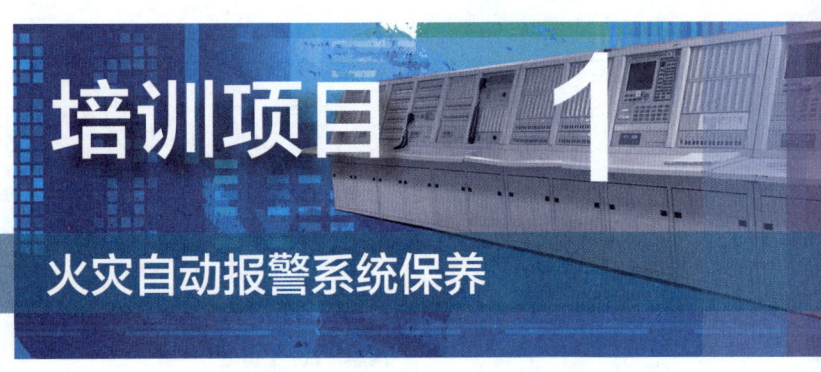

培训单元 1
火灾探测报警系统维护保养计划和报告的编写方法

【培训重点】

熟练掌握火灾探测报警系统维护保养的内容。
熟练掌握火灾探测报警系统维护保养计划的编制方法。
熟练掌握火灾探测报警系统维护保养报告的编制方法。

【知识要求】

火灾探测报警系统维护保养一般由四级/中级工及以上级别人员进行操作。系统维护保养的对象、项目、要求、周期及人员资格见表 2-1-1。

表 2-1-1　火灾探测报警系统维护保养的对象、项目、要求、周期及人员资格

保养对象	保养项目	保养要求	保养周期	人员资格
火灾报警控制器	运行环境	1. 清除控制器周边的可燃物、杂物 2. 检查安装部位是否有漏水、渗水现象	每个维护保养周期进行一次	四级/中级工
	设备外观	1. 检查控制器是否安装牢固，对松动部位进行紧固 2. 检查控制器外观是否存在明显的机械损伤		

031

续表

保养对象	保养项目	保养要求	保养周期	人员资格
火灾报警控制器	设备外观	3. 检查控制器的显示是否正常 4. 操作控制器声光自检按键（钮），检查控制器的音响和显示器件是否完好	每个维护保养周期进行一次	
	表面清洁	用吸尘器吸除控制器操作面板、控制开关、机箱上的灰尘，用微潮湿的布擦拭控制器机箱		
	内部检查及除尘	1. 检查控制器接线口的封堵是否完好，各接线的绝缘护套是否有明显的龟裂、破损 2. 用吸尘器吸除控制器内部线路板、电池、接线端子的灰尘 3. 检查线路板和组件是否有松动，接线端子和线标是否紧固完好，对松动部位进行紧固		
	火灾报警功能测试	使火灾探测器发出报警信号，检查控制器发出火灾报警信号的情况和探测器地址注释信息显示情况		
	打印纸更换	检查控制器的打印纸是否缺失，如缺失应予以更换		
	蓄电池保养	进行控制器主、备电源切换检查，更换不能满足备电持续工作时间的蓄电池		
火灾探测器、手动火灾报警按钮	运行环境	1. 清除点型感烟和感温火灾探测器 0.5 m 内及火焰探测器"视角"内的遮挡物 2. 检查部件周围是否有漏水、渗水现象	按月度、季度计划，确保每个年度每个设备进行一次	四级/中级工
	设备外观	1. 检查部件的安装是否牢固，对松动部位进行紧固 2. 检查部件外观是否存在明显的机械损伤 3. 检查部件的运行指示灯是否显示正常		
	表面清洁	用吸尘器除尘，用微潮湿的布擦拭部件外壳		
	火灾报警功能测试	使火灾探测器监测区域的烟雾、温度或光波达到探测器的报警阈值，检查火灾探测器的火灾报警确认灯点亮情况及控制器的显示情况		
火灾显示盘	运行环境	1. 清除控制器周边的可燃物、杂物 2. 检查安装部位是否有漏水、渗水现象		
	设备外观	1. 检查部件的安装是否牢固，对松动部位进行紧固 2. 检查部件外观是否存在明显的机械损伤 3. 检查部件的显示是否正常		
	表面清洁	用吸尘器除尘，用微潮湿的布擦拭部件外壳		
	内部检查及吹扫	1. 检查显示盘接线口的封堵是否完好，各接线的绝缘护套是否有明显的龟裂、破损 2. 用吸尘器吸除内部线路板、电池、接线端子的灰尘 3. 检查线路板和组件是否有松动，接线端子和线标是否紧固完好，对松动部位进行紧固		
	火灾报警显示功能	火灾探测器发出火灾报警信号时，检查显示盘的地址信息显示是否准确		

【实例 2-1-1】火灾探测报警系统维护保养计划的编制

以某商场火灾探测报警系统为例,其维护保养计划编制方法如下。

一、项目情况概述

某商场的建筑高度 11 m,地上 3 层,每层建筑面积 2 000 m^2,配置有火灾自动报警系统、消火栓系统、自动喷水灭火系统等消防设施。

该项目的火灾探测报警系统设置:火灾报警控制器(联动型)1 台,手动火灾报警按钮 18 只,火灾声光警报器 18 只,点型感烟火灾探测器 123 只,火灾显示盘 3 台。

委托单位要求每个月度对该项目设置的火灾探测报警系统进行一次维护保养,每个季度对该系统的全部系统设备至少进行一次维护保养。

二、计划编制步骤

步骤 1 资料准备

根据项目情况,收集火灾探测报警系统的系统图、现场部件平面布置图和现场部件编码表,对火灾探测报警系统设备的设置数量、设置部位及运行状态等基本情况进行现场核查。

步骤 2 确定维护保养周期

根据委托单位的要求,确定本项目的维护保养周期为月度。每季度对火灾探测报警系统部件进行全数维护保养。

步骤 3 确定维护保养内容

根据项目维护保养的周期要求,确定每个月度对设置总数量 1/3 的手动火灾报警按钮、火灾显示盘和火灾探测器及全部数量的火灾报警控制器进行维护保养。各系统设备具体维护保养项目根据表 2-1-1 进行。

步骤 4 确定人员及设备配置

根据本项目维护保养的内容要求,配置两名具备四级/中级工及以上级别职业资格的人员进行作业,同时配备维护保养所需的车辆、仪器设备及耗材。

步骤 5 形成维护保养工作计划

将火灾探测报警系统的设备名称、保养项目、保养范围、设备数量、保养周期、工期、人员配置等编制成表,见表 2-1-2。

表 2-1-2　　　　　　　　火灾探测报警系统月度维护保养工作计划

项目名称		某商场火灾探测报警系统月度维护保养		工期（天）	1
月度	设备名称	保养项目	保养范围	设备数量	人员配置
1月 4月 7月 10月	火灾报警控制器	1. 运行环境 2. 设备外观 3. 表面清洁 4. 内部检查及除尘 5. 火灾报警功能测试 6. 打印纸更换 7. 蓄电池保养	全部	1	张某（三级/高级工） 李某（四级/中级工）
	火灾探测器	1. 运行环境 2. 设备外观 3. 表面清洁 4. 火灾报警功能测试	一层	41	
	手动火灾报警按钮		一层	6	
	火灾显示盘	1. 运行环境 2. 设备外观 3. 表面清洁 4. 内部检查及除尘 5. 火灾报警显示功能测试	一层	1	
2月 5月 8月 11月	火灾报警控制器	1. 运行环境 2. 设备外观 3. 表面清洁 4. 内部检查及除尘 5. 火灾报警功能测试 6. 打印纸更换 7. 蓄电池保养	全部	1	张某（三级/高级工） 李某（四级/中级工）
	火灾探测器	1. 运行环境 2. 设备外观 3. 表面清洁 4. 火灾报警功能测试	二层	41	
	手动火灾报警按钮		二层	6	
	火灾显示盘	1. 运行环境 2. 设备外观 3. 表面清洁 4. 内部检查及除尘 5. 火灾报警显示功能测试	二层	1	
3月 6月 9月 12月	火灾报警控制器	1. 运行环境 2. 设备外观 3. 表面清洁 4. 内部检查及除尘 5. 火灾报警功能测试 6. 打印纸更换 7. 蓄电池保养	全部	1	张某（三级/高级工） 李某（四级/中级工）
	火灾探测器	1. 运行环境 2. 设备外观 3. 表面清洁 4. 火灾报警功能测试	三层	41	
	手动火灾报警按钮		三层	6	
	火灾显示盘	1. 运行环境 2. 设备外观 3. 表面清洁 4. 内部检查及吹扫 5. 火灾报警显示功能测试	三层	1	

【实例 2-1-2】火灾探测报警系统维护保养报告的编制

某商场火灾探测报警系统 __7__ 月维护保养报告

一、基本概况

某商场,建筑高度 11 m,地上 3 层,每层建筑面积 2 000 m²,消防控制室位于一层西侧。联系人王某,联系电话 ×××,位于 ×× 市 ×× 街道 ×× 路 ×× 号。

二、维护保养内容

按照维护保养计划,本次对该商场火灾探测报警系统进行了维护保养,具体维护保养内容见表 2-1-3。

表 2-1-3　　　　　　火灾探测报警系统(7)月维护保养内容

设备名称	设置部位	数量
火灾报警控制器	消防控制室	1
感烟火灾探测器	一层	41
手动火灾报警按钮	一层	6
火灾显示盘	一层	1

三、维护保养情况说明

火灾探测报警系统 7 月维护保养情况见表 2-1-4。

表 2-1-4　　　　　　火灾探测报警系统(7)月维护保养情况

设备名称	维护保养项目	维护保养情况	异常情况说明
火灾报警控制器	运行环境	正常	—
	设备外观	显示 3 只探测器故障	显示 1 回路 23#、45# 和 65# 探测器故障
	表面清洁	已进行	—
	内部检查及除尘	已进行	—
	火灾报警功能测试	功能正常	—
	打印纸更换	未更换	—
	蓄电池保养	正常	—
感烟火灾探测器	运行环境	正常	—
	设备外观	40 只探测器外观正常,1 只探测器损坏;3 只探测器指示灯显示异常	1 只探测器外观损坏;控制器显示 3 只探测器运行故障
	表面清洁	已进行	—
	火灾报警功能测试	38 只探测器功能正常	—

续表

设备名称	维护保养项目	维护保养情况	异常情况说明
手动火灾报警按钮	运行环境	正常	—
	设备外观	正常	—
	表面清洁	已进行	—
	火灾报警功能测试	正常	—
火灾显示盘	运行环境	正常	—
	设备外观	正常	—
	表面清洁	已进行	—
	内部检查及除尘	已进行	—
	火灾报警显示功能测试	功能正常	—

四、故障设备处置措施

维护保养过程中，发现一层 1 只感烟火灾探测器（地址码：1 回路 23#）外壳因受机械碰撞破损，控制器显示一层 1 回路 23#、45# 和 65# 感烟火灾探测器故障。经现场初步诊断 3 只探测器已损坏，报请委托方提供相同型号规格的探测器备件予以更换。

五、附件

本次维护保养的原始记录表格。

培训单元 2
消防联动控制系统维护保养计划和报告的编写方法

【培训重点】

掌握消防联动控制系统的维护保养内容。

熟练掌握消防联动控制系统维护保养计划与报告的编制方法。

【知识要求】

消防联动控制系统的维护保养一般由四级/中级工及以上级别人员进行操作。系统维护保养的对象、项目、周期及人员资格见表 2-1-5。

表 2-1-5　消防联动控制系统维护保养的对象、项目、周期及人员资格

保养对象	保养项目	保养周期	人员资格
消防联动控制器	1. 检查消防联动控制器外观及运行状况 2. 检查联动控制器及控制模块的手动控制功能 3. 检查控制器显示功能 4. 检查电源部分主、备电源切换功能 5. 检查备用电源充、放电功能	每个维护保养周期进行一次	四级/中级工
模块	1. 测试模块能否动作 2. 测试模块能否接收反馈信号	按月度、季度计划，确保每个季度每个设备进行一次	

【实例 2-1-3】消防联动控制系统维护保养计划的编制

以某综合楼消防联动系统为例，其维护保养计划编制方法如下。

一、项目情况概述

某综合楼，地上 4 层，建筑耐火等级二级，建筑层高 24 m，每层建筑面积 1 000 m²，消防控制室位于建筑首层东南角。设置了火灾探测报警系统及消防联动控制系统，其中与消防联动的相关设备为：消防联动控制器 1 台，输入/输出模块 5 只。委托单位要求每个月对消防联动控制系统进行一次全面维护保养。根据该项目情况编制维护保养计划。

二、计划编制步骤

步骤 1　资料准备

根据项目情况，收集消防联动控制系统的系统图及现场联动控制设备的平面布置图，对现场联动控制设备的设置数量、设置部位及运行状态等进行核查。

步骤 2　确定维护保养周期

根据委托单位的要求，确定项目维护周期为每月，即每月对消防联动控制系统进行全数维护保养。

步骤 3　确定维护保养内容

根据项目维护保养周期的要求，确定每个月度维护保养全部消防联动设备，具体维护保养项目根据表 2-1-5 进行。

步骤 4　确定人员及设备配置

根据项目维护保养内容的要求，配置两名具备四级/中级工职业资格的人员进行作业，同时配备维护保养所需的车辆、仪器设备及耗材。

步骤 5　形成维护保养工作计划

将消防联动控制系统的设备名称、保养项目、保养范围、设备数量、保养周期、工期、人员配置等编制成表，见表 2-1-6。

表 2-1-6 消防联动控制系统月度维护保养工作计划

项目名称		某综合楼消防联动控制系统月度维护保养		工期（天）	1
月度	设备名称	保养项目	保养范围	设备数量	人员配置
1—12月	消防联动控制器	1. 检查消防联动控制器外观及运行状况 2. 检查联动控制器及控制模块的控制功能 3. 检查控制器显示功能 4. 检查电源部分主、备电源切换功能 5. 检查备用电源充、放电功能	全部	1	张某（四级/中级工） 李某（四级/中级工）
	模块	1. 测试模块启动功能 2. 检查模块反馈功能	全部	5	

【实例 2-1-4】消防联动控制系统维护保养报告的编制

某综合楼消防联动控制系统 12 月维护保养报告

一、基本概况

某综合楼，地上4层，建筑耐火等级二级，建筑层高24 m，每层建筑面积1 000 m^2，消防控制室位于建筑首层东南角。联系人王某，联系方式×××，位于××市××街道××路××号。

二、维护保养内容

按照维护保养计划，本次对该综合楼设置的消防联动控制系统设备进行了维护保养，具体维护保养内容见表2-1-7。

表 2-1-7 消防联动控制系统（12）月维护保养内容

设备名称	设置部位	数量
消防联动控制器	消防控制室	1
输入/输出模块	消防控制室（模块箱）、1～4层（配电箱）	5

三、维护保养情况说明

本次维护保养情况见表2-1-8。

表 2-1-8 消防联动控制系统（12）月维护保养情况

设备名称	维护保养项目	维护保养情况	异常情况说明
消防联动控制器	运行环境	正常	—
	设备外观	正常	—
	基本功能	正常	—
输入/输出模块	运行环境	正常	—
	设备外观	正常	—
	基本功能	不正常	无法启动（2层配电箱内）

四、故障设备处置措施

在功能测试时发现 2 层无法切断电源,经现场检查是因为输入/输出模块损坏。委托单位提供相同型号规格的模块,由维护保养公司对模块进行更换。

五、附件

本次维护保养的原始记录表格。

培训项目 2

自动灭火系统保养

培训单元 1
自动喷水灭火系统维护保养计划和报告的编制方法

【培训重点】

熟练掌握自动喷水灭火系统维护保养的内容。

熟练掌握自动喷水灭火系统维护保养计划的编制方法。

熟练掌握自动喷水灭火系统维护保养报告的编制方法。

【知识要求】

自动喷水灭火系统的维护保养一般由四级/中级工及以上级别人员进行操作。系统维护保养的对象、项目、周期及人员资格见表 2-2-1。

表 2-2-1　　自动喷水灭火系统维护保养的对象、项目、周期及人员资格

保养对象	保养项目	保养周期	人员资格
给水设备	1. 运行环境检查 2. 外观检查 3. 运行状况检查和记录调取 4. 表面清洁	按月度、季度计划或特定计划,确保每个年度每个设备进行一次	四级/中级工

续表

保养对象	保养项目	保养周期	人员资格
给水设备	5. 控制柜内部吹扫 6. 水泵轴盘车 7. 水位、油位检查 8. 消防运行或巡检测试	按月度、季度计划或特定计划，确保每个年度每个设备进行一次	四级/中级工
报警阀	1. 运行环境检查 2. 外观检查 3. 控制阀门状态检查 4. 表面清洁 5. 动作测试		
压力开关	1. 运行环境检查 2. 外观检查 3. 表面清洁 4. 信号输出测试		
洒水喷头	1. 运行环境检查 2. 外观检查 3. 表面清洁 4. 喷头备用量检查		
水流指示器	1. 运行环境检查 2. 外观检查 3. 表面清洁 4. 信号输出测试		
末端试水装置	1. 运行环境检查 2. 外观检查 3. 表面清洁 4. 阀门动作测试		
消防阀门	1. 运行环境检查 2. 外观检查 3. 表面清洁 4. 启闭状态检查 5. 信号输出测试（适用于信号阀）		
减压阀	1. 运行环境检查 2. 外观检查 3. 表面清洁 4. 减压测试		
水泵接合器	1. 运行环境检查 2. 外观检查 3. 表面清洁 4. 通水测试		
过滤器	1. 运行环境检查 2. 外观检查 3. 表面清洁 4. 排渣清理		

【实例 2-2-1】自动喷水灭火系统维护保养计划的编制

以某酒店自动喷水灭火系统为例,其维护保养计划编制方法如下。

一、项目情况概述

某酒店,地上 4 层,高度 15 m,地下 1 层,每层建筑面积约 1 000 m^2,配置有自动喷水灭火系统、消火栓系统、火灾自动报警系统等消防设施。其中,自动喷水灭火系统设置消防变频恒压给水设备 1 套、湿式报警阀组 5 台、消防信号蝶阀 10 只、水流指示器 10 只、末端试水装置 5 只、隐蔽式喷头 120 只、边墙型喷头 192 只、下垂型喷头 60 只、消防水泵接合器 2 台。

委托单位要求每个月至少进行维护保养一次,每季度(3 个月)对全部自动喷水灭火系统进行维护保养一遍。

二、计划编制步骤

步骤 1　资料准备

根据项目情况,收集自动喷水灭火系统的系统图及现场部件的平面布置图,对自动喷水灭火系统设备的设置数量、设置部位及运行状态等进行核查。

步骤 2　确定维护保养周期

根据委托单位的要求,确定项目维护周期为每月,每季度对自动喷水灭火系统进行全数维护保养。

步骤 3　确定维护保养内容

根据项目维护保养周期的要求,确定每个月度对不同类型产品设置总数的 1/3 设备进行维护保养,具体维护保养项目根据表 2-2-1 进行。

步骤 4　确定人员及设备配置

根据项目维护保养内容的要求,配置两名具备四级/中级工职业资格的人员进行作业,同时配备维护保养所需的车辆、仪器设备及耗材。

步骤 5　形成维护保养工作计划

将自动喷水灭火系统的设备名称、保养项目、保养范围、设备数量、保养周期、工期、人员配置等编制成表,见表 2-2-2。

表 2-2-2　自动喷水灭火系统月度维护保养工作计划

项目名称		某酒店自动喷火灭火系统月度维护保养		工期(天)	1
月度	设备名称	保养项目	保养范围	设备数量	人员配置
1 月 4 月 7 月 10 月	给水设备	1. 运行环境检查 2. 外观检查 3. 运行状况检查和记录调取 4. 表面清洁	全部	1	张某(三级/高级工) 李某(四级/中级工)

续表

月度	设备名称	保养项目	保养范围	设备数量	人员配置
1月 4月 7月 10月	给水设备	5. 控制柜内部除尘 6. 水泵轴盘动 7. 水位、油位检查 8. 消防运行或巡检测试	全部	1	张某（三级/高级工） 李某（四级/中级工）
	湿式报警阀组	1. 运行环境检查 2. 外观检查 3. 控制阀门状态检查 4. 表面清洁 5. 动作测试	1#	1	
	压力开关	1. 运行环境检查 2. 外观检查 3. 表面清洁 4. 信号输出测试	1#	1	
	洒水喷头	1. 运行环境检查 2. 外观检查 3. 表面清洁 4. 喷头备用量检查	每层的1/3	124	
	水流指示器	1. 运行环境检查 2. 外观检查 3. 表面清洁 4. 信号输出测试	地下室	2	
	末端试水装置	1. 运行环境检查 2. 外观检查 3. 表面清洁 4. 动作功能测试	地下室	1	
	消防信号蝶阀	1. 运行环境检查 2. 外观检查 3. 表面清洁 4. 启闭状态检查 5. 信号输出测试	地下室	2	
	水泵接合器	1. 运行环境检查 2. 外观检查 3. 表面清洁 4. 通水测试	全部	2	
	过滤器	1. 运行环境检查 2. 外观检查 3. 表面清洁 4. 排渣清理	全部	8	

续表

月度	设备名称	保养项目	保养范围	设备数量	人员配置
2月 5月 8月 11月	给水设备	1. 运行环境检查 2. 外观检查 3. 运行状况检查和记录调取 4. 表面清洁 5. 控制柜内部除尘 6. 水泵轴盘动 7. 水位、油位检查 8. 消防运行或巡检测试	全部	1	张某（三级/高级工） 李某（四级/中级工）
	湿式报警阀组	1. 运行环境检查 2. 外观检查 3. 控制阀门状态检查 4. 表面清洁 5. 动作测试	2#、3#	2	
	压力开关	1. 运行环境检查 2. 外观检查 3. 表面清洁 4. 信号输出测试	2#、3#	2	
	洒水喷头	1. 运行环境检查 2. 外观检查 3. 表面清洁 4. 喷头备用量检查	每层的1/3	124	
	水流指示器	1. 运行环境检查 2. 外观检查 3. 表面清洁 4. 信号输出测试	一层、二层	4	
	末端试水装置	1. 运行环境检查 2. 外观检查 3. 表面清洁 4. 动作功能测试	一层、二层	2	
	消防信号蝶阀	1. 运行环境检查 2. 外观检查 3. 表面清洁 4. 启闭状态检查 5. 信号输出测试	一层、二层	4	
3月 6月 9月 12月	给水设备	1. 运行环境检查 2. 外观检查 3. 运行状况检查和记录调取 4. 表面清洁 5. 控制柜内部除尘 6. 水泵轴盘动 7. 水位、油位检查 8. 消防运行或巡检测试	全部	1	张某（三级/高级工） 李某（四级/中级工）

续表

月度	设备名称	保养项目	保养范围	设备数量	人员配置
3月 6月 9月 12月	湿式报警阀组	1. 运行环境检查 2. 外观检查 3. 控制阀门状态检查 4. 表面清洁 5. 动作测试	4#、5#	2	张某（三级/高级工） 李某（四级/中级工）
	压力开关	1. 运行环境检查 2. 外观检查 3. 表面清洁 4. 信号输出测试	4#、5#	2	
	洒水喷头	1. 运行环境检查 2. 外观检查 3. 表面清洁 4. 喷头备用量检查	每层的1/3	124	
	水流指示器	1. 运行环境检查 2. 外观检查 3. 表面清洁 4. 信号输出测试	三层、四层	4	
	末端试水装置	1. 运行环境检查 2. 外观检查 3. 表面清洁 4. 动作功能测试	三层、四层	2	
	消防信号蝶阀	1. 运行环境检查 2. 外观检查 3. 表面清洁 4. 启闭状态检查 5. 信号输出测试	三层、四层	4	

【实例2-2-2】自动喷水灭火系统维护保养报告的编制

某酒店自动喷水灭火系统 <u> 5 </u> 月维护保养报告

一、基本概况

某酒店，地上4层，高度15 m，地下1层，每层建筑面积约1 000 m²，消防控制室位于一层西侧。联系人王某，联系方式×××，位于××市××街道××路××号。

二、维护保养内容

按照维护保养计划，本次对该酒店自动喷水灭火系统中的给水设备、湿式报警阀组、压力开关、洒水喷头、水流指示器、末端试水装置、消防信号蝶阀进行了维护保养，具体维护保养内容见表2-2-3。

表 2-2-3　自动喷水灭火系统（5）月维护保养内容

设备名称	设置部位	数量
给水设备	泵房	1
湿式报警阀组	泵房	2
压力开关	泵房	2
洒水喷头	每层	124
水流指示器	一层、二层	4
末端试水装置	一层、二层	2
消防信号蝶阀	一层、二层	4

三、维护保养情况说明

本次维护保养的情况见表 2-2-4。

表 2-2-4　自动喷水灭火系统（5）月维护保养情况

设备名称	维护保养项目	维护保养情况	异常情况说明
给水设备	运行环境检查	正常	—
	外观检查	正常	—
	运行状况检查和记录调取	正常	—
	表面清洁	已做	—
	控制柜内部吹扫	已做	—
	水泵轴盘动	正常	—
	水位、油位检查	正常	—
	消防运行或巡检测试	消防运行正常	—
湿式报警阀组	运行环境检查	正常	—
	外观检查	正常	—
	控制阀门状态检查	正常	—
	表面清洁	已做	—
	动作测试	正常	—
压力开关	运行环境检查	正常	—
	外观检查	正常	—
	表面清洁	已做	—
	信号输出测试	正常	—
洒水喷头	运行环境	正常	—
	外观	121 只喷头正常，3 只喷头异常	2 只下垂喷头溅水盘有磕碰变形，1 只隐蔽式喷头隐蔽罩被涂覆
	表面清洁	已做	—
	喷头备用量	正常	—
水流指示器	运行环境	正常	—
	外观检查	正常	—
	表面清洁	已做	—
	信号输出测试	正常	—

续表

设备名称	维护保养项目	维护保养情况	异常情况说明
末端试水装置	运行环境	正常	—
	外观检查	正常	—
	表面清洁	已做	—
	动作功能测试	正常	—
消防信号蝶阀	运行环境检查	正常	—
	外观检查	正常	—
	表面清洁	已做	—
	启闭状态检查	正常	—
	信号输出测试	正常	—

四、故障设备处置措施

维护保养过程中，发现一层 2 只下垂喷头溅水盘因受机械碰撞而变形，二层过道 1 只隐蔽式喷头隐蔽罩被腻子涂覆，经现场初步判断，已影响喷头的正常使用。已报请委托方提供相同型号规格的下垂喷头予以更换，并对隐蔽式喷头隐蔽罩涂覆腻子层予以清除且恢复至正常安装状态。

五、附件

本次维护保养的原始记录表格。

培训单元 2
泡沫、气体灭火系统维护保养计划和报告的编制方法

【学习目标】

熟练掌握泡沫灭火系统维护保养的内容。

熟练掌握气体灭火系统维护保养的内容。

熟练掌握泡沫自动灭火系统的维护保养计划、方案与报告的编制方法。

熟练掌握气体自动灭火系统的维护保养计划、方案与报告的编制方法。

【知识要求】

一、泡沫灭火系统的维护保养内容

泡沫灭火系统的维护保养一般由三级/高级工及以上级别人员进行操作。系统维护保养的对象、要求、周期及人员资格见表2-2-5。

表2-2-5　泡沫灭火系统维护保养的对象、项目、周期及人员资格

保养对象	保养项目	保养周期	人员资格
环境及外观	1. 运行环境检查 2. 设备外观检查 3. 表面清洁	每日一次	三级/高级工
消防泵和备用动力	消防泵和备用动力进行一次启动试验，并进行记录	每周一次	
泡沫喷射器具	1. 对泡沫发生器（低、中、高倍数）、泡沫喷头、固定式泡沫炮、泡沫比例混合器进行外观检查，应完好无损 2. 对固定式泡沫炮的回转机构、仰俯机构或电动操作机构进行检查，性能应达到相关标准的要求 3. 泡沫消火栓和阀门的开启与关闭应自如，不应锈蚀	每月一次	
给水、配水管网系统	压力表、管道过滤器、金属软管、管道及附件不应有损伤	每月一次	
控制装置	对遥控功能和自动控制设施及操纵机构进行检查，性能应符合设计要求	每月一次	
泡沫灭火设备	对泡沫比例混合装置、泡沫液储罐进行外观检查，应完好无损，液位、压力显示正常，阀门处于正常启闭位置	每月一次	
动力和电气设备	动力源和电气设备工作状况应良好	每月一次	
水源	水源及水位指示装置应正常	每月一次	
泡沫管网	除储罐上泡沫混合液立管、液下喷射防火堤内泡沫管道以及高倍数泡沫发生器进口端控制阀后的管道外，其余管道应全部冲洗，清除锈渣，并进行记录	每半年一次	
系统功能试验	1. 对于低倍数泡沫灭火系统中的液上及液下喷射、泡沫喷淋、固定式泡沫炮和中倍数泡沫灭火系统进行喷泡沫试验，并对系统所有的组件、设施、管道及附件进行全面检查 2. 对于高倍数泡沫灭火系统，可在防护区内进行喷泡沫试验，并对系统所有组件、设施、管道及附件进行全面检查 3. 系统检查和试验完毕，应对泡沫液泵或泡沫混合液泵、泡沫液管道、泡沫混合液管道、泡沫管道、泡沫比例混合器（装置）、泡沫消火栓、管道过滤器或喷过泡沫的泡沫产生装置等用清水冲洗放空，复原系统，并进行记录	每两年一次	

二、气体灭火系统的维护保养内容

气体灭火系统的维护保养一般由三级/高级工及以上级别人员进行操作。系统维护保养的对象、项目、周期及人员资格见表 2-2-6、表 2-2-7。

表 2-2-6　气体灭火控制系统维护保养的对象、项目、周期及人员资格

保养对象	保养项目	保养周期	人员资格
灭火控制器	1. 运行环境检查 2. 设备外观检查 3. 火灾报警功能测试 4. 表面清洁 5. 控制器内部吹扫 6. 打印纸更换 7. 蓄电池保养	每月一次	三级/高级工
	1. 用自动或手动检查控制显示功能 2. 主电源和备用电源进行 1~3 次自动切换试验	每季一次	
火灾探测器	1. 运行环境检查 2. 设备外观检查 3. 火灾报警功能测试 4. 表面清洁	每月一次	
手动/自动转换装置	1. 运行环境检查 2. 设备外观检查 3. 表面清洁	每月一次	
紧急启动/停止按钮			
放气指示灯			
声光报警器			
声光报警器	声光显示试验	每季一次	
模拟启动试验	1. 手动模拟启动试验 （1）按下手动启动按钮，观察相关动作信号及联动设备动作 （2）人工使压力信号反馈装置动作，观察相关防护区门外的气体喷放指示灯 2. 自动模拟启动试验 （1）人工模拟火警，使防护区内任意一个火灾探测器动作，观察单一火警信号输出后相关报警设备动作情况 （2）人工模拟火警，使该防护区内另一个火灾探测器动作，观察复合火警信号输出后相关动作信号及联动设备动作情况	每年一次	
模拟喷气试验	1. 检查延迟时间与设定时间，检查响应时间 2. 检查有关声光报警信号 3. 检查有关控制阀门工作情况 4. 检查信号反馈装置动作后，气体防护区门外的气体喷放指示灯情况	每年选择一个防护区进行一次	

表 2-2-7　气体灭火系统及组件维护保养的对象、项目、周期及人员资格

保养对象	保养项目	保养周期	人员资格
压力容器常规检查	1. 运行环境检查 2. 设备外观检查 3. 手动操作装置铅封检查 4. 铭牌、安全标志检查 5. 表面清洁 6. 检查压力表指针读数	每月一次	三级/高级工
储存装置专门检查	1. 低压二氧化碳储存装置运行情况 2. 储存装置间设备状态	每日一次	
	1. 低压二氧化碳、外储压七氟丙烷储存装置液位检查 2. 预制灭火系统的设备状态和运行状况	每月一次	
	高压二氧化碳储存装置、七氟丙烷等卤代烷储存装置逐个称重检查	每季一次	
系统组件检查	1. 运行环境检查 2. 设备外观检查 3. 手动操作装置铅封检查 4. 铭牌、安全标志检查 5. 表面清洁	每月一次	
灭火系统全面检查	1. 可燃物的种类、分布情况，防护区的开口情况 2. 储存装置间的设备、灭火剂输送管道和支（吊）架的固定 3. 连接管质量 4. 喷嘴孔口检查 5. 灭火剂输送管道检查及试验	每季一次	
模拟喷气试验	1. 设备及管道喷放情况检查 2. 喷嘴喷放情况检查	每年选择一个防护区进行一次	
压力部件维护管理	1. 低压二氧化碳灭火剂储存容器检查 2. 钢瓶维护管理 3. 灭火剂输送管道耐压试验	按各自对应的规定进行	

应按检查类别规定对气体灭火系统进行检查，并按表 2-2-8 做好检查记录。检查中发现的问题应及时处理。

表 2-2-8　气体灭火系统维护检查记录

使用单位				
防护区/保护对象				
维护检查执行的规范名称及编号				
检查类别（日检、季检、年检）				
检查日期	检查项目	检查情况	故障原因及处理情况	检查人员签字
备注				

【实例 2-2-3】泡沫灭火系统维护保养方案及计划的编制

以某燃煤火力发电厂泡沫灭火系统为例,其维护保养计划编制方法如下。

一、项目情况概述

某燃煤火力发电厂,设有输煤系统、锅炉房、汽机房、集控楼、燃油储罐等,配置有火灾自动报警系统、消火栓系统、自动喷水灭火系统、气体灭火系统、泡沫灭火系统等消防设施,其中燃油储罐设置了一套泡沫灭火系统,两个保护区。泡沫灭火系统包括供水系统、压力胶囊式泡沫装置 1 套、比例混合器 1 套、分区控制阀 2 套、泡沫消火栓 10 套、泡沫炮 2 套、泡沫产生器 10 套、配水管网 1 套。

委托单位要求每年对泡沫灭火系统进行维护保养一遍,每个月至少进行一次日常维护保养。

二、计划编制步骤

步骤 1 资料准备

根据项目情况,收集泡沫灭火系统的系统图及现场部件的平面布置图,对泡沫灭火系统设备的设置数量、设置部位及运行状态等进行核查。

步骤 2 确定维护保养周期

根据委托单位的要求,确定项目维护周期为每月,每年对泡沫灭火系统进行全数维护保养。

步骤 3 确定维护保养内容

根据项目维护保养周期的要求,确定每个月度按照维护保养计划内容进行维护保养,具体的维护保养项目根据表 2-2-5 进行。

步骤 4 确定人员及设备配置

根据项目维护保养内容的要求,配置两名具备三级/高级工职业资格的人员进行作业,同时配备维护保养所需的车辆、仪器设备及耗材。

步骤 5 形成维护保养工作计划

将泡沫灭火系统的设备名称、保养项目、保养范围、设备数量、保养周期、工期、人员配置等编制成表,见表 2-2-9。

表 2-2-9　　泡沫灭火系统月度维护保养计划

项目名称		某燃煤火力发电厂泡沫灭火系统月度维护保养		工期(天)	1
月度	设备名称	保养项目	保养范围	设备数量	人员配置
1—12月(每个月定期)	泡沫设备	1. 运行环境检查 2. 设备外观检查 3. 表面清洁	泡沫设备全部	1	张某(三级/高级工) 李某(三级/高级工)

续表

项目名称		某燃煤火力发电厂泡沫灭火系统月度维护保养		工期（天）	1
月度	设备名称	保养项目	保养范围	设备数量	人员配置
1—12月（每个月定期）	消防泵和备用动力	消防泵和备用动力进行一次启动试验，并进行记录	给水系统设备	1	张某（三级/高级工）李某（三级/高级工）
	泡沫喷射器具	1. 对低倍数泡沫发生器、固定式泡沫炮、泡沫比例混合器进行外观检查，应完好无损 2. 对固定式泡沫炮的回转机构、仰俯机构或电动操作机构进行检查，性能应达到相关标准的要求 3. 泡沫消火栓和阀门的开启与关闭应自如，不应锈蚀	低倍数泡沫发生器，固定式泡沫炮，泡沫比例混合器、泡沫消火栓	22	
	给水、配水管网系统	压力表、管道过滤器、金属软管、管道及附件不应有损伤	全部		
	控制装置	对遥控功能和自动控制设施及操纵机构进行检查，性能应符合设计要求	全部		
	泡沫灭火设备	清除压力胶囊式泡沫比例混合装置及其附件的锈渣	全部		
	动力和电气设备	动力源和电气设备工作状况应良好	全部		
	水源	水源及水位指示装置应正常	全部		
	泡沫管网	除储罐上泡沫混合液立管、液下喷射防火堤内泡沫管道以及高倍数泡沫发生器进口端控制阀后的管道外，其余管道应全部冲洗，清除锈渣，并进行记录	全部，每半年一次		
	系统功能试验	1. 对于低倍数泡沫灭火系统中的液上及液下喷射、泡沫喷淋、固定式泡沫炮和中倍数泡沫灭火系统进行喷泡沫试验，并对系统所有组件、设施、管道及附件进行全面检查 2. 对于高倍数泡沫灭火系统，可在防护区内进行喷泡沫试验，并对系统所有组件、设施、管道及附件进行全面检查 3. 系统检查和试验完毕，应对泡沫液泵或泡沫混合液泵、泡沫液管道、泡沫混合液管道、泡沫管道、泡沫比例混合器（装置）、泡沫消火栓、管道过滤器或喷过泡沫的泡沫产生装置等用清水冲洗放空，复原系统，并进行记录	全部，每两年一次		

【实例 2-2-4】泡沫灭火系统维护保养报告的编制

某燃煤火力发电厂泡沫灭火系统 12 月维护保养报告

一、基本概况

某燃煤火力发电厂,设有输煤系统、锅炉房、汽机房、集控楼、燃油储罐等,配置有火灾自动报警系统、消火栓系统、自动喷水灭火系统、气体灭火系统、泡沫灭火系统等消防设施,其中燃油储罐设置了一套泡沫灭火系统,两个保护区,泡沫灭火装置位于水泵站(房)内。联系人王某,联系方式×××,位于××市××街道××路××号。

二、维护保养内容

按照维护保养计划,本次对该发电厂燃油储罐设置的泡沫灭火系统设备进行了维护保养,具体维护保养内容见表 2-2-10。

表 2-2-10　　　　泡沫灭火系统(12)月维护保养内容

设备名称	设置部位	数量
泡沫灭火装置	水泵站	1
泡沫产生器	固定顶式燃油储罐	10
泡沫消火栓	固定顶式燃油储罐防火堤外侧	10
泡沫炮	固定顶式燃油储罐防火堤外侧	2

三、维护保养情况说明

本次维护保养的情况见表 2-2-11。

表 2-2-11　　　　泡沫灭火系统(12)月维护保养情况

设备名称	维护保养项目	维护保养情况	异常情况说明
泡沫灭火装置	运行环境	正常	—
	设备外观	正常	—
	基本功能	正常	—
泡沫产生器	运行环境	正常	—
	设备外观	9只泡沫产生器外观正常,1只泡沫产生器损坏	1只泡沫产生器外观损坏
	基本功能	9只泡沫产生器运行正常,1只泡沫产生器不能正常产生泡沫	功能测试时,1只泡沫产生器不能正常产生泡沫

续表

设备名称	维护保养项目	维护保养情况	异常情况说明
泡沫消火栓	运行环境	正常	—
	设备外观	正常	—
	基本功能	正常	—
泡沫炮	运行环境	正常	—
	设备外观	正常	—
	基本功能	正常	—

四、故障设备处置措施

维护保养过程中,发现1号燃油储罐1只泡沫产生器外壳因受机械碰创破损。在12月份全面检查时,功能测试过程中经现场初步判断为5#(设备编号)泡沫产生器损坏,已报请委托方提供相同型号规格的泡沫产生器予以更换。

五、附件

本次维护保养的原始记录表格(见表2-2-12)。

表2-2-12　　　　泡沫灭火系统(12)月维护保养记录

序号	项目名称	技术要求	检查结果	结论
1	系统供水	消防水池有效容量≥500 m³,其中泡沫灭火系统用水≥144 m³	满足要求	合格
2	泡沫消防泵	主备泵设计流量288 m³/h,设计扬程80 m。	满足要求	合格
		泡沫消防泵宜采用自灌引水启动	满足要求	合格
		一组泡沫消防泵的吸水管不应少于两条,当其中一条损坏时,其余的吸水管应能通过全部用水量	满足要求	合格
		消防水泵应设置备用泵,其工作能力不应小于最大一台消防工作泵	满足要求	合格
3	泡沫消防泵站	泡沫消防泵启动后,将泡沫混合液或泡沫输送到最远保护对象的时间不大于5 min	满足要求	合格
		泡沫消防泵站内应设水池(罐)水位指示装置	满足要求	合格
		泡沫消防泵站与本单位消防站或消防保卫部门直接联络的通信设备功能正常	满足要求	合格
4	泡沫液及泡沫液储罐	泡沫液选型和配制应正确	满足要求	合格
		泡沫液宜储存在通风干燥的房间或敞棚内,储存的环境温度应符合泡沫液的使用温度。在室外时有防晒、防冻、防腐措施	满足要求	合格
		泡沫液储罐上应有标明泡沫液种类、型号、出厂及灌装日期的标志	满足要求	合格
5	泡沫比例混合器(装置)	标注方向应与液流方向一致	满足要求	合格
		比例混合器(装置)与管道连接处的安装应严密	满足要求	合格
6	泡沫产生器	吸气孔、发泡网及暴露的泡沫喷射口,不得有杂物进入或堵塞;泡沫出口附近不得有阻挡泡沫喷射及泡沫流淌的障碍物	5#泡沫产生器不满足要求	5#泡沫产生器故障,不合格
		高倍数泡沫产生器,应能使防护区形成比较均匀的泡沫覆盖层	满足要求	合格

续表

序号	项目名称	技术要求	检查结果	结论
7	泡沫喷头	规格、型号、数量应符合设计要求	—	—
		安装应牢固、规整，不得拆卸或损坏其附件	—	—
8	固定式泡沫炮	立管应垂直安装，炮口应朝向防护区，且无影响泡沫喷射的障碍物	满足要求	合格
		安装在炮塔或支架上时应牢固	满足要求	合格
		电动泡沫炮的控制设备、电源线、控制线的型号规格及设置位置、敷设方式、接线等应符合设计要求	满足要求	合格
9	泡沫消火栓	泡沫混合液管道上设置泡沫消火栓的规格、型号、数量、位置、安装方式、间距应符合设计要求	满足要求	合格
		地上式泡沫消火栓的大口径出液口应朝向消防车道	满足要求	合格
		地下式泡沫消火栓应有永久性明显标志，其顶部与井盖底面的距离不得大于 0.4 m，且不小于井盖半径	满足要求	合格
10	管道及阀门	系统中所用的控制阀门应有明显的启闭标志	满足要求	合格
		高倍数泡沫灭火系统管道上的自动控制阀门应具有手动启闭功能	—	—
		高倍数泡沫灭火系统中干式水平管道最低点应设排液阀，且坡向排液阀的管道坡度不得小于 3‰	—	—
		在寒冷季节有冰冻的地区，泡沫灭火系统的湿式管道应采取防冻措施	满足要求	合格
		泡沫—水喷淋系统的报警阀组、水流指示器、压力开关、末端试水装置的设置，应符合《自动喷水灭火系统设计规范》(GB 50084)的相关规定	—	—
11	防护区	全淹没系统	应是封闭或设置灭火所需的固定围挡的区域	—	—
			泡沫的围挡应为不燃结构，且应在系统设计灭火时间内具备围挡泡沫的能力	—	—
			门、窗等位于设计淹没深度以下的开口，在充分考虑人员撤离的前提下，应在泡沫喷放前或同时关闭	—	—
			对于不能自动关闭的开口，全淹没系统应对其泡沫损失进行相应补偿	—	—
			在泡沫淹没深度以下的墙上设置窗口时，宜在窗口部位设置网孔基本尺寸不大于 3.15 mm 的钢丝网或钢丝纱窗	—	—
			利用防护区外部空气发泡的封闭空间，应设置排气口，其位置应避免燃烧产物或其他有害气体回流到高倍数泡沫产生器进气口。排气口在灭火系统工作时应自动、手动开启，其排气速度不宜超过 5 m/s	—	—
			防护区应设置排水设施	—	—
			高倍数泡沫灭火系统固定设置的泡沫液桶（罐）和比例混合器不应放置在防护区内	—	—

续表

序号	项目名称	技术要求		检查结果	结论
12	系统功能	全淹没高倍数或固定局部应用高倍数泡沫灭火系统	应设置火灾自动报警系统，并符合现行国家标准《火灾自动报警系统设计规范》(GB 50116)的规定	—	—
			全淹没系统应设有自动控制、手动控制、应急机械控制三种方式	—	—
			消防控制室和防护区应设置声光报警装置	—	—
			消防自动控制设备宜与防护区内门窗的关闭装置、排气口的开启装置以及生产、照明电源的切断装置等联动	—	—
		高倍数泡沫灭火系统手动控制时应设有手动和应急操作两种控制方式，手动与应急机械控制装置应有标明其所控制区域的标记		—	—
		当系统以集中控制方式保护两个或两个以上的防护区时，其中一个防护区发生火灾不应危及到其他防护区		满足要求	合格
		设置固定式泡沫灭火系统的储罐区，应配置用于扑救液体流散火灾的辅助泡沫枪，每支辅助泡沫枪的泡沫混合液流量不应小于 240 L/min		满足要求	合格
		低、中倍数泡沫灭火系统应选择最不利点的防护区或储罐，进行一次喷泡沫试验；当为自动灭火系统时，应以自动控制的方式进行，喷射泡沫的时间不宜小于 1 min；泡沫混合液的混合比及泡沫混合液的发泡倍数应符合设计要求		满足要求	合格
		高倍数泡沫灭火系统应任选一个防护区，以手动或自动方式进行一次喷泡沫试验；当为自动灭火系统时，应以自动控制的方式进行，喷射泡沫的时间宜≥30 s，泡沫最小供给速率应符合设计要求		—	—
		泡沫喷雾系统应自动、手动和机械式应急操作三种启动方式		—	—
		泡沫喷雾系统在自动控制状态下，灭火系统的响应时间不应大于 60 s		—	—

【实例 2-2-5】气体灭火系统维护保养计划的编制

以某通信机楼气体灭火系统为例，其维护保养计划编制方法如下。

一、项目情况概述

某通信机楼，地上 3 层，高度 11 m，每层建筑面积约 800 m²，配置有火灾自动报警系统、消火栓系统、七氟丙烷灭火系统等消防设施。其中，2 个通信机房（分别在二层、三层）和 1 个配电室（一层）设置一套七氟丙烷灭火组合分配系统，储瓶间设置在二层。七氟丙烷灭火系统设备组件设置见表 2-2-13。

表 2-2-13 设备组件清单

序号	设备组件名称	数量	单位
1	灭火剂储存瓶组	11	瓶组
2	驱动气体瓶组	3	瓶组
3	液单向阀	11	只
4	气单向阀	5	只
5	选择阀	3	只
6	集流管（含安全泄放装置）	1	套
7	启动管路（含低泄高封阀）	3	套

续表

序号	设备组件名称	数量	单位
8	高压软管	11	根
9	气体灭火控制器	1	台
10	感烟火灾探测器	20	套
11	手动/自动转换装置	6	只
12	紧急启动/停止按钮	6	只
13	放气指示灯	6	个
14	声光报警器	12	只
15	信号反馈装置	3	只
16	喷嘴	18	只

二、计划编制步骤

步骤1 资料准备

（1）根据项目情况，收集气体灭火控制系统和气体灭火系统的设计说明、系统图，系统设备的平面布置图，气体灭火控制系统现场部件的编码表等设计文件。

（2）该通信机楼的竣工检测报告或年度检测报告。

（3）系统设备的产品使用说明书。

步骤2 设备设置情况核查

（1）对照设计图样对气体灭火控制系统和气体灭火系统设备、部件的设置数量、设置部位及运行状态等进行核查。

（2）对照气体灭火系统设计说明中的组合分配设计参数（见表2-2-14）和组合分配逻辑图（见图2-2-1），核查对应各数据机房和配电室灭火剂储存装置和选择阀的组合分配情况。

表2-2-14　　　　　　　　　　　组合分配设计参数

保护区	通信机房一	通信机房二	配电室
容积 V（m³）	1 095.5	983.5	350
设计浓度（%）	8	8	9
喷放时间≤（s）	8	8	10
设计用量 W（kg）	694.53	623.52	252.38
泄压口 $F_x \geq$（m²）	0.376	0.338	0.11
储瓶数	11	10	4
实际灭火剂用量（kg）	729.63	663.3	265.32
实际灭火剂浓度（%）	8.01	8.1	9.02
储瓶容积 v（m³）	0.09		
充装率（kg/m³）	737		
每瓶灭火剂量（kg）	66.33		
储存压力（MPa）	5.6		

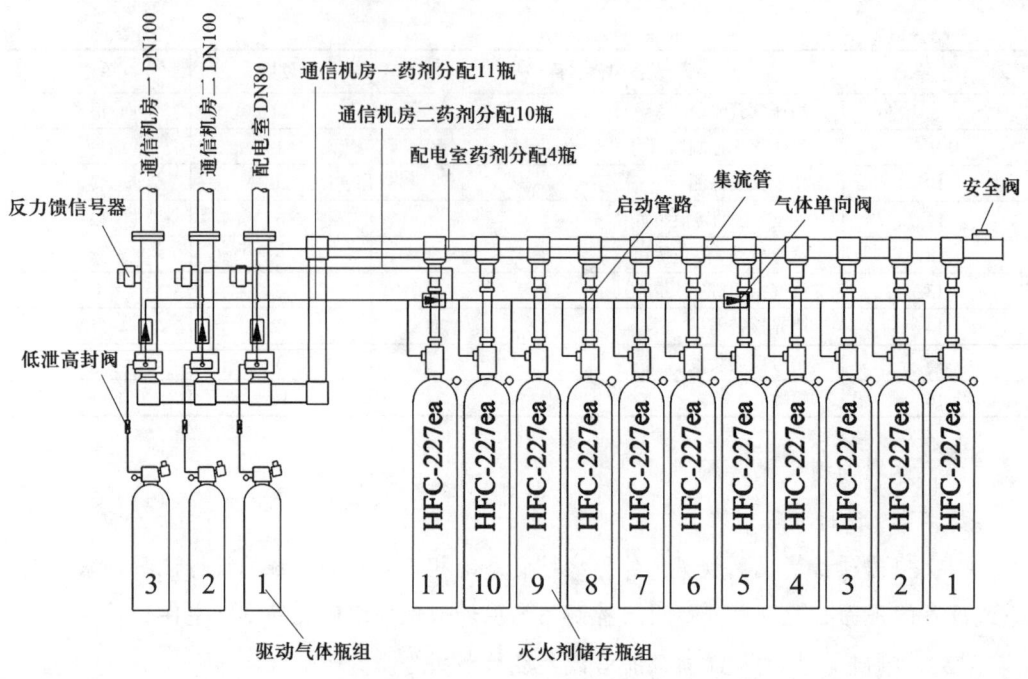

图 2-2-1 组合分配逻辑图

步骤 3 确定维护保养周期

根据现行国家标准《气体灭火系统施工及验收规范》（GB 50263）、《火灾自动报警系统施工及验收规范》（GB 50116）和《建筑消防设施的维护管理》（GB 25201）的规定及委托单位的要求，确定项目维护周期为每月，每季度对气体灭火系统进行一次全面检查、对火灾探测报警系统进行全数维护保养，每年进行一次模拟启动和模拟喷气试验。

步骤 4 确定维护保养内容

（1）每月维护保养的内容

1）气体灭火系统。灭火剂储存瓶组（包含灭火剂储存容器、容器阀、安全泄放装置及压力表）、驱动气体瓶组（包含驱动气体储存容器、容器阀、安全泄放装置及压力表）、单向阀、连接管、集流管、安全泄放装置、选择阀、喷嘴、信号反馈装置等全部系统组件。

2）气体灭火控制系统。根据项目维护保养周期的要求，确定每个月度维护保养气体灭火控制器、手动/自动转换装置、紧急启动/停止按钮等设备及组件外观，轮流对 1/3 的火灾探测器进行报警功能试验，保证每季度试验全部的火灾探测器。

（2）每季度维护保养的内容

1）气体灭火系统。进行一次包括防护区、气瓶间等除模拟喷气试验外的全面检查。

2）气体灭火控制系统。用自动或手动检查气体灭火控制器的控制显示功能；气体灭火控制系统的主电源和备用电源进行 1～3 次自动切换试验。

（3）每年维护保养的内容

1）全部防护区进行一次模拟启动试验。

2）选择一个防护区进行模拟喷气试验。

（4）压力部件维护管理

1）低压二氧化碳灭火剂储存容器的维护管理应按《固定式压力容器安全技术监察规程》（TSG 21）、《移动式压力容器安全技术监察规程》（TSG R0005）执行。

2）钢瓶的维护管理应按《气瓶安全技术监察规程》（TSG R0006）执行。

3）灭火剂输送管道耐压试验周期应按《固定式压力容器安全技术监察规程》（TSG21）、《移动式区力容器安全技术监察规程》（TSG R0005）执行。

步骤5　确定人员及设备配置

根据项目维护保养内容的要求，配置一名具备三级/高级工职业资格的人员进行作业，同时配备维护保养所需的数字式石英电子秒表、感烟探测器专用检测仪器、数字万用表等仪器、工具及耗材。

步骤6　形成维护保养工作计划

将气体灭火系统和气体灭火控制系统的设备名称、保养项目、保养范围、设备数量、保养周期、工期、人员配置等编制成表，见表2-2-15、表2-2-16。

表2-2-15　　　　　　　气体灭火系统维护月度保养计划

项目名称		某通信机楼气体灭火系统月度维护保养		工期（天）	1
月度	设备名称	保养项目	保养范围	设备数量	人员配置
1月 2月 4月 5月 7月 8月 10月 11月	灭火剂储存瓶组	1. 运行环境检查 2. 设备外观检查 3. 手动操作装置铅封检查 4. 铭牌、安全标志检查 5. 表面清洁 6. 检查压力表指针读数	全部	11	张某（三级/高级工）
	驱动气体瓶组			3	
	选择阀	1. 运行环境检查 2. 设备外观检查 3. 手动操作装置铅封检查 4. 铭牌、安全标识检查	全部	3	
	液单向阀	1. 运行环境检查 2. 设备外观检查 3. 表面清洁	全部	11	
	气单向阀			5	
	集流管（含安全泄放装置）			1	
	启动管路（含高泄低封阀）			3	
	信号反馈装置			3	
	高压软管			11	
	喷嘴			18	

续表

项目名称		某通信机楼气体灭火系统月度维护保养		工期（天）	1
月度	设备名称	保养项目	保养范围	设备数量	人员配置
3月 6月 9月 12月	灭火剂储存瓶组	1. 运行环境检查 2. 设备外观检查 3. 手动操作装置识铅封检查 4. 铭牌、安全标识检查 5. 表面清洁 6. 检查压力表指针读数 7. 固定情况检查 8. 灭火剂储存容器称重检查	全部	11	张某（三级/高级工）
	驱动气体瓶组			3	
	选择阀	1. 运行环境检查 2. 设备外观检查 3. 手动操作装置铅封检查 4. 铭牌、安全标识检查	全部	3	
	液单向阀	1. 运行环境检查 2. 设备外观检查 3. 表面清洁	全部	11	
	气单向阀			5	
	集流管（含安全泄放装置）			1	
	启动管路（含高泄低封阀）			3	
	信号反馈装置			3	
	高压软管	1. 运行环境检查 2. 设备外观检查 3. 连接管老化情况检查 4. 表面清洁	全部	11	
	喷嘴	1. 运行环境检查 2. 设备外观检查 3. 喷嘴孔口检查 4. 表面清洁		18	
	防护区	1. 可燃物的种类、分布情况 2. 开口情况		3	
	灭火剂输送管道	1. 管道和支架、吊架的固定情况检查 2. 管道外观检查			
12月	模拟启动试验	1. 可随机选择1个防护区进行一次手动模拟启动试验 2. 另外2个防护区分别进行一次自动模拟启动试验	全部	3	张某（三级/高级工）
	模拟喷气试验	通信机房一，采用3只与本气体灭火系统灭火剂储存容器相同的氮气或压缩空气储存容器，按设计要求充装压力，采用自动方式进行一次模拟喷气试验	按照合同规定，本年度对通信机房一进行模拟喷气试验	1	

表 2-2-16　　　　　　　　气体灭火控制系统月度维护保养计划

项目名称		某通信机楼气体灭火控制系统月度维护保养		工期（天）	1
月度	设备名称	保养内容	保养范围	设备数量	人员配置
1月 4月 7月 10月	气体灭火控制器	1. 运行环境检查 2. 设备外观检查 3. 火灾报警功能测试 4. 表面清洁 5. 控制器内部吹扫 6. 打印纸更换 7. 蓄电池保养	全部	1	张某（三级/高级工）
	火灾探测器	1. 运行环境检查 2. 设备外观检查 3. 火灾报警功能测试 4. 表面清洁	一层	4	
	手动/自动转换装置	1. 运行环境检查 2. 设备外观检查 3. 表面清洁	全部	6	
	紧急启动/停止按钮			6	
	放气指示灯			6	
	声光报警器			12	
2月 5月 8月 11月	气体灭火控制器	1. 运行环境检查 2. 设备外观检查 3. 火灾报警功能测试 4. 表面清洁 5. 控制器内部吹扫 6. 打印纸更换 7. 蓄电池保养	全部	1	张某（三级/高级工）
	火灾探测器	1. 运行环境检查 2. 设备外观检查 3. 火灾报警功能测试 4. 表面清洁	二层	8	
	手动/自动转换装置	1. 运行环境检查 2. 设备外观检查 3. 表面清洁	全部	6	
	紧急启动/停止按钮			6	
	放气指示灯			6	
	声光报警器			12	
3月 6月 9月 12月	气体灭火控制器	1. 运行环境检查 2. 设备外观检查 3. 火灾报警功能测试 4. 表面清洁 5. 控制器内部吹扫 6. 打印纸更换 7. 蓄电池保养 8. 用自动或手动检查控制显示功能 9. 主电源和备用电源进行1～3次自动切换试验	全部	1	张某（三级/高级工）

续表

项目名称		某通信机楼气体灭火控制系统月度维护保养		工期（天）	1
月度	设备名称	保养内容	保养范围	设备数量	人员配置
3月 6月 9月 12月	火灾探测器	1. 运行环境检查 2. 设备外观检查 3. 火灾报警功能测试 4. 表面清洁	三层	8	张某（三级/高级工）
	手动/自动转换装置	1. 运行环境检查 2. 设备外观检查 3. 表面清洁	全部	6	
	紧急启动/停止按钮			6	
	放气指示灯			6	
	声光报警器	1. 运行环境检查 2. 设备外观检查 3. 表面清洁 4. 试验声光显示		12	

【实例 2-2-6】气体灭火系统维护保养报告的编制

某通信机楼气体灭火系统 12 月维护保养报告

一、基本概况

某通信机楼，地上3层，高度11 m，每层建筑面积约800 m^2，配置有火灾自动报警系统、消火栓系统、七氟丙烷灭火系统等消防设施，其中2个通信机房（分别在二层、三层）和1个配电室（一层）设置一套七氟丙烷灭火组合分配系统，储瓶间设置在二层，消防控制室位于一层西侧。联系人王某，联系方式×××，位于××市××街道××路××号。

二、维护保养内容

按照维护保养计划，本次对该通信机楼气体灭火系统及灭火控制系统设备进行了维护保养，具体维护保养内容见表2-2-17。

表 2-2-17　　气体灭火系统（12）月维护保养内容

设备名称	设置部位	数量
火灾报警控制器	消防控制室	1
感烟火灾探测器	气体灭火防护区内	20
紧急启动/停止按钮	气体灭火防护区门外	6
手动/自动转换开关	配电室门外	6
声光报警器	气体灭火防护区内	12

续表

设备名称	设置部位	数量
放气指示灯	气体灭火防护区门外上部	6
七氟丙烷储存装置	灭火剂储瓶间	11
启动气瓶	灭火剂储瓶间	3
高压软管	灭火剂储瓶间	11
灭火剂单向阀	灭火剂储瓶间	11
集流管	灭火剂储瓶间	1
选择阀	灭火剂储瓶间	3
气单向阀	灭火剂储瓶间	5
低泄高封阀	灭火剂储瓶间	3
压力反馈信号器	灭火剂储瓶间	3
启动气体管路	灭火剂储瓶间	3
灭火剂输送管路	—	—
喷嘴	气体灭火防护区	18
联动设备	气体灭火防护区	—

三、维护保养情况说明

本次维护保养的情况见表 2-2-18。

表 2-2-18　　　　气体灭火系统（12）月维护保养情况说明

设备名称	维护保养项目	维护保养情况	异常情况说明
气体灭火系统	运行环境	正常	—
	设备外观	正常	—
	基本功能	正常	—
气体灭火控制系统	运行环境	正常	—
	设备外观	配电室1只紧急启动/停止按钮保护罩损坏	保护罩损坏
	基本功能	通信机房2的1只感烟探测器故障	灭火控制器显示1只探测器运行故障
模拟启动试验	通信机房1	正常	—
	通信机房2	压力反馈信号器未启动	没有反馈信号
	配电室	正常	—
	联动设备	正常	—
模拟喷气试验	通信机房1	正常	—
压力部件	灭火剂储存装置	正常	—
	启动气瓶	正常	—
	灭火剂输送管道	正常	—

四、故障设备处置措施

1. 一层配电室紧急启动/停止按钮保护罩破损，功能未受影响。已报请委托方提供相同型号规格的保护罩予以更换。

2. 通信机房 2 的 1 只感烟探测器故障，检测判定为探测器受潮。已报请委托方进行火灾探测器清洗。

3. 模拟启动试验时，手动触发通信机房 2 的压力反馈信号器，通信机房 2 的放气指示灯未点亮，检测判定为断线故障。已报请维修人员重新接线。

五、附件

本次维护保养的原始记录表格。

培训单元 3
水喷雾、细水雾、干粉灭火系统维护保养计划和报告的编制方法

【培训重点】

掌握水喷雾、细水雾、干粉灭火系统维护保养的内容。
熟练掌握水喷雾、细水雾、干粉灭火系统维护保养计划的编制方法。
熟练掌握水喷雾、细水雾、干粉灭火系统维护保养报告的编制方法。

【知识要求】

一、水喷雾灭火系统维护保养内容

水喷雾灭火系统的维护保养一般由三级/高级工及以上级别人员进行操作。系统维护保养的对象、项目、周期及人员资格见表 2-2-19。

二、细水雾灭火系统维护保养内容

细水雾灭火系统的维护保养一般由三级/高级工及以上级别人员进行操作。系统维护保养的对象、项目、要求、周期及人员资格见表 2-2-20。

表 2-2-19　水喷雾灭火系统维护保养的对象、项目、周期及人员资格

保养对象	保养项目	保养周期	人员资格
水雾喷头	1. 运行环境检查 2. 外观检查 3. 末端试水功能测试 4. 表面清洁	每个维护保养周期进行一次	三级/高级工
报警阀组	1. 运行环境检查 2. 设备外观检查 3. 报警阀组功能测试 4. 表面清洁	按月度、季度计划，确保每个年度每个设备进行一次	三级/高级工
给水设备	1. 运行环境检查 2. 设备外观检查 3. 启泵功能测试 4. 泵组表面清洁 5. 泵组控制柜内部吹扫		

表 2-2-20　细水雾灭火系统维护保养的对象、项目、要求、周期及人员资格

保养对象	保养项目	保养要求	保养周期	人员资格
细水雾喷头	运行环境	细水雾喷头周围应无遮挡物	按月度、季度划分，每个年度每个设备进行一次	三级/高级工
细水雾喷头	设备外观	1. 检查细水雾喷头外观，应无锈蚀、渗水等情况 2. 检查细水雾喷头滤网，应无堵塞等情况		
细水雾喷头	表面清洁	用吸尘器除尘，用微潮湿的布擦拭		
控制阀组	运行环境	控制阀周围应无遮挡物		
控制阀组	设备外观	1. 检查雨淋报警阀组的手动开启装置、电磁阀、过滤器等组件，应完好，无漏水、锈蚀 2. 检查分配阀，应无机械损伤，无变形		
控制阀组	表面清洁	用吸尘器除尘，用微潮湿的布擦拭部件外表面		
控制阀组	功能测试	1. 手动测试时，关闭系统侧控制阀门，打开雨淋阀组的手动开启装置，雨淋阀应动作打开，压力开关、水力警铃应动作报警，供水泵启动 2. 自动测试时，关闭系统侧控制阀门，模拟探测器报警，检查系统应按预设的逻辑关系动作 3. 应急启动测试时，关闭系统侧控制阀门，手动打开应急操作阀，雨淋阀应动作打开，压力开关、水力警铃应动作报警，供水泵启动		
供水装置	运行环境	1. 泵房/瓶组间内应无杂物 2. 检查安装部位是否有漏水、渗水现象		
供水装置	设备外观	1. 检查瓶组/水泵外观，应无锈蚀，无漏水、渗水等情况，标识应清楚，铭牌应清晰 2. 瓶组/水泵应安装牢固，紧固螺栓无松动 3. 检查水泵电动机外观，标识应清楚，铭牌应清晰 4. 检查水泵接线，应安装牢固		
供水装置	表面清洁	用吸尘器对泵组控制柜内部除尘，用微潮湿的布擦拭泵组及控制柜外表面		

续表

保养对象	保养项目	保养要求	保养周期	人员资格
供水装置	功能测试	1. 将消防水泵控制柜操作按钮置于手动状态，在消防水泵控制柜上手动启动消防水泵，水泵应能投入正常运行 2. 当设置有消防控制室时，将消防水泵控制柜操作按钮置于自动状态，在消防控制室利用手动直接控制装置控制水泵的启动、停止 3. 将控制柜操作按钮启置于自动状态，启动消防泵，模拟主泵故障，当主泵发生故障时，备用泵应能自动投入运行 4. 储瓶式细水雾灭火系统采用自动、手动、机械方式启动试验	按月度、季度划分，每个年度每个设备进行一次	三级/高级工

三、干粉灭火系统维护保养内容

干粉灭火系统的维护保养一般由三级/高级工及以上级别人员进行操作。系统维护保养的对象、项目、要求、周期及人员资格见表2-2-21。

表2-2-21　干粉灭火系统维护保养的对象、项目、要求、周期及人员资格

保养对象	保养项目	保养要求	保养周期	人员资格
喷头	运行环境	喷头周围应无遮挡物	按月度、季度划分，每个年度每个设备进行一次	三级/高级工
喷头	设备外观	1. 检查喷头外观，应无锈蚀等情况 2. 检查喷头有无灰尘或异物堵塞等情况		
喷头	表面清洁	用吸尘器除尘，用微潮湿的布擦拭		
选择阀、集流管	运行环境	选择阀、集流管周围应无遮挡物		
选择阀、集流管	设备外观	1. 检查选择阀及其信号反馈装置等组件，应完好，无锈蚀 2. 检查选择阀，应无机械损伤，无变形		
选择阀、集流管	表面清洁	用吸尘器除尘，用微潮湿的布擦拭部件外表面		
驱动装置	运行环境	驱动装置周围应无杂物		
驱动装置	设备外观	检查驱动气体储瓶型号、规格和数量以及充装量、充装压力		
驱动装置	表面清洁	用吸尘器除尘，用微潮湿的布擦拭部件外表面		
干粉存储装置	运行环境	瓶组间内应无杂物		
干粉存储装置	设备外观	1. 检查存储装置外观，应无锈蚀，无漏水、渗水等情况，标识应清楚，铭牌应清晰 2. 存储装置应安装牢固，紧固螺栓无松动 3. 检查存储装置接线，应安装牢固		
干粉存储装置	表面清洁	用吸尘器对存储装置除尘，用微潮湿的布擦拭存储装置外表面		
干粉存储装置	功能测试	1. 将灭火控制器的启动信号输出端与相应的启动驱动装置连接，启动驱动装置与启动阀门的动作机构脱离 2. 分别按下灭火控制器的启动按钮和防护区外的手动启动按钮（或感温、感烟探测器），观察防护区的声光报警信号及联动设备动作是否正常、驱动装置阀动作是否正常 3. 按下手动启动按钮后，在延迟时间内再按下紧急停止按钮，观察灭火控制器启动信号是否终止		

【实例 2-2-7】水喷雾灭火系统的维护保养计划的编制

以某商场水喷雾灭火系统为例,其维护保养计划编制方法如下。

一、项目情况概述

某商场,地上 5 层,高度 23 m,每层建筑面积 22 000 m^2,配置有火灾自动报警系统、消火栓系统、自动喷水灭火系统、柴油发电机组,并设置专用机房等消防设施。其中,柴油发电机房设置有水喷雾灭火系统,水雾喷头 12 个,雨淋阀组 1 套,水喷雾系统增压泵 2 台。

委托单位要求每 3 个月(季度)对水喷雾灭火系统进行维护保养一遍,每个月至少对报警阀组及供水设施进行维护保养一次。

二、计划编制步骤

步骤 1 资料准备

根据项目情况,收集水喷雾灭火系统的系统图及现场部件的平面布置图,对水喷雾灭火系统设备的设置数量、设置部位及运行状态等进行核查。

步骤 2 确定维护保养周期

根据委托单位的要求,确定项目维护周期为每月,每季度对水喷雾灭火系统进行全数维护保养。

步骤 3 确定维护保养内容

根据项目维护保养周期的要求,确定每个月度维护保养全部的水雾喷头、报警阀组及水喷雾系统加压泵组,具体的维护保养项目根据表 2-1-19 进行。

步骤 4 确定人员及设备配置

根据项目维护保养内容的要求,配置两名具备三级/高级工职业资格的人员进行作业,同时配备维护保养所需的车辆、仪器设备及耗材。

步骤 5 形成维护保养工作计划

将水喷雾灭火系统的设备名称、保养项目、保养范围、设备数量、保养周期、工期、人员配置情况等编制成表,见表 2-2-22。

表 2-2-22 水喷雾灭火系统月度维护保养计划

项目名称		某商场水喷雾灭火系统月度维护保养		工期(天)	1
月度	设备名称	保养项目	保养范围	设备数量	人员配置
每月	水雾喷头	1. 运行环境检查 2. 外观检查 3. 末端试水功能测试 4. 表面清洁	全部	12	张某(三级/高级工) 李某(三级/高级工)

续表

项目名称		某商场水喷雾灭火系统月度维护保养		工期（天）	1
月度	设备名称	保养项目	保养范围	设备数量	人员配置
每月	报警阀组	1. 运行环境检查 2. 设备外观检查 3. 报警阀组功能测试 4. 表面清洁	全部	1	张某（三级/高级工） 李某（三级/高级工）
	供水设施	1. 运行环境检查 2. 设备外观检查 3. 启泵功能测试 4. 泵组表面清洁 5. 泵组控制柜内部吹扫	全部	2	

【实例2-2-8】水喷雾灭火系统的维护保养报告

某商场水喷雾灭火系统 _7_ 月维护保养报告

一、基本概况

某商场，地上5层，高度23 m，每层建筑面积22 000 m²，柴油发电机组位于地下一层，水喷雾灭火系统设置在柴油发电机房。联系人王某，联系方式×××，位于××市××街道×××路×××号。

二、维护保养内容

按照维护保养计划，本次对该商场地下一层柴油发电机房水喷雾灭火系统进行了维护保养，具体维护保养内容见表2-2-23。

表 2-2-23　　水喷雾灭火系统（7）月维护保养内容

设备名称	设置部位	数量
水雾喷头	柴油发电机房	12
报警阀组	消防泵房	1
供水设施	消防泵房	2

三、维护保养情况说明

本次维护保养的情况见表2-2-24。

四、故障设备处置措施

维护保养过程中，发现雨淋报警阀组不能复位，经现场初步判断为有杂质卡住复位装置密封面，初步处置方案为拆下复位装置，用清水冲洗干净后重新安装、调试。

表 2-2-24　　　　　　　水喷雾灭火系统（7）月维护保养情况

设备名称	维护保养项目	维护保养情况	异常情况说明
水雾喷头	运行环境	正常	—
	设备外观	正常	—
	基本功能	正常	—
报警阀组	运行环境	正常	—
	设备外观	正常	—
	基本功能	不正常	无法复位
供水设施	运行环境	正常	—
	设备外观	正常	—
	基本功能	正常	—

五、附件

本次维护保养的原始记录表格。

培训单元 4
自动跟踪定位射流灭火系统与固定消防炮灭火系统维护保养计划和报告的编制方法

【培训重点】

掌握自动跟踪定位射流灭火系统与固定消防炮灭火系统维护保养的内容。

熟练掌握自动跟踪定位射流灭火系统与固定消防炮灭火系统维护保养计划的编制方法。

熟练掌握自动跟踪定位射流灭火系统与固定消防炮灭火系统维护保养报告的编制方法。

【知识要求】

一、自动跟踪定位射流灭火系统维护保养内容

自动跟踪定位射流灭火系统维护保养一般由三级/高级工进行操作。系统维护保养的对象、项目、周期及人员资格见表2-2-25。

表2-2-25　自动跟踪定位射流灭火系统维护保养的对象、项目、周期及人员资格

保养对象	保养项目	保养周期	人员资格
供电电源	检查主电源、备用电源接通情况	每日	三级/高级工
	检查不间断电源（Uninterrupted Power Supply，UPS）供电输出是否正常	每月	
	检查UPS蓄电池组工作状态是否正常	每月	
	检查UPS逆变供电是否正常	每月	
	检查UPS主机负载是否正常	每月	
	对UPS进行充放电试验	每季	
控制装置	检查所有控制装置设备的控制面板及显示信号状态	每日	
	控制装置设备清洁、除尘	每月	
	检查控制装置的电源、通信、控制、视频接线应整齐、牢固	每月	
	检查控制主机参数设置是否正确、软件运行是否正常	每月	
	测试控制主机自检功能是否正常	每月	
	检查控制主机声光报警、消音、复位功能是否正常	每月	
	检查控制主机报警信息显示、记忆和打印功能是否正常	每月	
	检查控制主机对灭火装置、自动控制阀、消防水泵的操作控制功能及信号反馈是否正常	每月	
	检查现场控制箱对灭火装置、自动控制阀、消防水泵的操作控制功能及信号反馈是否正常	每月	
	检查硬盘录像机对可见视频的录像、回放功能	每月	
	检查矩阵切换器对监控视频图像的选择、切换功能是否正常	每月	
	检查监视器显示画面是否正常	每月	
灭火装置	检查外观应良好、接线应整齐牢固	每月	
	检查回转机构动作应正常	每月	
	清洁、除尘，运动机构添加润滑油	每年	

续表

保养对象	保养项目	保养周期	人员资格
探测装置	检查外观应良好、接线应整齐牢固	每月	三级/高级工
	检查火源自动探测、定位功能是否正常	每月	
	检查图像型火灾探测器可见视频图像信号是否正常	每月	
电气线路	检查线路接头及端子,对锈蚀、老化、损坏的接头及端子进行更新	每月	
	整理杂乱线路,修复故障线路	每月	
	对无标识或标识不清的线路进行标识,制作线路标签	每月	
消防水泵及气压稳压装置	检查消防水泵自动巡检运转情况	每周	
	检查消防水泵启动运转情况	每月	
	检查消防水泵出流量和压力是否正常,消防水泵启动、主备泵切换是否正常	每季	
	检查气压稳压装置工作状态是否正常	每月	
消防储水设施、设备	检查消防水池、水箱的水位是否正常	每日	
	寒冷季节,检查消防水源是否有结冰	每日	
	检查和清洗水池、水箱、过滤器	每年	
	根据当地环境、气候条件进行更换水池、水箱、消防气压给水设备内的消防水	不定期	
系统供水管网、管道、阀门及附件	检查管网内的水压是否正常	每日	
	检查管道和支(吊)架是否松动,管道连接件是否变形、老化或有裂纹	每季	
	检查管道及附件外观及标识应正确	每月	
	检查阀门开闭状态是否正常	每月	
	检查水泵接合器是否完好	每季	
模拟末端试水装置	检查测试出水和压力应正常	每季	
	检查系统启动功能是否正常	每年	
系统联动功能测试	检查系统联动控制功能应正常	每年	

注:本表中维护保养周期为每日、每周的内容应由用户单位巡查人员按照每日、每周的要求完成,同时应由维护保养单位在月度维护保养工作中完成。

二、固定消防炮灭火系统维护保养内容

固定消防炮灭火系统维护保养一般由三级/高级工进行操作。系统维护保养的对象、项目、周期及人员资格见表2-2-26。

表 2-2-26　固定消防炮灭火系统维护保养的对象、项目、周期及人员资格

保养对象	保养项目	保养周期	人员资格
供电电源	检查主电源、备用电源接通情况	每日	三级/高级工
控制装置	检查所有控制装置设备的控制面板及显示信号状态	每日	
	控制装置设备清洁、除尘	每月	
	检查控制装置的电源、通信、控制接线应整齐、牢固	每月	
	检查控制主机对消防炮、控制阀、消防水泵的操作控制功能及信号反馈是否正常	每月	
	检查现场控制箱对消防炮、控制阀、消防水泵的操作控制功能及信号反馈是否正常	每月	
	检查无线遥控器对消防炮及控制阀的选择、操作控制功能是否正常	每月	
消防炮	检查外观应良好、接线应整齐牢固	每月	
	检查回转、直流/喷雾转换机构动作是否正常	每周	
	清洁、除尘，运动机构加注润滑油	每季	
电气线路	检查线路接头及端子，对锈蚀、老化、损坏的接头及端子进行更新	每月	
	整理杂乱线路，修复故障线路	每月	
	对无标识或标识不清的线路进行标识，制作线路标签	每月	
消防水泵及气压稳压装置	检查消防水泵自动巡检运转情况	每周	
	检查消防水泵启动运转情况	每月	
	检查消防水泵出流量和压力是否正常，消防水泵启动、主备泵切换是否正常	每季	
	检查气压稳压装置工作状态是否正常	每月	
消防储水设施、设备	检查消防水池、水箱的水位是否正常	每日	
	寒冷季节，检查消防水源是否有结冰	每日	
	检查和清洗水池、水箱、过滤器	每年	
	根据当地环境、气候条件进行更换水池、水箱、消防气压给水设备内的消防水	不定期	
泡沫罐和泡沫比例混合装置	检查外观是否正常，安装固定是否牢固，管路连接是否紧密	每月	
	检查泡沫罐液位是否正常	每月	
	检查泡沫罐内泡沫灭火剂是否在有效期内	每年	
干粉罐和氮气瓶组	检查外观是否正常，安装固定是否牢固，管路连接是否紧密	每月	
	检查氮气瓶的储压是否正常	每月	
	检查干粉罐内干粉灭火剂是否在有效期内	每年	
系统供水管网、管道、阀门及附件	检查管网内的水压是否正常	每日	
	检查管道和支（吊）架是否松动，管道连接件是否变形、老化或有裂纹	每季	
	检查管道及附件外观及标识应正确	每月	
	检查阀门开闭状态是否正常	每月	
系统喷射功能测试	测试消防泡沫炮、消防水炮系统喷水是否正常	每半年	
	测试固定消防炮灭火系统喷射是否符合设计要求	每两年	

注：本表中保养周期为每日、每周的内容应由用户单位巡查人员按照每日、每周的要求完成，同时应由维护保养单位在月度维护保养工作中完成。

【实例 2-2-9】自动跟踪定位射流灭火系统维护保养计划的编制

以某展览中心自动跟踪定位射流灭火系统为例，其维护保养计划编制方法如下。

一、项目情况概述

某展览中心，地上一层展馆，长 300 m，宽 80 m，净空高度 22 m，展馆建筑面积 24 000 m^2，配置有火灾自动报警系统、消火栓系统、自动跟踪定位射流灭火系统，其中自动跟踪定位射流灭火系统设置自动消防炮（30 L/s）12 台，现场控制箱 12 只，自动控制阀 12 套，图像型火灾探测器 24 只，控制主机 1 台，硬盘录像机 1 台，矩阵切换器 1 台，监视器 6 台，UPS 电源 1 套，消防水泵 2 台，气压稳压装置 1 套，模拟末端试水装置 1 套，以及消防供水设施、管网等。

委托单位要求每个月至少进行维护保养一次，每 3 个月（季度）对全部自动跟踪定位射流灭火系统进行维护保养一遍。

二、计划编制步骤

步骤 1　资料准备

根据项目情况，收集自动跟踪定位射流灭火系统的系统图及现场设备的平面布置图，对自动跟踪定位射流灭火系统设备的参数、数量、安装位置及运行状态等进行核查。

步骤 2　确定维护保养周期

根据委托单位的要求，确定项目维护周期为每月，每季度对自动跟踪定位射流灭火系统进行全数维护保养。

步骤 3　确定维护保养内容

根据项目维护保养周期的要求，应明确维护保养内容，具体维护保养项目根据表 2-2-25 进行。

步骤 4　确定人员及设备配置

根据项目维护保养内容的要求，配置两名具备三级 / 高级工职业资格的人员进行作业，同时配备维护保养所需要的登高设备、防护设施、仪器设备及耗材。

步骤 5　形成维护保养工作计划

将自动跟踪定位射流灭火系统的设备名称、保养项目、保养范围、设备数量、保养周期、工期、人员配置等编制成表，见表 2-2-27。

表 2-2-27　自动跟踪定位射流灭火系统月度维护保养工作计划

项目名称		某展览中心自动跟踪定位射流灭火系统月度维护保养	工期（天）		2
月度	设备名称	保养项目	保养范围	设备数量	人员配置
1月 4月 7月 10月	供电电源	检查主电源、备用电源接通情况	全部	1	张某（三级/高级工） 李某（三级/高级工）
		检查 UPS 电源供电输出是否正常			
		检查 UPS 电源蓄电池组工作状态是否正常			
		检查 UPS 电源逆变供电是否正常			
		检查 UPS 电源主机负载是否正常			

续表

项目名称		某展览中心自动跟踪定位射流灭火系统月度维护保养		工期（天）	2
月度	设备名称	保养项目	保养范围	设备数量	人员配置
1月 4月 7月 10月	控制装置	检查所有控制装置设备的控制面板及显示信号状态	全部	全部	张某（三级/高级工） 李某（三级/高级工）
		控制装置设备清洁、除尘			
		检查控制装置的电源、通信、控制、视频接线应整齐、牢固			
		检查控制主机参数设置是否正确，软件运行是否正常			
		测试控制主机自检功能是否正常			
		检查控制主机声光报警、消音、复位功能是否正常			
		检查控制主机报警信息显示、记忆和打印功能是否正常			
		检查控制主机对灭火装置、自动控制阀、消防水泵的操作控制功能及信号反馈是否正常			
		检查现场控制箱对灭火装置、自动控制阀、消防水泵的操作控制功能及信号反馈是否正常			
		检查硬盘录像机对可见视频的录像、回放功能			
		检查矩阵切换器对监控视频图像的选择、切换功能是否正常			
		检查监视器显示画面是否正常			
	灭火装置	检查外观应良好、接线应整齐牢固	设备编号1~4#	4	
		检查回转机构动作应正常			
	探测装置	检查外观应良好、接线应整齐牢固	设备编号1~8#	8	
		检查火源自动探测、定位功能是否正常			
		检查图像型火灾探测器可见视频图像信号是否正常			
	电气线路	检查线路接头与端子，对锈蚀、老化、损坏的接头及端子进行更新	全部	全部	
		整理杂乱线路，修复故障线路			
		对无标识或标识不清的线路进行标识，制作线路标签			
	消防水泵及气压稳压装置	检查消防水泵自动巡检运转情况	全部	全部	
		检查消防水泵启动运转情况			
		检查气压稳压装置工作状态是否正常			
	消防储水设施、设备	检查消防水池、水箱的水位是否正常	全部	全部	
		寒冷季节，检查消防水源是否有结冰			
	系统供水管网、管道、阀门及附件	检查管网内的水压是否正常	全部	全部	
		检查管道及附件外观及标识应正确			
		检查阀门开闭状态是否正常			

续表

项目名称		某展览中心自动跟踪定位射流灭火系统月度维护保养		工期（天）	2
月度	设备名称	保养项目	保养范围	设备数量	人员配置
2月 5月 8月 11月	供电电源	检查主电源、备用电源接通情况	全部	1	张某（三级/高级工） 李某（三级/高级工）
		检查UPS电源供电输出是否正常			
		检查UPS电源蓄电池组工作状态是否正常			
		检查UPS电源逆变供电是否正常			
		检查UPS电源主机负载是否正常			
	控制装置	检查所有控制装置设备的控制面板及显示信号状态	全部	全部	
		控制装置设备清洁、除尘			
		检查控制装置的电源、通信、控制、视频接线应整齐、牢固			
		检查控制主机参数设置是否正确、软件运行是否正常			
		测试控制主机自检功能是否正常			
		检查控制主机声光报警、消音、复位功能是否正常			
		检查控制主机报警信息显示、记忆和打印功能是否正常			
		检查控制主机对灭火装置、自动控制阀、消防水泵的操作控制功能及信号反馈是否正常			
		检查现场控制箱对灭火装置、自动控制阀、消防水泵的操作控制功能和信号反馈是否正常			
		检查硬盘录像机对可见视频的录像、回放功能			
		检查矩阵切换器对监控视频图像的选择、切换功能是否正常			
		检查监视器显示画面是否正常			
	灭火装置	检查外观应良好、接线应整齐牢固	设备编号5~8#	4	
		检查回转机构动作应正常			
	探测装置	检查外观应良好、接线应整齐牢固	设备编号9~16#	8	
		检查火源自动探测、定位功能是否正常			
		检查图像型火灾探测器可见视频图像信号是否正常			
	电气线路	检查线路接头及端子，对锈蚀、老化、损坏的接头及端子进行更新	全部	全部	
		整理杂乱线路，修复故障线路			
		对无标识或标识不清的线路进行标识，制作线路标签			

续表

项目名称		某展览中心自动跟踪定位射流灭火系统月度维护保养	工期（天）		2
月度	设备名称	保养项目	保养范围	设备数量	人员配置
2月 5月 8月 11月	消防水泵及气压稳压装置	检查消防水泵自动巡检运转情况	全部	全部	张某（三级/高级工） 李某（三级/高级工）
		检查消防水泵启动运转情况			
		检查气压稳压装置工作状态是否正常			
	消防储水设施、设备	检查消防水池、水箱的水位是否正常	全部	全部	
		寒冷季节，检查消防水源是否有结冰			
	系统供水管网、管道、阀门及附件	检查管网内的水压是否正常	全部	全部	
		检查管道及附件外观及标识应正确			
		检查阀门开闭状态是否正常			
3月 6月 9月 12月	供电电源	检查主电源、备用电源接通情况	全部	1	张某（三级/高级工） 李某（三级/高级工）
		检查UPS供电输出是否正常			
		检查UPS蓄电池组工作状态是否正常			
		检查UPS逆变供电是否正常			
		检查UPS主机负载是否正常			
		对UPS进行充放电试验			
	控制装置	检查所有控制装置设备的控制面板及显示信号状态	全部	全部	
		控制装置设备清洁、除尘			
		检查控制装置的电源、通信、控制、视频接线应整齐、牢固			
		检查控制主机参数设置是否正确、软件运行是否正常			
		测试控制主机自检功能是否正常			
		检查控制主机声光报警、消音、复位功能是否正常			
		检查控制主机报警信息显示、记忆和打印功能是否正常			
		检查控制主机对灭火装置、自动控制阀、消防水泵的操作控制功能及信号反馈是否正常			
		检查现场控制箱对灭火装置、自动控制阀、消防水泵的操作控制功能及信号反馈是否正常			
		检查硬盘录像机对可见视频的录像、回放功能			
		检查矩阵切换器对监控视频图像的选择、切换功能是否正常			
		检查监视器显示画面是否正常			
	灭火装置	检查外观应良好、接线应整齐牢固	设备编号9~12#	4	
		检查回转机构动作应正常			

续表

项目名称		某展览中心自动跟踪定位射流灭火系统月度维护保养	工期（天）		2
月度	设备名称	保养项目	保养范围	设备数量	人员配置
3月 6月 9月 12月	探测装置	检查外观应良好、接线应整齐牢固	设备编号17~24#	8	张某（三级/高级工） 李某（三级/高级工）
		检查火源自动探测、定位功能是否正常			
		检查图像型火灾探测器可见视频图像信号是否正常			
	电气线路	检查线路接头及端子，对锈蚀、老化、损坏的接头及端子进行更新	全部	全部	
		整理杂乱线路，修复故障线路			
		对无标识或标识不清的线路进行标识，制作线路标签			
	消防水泵及气压稳压装置	检查消防水泵自动巡检运转情况	全部	全部	
		检查消防水泵启动运转情况			
		检查消防水泵出流量和压力是否正常，消防水泵启动、主备泵切换是否正常			
		检查气压稳压装置工作状态是否正常			
	消防储水设施、设备	检查消防水池、水箱的水位是否正常	全部	全部	
		寒冷季节，检查消防水源是否有结冰			
		根据当地环境、气候条件进行更换水池、水箱、消防气压给水设备内的消防水			
	系统供水管网、管道、阀门及附件	检查管网内的水压是否正常	全部	全部	
		检查管道和支吊架是否松动，管道连接件是否变形、老化或有裂纹			
		检查管道及附件外观及标识应正确			
		检查阀门开闭状态是否正常			
		检查水泵接合器是否完好			
	模拟末端试水装置	检查测试出水和压力应正常	全部	1	
12月	灭火装置	清洁、除尘，运动机构添加润滑油	全部	12	张某（三级/高级工） 李某（三级/高级工）
	消防储水设施、设备	检查和清洗水池、水箱、过滤器	全部	全部	
	模拟末端试水装置	检查系统启动功能是否正常	全部	1	
	系统联动功能测试	检查系统联动控制功能应正常	全部	全部	

【实例 2-2-10】自动跟踪定位射流灭火系统维护保养报告的编制

某展览中心自动跟踪定位射流灭火系统 __6__ 月维护保养报告

一、基本概况

某展览中心，地上一层展馆，长 300 m，宽 80 m，净空高度 22 m，展馆建筑面积 24 000 m^2，消防控制室位于一层南侧。联系人王某，联系方式×××，位于××市××区××路××号。

二、维护保养内容

按照维护保养计划，本次对该展览中心一层设置的自动跟踪定位射流灭火系统设备进行了维护保养，具体维护保养内容见表 2-2-28。

表 2-2-28　　自动跟踪定位射流灭火系统（6）月维护保养内容

保养对象	设置部位	数量
供电电源	全部	全部
控制装置	全部	全部
灭火装置	设备编号 9~12#	4
探测装置	设备编号 17~24#	8
电气线路	全部	全部
消防水泵及气压稳压装置	全部	全部
消防储水设施、设备	全部	全部
系统供水管网、管道、阀门及附件	全部	全部
模拟末端试水装置	全部	全部

三、维护保养情况说明

本次维护保养的情况见表 2-2-29。

表 2-2-29　　自动跟踪定位射流灭火系统（6）月维护保养情况

保养对象	保养项目	维护保养情况	异常情况说明
供电电源	检查主电源、备用电源接通情况	正常	—
	检查 UPS 供电输出是否正常	正常	—
	检查 UPS 蓄电池组工作状态是否正常	正常	—
	检查 UPS 逆变供电是否正常	正常	—
	检查 UPS 主机负载是否正常	正常	—
	对 UPS 进行充放电试验	正常	—

续表

保养对象	保养项目	维护保养情况	异常情况说明
控制装置	检查所有控制装置设备的控制面板及显示信号状态	正常	—
	控制装置设备清洁、除尘	完成	—
	检查控制装置的电源、通信、控制、视频接线应整齐、牢固	正常	—
	检查控制主机参数设置是否正确、软件运行是否正常	正常	—
	测试控制主机自检功能是否正常	正常	—
	检查控制主机声光报警、消音、复位功能是否正常	声光报警故障	不报警
	检查控制主机报警信息显示、记忆和打印功能是否正常	正常	—
	检查控制主机对灭火装置、自动控制阀、消防水泵的操作控制功能及信号反馈是否正常	正常	—
	检查现场控制箱对灭火装置、自动控制阀、消防水泵的操作控制功能及信号反馈是否正常	正常	—
	检查硬盘录像机对可见视频的录像、回放功能	正常	—
	检查矩阵切换器对监控视频图像的选择、切换功能是否正常	正常	—
	检查监视器显示画面是否正常	3# 监视器故障	不显示图像
灭火装置	检查外观应良好、接线应整齐牢固	正常	—
	检查回转机构动作应正常	10# 自动消防炮故障	不动作
探测装置	检查外观应良好、接线应整齐牢固	正常	—
	检查火源自动探测、定位功能是否正常	正常	—
	检查图像型火灾探测器可见视频图像信号是否正常	正常	—
电气线路	检查线路接头及端子，对锈蚀、老化、损坏的接头及端子进行更新	正常	—
	整理杂乱线路，修复故障线路	正常	—
	对无标识或标识不清的线路进行标识，制作线路标签	正常	—
消防水泵及气压稳压装置	检查消防水泵自动巡检运转情况	正常	—
	检查消防水泵启动运转情况	正常	—
	检查消防水泵出流量和压力是否正常，消防水泵启动、主备泵切换是否正常	正常	—
	检查气压稳压装置工作状态是否正常	正常	—
消防储水设施、设备	检查消防水池、水箱的水位是否正常	正常	—
	寒冷季节，检查消防水源是否有结冰	正常	—
	根据当地环境、气候条件进行更换水池、水箱、消防气压给水设备内的消防水	正常	—
系统供水管网、管道、阀门及附件	检查管网内的水压是否正常	正常	—
	检查管道和支吊架是否松动，管道连接件是否变形、老化或有裂纹	正常	—
	检查管道及附件外观及标识应正确	正常	—
	检查阀门开闭状态是否正常	正常	—
	检查水泵接合器是否完好	正常	—
模拟末端试水装置	检查测试出水和压力应正常	正常	—

四、故障设备处置措施

维护保养过程中发现：控制主机声、光警报器故障，不报警，经检查，设备损坏；3#监视器故障，不显示图像，经检查，监视器显示屏损坏；10#自动消防炮故障，不动作，经检查，自动消防炮动作机构卡死。故障设备应进行维修或更换，已报请委托方，请委托方尽快批复。

五、附件

本次维护保养的原始记录表格。

【实例 2-2-11】固定消防炮灭火系统维护保养计划的编制

以某石化公司石油化工厂固定消防炮灭火系统为例，其维护保养计划编制方法如下。

一、项目情况概述

某石化公司石油化工厂装置区，配置远程控制消防炮灭火系统，设置消防炮塔6座，每座消防炮塔上安装远程控制消防水炮1台、消防泡沫炮1台、自保护水喷雾系统1套、现场控制箱1台，每台消防炮及自保护水喷雾系统各设电动控制阀1台，系统还设有控制主机1台、无线遥控器3只以及消防水泵3台（2用1备）、气压稳压装置1套、储罐压力式泡沫比例混合装置2台、消防供水设施及管网等。

委托单位要求每3个月（季度）对全部固定消防炮灭火系统进行维护保养一遍，每个月至少进行维护保养一次。

二、计划编制步骤

步骤1　资料准备

根据项目情况，收集固定消防炮灭火系统的系统图及现场设备的平面布置图，对固定消防炮灭火系统设备的参数、数量、安装位置及运行状态等进行核查。

步骤2　确定维护保养周期

根据委托单位的要求，确定项目维护周期为每月，每季度对固定消防炮灭火系统进行全数维护保养。

步骤3　确定维护保养内容

根据项目维护保养周期的要求，应明确维护保养内容，具体的维护保养项目根据表2-2-26进行。

步骤4　确定人员及设备配置

根据项目维护保养内容的要求，配置两名具备三级/高级工职业资格的人员进行作业，同时配备维护保养所需要的专用工具、防护设施、仪器设备及耗材。

步骤5　形成维护保养工作计划

将固定消防炮灭火系统的设备名称、保养项目、保养范围、设备数量、保养周期、工期、人员配置等编制成表，见表2-2-30。

表2-2-30　　　　固定消防炮灭火系统月度维护保养工作计划

项目名称		某石化公司石油化工厂固定消防炮灭火系统月度维护保养	工期（天）		1
月度	设备名称	保养项目	保养范围	设备数量	人员配置
1月 4月 7月 10月	供电电源	检查主电源、备用电源接通情况	全部	全部	张某（三级/高级工） 李某（三级/高级工）
	控制装置	检查所有控制装置设备的控制面板及显示信号状态	全部	全部	
		控制装置设备清洁、除尘			
		检查控制装置的电源、通信、控制接线应整齐、牢固			
		检查控制主机对消防炮、控制阀、消防水泵的操作控制功能及信号反馈是否正常			
		检查现场控制箱对消防炮、控制阀、消防水泵的操作控制功能及信号反馈是否正常			
		检查无线遥控器对消防炮及控制阀的选择、操作控制功能是否正常			
	消防炮	检查外观应良好、接线应整齐牢固	1#和2#消防炮塔	4	
		检查回转、直流/喷雾转换机构动作是否正常			
		清洁、除尘，运动机构加注润滑油			
	电气线路	检查线路接头及端子，对锈蚀、老化、损坏的接头及端子进行更新	全部	全部	
		整理杂乱线路，修复故障线路			
		对无标识或标识不清的线路进行标识，制作线路标签			
	消防水泵及气压稳压装置	检查消防水泵自动巡检运转情况	全部	全部	
		检查消防水泵启动运转情况			
		检查气压稳压装置工作状态是否正常			
	消防储水设施、设备	检查消防水池、水箱的水位是否正常	全部	全部	
		寒冷季节，检查消防水源是否有结冰			
	泡沫罐和泡沫比例混合装置	检查外观是否正常，安装固定是否牢固，管路连接是否紧固	全部	全部	
		检查泡沫罐液位是否正常			
	系统供水管网、管道、阀门及附件	检查管网内的水压是否正常	全部	全部	
		检查管道及附件外观及标识应正确			
		检查阀门开闭状态是否正常			

续表

项目名称		某石化公司石油化工厂固定消防炮灭火系统月度维护保养	工期（天）		1
月度	设备名称	保养项目	保养范围	设备数量	人员配置
2月 5月 8月 11月	供电电源	检查主电源、备用电源接通情况	全部	全部	张某（三级/高级工） 李某（三级/高级工）
	控制装置	检查所有控制装置设备的控制面板及显示信号状态	全部	全部	
		控制装置设备清洁、除尘			
		检查控制装置的电源、通信、控制接线应整齐、牢固			
		检查控制主机对消防炮、控制阀、消防水泵的操作控制功能及信号反馈是否正常			
		检查现场控制箱对消防炮、控制阀、消防水泵的操作控制功能及信号反馈是否正常			
		检查无线遥控器对消防炮及控制阀的选择、操作控制功能是否正常			
	消防炮	检查外观应良好、接线应整齐牢固	3#和4#消防炮塔	4	
		检查回转、直流/喷雾转换机构动作是否正常			
		清洁、除尘，运动机构加注润滑油			
	电气线路	检查线路接头及端子，对锈蚀、老化、损坏的接头及端子进行更新	全部	全部	
		整理杂乱线路，修复故障线路			
		对无标识或标识不清的线路进行标识，制作线路标签			
	消防水泵及气压稳压装置	检查消防水泵自动巡检运转情况	全部	全部	
		检查消防水泵启动运转情况			
		检查气压稳压装置工作状态是否正常			
	消防储水设施、设备	检查消防水池、水箱的水位是否正常	全部	全部	
		寒冷季节，检查消防水源是否有结冰			
	泡沫罐和泡沫比例混合装置	检查外观是否正常，安装固定是否牢固，管路连接是否紧固	全部	全部	
		检查泡沫罐液位是否正常			
	系统供水管网、管道、阀门及附件	检查管网内的水压是否正常	全部	全部	
		检查管道及附件外观及标识应正确			
		检查阀门开闭状态是否正常			

续表

项目名称		某石化公司石油化工厂固定消防炮灭火系统月度维护保养	工期（天）		1
月度	设备名称	保养项目	保养范围	设备数量	人员配置
3月 6月 9月 12月	供电电源	检查主电源、备用电源接通情况	全部	全部	张某（三级/高级工） 李某（三级/高级工）
	控制装置	检查所有控制装置设备的控制面板及显示信号状态	全部	全部	
		控制装置设备清洁、除尘			
		检查控制装置的电源、通信、控制接线应整齐、牢固			
		检查控制主机对消防炮、控制阀、消防水泵的操作控制功能及信号反馈是否正常			
		检查现场控制箱对消防炮、控制阀、消防水泵的操作控制功能及信号反馈是否正常			
		检查无线遥控器对消防炮及控制阀的选择、操作控制功能是否正常			
	消防炮	检查外观应良好、接线应整齐牢固	5#和6#消防炮塔	4	
		检查回转、直流/喷雾转换机构动作是否正常			
		清洁、除尘，运动机构加注润滑油			
	电气线路	检查线路接头及端子，对锈蚀、老化、损坏的接头及端子进行更新	全部	全部	
		整理杂乱线路，修复故障线路			
		对无标识或标识不清的线路进行标识，制作线路标签			
	消防水泵及气压稳压装置	检查消防水泵自动巡检运转情况	全部	全部	
		检查消防水泵启动运转情况			
		检查消防水泵出流量和压力是否正常，消防水泵启动、主备泵切换是否正常			
		检查气压稳压装置工作状态是否正常			
	消防储水设施、设备	检查消防水池、水箱的水位是否正常	全部	全部	
		寒冷季节，检查消防水源是否有结冰			
		根据当地环境、气候条件进行更换水池、水箱、消防气压给水设备内的消防水			
	泡沫罐和泡沫比例混合装置	检查外观是否正常，安装固定是否牢固，管路连接是否紧固	全部	全部	
		检查泡沫罐液位是否正常			
	系统供水管网、管道、阀门及附件	检查管网内的水压是否正常	全部	全部	
		检查管道和支（吊）架是否松动，管道连接件是否变形、老化或有裂纹			
		检查管道及附件外观及标识应正确			
		检查阀门开闭状态是否正常			

续表

项目名称		某石化公司石油化工厂固定消防炮灭火系统月度维护保养		工期（天）		1
月度	设备名称	保养项目	保养范围		设备数量	人员配置
6月	系统喷射功能测试	测试消防泡沫炮、消防水炮系统喷水是否正常	1#、2#、3#消防炮塔		6	张某（三级/高级工）李某（三级/高级工）
12月	消防储水设施、设备	检查和清洗水池、水箱、过滤器	全部		全部	
	泡沫罐和泡沫比例混合装置	检查泡沫罐内泡沫灭火剂是否在有效期内	全部		全部	
	系统喷射功能测试	测试消防泡沫炮、消防水炮系统喷水是否正常	4#、5#、6#消防炮塔		6	
		测试固定消防炮灭火系统喷射是否符合设计要求	1#、3#、5#消防炮塔		6	

【实例2-2-12】固定消防炮灭火系统维护保养报告的编制

某石化公司石油化工厂装置区固定消防炮灭火系统 6 月维护保养报告

一、基本概况

某石化公司石油化工厂装置区，配置远程控制消防炮灭火系统，消防控制室位于×××。联系人王某，联系方式×××，位于××市××区××路××号。

二、维护保养内容

按照维护保养计划，本次对该石油化工厂设置区设置的固定消防炮灭火系统设备进行了维护保养，具体维护保养内容见表2-2-31。

表2-2-31　　　固定消防炮灭火系统（6）月维护保养内容

设备名称	设置部位	数量
供电电源	全部	全部
控制装置	全部	全部
消防炮	5#和6#消防炮塔	4
电气线路	全部	全部
消防水泵及气压稳压装置	全部	全部
消防储水设施、设备	全部	全部
泡沫罐和泡沫比例混合装置	全部	全部
系统供水管网、管道、阀门及附件	全部	全部
系统喷射功能测试	1～3#消防炮塔	6

三、维护保养情况说明

本次维护保养的情况见表 2-2-32。

表 2-2-32　　　　　固定消防炮灭火系统（6）月维护保养情况

设备名称	保养项目	维护保养情况	异常情况说明
供电电源	检查主电源、备用电源接通情况	正常	—
控制装置	检查所有控制装置设备的控制面板及显示信号状态	正常	—
控制装置	控制装置设备清洁、除尘	正常	—
控制装置	检查控制装置的电源、通信、控制接线应整齐、牢固	正常	—
控制装置	检查控制主机对消防炮、控制阀、消防水泵的操作控制功能及信号反馈是否正常	正常	—
控制装置	检查现场控制箱对消防炮、控制阀、消防水泵的操作控制功能及信号反馈是否正常	6# 消防炮塔的现场控制箱故障	不能控制 6# 消防水炮动作
控制装置	检查无线遥控器对消防炮及控制阀的选择、操作控制功能是否正常	正常	—
消防炮	检查外观应良好、接线应整齐牢固	正常	—
消防炮	检查回转、直流/喷雾转换机构动作是否正常	5# 消防炮塔的泡沫炮故障	5# 消防泡沫炮直流/喷雾不能转换
消防炮	清洁、除尘，运动机构加注润滑油	正常	—
电气线路	检查线路接头及端子，对锈蚀、老化、损坏的接头及端子进行更新	正常	—
电气线路	整理杂乱线路，修复故障线路	正常	—
电气线路	对无标识或标识不清的线路进行标识，制作线路标签	正常	—
消防水泵及气压稳压装置	检查消防水泵自动巡检运转情况	正常	—
消防水泵及气压稳压装置	检查消防水泵启动运转情况	正常	—
消防水泵及气压稳压装置	检查消防水泵出流量和压力是否正常，消防水泵启动、主备泵切换是否正常	正常	—
消防水泵及气压稳压装置	检查气压稳压装置工作状态是否正常	正常	—
消防储水设施、设备	检查消防水池、水箱的水位是否正常	正常	—
消防储水设施、设备	寒冷季节，检查消防水源是否有结冰	正常	—
消防储水设施、设备	根据当地环境、气候条件进行更换水池、水箱、消防气压给水设备内的消防水	正常	—
泡沫罐和泡沫比例混合装置	检查外观是否正常，安装固定是否牢固，管路连接是否紧固	正常	—
泡沫罐和泡沫比例混合装置	检查泡沫罐液位是否正常	正常	—
系统供水管网、管道、阀门及附件	检查管网内的水压是否正常	正常	—
系统供水管网、管道、阀门及附件	检查管道和支（吊）架是否松动，管道连接件是否变形、老化或有裂纹	正常	—
系统供水管网、管道、阀门及附件	检查管道及附件外观及标识应正确	正常	—
系统供水管网、管道、阀门及附件	检查阀门开闭状态是否正常	正常	—
系统喷射功能测试	测试消防泡沫炮、消防水炮系统喷水是否正常	正常	—

四、故障设备处置措施

维保过程中发现:6# 消防炮塔的现场控制箱故障,不能控制 6# 消防水炮动作,经检查,现场控制箱设备损坏;5# 消防炮塔的泡沫炮故障,5# 消防泡沫炮直流/喷雾不能转换,经检查,消防泡沫炮直流/喷雾驱动电动机故障。故障设备应进行维修或更换,已报请委托方,请委托方尽快批复。

五、附件

本次维护保养的原始记录表格。

培训单元 5
油浸变压器排油注氮灭火装置、探火管式灭火装置、其他灭火系统或装置组件的清洁维护方法,维护保养计划和报告的编制方法

【培训重点】

熟练掌握油浸变压器排油注氮灭火装置维护保养的内容。

熟练掌握探火管式灭火装置维护保养的内容。

熟练掌握油浸变压器排油注氮灭火装置的维护保养计划、方案与报告的编制方法。

熟练掌握探火管式灭火装置的维护保养计划、方案与报告的编制方法。

【知识要求】

一、油浸变压器排油注氮灭火装置的维护保养内容

油浸变压器排油注氮灭火装置的维护保养一般由二级/技师及以上级别人员进行操作。系统维护保养的项目、周期及人员资格见表 2-2-33。

表 2-2-33 油浸变压器排油注氮灭火装置的维护保养的项目、周期及人员资格

保养项目	保养周期	人员资格
氮气瓶组压力检查	每周进行一次	二级/技师
装置外观检查	每月进行一次	
排油管路漏油检查	每月进行一次	
注氮管路漏油检查	每月进行一次	
消防控制柜电源及自检功能检查	每月进行一次	
模拟动作试验	每年进行一次	

二、探火管式灭火装置的维护保养内容

探火管式灭火装置的维护保养一般由二级/技师及以上级别人员进行操作。系统维护保养的对象、项目、周期及人员资格见表 2-2-34，月（年）检记录见表 2-2-35。

表 2-2-34 探火管式灭火装置维护保养的对象、项目、周期及人员资格

保养对象	保养项目	保养周期	人员资格
环境及外观	1. 运行环境检查 2. 设备外观检查 3. 表面清洁	每日一次	二级/技师
灭火剂储存容器、探火管压力表	探火管式灭火装置灭火剂储存容器、探火管压力表的压力指示，每月应检查一次，压力指针应在绿区范围内	每月一次	
探火管式灭火装置组件	1. 灭火剂储存容器无机械损伤，表面无腐蚀，涂层保护完好，铭牌标志应清晰 2. 探火管和释放管应固定牢靠，无松动；探火管应无龟裂现象 3. 喷嘴无变形和损伤，孔口应无杂物、不堵塞	每季度一次	
探火管式灭火装置	1. 灭火剂储存容器应固定牢靠，无松动 2. 二氧化碳探火装置采用称重法，二氧化碳灭火剂测量值不应小于原存入量的90%。七氟丙烷、IG100、ABC超细干粉灭火剂探火装置采用查压力表法，测量压力表示值应在绿区范围内 3. 探火管无变形、腐蚀、损伤及老化，并进行记录	每年度一次	

表 2-2-35 探火管式灭火装置月（年）检记录

工程名称							
日期	检查项目	检查、试验内容	结果	存在问题及处理情况	检查人（签字）	负责人（签字）	备注

注：1. 检查项目栏内应根据系统选择的具体设备进行填写。
2. 表格不够可加页。
3. 结果栏内填写合格、部分合格、不合格。

相关链接

1. 间接式探火管式灭火装置瓶组容器阀（瓶头阀）出口处装有安全帽盖，是为了防止运输和安装及调试过程中碰撞或误操作打开容器阀（瓶头阀）而设置，在设备运输、安装和开通前未与释放管连接时禁止取下，开通后应及时取下。

2. 灭火剂储存容器组件在保养过程中，应轻装轻卸，防止碰撞、倒置；整个装置应避免接近热源，避免阳光直接照射。

3. 在日常维护，保养和进行周期检查时应严格遵守操作程序，防止灭火剂误喷。

4. 保养过程中应避免碰伤装置表面而影响外观。

5. 无关人员切勿乱摸乱动本装置的零部件，以免发生意外。

6. 系统在释放灭火剂时，容器或其他金属部件有白霜现象，是因释放灭火剂的速度快，容器内温度与室内温差太大而形成的，属正常现象。灭火剂释放完毕后会恢复正常。

【实例 2-2-13】油浸变压器排油注氮灭火装置维护保养计划的编制

以某变电场站油浸变压器排油注氮灭火装置为例，其维护保养计划编制方法如下。

一、项目情况概述

某变压器场站，维护保养的变压器排油注氮灭火装置型号规格为 BPZM-40×2-Ⅱ，位于站区的 3 区，保护 3 号变压器。该装置安装日期为 2018 年 7 月 28 日，投运日期为 2018 年 12 月 15 日。

委托单位要求按照周检、月检、年检项目制订本年度的维护保养计划，由于月检包含周检项目，年检包含月检项目，因此月检应与某次周检同时进行，年检应与某次月检同时进行。

二、计划编制步骤

步骤 1 资料准备

根据项目情况，收集油浸变压器排油注氮灭火装置的技术参数、操作说明书，装置的结构及安装图纸等，并对装置的实际情况进行核实，检查是否有改动或变更等情况。

步骤 2 确定维护保养周期

根据装置的实际情况和委托方的要求，确认装置周检、月检和年检的时间。由于年检项目比较复杂，建议年检项目在变压器维护期间进行。

步骤 3 确定维护保养内容

具体的维护保养项目根据表 2-2-33 的内容进行。

步骤4　确定维护保养人员及设备配置

根据项目维护保养内容的要求，配置两名具备二级/技师职业资格的人员进行作业，同时配备维护保养所需的车辆、仪器设备及耗材。变电站场站内应设专门的联络人员，负责接洽相关事宜。

步骤5　形成维护保养工作计划

将油浸变压器排油注氮灭火装置的保养项目、保养周期、工期、人员配置等编制成表，见表2-2-36。

表2-2-36　　　　　　　　　　维护保养工作计划

保养项目	保养周期	工期（天）	人员配制
氮气瓶组压力检查	每周一次	1	张某（二级/技师） 李某（二级/技师）
装置外观检查	每月一次	3	
排油管路漏油检查			
注氮管路漏油检查			
消防控制柜电源及信号灯检查			
模拟动作试验	每年一次	2	

【实例2-2-14】油浸变压器排油注氮灭火装置维护保养报告的编制

某变压器场站3#油浸变压器排油注氮灭火装置维护保养报告

一、基本概况

某变压器场站，3#油浸变压器排油注氮灭火装置建于2018年7月28日，型号规格为BPZM-40×2-Ⅱ，保护变压器的装置容量为800 kV·A。联系人王某，联系电话×××，位于××市××街道××路××号。

二、维护保养内容

根据使用单位要求，本次维护保养为年检，项目为全部维护保养项目。

三、维护保养情况说明

本次维护保养的情况见表2-2-37。

四、故障设备处置措施

根据维修保养计划，维护保养公司于2019年5月4日对该装置进行维护保养，在维护保养的过程中发现，氮气瓶组压力已经低于工作压力下限，须进行更换。已报委托单位，建议对氮气瓶组重新充气或进行更换。

表 2-2-37　　　　油浸变压器排油注氮灭火装置维护保养情况

装置型号		BPZM-40×2-Ⅱ	
维护类别	□周检　□月检　■年检	维护日期	2019.05.04
检查内容	检测结果	存在问题	处理情况
装置外观检查	无锈蚀、无损坏	—	—
瓶组压力	9 MPa	低于工作压力下限 11 MPa	重新充气或更换氮气瓶组
排油管路管路检查	无油渗漏	—	—
注氮管路检查	无泄漏	—	—
消防控制柜显示检查	显示正常	—	—
手动紧急启动	能启动	—	—
模拟自动启动	能启动，联动功能正常	—	—
远程控制启动	能启动	—	—
维护发现的其他问题	无		
维护保养总结	按照要求完成全部年度维保项目，过程中发现氮气瓶组压力为 9 MPa，低于生产单位公布的最低工作压力下限 11 MPa，已经与委托方进行沟通，建议对氮气瓶组重新充气或进行更换		

五、附件

本次维护保养原始记录表格。

【实例 2-2-15】探火管式灭火装置维护保养计划的编制

以某燃煤火力发电厂集控楼配电室配电柜探火管式灭火装置为例，其维护保养计划编制方法如下。

一、项目情况概述

某燃煤火力发电厂，设有输煤系统、锅炉房、汽机房、集控楼、燃油储罐等，配置有火灾自动报警系统、消火栓系统、自动喷水灭火系统、气体灭火系统、泡沫灭火系统、探火管式灭火装置等消防设施，其中集控楼配电室配电柜设置了探火管式灭火装置，共计 20 套 HFC227 探火管式灭火装置。

委托单位要求每年对全部探火管式灭火装置进行维护保养一遍，每个月至少进行一次日常维护保养。

二、计划编制步骤

步骤 1　资料准备

根据项目情况，收集探火管式灭火装置的系统图及现场部件的平面布置图，对探火管式灭火装置的设置数量、设置部位及运行状态等进行核查。

步骤2　确定维护保养周期

根据委托单位的要求,确定维护周期为每月,每年对探火管式灭火装置进行全数维护保养。

步骤3　确定维护保养内容

根据项目维护保养周期的要求,确定每个月度按照维护保养计划内容进行维护保养,具体维护保养项目根据表2-2-34进行。

步骤4　确定人员及设备配置

根据项目维护保养内容的要求,配置两名具备二级/技师职业资格的人员进行作业,同时配备维护保养所需的车辆、仪器设备及耗材。

步骤5　形成维护保养工作计划

将探火管式灭火装置的设备名称、保养项目、保养范围、设备数量、保养周期、工期、人员配置等编制成表,见表2-2-38。

表2-2-38　探火管式灭火装置月度维护保养工作计划

项目名称		某燃煤火力发电厂集控楼配电室配电柜探火管灭火装置月度维护保养		工期（天）	1
月度	设备名称	保养项目	保养范围	设备数量	人员配置
1—12月每个月定期	探火管灭火装置	1. 运行环境检查 2. 设备外观检查 3. 表面清洁	全部	20	张某（二级/技师） 李某（二级/技师）
	灭火剂储存容器、探火管压力表	探火管式灭火装置灭火剂储存容器、探火管压力表的压力指示,压力指针应在绿区范围内	全部	20	
	探火管式灭火装置组件	1. 灭火剂储存容器无机械损伤,表面无腐蚀,涂层保护完好,铭牌标识应清晰 2. 探火管和释放管应固定牢靠,无松动;探火管应无龟裂现象 3. 喷嘴无变形和损伤,孔口应无杂物、不堵塞	全部	20	
	探火管灭火装置	1. 灭火剂储存容器应固定牢靠,无松动 2. 二氧化碳探火装置采用称重法,二氧化碳灭火剂测量值不应小于原存入量的90%。七氟丙烷、IG100、ABC超细干粉灭火剂探火装置采用查压力表法,测量压力表示值应在绿区范围内 3. 探火管无变形、腐蚀、损伤及老化	全部	20	

【实例2-2-16】探火管式灭火装置维护保养报告的编制

某燃煤火力发电厂集控楼配电室配电柜
探火管式灭火装置 12 月维护保养报告

一、基本概况

某燃煤火力发电厂，设有输煤系统、锅炉房、汽机房、集控楼、燃油储罐等，配置有火灾自动报警系统、消火栓系统、自动喷水灭火系统、气体灭火系统、泡沫灭火系统、探火管式灭火装置等消防设施，其中集控楼配电室配电柜设置了探火管式灭火装置，共计20只HFC227直接式探火管式灭火装置。探火管式灭火装置位于集控楼配电室内。联系人王某，联系方式×××，位于××市××街道××路××号。

二、维护保养内容

按照维护保养计划，本次对该燃煤火力发电厂集控楼配电室配电柜设置的探火管式灭火装置进行了维护保养，具体维护保养内容见表2-2-39。

表2-2-39　　探火管式灭火装置（12）月维护保养内容

设备名称	设置部位	数量
探火管式灭火装置	集控楼配电室	20

三、维护保养情况说明

本次维护保养的情况见表2-2-40。

表2-2-40　　探火管式灭火装置（12）月维护保养情况

设备名称	维护保养项目	维护保养情况	异常情况说明
探火管式灭火装置	运行环境	正常	—
	设备外观	19只探火管式灭火装置外观正常，1只探火管式灭火装置的探火管损坏	1只探火管式灭火装置的探火管外观损坏
	基本功能	19只探火管式灭火装置外观正常，1只探火管式灭火装置的探火管损坏，不能正常探测火灾	功能测试时，该探火管式灭火装置不能正常探测火灾

四、故障设备处置措施

维护保养过程中，发现3#配电柜设置的3#探火管式灭火装置（设备编号：3）的探火管因受机械碰撞破损。经现场初步判断，3#探火管式灭火装置损坏，已报请委托方提供相同型号规格的探火管式灭火装置予以更换。

五、附件

本次维护保养的原始记录表格见表2-2-41。

表 2-2-41　　　　　　探火管式灭火装置（12）月维护保养记录

产品名称	型号规格	数量	产品名称	型号规格	数量
直接式 227	ZTHZQ3	1	直接式 CO_2		
间接式 227			间接式 CO_2		

项目名称	技术要求	检查结果	结论
探火管式灭火装置	灭火器的铭牌是否无残缺，并清晰明了		
	灭火器铭牌上关于灭火剂、驱动气体的种类、充装压力、总质量、灭火级别、制造厂名和生产日期或维修日期等标识及操作说明是否齐全		
	灭火器的铅封、保险销等保险装置是否未损坏或遗失，灭火器的筒体是否有明显的损伤（磕伤、划伤）、缺陷、锈蚀（特别是筒底和焊缝）、泄漏		
	软管完好、无明显龟裂，喷嘴不堵塞；灭火器的驱动气体压力是否在工作压力范围内（储压式，查看压力指示器是否指示在绿区范围内）		
	零部件是否齐全，并且无松动、脱落或损伤；灭火器是否未开启、喷射过		

培训项目 3

其他消防设施保养

培训单元 1
防烟排烟系统维护保养计划和报告的编制方法

【培训重点】

掌握防烟排烟系统的维护保养内容。
掌握防烟排烟系统维护保养计划的编制方法。
掌握防烟排烟系统维护保养报告的编制方法。

【知识要求】

建筑防烟排烟系统应制定维护保养管理制度及操作规程，并应保证系统处于准工作状态。

防烟排烟系统的维护保养一般由四级/中级工及以上级别人员进行操作。系统维护保养的对象、项目、周期及人员资格见表 2-3-1。

表 2-3-1　　　　防烟排烟系统维护保养的对象、项目、周期及人员资格

保养对象	保养项目	保养周期	人员资格
风机	1. 检查并确保风机铭牌清晰，如有锈蚀、毁坏等情况应及时更换 2. 检查并确保风机安装牢固、运转正常，无漏电、锈蚀等情况 3. 检查并确保风机接口处的软连接牢固可靠，如有开裂或脱落应及时修补或更换 4. 检查并确保风机动作信号按设计要求准确反馈到消防控制室	按季度计划，确保每季度进行一次动作、功能检查	四级/中级工
防火阀、排烟防火阀	1. 检查并确保阀门启闭状态与设计一致 2. 检查并确保阀门能正常启动，包括自动启动和手动启动。阀门动作应灵敏、可靠，远距离控制机构的脱扣钢丝连接不应松弛或脱落 3. 检查并确保动作信号按设计要求准确反馈到消防控制室	按月度、季度计划，确保每半年进行一次动作、功能检查	
温控释放装置	1. 检查并确保外观完好、无破损 2. 应有10%的备用件，且不少于10只	按月度、季度计划，确保每季度进行一次检查	
活动挡烟垂壁、自动排烟窗	1. 检查并确保外观无破损 2. 检查并确保能正常启动 3. 检查并确保运行到位后位置与设计一致 4. 检查并确保动作信号按设计要求准确反馈到消防控制室		
风口	1. 检查并确保风口无遮挡 2. 检查并确保风口表面平整，颜色一致，安装位置正确 3. 检查并确保风口可调节部件能正常动作，如有卡顿应及时进行清理和修复 4. 检查并确保动作信号按设计要求准确反馈到消防控制室	按季度计划，确保每季度进行一次动作、功能检查	
风管、部件及管道的支（吊）架	1. 检查并确保风管表面平整，无明显扭曲、锈蚀和破损 2. 检查并确保风管的连接以及风管与风机的连接可靠，无明显错位、张口和裂缝 3. 检查并确保风管外层的防火包敷层无脱落 4. 检查并确保风管支（吊）架无锈蚀、开裂和脱落 5. 无机玻璃钢风管检查的面积不应少于风管面积的30%；风管表面应光洁，无明显泛霜、结露和分层现象		
防烟排烟系统	对全部防烟排烟系统进行联动试验和性能检测，其联动性能和参数应符合原设计要求	按半年计划，确保每年进行一次	

【实例 2-3-1】防烟排烟系统的维护保养计划的编制

以某写字楼防烟排烟系统为例，其维护保养计划编制方法如下。

一、项目情况概述

某写字楼，地上12层，地下3层，高度38 m，每层建筑面积3 000 m²，配置有火

灾自动报警系统、自动喷水灭火系统、防烟排烟系统等消防设施，其中防烟排烟系统有风机8台、排烟机12台、送风口12个、排烟口30个/层，阀门、风管吊架、其他配件等数量不详。

委托单位要求每3个月对防烟排烟系统进行维护保养一次，且保养周期和内容应符合相关规定要求。

二、计划编制步骤

步骤1 资料准备

根据项目情况，还须备齐防烟排烟系统的平面布置图及现场设备数量、设置部位等资料。

步骤2 确定维护保养周期

根据相关标准和委托单位的要求，以及系统设置的体量，确定维护保养周期。

步骤3 确定维护保养内容

对项目维护保养范围内防烟排烟系统的设备进行数量统计和分类编号，并根据维护保养周期的要求，参考表2-3-1进行安排。

步骤4 确定人员及设备配置

根据项目维护保养内容的要求，配置具备四级/中级工或以上职业资格的人员进行作业，同时配备维护保养所需的仪器设备及耗材。

步骤5 形成维护保养工作计划

将防烟排烟系统的保养内容、设备名称、保养范围或项目、设备数量、保养周期、工期、人员配置等编制成表，见表2-3-2。

表2-3-2　　　　　　　　防烟排烟系统维护保养工作计划

项目名称	某写字楼防烟排烟子系统维护保养		工期（天）		×××	分项工期（天）
月度	保养内容	设备名称	保养范围	设备数量	人员配置	
1—3月	统计维保设备并编号	1. 地上1~12层风机编号 2. 地下1~3层排烟风机编号 3. 送风口编号 4. 排烟口编号 5. 风管管段编号 6. 排烟防火阀编号 7. 其他防烟排烟设备编号	1~12层	1. 地上1~12层风机6台 2. 地下1~3层风机2台 3. 送风口12个 4. 排烟口30个/层 5. 风管管段编号后共20组 6. 排烟防火阀50个 7. 其他防烟排烟设备	三级/高级工（1~n）人 四级/中级工（1~n）人	1

续表

项目名称	某写字楼防烟排烟子系统维护保养		工期（天）		×××	分项工期（天）
月度	保养内容	设备名称	保养范围	设备数量	人员配置	
1—3月	地上1~12层风机	1#，2#，3#，4#，5#，6#风机	1. 检查并确保风机铭牌清晰，如有锈蚀、毁坏等情况应及时更换 2. 检查并确保风机安装牢固、运转正常，无漏电、锈蚀等情况 3. 检查并确保风机接口处的软连接，牢固可靠，如有开裂或脱落应及时修补或更换 4. 检查并确保动作信号按设计要求准确反馈到消防控制室	6台	四级/中级工2人（王某、刘某）	0.5
	地下1~3层风机	…	…	2台	…	
	…					
	排烟防火阀1~50#	1#，2#，3#…50#排烟防火阀	1. 检查并确保阀门启闭状态与设计一致 2. 检查并确保能正常启动，包括自动启动和手动启动。阀门动作应灵敏、可靠，远距离控制机构的脱扣钢丝连接不应松弛或脱落 3. 检查并确保动作信号按设计要求准确反馈到消防控制室	50个	四级/中级工2人（刘某、李某）	0.5
	送风口	1#，2#，3#…10#送风口	（1）检查并确保风口无遮挡 （2）检查并确保风口表面平整，颜色一致，安装位置正确 （3）检查并确保风口可调节部件能正常动作，如有卡顿应及时进行清理和修复 （4）检查并确保动作信号按设计要求准确反馈到消防控制室	10个	四级/中级工2人（刘某、金某）	0.5

续表

项目名称	某写字楼防烟排烟子系统维护保养		工期（天）		×××	分项工期（天）
月度	保养内容	设备名称	保养范围	设备数量	人员配置	
4—6月	地上1~12层风机	…	…	…	…	…
	地下1~3层风机					
	地上1~12层排烟机					
	地下1~3层排烟机	…	…	…	…	…
	所有风管及其吊架					
	排烟防火阀1~50#					
	送风口					
7—9月	…	…	…	…	…	…
10—12月	…	…	…	…	…	…
12月	防烟排烟系统功能检查	全部防排烟系统	对全部防烟排烟系统进行一次联动试验和性能检测，其联动性能和参数应符合原设计要求	N_1台风机 N_2个排烟防火阀 N_3组风管和吊架 N_4个风口 N_5个常规配件	三级/高级工（1~n）人 四级/中级工（1~n）人	1天

注：本表中工期为人日工的示例，具体进度计划应根据工程现场情况进行合理设置。

【实例2-3-2】防烟排烟系统维护保养报告的编制

某写字楼防烟排烟系统××月维护保养报告

一、基本概况

某写字楼，地上12层，地下3层，高度38 m，每层建筑面积3 000 m²，配置有火灾自动报警系统、自动喷水灭火系统、防烟排烟系统等消防设施,其中防烟排烟系统有风机 8 台、排烟机 12 台、送风口 12 个、排烟口 30 个/层。联系人王某,联系电话×××,位于××市××街道××路××号。

二、维护保养内容

按照维护保养计划,本次对写字楼地上 12 层设置的防烟排烟系统设备进行了维护保养,具体维护保养内容见表 2-3-3。

表 2-3-3　　　　某写字楼防烟排烟系统(××)月维护保养内容

设备名称	设置部位	数量(个)
1# 风机	1 楼风机房	1
2# 风机	2 楼风机房	1
3# 风机	3 楼风机房	1
…	…	…
排烟口	1~12 层,各个防烟分区	360
…	…	…

三、维护保养情况说明

防烟排烟系统维护保养情况说明见表 2-3-4。

表 2-3-4　　　　某写字楼防烟排烟系统(××)月维护保养情况

设备名称	维护保养项目	维护保养情况	异常情况说明
防烟排烟风机	检查并确保风机安装牢固、运转正常,无漏电、锈蚀等情况	正常	—
	检查并确保风机铭牌清晰	1 处损坏,其他正常	风机铭牌有锈蚀毁坏
	检查并确保风机接口处的软连接牢固可靠,如有开裂或脱落应及时修补或更换	1 处损坏,其他正常	风机接口处的软连接有开裂或脱落
	检查并确保动作信号按设计要求准确反馈到消防控制室	正常	
排烟口	检查并确保风口无遮挡	正常	
	检查并确保风口表面平整,颜色一致,安装位置正确	正常	—
	检查并确保风口可调节部件能正常动作,如有卡顿应及时进行清理和修复	正常	
	检查并确保动作信号按设计要求准确反馈到消防控制室	正常	
…	…	…	…

四、设备故障处置措施

维护保养过程中发现 12 层机房中风机有两处损坏,已联系厂家完成风机铭牌和风机接口处软连接更换。

五、附件

本次维护保养的原始记录表格。

培训单元 2
消火栓系统维护保养计划和报告的编制方法

【培训重点】

掌握消火栓系统系统维护保养的内容。

熟练掌握消火栓系统系统维护保养计划的编制方法。

熟练掌握消火栓系统系统维护保养报告的编制方法。

【知识要求】

消火栓系统的维护保养一般由五级/初级工及以上级别人员进行操作。系统维护保养的对象、项目、周期及人员资格见表 2-3-5。

表 2-3-5　　消火栓系统维护保养的对象、项目、周期及人员资格

保养对象	保养项目	保养周期	人员资格
室外消火栓	1. 检查室外消火栓外观、地下消火栓标识、栓井环境 2. 测试室外消火栓出水及静压 3. 阀门清洁、保养	按月度、季度计划,确保每个季度每台设备进行一次	五级/初级工
室内消火栓	1. 检查室内消火栓外观及完整情况 2. 检查栓阀应灵活可靠 3. 测试室内消火栓静压		
消火栓箱	1. 检查消火栓箱外观标识、设置环境 2. 检查组件应齐全、完好 3. 箱体清洁、保养		
消防软管卷盘	1. 检查消防软管卷盘外观及配件完整情况 2. 检查消防软管卷盘,应转动灵活可靠 3. 做消防软管卷盘射水试验		

续表

保养对象	保养项目	保养周期	人员资格
消火栓按钮	1. 检查消火栓按钮外观 2. 试验远距离启泵功能及信号指示功能	按月度、季度计划，确保每个季度每台设备进行一次	五级/初级工
屋顶试验消火栓	1. 检查屋顶试验消火栓外观及配件完整情况、压力显示装置外观及状态显示 2. 测试屋顶试验消火栓出水压力、静压，检测水质	每个维护保养周期进行一次	

【实例 2-3-3】消火栓系统维护保养计划的编制

以某商场消火栓系统为例，其维护保养计划编制方法如下。

一、项目情况概述

某商场，地上 5 层，地下 1 层，高度 18 m，每层建筑面积 1 200 m²，配置有火灾自动报警系统、消火栓系统、自动喷水灭火系统等消防设施，其中室内消火栓箱 30 个（每层各 5 个），屋顶试验消火栓 1 个，室外消火栓 2 个，每个室内消火栓箱内含消防软管卷盘和消火栓按钮。

委托单位要求每个月至少进行维护保养一次，每季度对消火栓系统进行维护保养一遍。

二、计划编制步骤

步骤 1 资料准备

根据项目情况，收集消火栓系统的系统图及现场消火栓的平面布置图，对室内消火栓和室外消火栓的设置数量、设置部位及运行状态等进行核查。

步骤 2 确定维护保养周期

根据委托单位的要求，确定项目维护周期为每月。每季度对消火栓系统进行全数维护保养。

步骤 3 确定维护保养内容

根据项目维护保养周期的要求，确定每个月度维护保养 1/3 的室内消火栓及全部的室外消火栓，具体维护保养项目根据表 2-3-6 进行。

步骤 4 确定人员及设备配置

根据项目维护保养内容的要求，配置两名具备五级/初级工职业资格的人员进行作业，同时配备维护保养所需的车辆、仪器设备及耗材。

步骤 5 形成维护保养工作计划

将消火栓系统的设备名称、保养项目、保养范围、设备数量、保养周期、工期、人员配置等编制成表，见表 2-3-6。

表 2-3-6　　消火栓系统月度维护保养工作计划

项目名称		某商场消火栓系统月度维护保养		工期（天）	0.5
月度	设备名称	保养项目	保养范围	设备数量	人员配置
1月 4月 7月 10月	室外消火栓	1. 检查室外消火栓外观、地下消火栓标识、栓井环境 2. 测试室外消火栓出水及静压 3. 阀门清洁、保养	全部	2	张某（五级/初级工） 李某（五级/初级工）
	室内消火栓	1. 检查室内消火栓外观及完整情况 2. 检查栓阀应灵活可靠 3. 测试室内消火栓静压	负一层至一层	10	
	消火栓箱	1. 检查消火栓箱外观标识、设置环境 2. 检查组件应齐全、完好 3. 箱体清洁、保养		10	
	消防软管卷盘	1. 检查消防软管卷盘外观及配件完整情况 2. 检查消防软管卷盘，应转动灵活可靠 3. 做消防软管卷盘射水试验		10	
	消火栓按钮	1. 检查启泵按钮外观 2. 测试远距离启泵功能及信号指示功能		10	
	屋顶试验消火栓	1. 检查屋顶试验消火栓外观及配件完整情况、压力显示装置外观及状态显示情况 2. 测试屋顶试验消火栓出水压力、静压，检测水质	全部	1	
2月 5月 8月 11月	室外消火栓	1. 检查室外消火栓外观、地下消火栓标识、栓井环境 2. 测试室外消火栓出水及静压 3. 阀门清洁、保养	全部	2	张某（五级/初级工） 李某（五级/初级工））
	室内消火栓	1. 检查室内消火栓外观及完整情况 2. 检查栓阀应灵活可靠 3. 测试室内消火栓静压	二层至三层	10	
	消火栓箱	1. 检查消火栓箱外观标识、设置环境 2. 检查组件应齐全、完好 3. 箱体清洁、保养		10	
	消防软管卷盘	1. 检查消防软管卷盘外观及配件完整情况 2. 检查消防软管卷盘，应转动灵活可靠 3. 做消防软管卷盘射水试验		10	
	消火栓按钮	1. 检查启泵按钮外观 2. 测试远距离启泵功能及信号指示功能		10	
	屋顶试验消火栓	1. 检查屋顶试验消火栓外观及配件完整情况、压力显示装置外观及状态显示情况 2. 测试屋顶试验消火栓出水压力、静压，检测水质	全部	1	

续表

项目名称		某商场消火栓系统月度维护保养		工期（天）	0.5
月度	设备名称	保养项目	保养范围	设备数量	人员配置
3月6月9月12月	室外消火栓	1. 检查室外消火栓外观、地下消火栓标识、栓井环境 2. 测试室外消火栓出水及静压 3. 阀门清洁、保养	全部	2	张某（五级/初级工）李某（五级/初级工）
	室内消火栓	1. 检查室内消火栓外观及完整情况 2. 检查栓阀应灵活可靠 3. 测试室内消火栓静压	四层至五层	10	
	消火栓箱	1. 检查消火栓箱外观标识、设置环境 2. 检查组件应齐全、完好 3. 箱体清洁、保养		10	
	消防软管卷盘	1. 检查消防软管卷盘外观及配件完整情况 2. 检查消防软管卷盘，应转动灵活可靠 3. 做消防软管卷盘射水试验		10	
	消火栓按钮	1. 检查启泵按钮外观 2. 测试远距离启泵功能及信号指示功能		10	
	屋顶试验消火栓	1. 检查屋顶试验消火栓外观及配件完整情况、压力显示装置外观及状态显示情况 2. 测试屋顶试验消火栓出水压力、静压，检查水质	全部	1	

【实例2-3-4】消火栓系统维护保养报告的编制

某商场消火栓系统 <u>6</u> 月维护保养报告

一、基本概况

某商场，地上5层，地下1层，高度18 m，每层建筑面积1 200 m²，消防控制室位于一层东侧，消防泵房在负一层东南侧。联系人黄某，联系电话×××，位于××市××街道××路××号。

二、维护保养内容

按照维护保养计划，本次对商场四层至五层设置的消火栓及室外消火栓、屋顶试验消火栓系统设备进行了维护保养，具体维护保养内容见表2-3-7。

表2-3-7　　　　　　消火栓系统（6）月维护保养内容

设备名称	设置部位	数量
室外消火栓	室外	2
室内消火栓	四层至五层	10
消火栓箱	四层至五层	10
消防水喉	四层至五层	10
消火栓按钮	四层至五层	10
屋顶试验消火栓	屋顶	1

三、维护保养情况说明

本次维护保养的情况见表2-3-8。

表2-3-8　　　　　　消火栓系统（6）月维护保养情况

设备名称	维护保养项目	维护保养情况	异常情况说明
室外消火栓	运行环境	正常	—
	设备外观	正常	—
	基本功能	正常	—
室内消火栓	运行环境	正常	—
	设备外观	正常	—
	基本功能	正常	—
消火栓箱	运行环境	正常	—
	设备外观	9个消火栓箱外观正常，1个消火栓箱损坏	1个消火栓箱门玻璃损坏
消防水喉	运行环境	正常	—
	设备外观	正常	—
	基本功能	正常	—
消火栓按钮	运行环境	正常	—
	设备外观	正常	—
	基本功能	1只消火栓按钮损坏，其余9只正常	1只消火栓按钮启动不报警
屋顶试验消火栓	运行环境	正常	—
	设备外观	正常	—
	基本功能	正常	—

四、故障设备处置措施

维护保养过程中，发现五层1个消火栓箱门玻璃损坏（地址：五层西南角）；3回路18#消火栓按钮不能报警（地址：五层东南角），经现场初步判断为消火栓按钮损坏。已报请委托方购买相同尺寸的玻璃、提供相同型号规格的消火栓按钮予以更换。

五、附件

本次维护保养的原始记录表格。

培训单元 3
消防设备末端配电装置清洁维护方法及维护保养计划和报告的编制方法

【培训重点】

掌握消防设备末端配电装置的清洁维护方法。
掌握消防设备末端配电装置维护保养计划和报告的编制方法。

【知识要求】

一、消防设备末端配电装置的清洁维护方法

消防设备末端配电装置的清洁维护一般每年至少一次,其内容除清扫和摇测绝缘外,还应检查各部件连接点和接地处的紧固状况。消防设备末端配电装置清洁维护的具体要求如下。

1. 清洁消防设备末端配电装置前应停电。
2. 配电装置断电后,用吸尘器或小毛刷等清洁柜中灰尘,检查母线及引下线连接是否良好、接头点有无发热变色,检查电缆头、接线头是否牢固可靠,检查接地线有无锈蚀、接线桩头是否紧固。确认所有二次回路接线连接可靠,绝缘符合要求。
3. 检查断路器操作机构是否到位,接线螺栓是否紧固。
4. 清除接触器触头表面及四周的污物,检查接触器触头接触是否良好。如触头接触不良,必要时可稍微修锉触头表面;如触头严重烧蚀(触头点磨损至原厚度的 1/3)则应更换触头。
5. 电源指示仪表、指示灯完好。

消防设备末端配电装置清洁维护操作点如图 2-3-1 所示。

二、消防设备末端配电装置的维护保养计划和报告编制

消防设备末端配电装置的维护保养一般由四级/中级工及以上级别人员进行操作。系统维护保养的对象、项目、周期及人员资格见表 2-3-9。

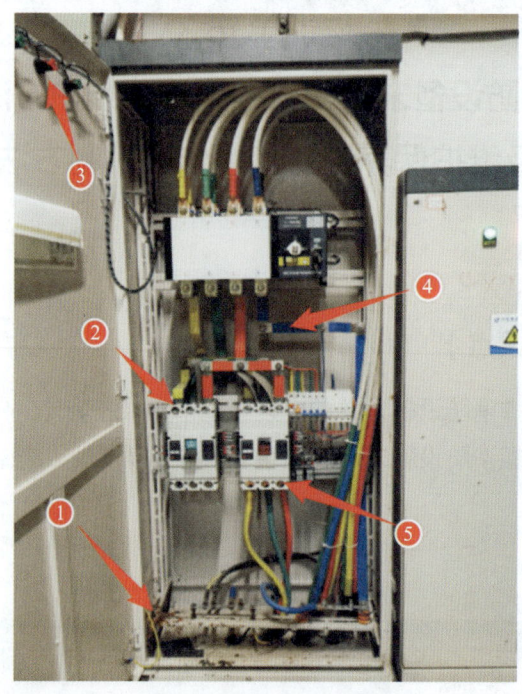

图 2-3-1 消防设备末端配电装置清洁维护操作点
①—接地线 ②—接点 ③—电源指示仪表、指示灯
④—母线及引下线连接 ⑤—断路器操作机构与接线螺栓

表 2-3-9　　　　　消防设备末端配电装置的维护保养内容

保养对象	保养项目	保养周期	人员资格
指示灯	1. 设备外观应清洁干净 2. 所有的接线应紧固，无破损及烧焦现象 3. 所有的指示应正确，与运行方式保持一致	按月度	四级/中级工
操作按钮	1. 设备外观应清洁干净 2. 所有的接线应紧固，无破损及烧焦现象 3. 接点、触头表面应清洁，无氧化层，接触紧密，分合可靠 4. 绝缘电阻不低于 1 MΩ		
切换开关	1. 设备外观应清洁干净 2. 所有的接线应紧固，无破损及烧焦现象 3. 接点、触头表面应清洁，无氧化层，接触紧密，分合可靠 4. 切换动作应到位，无卡阻现象 5. 绝缘电阻不低于 1 MΩ		
自动空气开关	1. 设备外观应清洁干净 2. 接线应紧固，无破损及烧焦现象 3. 机构应灵活可靠 4. 所有螺栓应紧固 5. 触头表面应清洁，无氧化层，接触紧密，分合可靠 6. 相间及相对地的绝缘电阻不低于 1 MΩ 7. 开关动作灵活，开关的指示位置与实际位置一致，开关的手动和自动操作正常，电气、机械联锁正常可靠		

续表

保养对象	保养项目	保养周期	人员资格
母线	1. 设备外观应清洁干净 2. 表面应清洁平整，无毛刺和氧化层，接触应紧密可靠，螺栓应紧固 3. 相间及相对地的绝缘电阻不低于 1 MΩ	按年度	四级/中级工
熔断器	1. 设备外观应清洁干净 2. 熔断器本体应无击穿、无裂纹，三相的电阻值应基本一致，熔断器帽应无松动 3. 上好低压熔断器	按月度	
断路器	1. 设备外观应清洁干净 2. 所有的接线应紧固，无破损及烧焦现象 3. 动作机构应灵活可靠；触头接触紧密，分合可靠；操作机构操作应正确可靠，动作位置应与指示一致 4. 所有螺栓应紧固 5. 主、辅触头表面应清洁，无氧化层 6. 相间及相对地的绝缘电阻不低于 1 MΩ 7. 分合闸线圈直流电阻为 161 Ω，UVT 线圈直流电阻为 160 Ω 8. 开关动作灵活，开关的指示位置与实际位置一致，储能机构动作正常，开关的手动和自动操作正常，电气、机械联锁正常可靠	按月度	
配电柜体	外表清洁，显示正常，固定可靠		

【实例 2-3-5】消防设备末端配电装置维护保养计划的编制

以某办公楼消防设备末端配电装置为例，其维护保养计划编制方法如下。

一、项目情况概述

某办公楼，高度 48 m，地上 16 层，地下 1 层，每层建筑面积 800 m²，设有消火栓系统、火灾自动报警系统、自动喷水灭火系统、消防设备末端配电装置等消防设施。

物业管理公司委托某维护保养单位进行该办公楼消防设备的维护保养工作，要求每个月对消防设备末端配电装置进行一次维护保养工作。

二、计划编制步骤

步骤 1　资料准备

根据项目情况，收集消防设备末端配电装置的技术参数、操作说明书、系统图及现场平面布置图等，对装置的设置数量、设置部位及运行状态等进行核查。

步骤 2　确定维护保养周期

根据委托单位的要求，确定项目维护周期为每月，即每月对消防设备末端配电装置进行全项维护保养。

步骤3 确定维护保养内容

根据项目维护保养周期的要求，确定每个月度对办公楼内所有消防设备末端配电装置进行维护保养，具体维护保养项目根据表2–3–10进行。

步骤4 确定人员及设备配置

根据项目维护保养内容的要求，配置两名具备四级/中级职业资格的人员进行作业，同时配备维护保养所需的车辆、仪器设备及耗材。

步骤5 形成维护保养工作计划

将消防设备末端配电装置的设备名称、保养项目、保养要求、设备数量、保养周期、工期、人员配置等编制成表，见表2–3–10。

表2–3–10　消防设备末端配电装置月度维护保养计划

项目名称		某办公楼消防设备末端配电装置月度维护保养		工期（天）	0.5
月度	设备名称	保养项目	保养要求	设备数量	人员配置
1—12月	消防泵末端配电装置	1. 指示灯 2. 操作按钮 3. 切换开关 4. 自动空气开关 5. 母线 6. 熔断器 7. 断路器 8. 配电柜体	1. 设备及各装置外观应清洁干净 2. 所有的接线应紧固，无破损及烧焦现象 3. 动作机构应灵活可靠；触头接触紧密，分合可靠；操作机构操作应正确可靠，动作位置应与指示一致 4. 所有螺栓应紧固 5. 主、辅触头表面应清洁，无氧化层 6. 相间及相对地的绝缘电阻不低于1 MΩ	2	张某（四级/中级工） 李某（四级/中级工）
	防烟、排烟风机末端配电装置			2	
	自动报警系统末端配电装置			1	
	消防电梯末端配电装置			1	

【实例2-3-6】消防设备末端配电装置维护保养报告的编制

某办公楼消防设备末端配电装置 9 月维护保养报告

一、基本概况

某办公楼，高度48 m，地上16层，地下1层，每层建筑面积800 m²，设有消火栓系统、火灾自动报警系统、自动喷水灭火系统、消防设备末端配电装置等消防设施。消防控制室位于办公楼一层南侧，消防泵房位于地下一层西侧。联系人田某，联系电话×××，位于××市××街道××路××号。

二、维护保养内容

按照维护保养计划，本次对办公楼设置的消防设备末端配电装置设备进行了维护保养，具体维护保养内容见表 2-3-11。

表 2-3-11　　　　消防设备末端配电装置（9）月维护保养内容

设备名称	设置部位	数量
消防泵末端配电装置	地下一层水泵房内	2
防烟、排烟风机末端配电装置	16层屋顶	2
自动报警系统末端配电装置	一层消防控制中心内	1
消防电梯末端配电装置	16层屋顶	1

三、维护保养情况说明

本次维护保养的情况见表 2-3-12。

表 2-3-12　　　　消防设备末端配电装置（9）月维护保养情况

设备名称	维护保养项目	维护保养情况	异常情况说明
消防泵末端配电装置	设备外观	正常	—
	配件情况	备用电源指示灯不亮	指示灯损坏
	基本功能	正常	—
防烟、排烟风机末端配电装置	设备外观	正常	—
	配件情况	正常	—
	基本功能	正常	—
自动报警系统末端配电装置	设备外观	正常	—
	配件情况	正常	—
	基本功能	正常	—
消防电梯末端配电装置	设备外观	正常	—
	配件情况	正常	—
	基本功能	正常	—

四、故障设备处置措施

本次维护保养过程中，发现地下一层消防水泵的消防设备末端配电装置备用电源指示灯不亮（位置：地下一层消防水泵的消防设备末端配电装置面板上），经现场初步判断为备用电源指示灯损坏，已报请委托方购买相同型号规格的指示灯予以更换。

五、附件

本次维护保养的原始记录表格。

【技能操作】

消防设备末端配电装置的清洁维护操作

一、操作准备

1. 消防设备末端配电装置的技术参数、操作说明书、图纸,以及维护保养记录表格等。
2. 吸尘器、细毛刷、抹布等清洁用品。
3. 安全防护用品等。

二、操作步骤

步骤1　清洁消防设备末端配电装置前应停电,在总开关位置悬挂"正在维修,请勿合闸"牌,严禁带电操作,并安排1人监护。

步骤2　按照配电装置的图纸、资料等对装置的现场情况进行核实,检查是否有改动或变更情况。

步骤3　用小毛刷将配电装置内设备和线材上的灰尘清扫出来后用吸尘器清理干净。

步骤4　用抹布将配电装置壳体、柜内设备和线材清洁干净,确保表面无污迹。如果发现配电柜有水分存在,应该用干燥的抹布擦拭干净,保证配电柜在干燥情况下才能通电。

步骤5　检查线路接头处有无氧化或锈蚀痕迹,若有则应采取防潮、防锈措施,如镀锡和涂抹凡士林等。发现螺栓及垫片有生锈现象应予更换,确保接头连接紧密。

步骤6　维护保养结束后,应恢复供电,并填写维护保养记录。

三、注意事项

1. 清扫工作以配电柜及其所安装电器的外壳部分没有灰尘为验收标准,戴白手套触摸,手套上不沾染灰尘为验收合格。

2. 清扫完成后,清扫人员需要仔细检查并确保没有异物落入且遗漏在配电柜内及其所安装的低压电器中,检查完成后方可送电。

3. 操作人员除具有消防设施操作员四级/中级工资格外,还应具备国家有关规定要求的作业资格证书。

培训单元 4
电气火灾监控系统维护保养计划和报告的编制方法

【培训重点】

掌握电气火灾监控系统维护保养的内容。
熟练掌握电气火灾监控系统维护保养计划的编制方法。
熟练掌握电气火灾监控系统维护保养报告的编制方法。

【知识要求】

电气火灾监控系统的维护保养一般由三级/高级工及以上级别人员进行操作。系统维护保养的对象、项目、要求、周期及人员资格见表 2-3-13。

表 2-3-13　　　　电气火灾监控系统的维护保养内容

保养对象	保养项目	保养要求	保养周期	人员资格
电气火灾监控器	运行环境	1. 清除设备周边的可燃物、杂物 2. 检查安装部位是否有漏水、渗水现象	每个维保周期进行一次	三级/高级工
	设备外观	1. 检查设备是否安装牢固，对松动部位进行紧固 2. 检查设备外观是否存在明显的机械损伤 3. 检查设备的显示是否正常 4. 操作设备声光自检按键（钮），检查设备的音响和显示器件是否完好		
	表面清洁	用吸尘器吸除设备操作面板、控制开关、机箱上的灰尘，用微潮湿的布擦拭设备机箱		
	内部检查及除尘	1. 检查设备接线口的封堵是否完好，各接线的绝缘护套是否有明显的龟裂、破损 2. 用吸尘器吸除设备内部电路板、接线端子上的灰尘 3. 检查电路板和组件是否有松动，接线端子和线标是否紧固、完好，对松动部位进行紧固		
	监控报警功能测试	使探测器发出报警信号，检查监控设备发出报警信号和探测器地址注释信息显示情况		

续表

保养对象	保养项目	保养要求	保养周期	人员资格
电气火灾监控探测器	设备外观	1. 检查设备安装是否牢固，对松动部位进行紧固 2. 检查部件外观否存在明显的机械损伤 3. 检查部件的运行指示灯是否显示正常	按月度、季度计划，确保每个年度每台设备进行一次	三级/高级工
	表面清洁	用吸尘器吸除部件外壳上的灰尘		
	监控报警功能测试	使探测器监测回路、区域的电流、电弧或温度达到探测器的报警阈值，检查探测器报警确认灯点亮情况及监控设备的显示情况		

【实例2-3-7】电气火灾监控系统的维护保养计划的编制

以某高校物理实验室电气火灾监控系统为例，其维护保养计划编制方法如下。

一、项目情况概述

某高校物理实验室，建筑高度16 m，地上4层，每层建筑面积1 200 m²，配置有火灾自动报警系统、电气火灾监控系统、消火栓系统、自动喷水灭火系统等消防设施。

该实验室的电气火灾监控系统配置电气火灾监控器1台，设置在一楼消防控制室；剩余电流式电气火灾探测器22只、测温式电气火灾探测器60只和故障电弧探测器8只，分布设置在每个楼层的配电柜。

委托单位要求每个季度对该实验室设置的电气火灾监控系统进行一次维护保养，每半年对该系统的全数设备至少进行一次维护保养。

二、计划编制步骤

步骤1　资料准备

根据项目情况，收集电气火灾监控系统的系统图、现场部件的平面布置图和探测器地址编码表，对电气火灾监控系统的设置数量、设置部位及运行状态等基本情况进行现场核查。

步骤2　确定维护保养周期

根据委托单位的要求，确定系统的维护保养周期为每季度，每半年进行全数设备的维护保养。

步骤3　确定维护保养内容

根据项目维护保养的周期要求，确定每个季度对设置总数量1/2的探测器及全数量的电气火灾监控设备进行一次维护保养，具体维护保养项目根据表2-3-14进行。

步骤4　确定人员及设备配置

根据项目维护保养的内容要求，配置两名具备三级/高级工职业资格的人员进行作业，同时配备维护保养所需的车辆、仪器设备及耗材。

步骤5　形成维护保养工作计划

将电气火灾监控系统的设备名称、保养项目、保养范围、设备数量、保养周期、工期、人员配置等编制成表，见表2-3-14。

表2-3-14　　　　　　电气火灾监控系统季度维护保养工作计划

项目名称		某高校物理实验室电气火灾监控系统季度维护保养		工期（天）	1
季度	设备名称	保养项目	保养范围	设备数量	人员配置
一季度 三季度	电气火灾监控器	1. 运行环境 2. 设备外观 3. 表面清洁 4. 内部检查及除尘 5. 监控报警功能测试	全部	1	张某（三级/高级工） 李某（三级/高级工）
	剩余电流式电气火灾探测器	1. 设备外观 2. 表面清洁 3. 监控报警功能测试	一层	8	
			三层	4	
	测温式电气火灾探测器	1. 设备外观 2. 表面清洁 3. 监控报警功能测试	一层	21	
			三层	12	
	故障电弧探测器	1. 设备外观 2. 表面清洁 3. 监控报警功能测试	一层	4	
			三层	1	
二季度 四季度	电气火灾监控器	1. 运行环境 2. 设备外观 3. 表面清洁 4. 内部检查及除尘 5. 监控报警功能测试	全部	1	
	剩余电流式电气火灾探测器	1. 设备外观 2. 表面清洁 3. 监控报警功能测试	二层	4	
			四层	6	
	测温式电气火灾探测器	1. 设备外观 2. 表面清洁 3. 监控报警功能测试	二层	12	
			四层	15	
	故障电弧探测器	1. 设备外观 2. 表面清洁 3. 监控报警功能测试	二层	1	
			四层	2	

【实例 2-3-8】电气火灾监控系统的维护保养报告的编制

某高校物理实验室电气火灾监控系统 _二_ 季度维护保养报告

一、基本概况

某高校物理实验室,建筑高度 16 m,地上 4 层,每层建筑面积 1 200 m^2,消防控制室位于实验室一层。联系人王某,联系电话×××,位于××市××街道××路××号。

二、维护保养内容

按照维护保养计划,本次对消防控制室的电气火灾监控器和设置在二层、四层的探测器进行了维护保养,具体维护保养内容见表 2-3-15。

表 2-3-15　　电气火灾监控系统(二)季度维护保养内容

设备名称	设置部位	数量
电气火灾监控器	消防控制室	1
剩余电流式电气火灾探测器	二层	4
剩余电流式电气火灾探测器	四层	6
测温式电气火灾探测器	二层	12
测温式电气火灾探测器	四层	15
故障电弧探测器	二层	1
故障电弧探测器	四层	2

三、维护保养情况说明

本次维护保养的情况见表 2-3-16。

表 2-3-16　　电气火灾监控系统(二)季度维护保养情况

设备名称	维护保养项目	维护保养情况	异常情况说明
电气火灾监控器	运行环境	正常	—
电气火灾监控器	设备外观	显示 2 只探测器故障	显示 1 回路 88# 和 89# 测温式电气火灾探测器故障
电气火灾监控器	表面清洁	已进行	—
电气火灾监控器	内部检查及吹扫	已进行	—
电气火灾监控器	监控报警功能测试	功能正常	—
剩余电流式电气火灾探测器	设备外观	正常	—
剩余电流式电气火灾探测器	表面清洁	已进行	—
剩余电流式电气火灾探测器	监控报警功能测试	功能正常	—

续表

设备名称	维护保养项目	维护保养情况	异常情况说明
测温式电气火灾探测器	设备外观	四层2只探测器报故障，其他正常	现场检查探测器接线端子接线不良，已修复
	表面清洁	已进行	—
	监控报警功能测试	功能正常	—
故障电弧探测器	设备外观	正常	—
	表面清洁	已进行	—
	监控报警功能测试	功能正常	—

四、故障设备处置措施

维护保养过程中，发现四层2只测温式电气火灾探测器（地址码：1回路88#和89#）报故障，查看控制器显示及历史记录，记录了故障发生时间。经现场判断，原因为探测器接线端子螺钉松动造成回路总线接触不良，重新紧固后，探测器恢复正常工作。

五、附件

本次维护保养的原始记录表格。

培训单元 5
可燃气体探测报警系统维护保养计划和报告的编制方法

【培训重点】

掌握可燃气体探测报警系统维护保养的内容。
熟练掌握可燃气体探测报警系统维护保养计划的编制方法。
熟练掌握可燃气体探测报警系统维护保养报告的编制方法。

【知识要求】

可燃气体探测报警系统的维护保养一般由三级/高级工及以上级别人员进行操作。系统维护保养的对象、项目、要求、周期及人员资格见表2-3-17。

表 2-3-17 可燃气体探测报警系统维护保养的对象、项目、要求、周期及人员资格

保养对象	保养项目	保养要求	保养周期	人员资格
可燃气体报警控制器	运行环境	1. 清除控制器周边的可燃物、杂物 2. 检查安装部位是否有漏水、渗水现象	每个维保周期进行一次	三级/高级工
	设备外观	1. 检查控制器是否安装牢固，对松动部位进行紧固 2. 检查控制器外观是否存在明显的机械损伤 3. 检查控制器的显示是否正常 4. 操作控制器声光自检按键（钮），检查控制器的音响和显示器件是否完好		
	表面清洁	用吸尘器吸除控制器操作面板、控制开关、机箱上的灰尘，用微潮湿的布擦拭控制器机箱		
	内部检查及除尘	1. 检查控制器接线口的封堵是否完好，各接线的绝缘护套是否有明显的龟裂、破损 2. 用吸尘器吸除内部电路板、电池、接线端子上的灰尘 3. 检查电路板和组件是否有松动，接线端子和线标是否紧固完好，对松动部位进行紧固		
	报警功能测试	使探测器发出报警信号，检查控制器发出报警信号和探测器地址注释信息显示情况		
	打印纸更换	检查控制器的打印纸是否缺失，如缺失应予以补充		
	蓄电池保养	进行控制器主、备电源切换检查，对于不能满足备电持续工作时间的蓄电池予以更换		
可燃气体探测器	运行环境	1. 清除线型可燃气体探测器发射器和接收器之间的遮挡物 2. 检查部件周围是否有漏水、渗水现象	按月度、季度计划，确保每个年度每台设备进行一次	
	设备外观	1. 检查部件安装是否牢固，对松动部位进行紧固 2. 检查部件外观否存在明显的机械损伤 3. 检查部件的运行指示灯是否显示正常		
	表面清洁	用吸尘器除尘，用微潮湿的布擦拭部件外壳		
	报警功能测试	使探测器监测区域的可燃气体浓度达到探测器的报警阈值，检查探测器报警确认灯点亮情况及控制器的显示情况		

【技能操作】

【实例 2-3-9】可燃气体探测报警系统的维护保养计划的编制

以某五星级酒店可燃气体探测报警系统为例,其维护保养计划编制方法如下。

一、项目情况概述

某五星级酒店,建筑高度 60 m,地上 15 层,地下 3 层,每层建筑面积 2 200 m²,配置有火灾自动报警系统、可燃气体探测报警系统、消火栓系统、自动喷水灭火系统等消防设施。

该酒店的可燃气体探测报警系统配置可燃气体报警控制器 1 台,设置在一层消防控制室;测量范围为 0 ~ 100% LEL(Lou Explosion-Level,爆炸下限)的点型可燃气体探测器 58 只,其中一层厨房设置 12 只,二层餐厅设置 22 只,三层设置 8 只,四层设置 16 只。

委托单位要求每个季度对该酒店设置的可燃气体探测报警系统进行一次维护保养,每半年对该系统的全数设备至少进行一次维护保养。

二、计划编制步骤

步骤 1　资料准备

根据项目情况,收集可燃气体探测报警系统的系统图、现场部件的平面布置图和探测器编码表,对可燃气体探测报警系统的设置数量、设置部位及运行状态等基本情况进行现场核查。

步骤 2　确定维护保养周期

根据委托单位的要求,确定项目维护保养周期为每季度,每半年进行全数设备的维护保养。

步骤 3　确定维护保养内容

根据项目维护保养的周期要求,确定每个季度对设置总数量 1/2 的探测器及全数可燃气体报警控制器进行一次维护保养,具体的维护保养项目根据表 2-3-18 进行。

步骤 4　确定人员及设备配置

根据项目维护保养的内容要求,配置两名具备三级/高级工职业资格的人员进行作业,同时配备维护保养所需的车辆、仪器设备及耗材。

步骤5　形成维护保养工作计划

将可燃气体探测报警系统的设备名称、保养项目、保养范围、设备数量、保养周期、工期、人员配置等编制成表，见表2-3-18。

表2-3-18　可燃气体探测报警系统季度维护保养工作计划

项目名称	某五星级酒店可燃气体探测报警系统季度维护保养			工期（天）	1
季度	设备名称	保养项目	保养范围	设备数量	人员配置
一季度 三季度	可燃气体报警控制器	1. 运行环境 2. 设备外观 3. 表面清洁 4. 内部检查及除尘 5. 报警功能测试 6. 打印纸更换 7. 蓄电池保养	全部	1	张某（三级/高级工） 李某（三级/高级工）
	点型可燃气体探测器	1. 运行环境 2. 设备外观 3. 表面清洁 4. 报警功能测试	一层	12	
			四层	16	
二季度 四季度	可燃气体报警控制器	1. 运行环境 2. 设备外观 3. 表面清洁 4. 内部检查及除尘 5. 报警功能测试 6. 打印纸更换 7. 蓄电池保养	全部	1	
	点型可燃气体探测器	1. 运行环境 2. 设备外观 3. 表面清洁 4. 报警功能测试	二层	22	
			三层	8	

【实例2-3-10】可燃气体探测报警系统的维护保养报告

某五星级酒店可燃气体探测报警系统 ＿＿ 季度维护保养报告

一、基本概况

某五星级酒店，建筑高度60 m，地上15层，地下3层，每层建筑面积2 200 m²，消防控制室位于酒店一层。联系人王某，联系电话×××，位于××市××街道××路××号。

二、维护保养内容

按照维护保养计划,本次对消防控制室的可燃气体报警控制器和设置在一层、四层的可燃气体探测器进行了维护保养,具体维护保养内容见表 2-3-19。

表 2-3-19　　　　可燃气体探测报警系统(一)季度维护保养内容

设备名称	设置部位	数量
可燃气体报警控制器	消防控制室	1
点型可燃气体探测器	一层	12
	四层	16

三、维护保养情况说明

本次维护保养的情况见表 2-3-20。

表 2-3-20　　　　可燃气体探测报警系统(一)季度维护保养情况

设备名称	维护保养项目	维护保养情况	异常情况说明
可燃气体报警控制器	运行环境	正常	—
	设备外观	显示一只探测器传感器失效	显示 1 回路 8# 探测器的传感器失效
	表面清洁	已进行	—
	内部检查及除尘	已进行	—
	报警功能测试	正常	—
	打印纸更换	未更换	—
	蓄电池保养	正常	—
点型可燃气体探测器	运行环境	正常	—
	设备外观	正常	—
	表面清洁	已进行	—
	报警功能测试	正常	—

四、故障设备处置措施

维护保养过程中,经查询可燃气体报警控制器并现场确认,发现一层厨房安装的可燃气体探测器(地址码:1 回路 8#)传感器失效。建议找厂家更换传感器或探测器。建议酒店在更换探测器期间,注意加强监管,严查用气安全,杜绝安全事故的发生。

五、附件

本次维护保养的原始记录表格。

培训单元 6
注氮控氧防火装置的维护保养内容和方法

【培训重点】

掌握注氮控氧防火装置的维护保养内容。

熟练掌握掌握注氮控氧防火装置的维护保养方法。

【知识要求】

注氮控氧防火装置维护保养一般由二级/技师及以上级别人员进行操作。系统维护保养的项目、周期及人员资格见表2-3-21。

表 2-3-21　　注氮控氧防火装置维护保养的项目、周期及人员资格

保养项目	保养周期	人员资格
1. 检查装置是否工作正常，双电源工作是否正常 2. 检查装置外观是否存在腐蚀或机械损坏 3. 检查进气过滤器是否工作正常 4. 检查空压机润滑油位是否正常 5. 检查氧浓度显示情况是否正常	每月一次	二级/技师
1. 检查注氮控氧防火装置控制功能 2. 检查注氮控氧防火装置报警功能 3. 更换空压机油 4. 检查氧浓度传感器使用寿命，如到期应进行更换 5. 检查进气过滤器寿命，如到期应进行更换	每年一次	

相关链接

1. 维护保养人员应了解被保护空间的相关安全规定，熟悉现场情况。
2. 维护保养过程中设备可能停机，保护区氧浓度升高，所以维护保养前维

人员应得到保护区主管部门的同意。

3. 维护人员必须经过被检设备生产企业的培训，了解设备的操作方法。

4. 现场维修人员应不少于2人。

【实例2-3-11】注氮控氧防火装置维护保养计划的编制

以某单位的注氮控氧防火装置为例，其维护保养计划编制方法如下。

一、项目情况概述

某单位位于5号楼111房间的注氮控氧防火装置，2016年5月4日投入使用，装置的型号规格为ZD0.3/18，用于保护的111房间总容积为540 m^3。装置安装于保护空间外，设定的注氮流量为18 m^3/h，装置安装在保护区内的氧浓度传感器的数量为2只。

委托单位按照规定，要求制订详细的维护保养计划。

二、计划编制步骤

步骤1　资料准备

根据项目情况，收集注氮控氧防火装置的系统图及现场部件的平面布置图，对装置的安装位置、保护空间情况及运行状态等进行核查。

步骤2　确定维护保养周期

根据委托单位的要求，确定项目维护保养周期为每月，每年对注氮控氧防火装置进行一次全项维护保养。

步骤3　确定维护保养内容

根据项目维护保养周期的要求，确定每个月度进行一次维护保养规定的月保养，每年进行一次年度保养，具体的维护保养项目根据表2-3-21进行。

步骤4　确定人员及设备配置

根据项目维护保养内容的要求，配置两名具备二级/技师职业资格的人员进行作业，同时配备维护保养所需的车辆、仪器设备及耗材。

步骤5　形成维护保养工作计划

将注氮控氧防火装置的保养周期、保养项目、工期、人员配置等编制成表，见表2-3-22。

表 2-3-22　　　　　　　注氮控氧防火装置维护保养工作计划

保养周期	保养项目	工期（天）	人员配置
每月第一周	1. 检查装置是否工作正常，双电源工作是否正常 2. 检查装置外观是否存在腐蚀或机械损坏 3. 检查进气过滤器是否工作正常 4. 检查空压机润滑油位是否正常 5. 检查氧浓度显示情况是否正常	2	张某（二级/技师） 李某（二级/技师）
每年5月份	除月度保养项目外，还包括： 1. 检查注氮控氧防火装置控制功能 2. 检查注氮控氧防火装置报警功能 3. 更换空压机油 4. 检查氧浓度传感器使用寿命，如到期应进行更换 5. 检查进气过滤器寿命，如到期应进行更换	5	

【实例 2-3-12】注氮控氧防火装置维护保养报告的编制

某单位注氮控氧防火装置维护保养报告

一、基本概况

某单位的注氮控氧防火装置位于 5 号楼 111 房间，装置的型号规格为 ZD0.3/18，用于保护的 111 房间总容积为 540 m^3。设定的注氮流量为 18 m^3/h，保护区内的氧浓度传感器的数量为 2 只。

二、维护保养的内容

按照维护保养计划，本次维护保养为年度保养，保养的项目为全部项目，具体维护保养内容见维护保养情况汇总表。

三、维护保养情况汇总

本次维护保养情况汇总见表 2-3-23。

四、故障设备处置措施

某维护保养公司于 2019 年 5 月 17 日对装置进行了一次年度全项目保养，在维修保养过程中发现氧浓度传感器有效期至 2019 年 9 月，建议使用单位购买同型号的氧浓度传感器，以备更换。

五、附件

本次维护保养的原始记录表格。

表 2-3-23　　　　　注氮控氧防火装置维保情况汇总

装置型号	\multicolumn{3}{c}{ZD0.3/18}		
维护类别	□月检　■年检		维护日期	2019.05.17
检查内容	检测结果	存在问题	处理情况	
检查装置是否工作正常，双电源工作是否正常	正常	—	—	
检查装置外观是否存在腐蚀或机械损坏	无			
检查进气过滤器是否工作正常	正常	—	—	
检查空压机润滑油位是否正常	正常	—	—	
检查氧浓度显示情况是否正常	正常	—	—	
检查注氮控氧防火装置控制功能	功能正常			
检查注氮控氧防火装置报警功能	功能正常			
更换空压机油	已更换			
检查氧浓度传感器使用寿命	临近失效期	传感器的有效期至2019年9月	建议使用单位购买备件，到期后更换	
检查进气过滤器寿命	不需要更换	—	—	
维护发现的其他问题	\multicolumn{3}{c}{无}		
维护保养总结	\multicolumn{3}{c}{按照要求完成全部年度维保项目，过程中发现氧浓度传感器的有效期至2019年9月，建议使用单位购买备件，待2019年9月传感器失效期后进行更换}		

【技能操作】

注氮控氧防火装置的维护保养操作

一、操作准备

1. 维护保养工具和配件、空压机油等耗材。
2. 消防设计文件、系统竣工资料、产品资料、消防设施维护保养记录本等。

123

二、操作程序

步骤1　外观检查

观察注氮控氧防火装置的连接管路、阀门、容器及各个密封部位，检查是否有腐蚀、泄漏、松动以及水渍、油污等情况，是否有碰撞、变形等机械损坏。

步骤2　检查进气通道

检查供氮装置工作时是否有气体吸入，气流是否通畅。检查过滤器滤芯等损耗品上次更换时间及使用寿命（年或小时），如已经达到使用寿命应及时更换。

步骤3　检查空压机油位

在空压机的机体上有一个观察窗，油位应在观察窗的最大高度和最小高度之间。如果油位高于观察窗的上限，需打开放油旋塞放油，使油位回落到正常位置；如果油位低于观察窗的下限，则应进行补油。更换机油时，仅需打开放油旋塞放出全部机油后，拧紧放油旋塞，再倒入新的机油，使油位达到正常范围即可。油位观察的方法如图2-3-2所示。

步骤4　检查控制器上氧浓度显示值

对于有人短暂停留的场所，氧浓度应在14%～16%；对于无人停留的场所，氧浓度应在12.5%～13.5%。

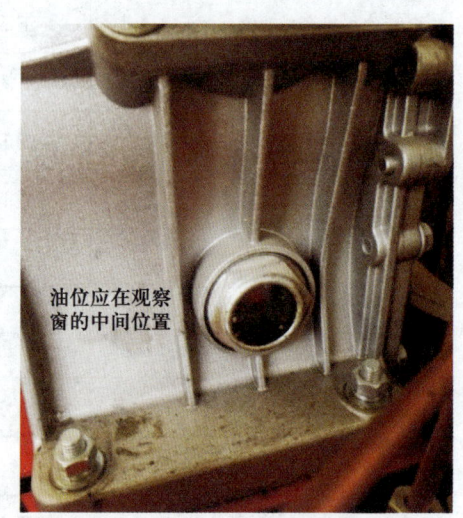

图2-3-2　油位观察窗

步骤5　检查控制器

检查控制器显示是否正常，有无报警或其他故障显示。检查消音按钮是否处于消音状态，如处于消音状态，应解锁，观察是否有故障声音报警。

步骤6　检查电源

具有主、备电源的装置，断开主电源开关，观察备用电电源是否自动投入工作，是否有主电源故障指示。

步骤7　检查氧浓度传感器

检查氧浓度传感器的生产日期及寿命年限，到期应进行更换；不满一年将到期的应记录，提醒使用单位准备配件，到期进行更换。

步骤8　检查氧浓度升高时的控制功能和报警功能

先用收集袋收集室外正常的空气，然后将收集袋套在氧浓度传感器上并扎紧，观察此时控制器上氧浓度传感器的示值，控制器上氧浓度示值上升。有人短暂停留的场所氧浓度在16%或无人停留的场所氧浓度在13.5%时，装置的供氮装置应启动进行注氮。有人短暂停留的场所氧浓度在17%或无人停留的场所氧浓度在14%时，控制器应发出氧浓度高指示并发出声光报警。

步骤9　检查氧浓度降低时的控制功能和报警功能

取下收集袋排静气体后，重新收集装置注氮口排出的气体，然后再将收集袋套在氧浓度传感器上并扎紧，观察此时控制器上氧浓度传感器的示值，控制器上氧浓度示值下降。有人短暂停留的场所氧浓度在17%或无人停留的场所氧浓度在14%时，控制器应停止氧浓度高报警。有人短暂停留的场所氧浓度在14%或无人停留的场所氧浓度在12.5%时，供氮装置应停止工作。有人短暂停留的场所氧浓度在13%或无人停留的场所氧浓度在12%时，控制器应发出氧浓度低指示并发出声光报警，防护区门口"氧浓度低禁止人员进入"的指示应亮起。取下收集袋，装置恢复正常。

培训单元 7
消防应急照明和疏散指示系统、消防应急广播系统、消防电话系统、防火门、防火卷帘、消防设备电源监控系统的维护保养计划和报告的编制方法

【培训重点】

掌握消防应急照明和疏散指示系统、消防应急广播系统、消防电话系统、防火门、防火卷帘、消防设备电源监控系统维护保养的内容。

熟练掌握消防应急照明和疏散指示系统、消防应急广播系统、消防电话系统、防火门、防火卷帘、消防设备电源监控系统维护保养计划的编制方法。

熟练掌握消防应急照明和疏散指示系统、消防应急广播系统、消防电话系统、防火门、防火卷帘、消防设备电源监控系统维护保养报告的编制方法。

【知识要求】

一、消防应急照明和疏散指示系统维护保养内容

消防应急照明和疏散指示系统的维护保养一般由四级/中级工及以上级别人员进行操作。系统维护保养的对象、项目、要求、周期及人员资格见表 2-3-24。

表 2-3-24 消防应急照明和疏散指示系统维护保养的对象、项目、要求、周期及人员资格

保养对象	保养项目	保养要求	保养周期	人员资格
应急照明控制器	运行环境	1. 清除控制器周边的可燃物、杂物 2. 检查安装部位是否有漏水、渗水现象	每个维保周期进行一次	四级/中级工
	设备外观	1. 检查控制器是否安装牢固，对松动部位进行紧固 2. 检查控制器外观是否存在明显的机械损伤 3. 检查控制器的显示是否正常 4. 操作控制器声光自检按键（钮），检查控制器的音响和显示器件是否完好		
	表面清洁	用吸尘器吸除控制器操作面板、控制开关、机箱上的灰尘，用微潮湿的布擦拭控制器机箱		
	内部检查及除尘	1. 检查控制器接线口的封堵是否完好，各接线的绝缘护套是否有明显的龟裂、破损 2. 用吸尘器吸除控制器内部电路板、电池、接线端子上的灰尘 3. 检查电路板和组件是否有松动，接线端子和线标是否紧固完好，对松动部位进行紧固		
	应急启动功能测试	1. 使同一防火分区、楼层任 2 只火灾探测器发出火灾报警信号，检查控制器的自动应急启动功能 2. 手动操作控制器的应急启动按钮，检查控制器的手动应急启动功能		
	蓄电池保养	进行控制器的主、备电源切换检查，对于不能满足备电持续工作时间的蓄电池予以更换		
	打印纸更换	若控制器放置打印机，检查控制器打印纸是否缺失，若缺失应予以更换		
应急照明集中电源	运行环境	1. 清除设备周边的可燃物、杂物 2. 检查安装部位是否有漏水、渗水现象		
	设备外观	1. 检查设备是否安装牢固，对松动部位进行紧固 2. 检查设备外观是否存在明显的机械损伤 3. 检查设备的显示是否正常		
	表面清洁	用吸尘器吸除设备操作面板、控制开关、机箱上的灰尘，用微潮湿的布擦拭控制器机箱		
	内部检查及除尘	1. 检查设备接线口的封堵是否完好，各接线的绝缘护套是否有明显的龟裂、破损 2. 用吸尘器吸除设备内部电路板、电池、接线端子上的灰尘 3. 检查电路板和组件是否有松动，接线端子和线标是否紧固完好，对松动部位进行紧固		
	应急启动功能测试	检查控制器发出手动应急启动信号后，集中电源的蓄电池转换功能		

续表

保养对象	保养项目	保养要求	保养周期	人员资格
应急照明配电箱	运行环境	1. 清除设备周边的可燃物、杂物 2. 检查安装部位是否有漏水、渗水现象	每个维保周期进行一次	四级/中级工
	设备外观	1. 检查设备是否安装牢固，对松动部位进行紧固 2. 检查设备外观是否存在明显的机械损伤 3. 检查设备的显示是否正常		
	表面清洁	用吸尘器吸除设备操作面板、控制开关、机箱上的灰尘，用微潮湿的布擦拭控制器机箱		
	内部检查及除尘	1. 检查设备接线口的封堵是否完好，各接线的绝缘护套是否有明显的龟裂、破损 2. 用吸尘器吸除设备内部电路板、电池、接线端子上的灰尘 3. 检查电路板和组件是否有松动，接线端子和线标是否紧固完好，对松动部位进行紧固		
	应急启动功能测试	检查控制器发出手动应急启动信号后，配电箱的主电源关断功能		
应急照明灯具	运行环境	1. 清除灯具照射范围内的遮挡物 2. 检查安装部位是否有漏水、渗水现象	按月度、季度计划，确保每个年度每台设备进行一次	
	设备外观	1. 检查设备是否安装牢固，对松动部位进行紧固 2. 检查设备外观是否存在明显的机械损伤		
	表面清洁	用软布沾肥皂水拧干后擦拭灯罩，再用干布擦净		
	应急启动功能测试	检查控制器发出手动应急启动信号后，灯具光源的应急点亮情况		
	地面水平照度	用照度计测量灯具设置部位地面的水平照度，核查测量值是否低于规定指标		
	持续应急时间	控制器发出手动应急启动信号后，用秒表计时灯具光源持续应急点亮时间，核查时间是否低于规定指标		
疏散标志灯具	运行环境	1. 清除灯具视线范围内的遮挡物 2. 检查安装部位是否有漏水、渗水现象	按月度、季度计划，确保每个年度每台设备进行一次	
	设备外观	1. 检查标志灯的标识信息是否符合指示方案要求，灯具标识是否显示完整、清晰可辨 2. 检查设备是否安装牢固，对松动部位进行紧固 3. 检查设备外观是否存在明显的机械损伤		
	表面清洁	用软布沾肥皂水拧干后擦拭标志灯表面，再用干布擦净		
	应急启动功能测试	检查控制器发出手动应急启动信号后，灯具光源的应急点亮情况		
	持续应急时间	控制器发出手动应急启动信号后，用秒表计时灯具光源持续应急点亮时间，核查时间是否低于规定指标		

二、消防应急广播系统维护保养内容

消防应急广播系统的维护保养一般由四级/中级工及以上级别人员进行操作。系统维护保养的对象、项目、要求、周期及人员资格见表2-3-25。

表2-3-25　消防应急广播系统维护保养的对象、项目、要求、周期及人员资格

保养对象	保养项目	保养要求	保养周期	人员资格
消防应急广播控制设备	运行环境	1. 清除设备周边的可燃物、杂物 2. 检查安装部位是否有漏水、渗水现象	每个维保周期进行一次	四级/中级工
	设备外观	1. 检查设备是否安装牢固,对松动部位进行紧固 2. 检查设备外观是否存在明显的机械损伤 3. 检查设备的显示是否正常 4. 操作设备声光自检按键(钮),检查设备的音响和显示器件是否完好		
	表面清洁	用吸尘器吸除设备操作面板、控制开关、机箱上的灰尘,用微潮湿的布擦拭设备机箱		
	内部检查及除尘	1. 检查设备接线口的封堵是否完好,各接线的绝缘护套是否有明显的龟裂、破损 2. 用吸尘器吹扫设备内部电路板、电池、接线端子上的灰尘 3. 检查电路板和组件是否有松动,接线端子和线标是否紧固完好,对松动部位进行紧固		
	应急广播功能测试	操作设备启动应急广播,检查扬声器的语音信息播报情况		
	蓄电池保养	进行控制设备的主、备电源切换检查,对于不能满足备电持续工作时间的蓄电池予以更换		
扬声器	运行环境	检查安装部位是否有漏水、渗水现象	按月度、季度计划,确保每个年度每台设备进行一次	
	设备外观	1. 检查设备是否安装牢固,对松动部位进行紧固 2. 检查设备外观是否存在明显的机械损伤		
	表面清洁	用吸尘器除尘,用微潮湿的布擦拭设备外壳		
	应急功能测试	控制设备启动应急广播后,检查扬声器的语音信息播报情况		

三、消防电话系统维护保养内容

消防电话系统的维护保养一般由四级/中级工及以上级中人员进行操作。系统维护保养的对象、项目、要求、周期及人员资格见表2-3-26。

表 2-3-26　消防电话系统维护保养的对象、项目、要求、周期及人员资格

保养对象	保养项目	保养要求	保养周期	人员资格
消防电话主机	运行环境	1. 清除设备周边的可燃物、杂物 2. 检查安装部位是否有漏水、渗水现象	每个维保周期进行一次	四级/中级工
	设备外观	1. 检查设备是否安装牢固，对松动部位进行紧固 2. 检查设备外观是否存在明显的机械损伤 3. 检查设备的显示是否正常 4. 操作设备声光自检按键（钮），检查设备的音响和显示器件是否完好		
	表面清洁	用吸尘器除去设备的操作面板、控制开关、机箱上的灰尘，用微潮湿的布擦拭设备机箱		
	内部检查及除尘	1. 检查设备接线口的封堵是否完好，各接线的绝缘护套是否有明显的龟裂、破损 2. 用吸尘器吹扫设备内部电路板、接线端子上的灰尘 3. 检查电路板和组件是否有松动，接线端子和线标是否紧固完好，对松动部位进行紧固		
	呼叫功能测试	1. 操作电话分机呼叫总机，检查主机的接受呼叫功能和语音通话情况 2. 操作总机呼叫任一分机，检查主机的呼叫功能和语音通话情况		
电话分机	运行环境	检查安装部位是否有漏水、渗水现象	按月度、季度计划，确保每个年度每台设备进行一次	
	设备外观	1. 检查设备是否安装牢固，对松动部位进行紧固 2. 检查设备外观是否存在明显的机械损伤		
	表面清洁	用吸尘器除尘，用微潮湿的布擦拭设备外壳		
	呼叫功能测试	1. 操作电话分机呼叫总机，检查分机的呼叫功能和语音通话情况 2. 操作总机呼叫任一分机，检查分机的接受呼叫功能和语音通话情况		
电话插孔	运行环境	检查安装部位是否有漏水、渗水现象		
	设备外观	1. 检查设备是否安装牢固，对松动部位进行紧固 2. 检查设备外观是否存在明显的机械损伤		
	表面清洁	用微潮湿的布擦拭设备外壳		
	呼叫功能测试	将电话手柄插入插孔，检查插孔呼叫功能和语音通话情况		

四、防火门监控系统维护保养内容

防火门监控系统的维护保养一般由四级/中级工及以上级别人员进行操作。系统维护保养的对象、项目、要求、周期及人员资格见表 2-3-27。

表 2-3-27　防火门监控系统维护保养的对象、项目、要求、周期及人员资格

保养对象	保养项目	保养要求	保养周期	人员资格
防火门监控器	运行环境	1. 清除设备周边的可燃物、杂物 2. 检查安装部位是否有漏水、渗水现象	每个维保周期进行一次	四级/中级工
	设备外观	1. 检查设备是否安装牢固，对松动部位进行紧固 2. 检查设备外观是否存在明显的机械损伤 3. 检查设备的显示是否正常 4. 操作设备声光自检按键（钮），检查设备的音响和显示器件是否完好		
	表面清洁	用吸尘器吸除设备操作面板、控制开关、机箱上的灰尘，用微潮湿的布擦拭设备机箱		
	内部检查及除尘	1. 检查设备接线口的封堵是否完好，各接线的绝缘护套是否有明显的龟裂、破损 2. 用吸尘器吸除设备内部电路板、电池、接线端子上的灰尘 3. 检查电路板和组件是否有松动，接线端子和线标是否紧固完好，对松动部位进行紧固		
	启动、反馈功能	操作防火门监控器启动监控模块，观察对应防火门关闭情况，检查监控器的显示情况		
	防火门故障报警功能	使任一樘常闭防火门处于开启状态，检查监控器故障报警及显示情况		
	蓄电池保养	进行监控器主、备电源切换检查，对于不能满足备电持续工作时间的蓄电池予以更换		
监控模块	运行环境	检查安装部位是否有漏水、渗水现象	按月度、季度计划，确保每个年度每台设备进行一次	
	设备外观	1. 检查设备是否安装牢固，对松动部位进行紧固 2. 检查设备外观是否存在明显的机械损伤		
	表面清洁	用潮湿的布擦拭设备外壳		
	启动功能	操作防火门监控器启动监控模块，观察对应监控模块动作和防火门关闭情况		
防火门	运行环境	清除防火门前方 0.5 m 范围内的遮挡物		
	设备外观	检查防火门、闭门器外观是否存在明显的机械损伤		
	表面清洁	清洁、消除五金部件的锈蚀，加注润滑剂		
	闭合性能	检查防火门关闭情况和密闭性		

五、防火卷帘系统维护保养内容

防火卷帘系统的维护保养一般由五级/初级工及以上级别人员进行操作。系统维护保养的对象、项目、周期及人员资格见表 2-3-28。

表 2-3-28　防火卷帘系统维护保养的对象、项目、要求、周期及人员资格

保养对象	保养项目	保养要求	保养周期	人员资格
防火卷帘控制器	运行环境	1. 清除设备周边的可燃物、杂物 2. 检查安装部位是否有漏水、渗水现象	每个维保周期进行一次	四级/中级工
	设备外观	1. 检查设备是否安装牢固，对松动部位进行紧固 2. 检查设备外观是否存在明显的机械损伤 3. 检查设备的显示是否正常 4. 操作设备声光自检按键（钮），检查设备的音响和显示器件是否完好		
	表面清洁	用吸尘器吸除设备的操作面板、控制开关、机箱上的灰尘，用微潮湿的布擦拭设备机箱		
	内部检查及除尘	1. 检查设备接线口的封堵是否完好，各接线的绝缘护套是否有明显的龟裂、破损 2. 用吸尘器吸除设备内部电路板、电池、接线端子上的灰尘 3. 检查电路板和组件是否有松动，接线端子和线标是否紧固完好，对松动部位进行紧固		
	控制功能	手动操作控制器的上升、停止和下降按钮、按键，观察防火卷帘的动作情况		
	蓄电池保养	进行控制器主、备电源切换检查，对于不能满足备电持续工作时间的蓄电池予以更换		
手动控制装置	运行环境	检查安装部位是否有漏水、渗水现象	按月度、季度计划，确保每个年度每台设备进行一次	
	设备外观	1. 检查设备是否安装牢固，对松动部位进行紧固 2. 检查设备外观是否存在明显的机械损伤		
	表面清洁	用微潮湿的布擦拭设备外壳		
	控制功能	手动操作手动控制装置的上升、停止和下降按钮、按键，检查卷帘动作情况		
防火卷帘	运行环境	清除防火卷帘警示区域内的遮挡物		
	设备外观	检查防火卷帘的帘面、导轨是否存在明显的机械损伤		
	表面清洁	清洁、消除五金部件的锈蚀，加注润滑剂		
	下降性能检查	1. 检查防火卷帘下降过程中是否运行平稳，是否有脱轨和明显倾斜现象 2. 下降、上升过程中，用数字声级计测量其运行噪声的声压级，平均值不应大于 85 dB 3. 与地面接触时，检查卷帘底板与地面是否平行		

六、消防设备电源监控系统维护保养内容

消防设备电源监控系统的维护保养一般由三级/高级工及以上级别人员进行操作。系统维护保养的对象、项目、要求、周期及人员资格见表 2-3-29。

表 2–3–29　消防设备电源监控系统维护保养的对象、项目、要求、周期及人员资格

保养对象	保养项目	保养要求	保养周期	人员资格
消防设备电源监控器	运行环境	1. 清除设备周边的可燃物、杂物 2. 检查安装部位是否有漏水、渗水现象	每个维保周期进行一次	三级/高级工
	设备外观	1. 检查设备是否安装牢固，对松动部位进行紧固 2. 检查设备外观是否存在明显的机械损伤 3. 检查设备的显示是否正常 4. 操作设备声光自检按键（钮），检查设备的音响和显示器件是否完好		
	表面清洁	用吸尘器吸除设备操作面板、控制开关、电池、机箱上的灰尘，用微潮湿的布擦拭设备机箱		
	内部检查及除尘	1. 检查设备接线口的封堵是否完好，各接线的绝缘护套是否有明显的龟裂、破损 2. 用吸尘器吸除设备内部电路板、电池、接线端子上的灰尘 3. 检查电路板和组件是否有松动，接线端子和线标是否紧固完好，对松动部位进行紧固		
	故障报警功能	切断任一非故障部位传感器监控的消防设备的主电源，检查监控器故障报警和信息显示情况		
	蓄电池保养	进行监控器主、备电源切换检查，对于不能满足备电持续工作时间的蓄电池予以更换		
传感器	设备外观	1. 检查设备是否安装牢固，对松动部位进行紧固 2. 检查设备外观是否存在明显的机械损伤	按月度、季度计划，确保每个年度每台设备进行一次	
	表面清洁	用吸尘器吸除设备外壳的灰尘		
	故障报警功能	切断任一非故障部位传感器监控的消防设备的主电源，检查监控器故障报警和信息显示情况		

【实例2-3-13】编制消防设备电源监控系统的维护保养计划

以某火车站消防设备电源监控系统为例，其维护保养编制方法如下。

一、项目情况概述

某火车站项目，建筑高度 12 m，地上 2 层，地下 2 层，建筑面积 446 620 m²，配置有火灾自动报警系统、消防设备电源监控系统等消防设施。消防电源监控系统配置消防设备电源监控器 1 台、信号传感器 246 只。

委托单位要求每个月度对消防设备电源监控系统进行一次维护保养，每季度对该系统的全数系统设备至少进行一次维护保养。

二、计划编制步骤

步骤 1　资料准备

根据项目情况，收集消防设备电源监控系统的系统图、现场部件的平面布置图和地址编码表，对消防设备电源监控系统的设置数量、设置部位及运行状态等基本情况进行现场核查。

步骤2 确定维护保养周期

根据委托单位的要求,确定项目维护保养周期为每月度,每季度对消防设备电源监控系统设备进行全数维护保养。

步骤3 确定维护保养内容

根据项目维护保养的周期要求,确定每个月对设置总数量1/3的传感器及全数消防设备电源监控器进行一次维护保养。各系统设备具体的维护保养项目根据表2-3-29进行。

步骤4 确定人员及设备配置

根据项目维护保养的内容要求,配置两名具备三级/高级工职业资格的人员进行作业,同时配备维护保养所需的车辆、仪器设备及耗材。

步骤5 形成维护保养工作计划

将消防设备电源监控系统的设备名称、保养项目、保养范围、设备数量、保养周期、工期、人员配置等编制成表,见表2-3-30。

表2-3-30　　　消防设备电源监控系统月度维护保养计划

项目名称		某火车站消防设备电源监控系统月度维护保养		工期(天)	1
月度	设备名称	保养项目	保养范围	设备数量	人员配置
1月 4月 7月 10月	消防设备电源监控器	1. 运行环境 2. 设备外观 3. 表面清洁 4. 内部检查及吹扫 5. 故障报警功能测试 6. 蓄电池保养	全部	1	秦某(三级/高级工) 孙某(三级/高级工)
	传感器	1. 设备外观 2. 表面清洁 3. 故障报警功能测试	地下一层	102	
2月 5月 8月 11月	消防设备电源监控器	1. 运行环境 2. 设备外观 3. 表面清洁 4. 内部检查及吹扫 5. 故障报警功能测试 6. 蓄电池保养	全部	1	秦某(三级/高级工) 孙某(三级/高级工)
	传感器	1. 设备外观 2. 表面清洁 3. 故障报警功能测试	地下二层	98	
3月 6月 9月 12月	消防设备电源监控器	1. 运行环境 2. 设备外观 3. 表面清洁 4. 内部检查及吹扫 5. 故障报警功能测试 6. 蓄电池保养	全部	1	秦某(三级/高级工) 孙某(三级/高级工)
	传感器	1. 设备外观 2. 表面清洁 3. 故障报警功能测试	地上一层、二层	46	

【实例2-3-14】消防设备电源监控系统的维护保养报告的编制

某火车站消防电源监控系统 1 月维护保养报告

一、基本概况

某火车站,建筑高度12 m,地上2层,地下2层,建筑面积446 620 m²,消防控制室位于车站一层西侧。联系人王某,联系电话×××,位于××市××街道××路××号。

二、维护保养内容

按照维护保养计划,本次对该火车站地下一层设置的消防设备电源监控系统设备进行了维护保养,具体维护保养内容见表2-3-31。

表2-3-31　　　　消防设备电源监控系统(1)月维护保养内容

设备名称	设置部位	数量
消防设备电源监控器	消防控制室	1
传感器	地下一层	102

三、维护保养情况说明

本次维护保养情况见表2-3-32。

表2-3-32　　　　消防设备电源监控系统(1)月维护保养情况

设备名称	维护保养项目	维护保养情况	异常情况说明
消防设备电源监控器	运行环境	正常	—
	设备外观	显示1只传感器故障	监控器显示2回路97#传感器故障
	表面清洁	已进行	—
	内部检查及吹扫	已进行	—
	故障报警功能测试	97只传感器正常报警	—
	蓄电池保养	正常	—
传感器	设备外观	正常	—
	表面清洁	已进行	—
	报警功能测试	97只传感器正常报警	2回路97#传感器损坏

四、故障设备处置措施

维护保养过程中,发现监控器显示 2 回路 97# 传感器故障,经现场初步判断为传感器损坏,已报请委托方提供相同型号规格的传感器予以更换。

五、附件

本次维护保养的原始记录表格。

培训模块 三

设施维修

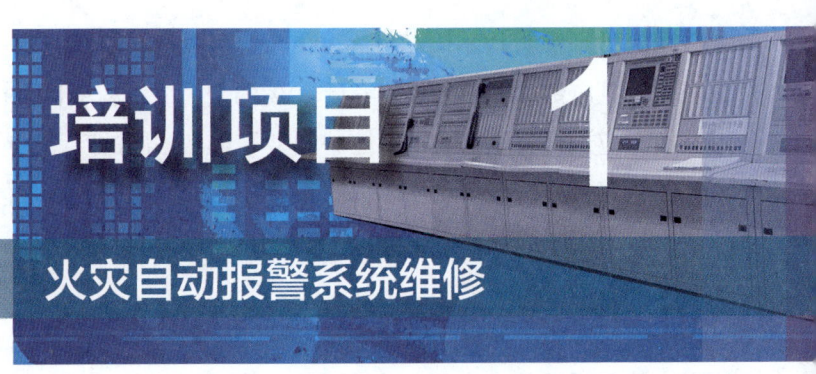

培训项目 1
火灾自动报警系统维修

培训单元 1
火灾报警控制器及火灾显示盘的选型和安装调试方法

【培训重点】

了解火灾报警控制器和火灾显示盘的选型。
熟练掌握火灾报警控制器和火灾显示盘的安装要求。
熟练掌握火灾报警控制器和火灾显示盘的调试内容及方法。
熟练掌握火灾报警控制器和火灾显示盘的更换方法。

【知识要求】

一、火灾报警控制器和火灾显示盘的选型

1. 火灾报警控制器的选型

任一台火灾报警控制器所连接的火灾探测器、手动火灾报警按钮和模块等设备总数和地址总数均不应超过 3 200 点,其中每一总线回路连接设备的总数不宜超过 200 点,且应留有不少于额定容量 10% 的余量。工程项目中在用的火灾报警控制器需更换时,应选择与原火灾报警控制器型号规格相同的产品,或选择与在用火灾探测器和手动火灾报警按钮等现场部件间接口和通信协议的兼容性满足现行国家标准《火灾自动报警系统组件兼容性要求》(GB 22134)规定的产品。

2. 火灾显示盘的选型

工程项目中在用的火灾显示盘需更换时,应选择与原火灾显示盘型号规格相同的产品,或选择与在用火灾报警控制器间接口和通信协议的兼容性满足现行国家标准《火灾自动报警系统组件兼容性要求》(GB 22134)规定的产品。

二、火灾报警控制器和火灾显示盘的安装

1. 设备的安装方式

火灾报警控制器一般有壁挂式、柜式和琴台式三种结构形式。壁挂式控制器采用壁挂方式安装,柜式和琴台式采用落地方式安装。火灾显示盘的结构形式均为壁挂式,采用壁挂方式安装。

2. 设备的安装要求

(1)壁挂方式安装要求

设备应安装牢固,不应倾斜;安装在轻质墙上时,应采取加固措施。

(2)落地方式安装要求

1)落地安装时,其底边宜高出地(楼)面 100 ~ 200 mm。

2)火灾报警控制器在消防控制室落地安装时,设备面盘前的操作距离,单列布置时不应小于 1.5 m,双列布置时不应小于 2 m;在值班人员经常工作的一面,设备面盘至墙的距离不应小于 3 m;设备面盘后的维修距离不宜小于 1 m;设备面盘的排列长度大于 4 m 时,其两端应设置宽度不小于 1 m 的通道。

3. 火灾报警控制器和火灾显示盘引入线缆的要求

(1)配线应整齐,不宜交叉,并应固定牢靠。

(2)线缆芯线的端部均应标明编号,并应与设计文件一致,字迹应清晰且不易褪色。

(3)端子板的每个接线端,接线不应超过 2 根。

（4）线缆应留有不小于 200 mm 的余量。

（5）线缆应绑扎成束。

（6）线缆穿管、槽盒后，应将管口、槽口封堵。

三、火灾报警控制器的调试

火灾报警控制器的调试是检查其主要功能和性能是否符合现行国家标准《火灾报警控制器》（GB 4717）的规定，不符合规定的火灾报警控制器应予以更换。

1. 火灾报警控制器的调试内容及方法

火灾报警控制器的调试内容及方法见表 3-1-1。

表 3-1-1　　　　　　　　火灾报警控制器的调试内容及方法

调试内容	调试要求	调试方法
自检功能	控制器应能对指示灯、显示器和音响器件进行功能自检	操作控制器的自检机构，检查控制器指示灯、显示器和音响器的动作情况
操作级别	控制器应根据不同使用对象设置不同的操作级别	检查控制器操作级别划分情况是否符合《火灾报警控制器》（GB 4717）的规定
主、备电源自动转换功能	控制器主电源断电后，备用电源应能自动投入；主电源恢复后，应能自动投入；主、备电源工作指示灯应能正确指示控制器主、备电源的工作状态	切断主电源，检查备用电源应自动投入，观察工作指示灯显示情况；恢复主电源，检查主电源应自动投入，观察工作指示灯显示情况
故障报警功能	与备用电源之间连线断路、短路时，控制器应在 100 s 内发出故障声、光报警信号，并显示故障类型	分别使控制器与备用电源之间连线断路、短路，用秒表测量控制器故障报警响应时间，观察故障信息显示情况
故障报警功能	控制器与现场部件之间的连线断路时，控制器应在 100 s 内显示故障部件的类型，并准确显示部件的地址注释信息	使控制器处于备电工作状态，使控制器与任一现场部件之间的连线断路；用秒表测量控制器故障报警响应时间，检查控制器故障信息显示情况
屏蔽功能	控制器应能对指定部件进行屏蔽，并点亮屏蔽指示灯，准确显示被屏蔽部件的地址注释信息	操作控制器屏蔽回路任一部件，观察控制器屏蔽指示灯点亮情况，检查控制器地址注释信息显示情况
短路隔离保护功能	总线处于短路状态时，短路隔离器应能将短路总线配接的设备隔离，被隔离设备数量不应超过 32 个；控制器应准确显示被隔离部件的设备类型和地址注释信息	使总线任一点线路短路，核查隔离保护现场部件的数量，检查控制器地址注释信息显示情况

续表

调试内容	调试要求	调试方法
火警优先功能	火灾探测器、手动火灾报警按钮发出火灾报警信号后，控制器应在10 s内发出火灾报警声光信号，并记录报警时间，准确显示部件的地址注释信息	使任一只非故障部位的火灾探测器、手动火灾报警按钮发出火灾报警信号，用秒表测量控制器火灾报警响应时间，检查控制器的火警信息记录情况
消音功能	控制器应能手动消除报警声信号	手动操作控制器的消音键，检查控制器声信号消除情况
二次报警功能	其他火灾探测器、手动火灾报警按钮发出火灾报警信号后，控制器应在10 s内发出火灾报警声光信号，并记录报警时间，准确显示部件的地址注释信息	再次使另一只非故障部位的火灾探测器、手动火灾报警按钮发出火灾报警信号，用秒表测量控制器火灾报警响应时间，检查控制器的火警信息记录情况
负载功能	多个火灾探测器、手动火灾报警按钮同时处于火灾报警状态时，控制器应分别记录发出火灾报警信号部件的报警时间，准确显示部件的地址注释信息	使回路配接的不少于10只火灾探测器、手动火灾报警按钮同时处于火灾报警状态，检查控制器的火警信息记录情况
复位功能	控制器连接、探测器监测区域恢复正常、手动报警按钮的机械结构复位后，控制器应能对控制器、探测器和手动火灾报警按钮的报警状态复位，消除控制器、探测器和手动火灾报警按钮的声光报警信号	恢复控制器的正常连接，使探测器的监测区域恢复正常，复位手动火灾报警按钮的机械结构，手动操作控制器的复位键，观察控制器、探测器和手动火灾报警按钮的工作状态

2. 火灾报警控制器的调试步骤

（1）调试前准备

火灾报警控制器调试前，应进行调试前准备。调试前准备包括线路检查、开机前电源检查、现场部件注册和联动控制逻辑编程等内容。

1）线路检查

①采用500 V兆欧表依次测量各回路总线对地的绝缘电阻，不应小于20 MΩ。

②测量每个回路的两总线之间的负载电阻，应大于1 kΩ。

2）开机前主、备电源检查

①控制器开机前，检查主电源供电电压是否在规定范围内（AC187～242 V），检查备用电源的电压是否正常（单节蓄电池电压在DC12～13 V）。

②进行主机电源部分（电源盒、电源盘等）检查，测试有无输出，输出电压是否稳定，主、备电源切换是否正常。

3）现场部件地址注册

①对现场部件进行地址设置，一个独立的识别地址只能对应一个现场部件。

②在控制器上对现场部件进行地址注册，并按现场部件的地址编号及具体设置部位，人工或利用调试软件录入部件的地址注释信息。

③填写现场部件编码和地址注释记录表并存档。

（2）调试

1）按照表3-1-1的要求，对火灾报警控制器的自检功能、操作级别、主备电源转换功能和故障报警功能（控制器与备用电源间连线断路、短路）进行检查。

2）按照表3-1-1的要求，依次对控制器各回路总线的故障报警功能（控制器与回路总线配接的现场部件间连线断路、短路）、屏蔽功能、短路隔离保护功能、火警优先功能、消音功能、二次报警功能、负载功能和复位功能进行检查。

（3）调试恢复

恢复火灾报警控制器的正常连接，使控制器处于正常监视状态。

四、火灾显示盘的调试

火灾显示盘的调试是检查其主要功能和性能是否符合现行国家标准《火灾显示盘》（GB 17429）的规定，不符合规定的火灾显示盘应予以更换。

1. 火灾显示盘的调试内容及方法

火灾显示盘的调试内容及方法见表3-1-2。

表3-1-2　　　　　　　　　　火灾显示盘的调试内容及方法

调试内容	调试要求	调试方法
操作级别	显示盘应根据不同使用对象设置不同的操作级别	检查显示盘的操作级别划分是否符合现行国家标准《火灾显示盘》（GB 17429）的规定
接收显示功能	火灾显示盘应能接收并显示火灾报警控制器发送的火灾报警信息，且显示的信息应与控制器一致	使火灾探测器或手动火灾报警按钮发出火灾报警信号，检查火灾显示盘和控制器火灾信息显示情况
消音功能	火灾显示盘应能手动消除报警声信号	手动操作显示盘的消音键，检查声信号消除情况
复位功能	火灾报警控制器的报警信号撤除后，显示盘应能对报警状态进行复位，显示盘应处于正常监视状态	撤除控制器的火灾报警信号，手动操作显示盘的复位按钮、按键，观察显示盘的工作状态

续表

调试内容	调试要求	调试方法
主、备电源自动转换功能	显示盘主电源断电后,备用电源应能自动投入;主电源恢复后,应能自动投入;主、备电源工作指示灯应能正确指示控制器主、备电源的工作状态	切断主电源,检查显示盘备用电源应自动投入,观察工作指示灯显示情况;恢复主电源,检查显示盘主电源应自动投入,观察工作指示灯显示情况
电源故障报警功能	显示盘的主电源断电后,火灾报警控制器应发出故障报警声光信号,记录报警时间,准确显示显示盘的地址注释信息	使火灾显示盘的主电源处于故障状态,观察控制器的故障报警和故障信息显示情况

2. 火灾显示盘的调试步骤

(1)调试前准备

火灾显示盘调试前,应进行调试前准备。调试前准备包括线路检查、开机前电源检查、地址编码和地址注册等内容。

1)线路检查

①采用 500 V 兆欧表依次测量回路总线对地的绝缘电阻,不应小于 20 MΩ。

②测量回路的两总线之间的负载电阻,应大于 1 kΩ。

2)地址编码。按照地址编码表进行火灾显示盘的地址编码。

3)开机前主、备电源检查

①显示盘开机前,检查主电源供电电压是否在规定范围内(AC187～242 V),检查备用电源的电压是否正常(单节蓄电池电压在 DC12～13 V)。

②进行主机电源部分(电源盒、电源盘等)检查,测试有无输出,输出电压是否稳定,主、备电源切换是否正常。

4)地址注册

①在控制器上对显示盘进行地址注册,人工或利用调试软件录入部件的地址注释信息。

②填写现场部件编码和地址注释记录表并存档。

(2)调试

按照表 3-1-2 的要求,对火灾显示盘的操作级别、接收和显示功能、消音功能、复位功能、主备电源自动转换功能和电源故障报警功能进行检查。

(3)调试恢复

恢复火灾显示盘的正常连接,使火灾显示盘处于正常监视状态。

【技能操作】

技能 1　更换火灾报警控制器

一、操作准备

1. 技术资料

火灾探测报警系统图、火灾探测器等系统部件现场布置图和地址编码表、火灾报警控制器产品使用说明书和设计手册等技术资料。

2. 备品备件

与原火灾报警控制器型号规格一致，或与现场部件间接口和通信协议的兼容性满足现行国家标准《火灾自动报警系统组件兼容性要求》(GB 22134) 规定的火灾报警控制器产品。

3. 维修工具

故障维修常备工具，如旋具、钳子、万用表、绝缘胶带等。

4. 防护装备

个人安全防护装备，如防砸鞋、安全帽、绝缘手套等。

5. 维修记录表格

"建筑消防设施故障维修记录表"。

二、操作程序

以下以结构形式为柜式的某型火灾报警控制器为例，说明控制器的更换步骤。

步骤 1　原控制器数据备份

在拆除原控制器前，通过调试软件或手动备份等方式，将控制器的现场部件地址编码、设备属性和地址注释信息等系统数据进行备份。

原控制器数据软件备份操作如图 3-1-1 所示。

步骤 2　拆除原火灾报警控制器

（1）依次切断原火灾报警控制器的备用电源开关和主电源开关。

（2）将原火灾报警控制器的所有回路总线拆除，对原控制器主机内部接线标识进行拍照存档，包括交流 220 V 电源、直流 24 V 电源、回路总线等。

（3）将原火灾报警控制器从安装位置处移出。

原控制器主机内部接线情况如图 3-1-2 所示。

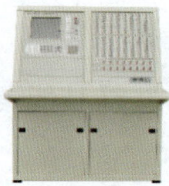

a）

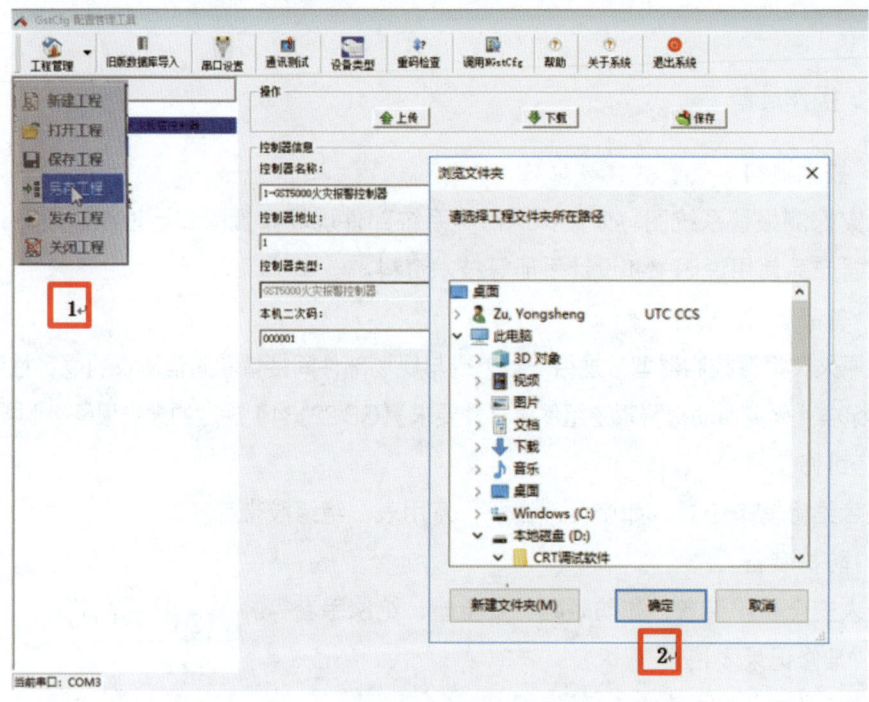

b）

图 3-1-1　原火灾报警控制器数据软件备份操作

a）原控制器数据备份硬件连接　b）原控制器数据备份软件操作

步骤 3　新火灾报警控制器安装

（1）将新火灾报警控制器安装在原安装位置上。

（2）调节控制器底部的调节装置，使控制器安装水平、稳定。

新火灾报警控制器的安装如图 3-1-3 所示。

步骤 4　新火灾报警控制器开机检查及调试准备

（1）电源检查

1）按原线序将主电源线连接到新控制器上。

2）接通主电源，检查主电源供电电压是否在规定范围内（AC187～242 V），检查备用电源的电压是否正常（单节蓄电池电压在 DC12～13 V），检查并排除主电源供电故障。

3）依次开启控制器的主电源和备用电源开关，检查控制器的显示是否正常。

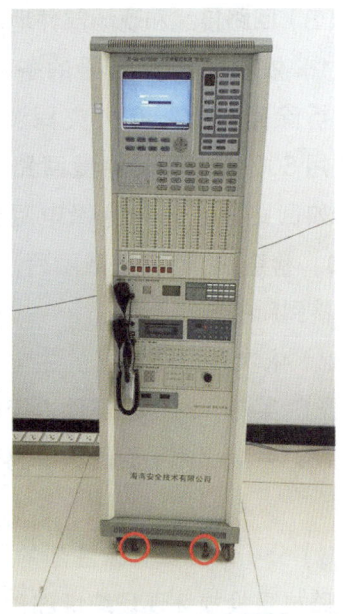

图 3-1-2 原控制器主机内部接线情况　　图 3-1-3 新火灾报警控制器的安装

4）测试控制器的主电源和备用电源有无输出、输出电压是否稳定、主备电源切换是否正常，检查并排除控制器电源故障。

新火灾报警控制器电源检查操作如图 3-1-4 所示。

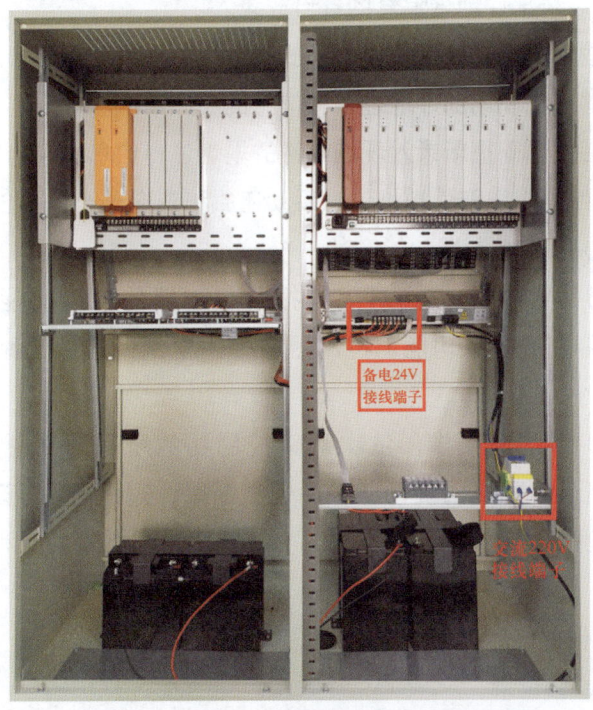

图 3-1-4 新火灾报警控制器电源检查操作

（2）回路接线和现场部件地址注册

1）依次关闭控制器的备用电源和主电源开关，按照原线序选择一回路总线，拆除回路上所有火灾探测器、模块等设备后，将断线处短接并包裹绝缘胶带，用500 V兆欧表测量回路总线对地的绝缘电阻，用万用表检查线间是否短路。如回路总线对地绝缘电阻值小于20 MΩ或回路总线之间的负载电阻值小于1 kΩ，检查并排除线路故障后，将拆除下来的设备接入回路总线并按原线序将回路总线连接到新控制器上。

2）依次开启控制器的主电源和备用电源开关，操作控制器进行入"设备登记（注册）"菜单，对现场部件进行地址注册。操作控制器进入"设备检查"菜单，对照系统图、系统部件平面图和编码表，检查各回路现场部件的注册情况，记录未注册的部件。

3）分析现场部件未注册的原因，依次关闭控制器的备用电源和主电源开关，修复线路或更换损坏现场编址部件后，按照步骤2）的要求重新进行现场部件的地址注册和地址注册情况检查，直至该回路的现场部件全部完成地址注册。

4）依次选取其他回路总线，按照步骤1）~3）要求完成控制器所有回路总线与新控制器的连接及回路配接现场部件的地址注册。

新火灾报警控制器回路配接现场部件地址注册和查询操作如图3-1-5所示。

（3）新控制器现场部件地址信息的备份或录入

1）通过人工输入或调试软件备份的方式对原控制器的数据进行还原。

2）操作控制器查询现场部件地址注释信息的还原情况。

3）如果数据丢失，则重新录入现场部件的地址注释信息。

新火灾报警控制器现场部件地址信息手动还原和查询操作如图3-1-6所示。

步骤5　新火灾报警控制器功能测试

（1）按照表3-1-1的要求，对火灾报警控制器的自检功能、操作级别、主备电源转换功能和故障报警功能（控制器与备用电源间连线断路、短路）进行检查。

（2）按照表3-1-1的要求，依次对新控制器的所有回路总线的故障报警功能（控制器与回路总线配接的现场部件间连线断路、短路）、屏蔽功能、短路隔离保护功能、火警优先功能、消音功能、二次报警功能、负载功能和复位功能进行检查。

（3）恢复控制器的连线，使控制器处于正常监视状态。

步骤6　填写维修记录

根据本次故障维修情况填写"建筑消防设施故障维修记录表"，存档并上报。

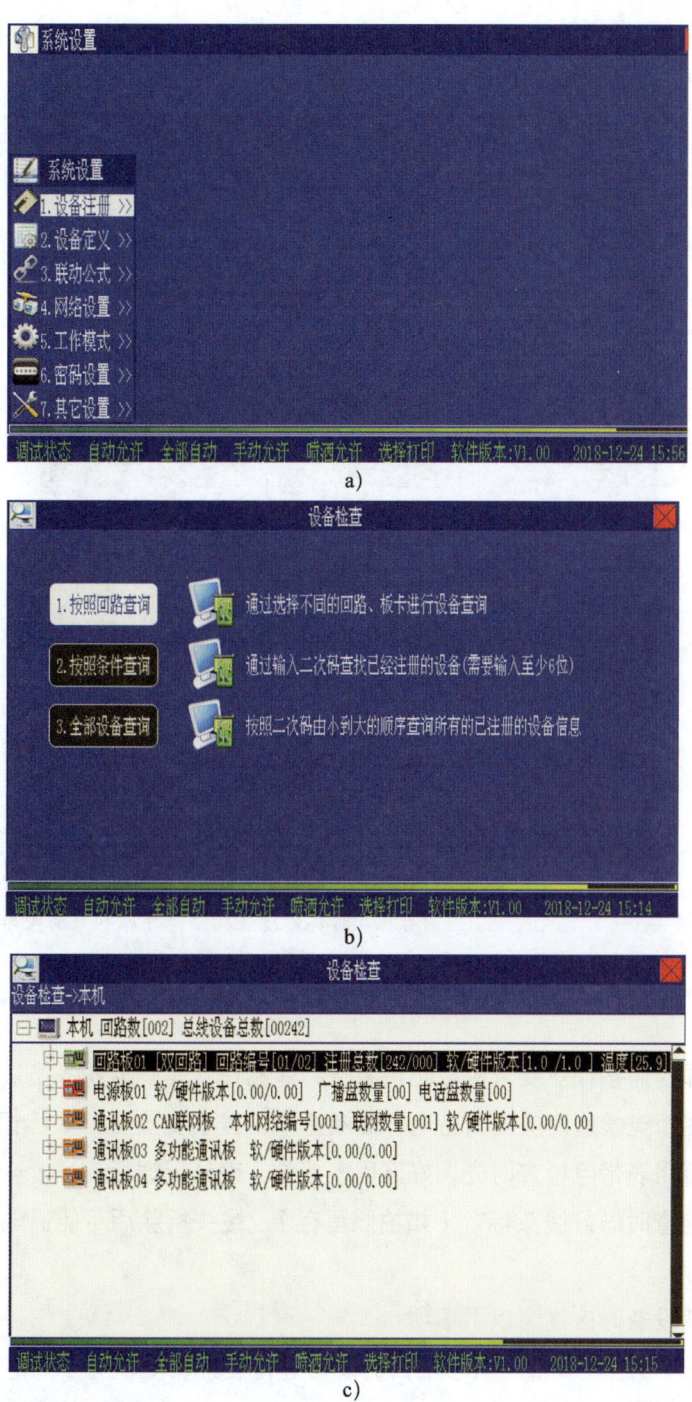

图 3-1-5　新火灾报警控制器现场部件地址注册和查询操作
a）控制器现场部件地址注册操作　b）、c）控制器现场部件地址注册情况查询操作

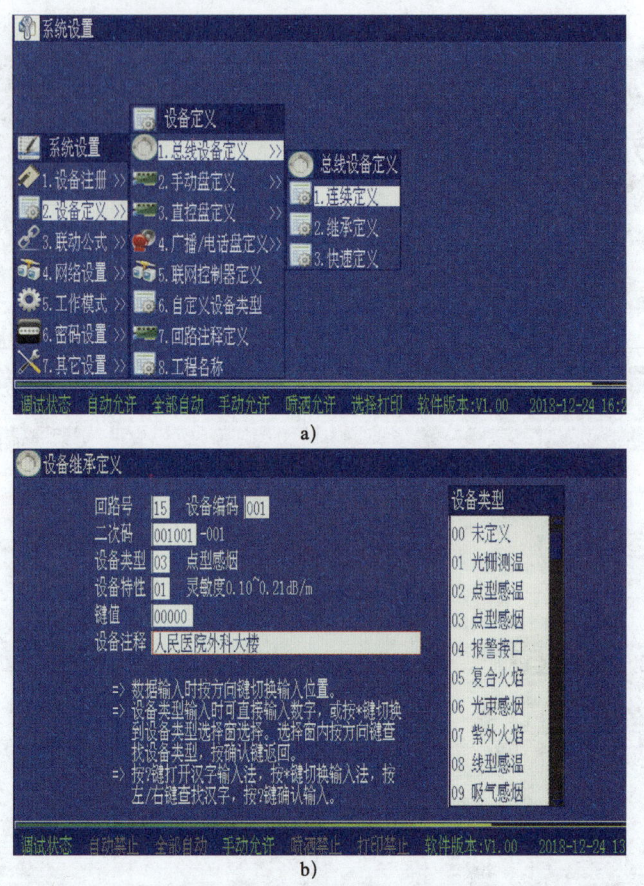

图 3-1-6　新火灾报警控制器现场部件地址注释信息还原和查询操作

三、注意事项

1. 带电作业需按作业要求佩戴防护装备，登高作业需配监护人员。

2. 控制器断电检查时应先断备电、后断主电，挂上交流 220 V 标识牌。

3. 使用万用表带电检查时先调好万用表挡位，确认无误后测试。

4. 拆线检查时做好线头标记（如拍照留存），线头拆除后可能通电的线头必须用绝缘胶带包扎好。

5. 更换新设备时应注意以下事项：

（1）应采用与原设备相同型号规格的设备进行更换；更换完毕通电前，应先检查接线是否牢固，有无废线头、工具遗漏在电路板上；通电先开主电源，后开备用电源。

（2）检查控制器打印机的打印纸是否充足，各类操作钥匙、备件是否齐全。

6. 在系统维修过程中，业主必须采取应急管理措施，确保维修期间消防安全，并按照当地相关要求报送有关部门备案。

7. 维修结束后整理现场，清点工具，清除现场所有杂物，以防遗留在设备内造成事故。

技能 2　更换火灾显示盘

一、操作准备

1. 技术资料

火灾探测报警系统图、火灾探测器等系统部件现场布置图和地址编码表、火灾显示盘产品使用说明书和设计手册等技术资料。

2. 备品备件

与原火灾显示盘型号规格一致,或与在用火灾报警控制器间接口和通信协议的兼容性满足现行国家标准《火灾自动报警系统组件兼容性要求》(GB 22134)规定的火灾显示盘产品。

3. 维修工具

故障维修常备工具,如旋具、钳子、万用表、绝缘胶带等。

4. 防护装备

安全防护装备,如防砸鞋、安全帽、绝缘手套等。

5. 维修记录表格

"建筑消防设施故障维修记录表"。

二、操作程序

步骤1　拆除原火灾显示盘(以采用控制器 DC24V 电源供电为例)

(1)切断原火灾显示盘的电源开关。

(2)检查外部接线的线端标记是否完好、清晰,将原火灾显示盘的外部接线拆除。线端标记缺失或标记不清时,在线路拆除时应重新施加,并将线端用胶布包裹。

(3)将原火灾显示盘从安装位置处移出。

原火灾显示盘外部接线情况如图 3-1-7 示例。

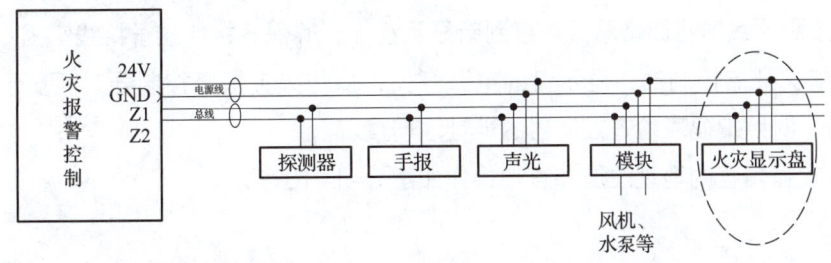

图 3-1-7　原火灾显示盘外部接线情况

步骤2 新火灾显示盘安装

（1）将新显示盘按照原显示盘的地址编码进行地址设定。

（2）将新火灾显示盘在原位置上安装，并确保显示盘安装牢固、不倾斜。

新火灾显示盘的地址设定操作如图3-1-8所示。

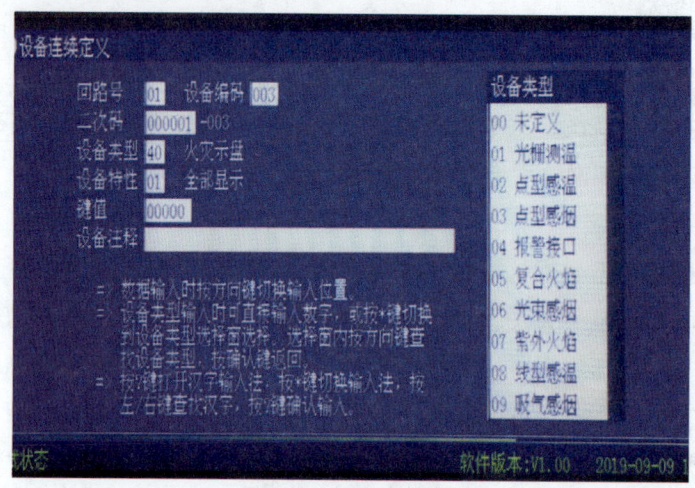

图3-1-8　新火灾显示盘地址设定操作

步骤3　新火灾显示盘开机检查及调试准备

（1）电源检查

1）按原线序将电源线连接到新显示盘上，接通主电源。

2）检查电源供电电压是否在规定范围内（DC20.4～27.6V），检查并排除显示盘电源供电故障。

3）开启显示盘的电源开关，检查显示盘的显示是否正常。

新火灾显示盘电源检查操作如图3-1-9所示。

（2）新火灾显示盘接线和地址注册

1）关闭控制器的电源开关，用500 V兆欧表测量回路总线对地的绝缘电阻，用万用表检查线间是否短路，如回路总线对地绝缘电阻值小于20 MΩ或回路总线之间的负载电阻值小于1 kΩ，检查并排除线路故障。

2）按照原线序将回路总线连接到新显示盘上，确保各接线端子接线牢固。

3）依次开启控制器、显示盘的电源开关，操作火灾报警控制器对新显示盘进行地址注册，对照编码表检查控制器的地址注册情况。

新火灾显示盘的地址注册和查询操作如图3-1-10所示。

图 3-1-9 新火灾显示盘电源检查操作

步骤 4　新火灾显示盘功能检查

按照表 3-1-2 的要求，对新火灾显示盘的操作级别、接收和显示功能、消音功能、复位功能和电源故障报警功能进行检查。

步骤 5　填写维修记录

根据本次故障维修情况填写"建筑消防设施故障维修记录表"，存档并上报。

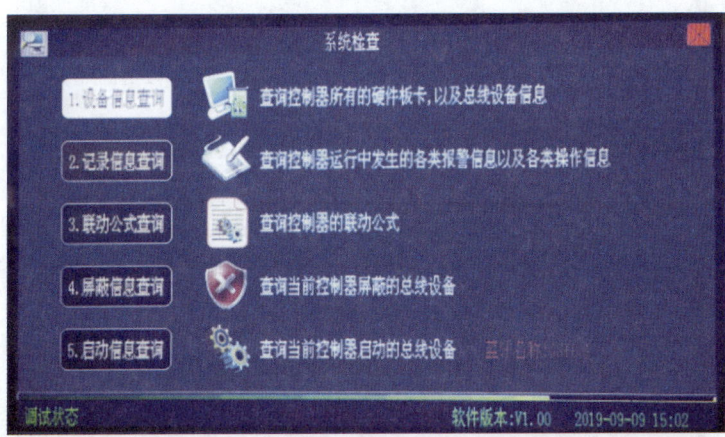

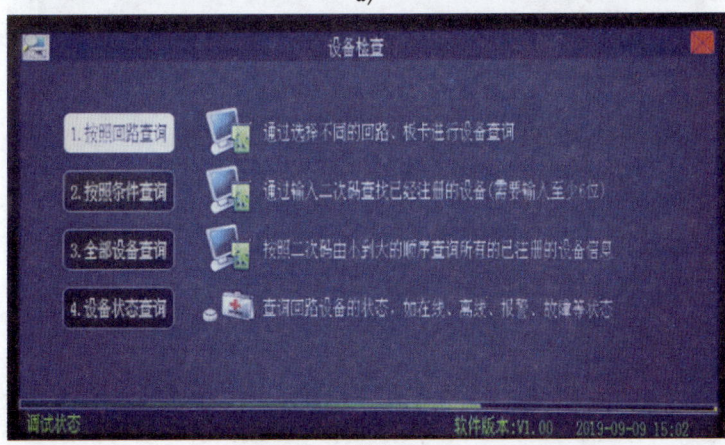

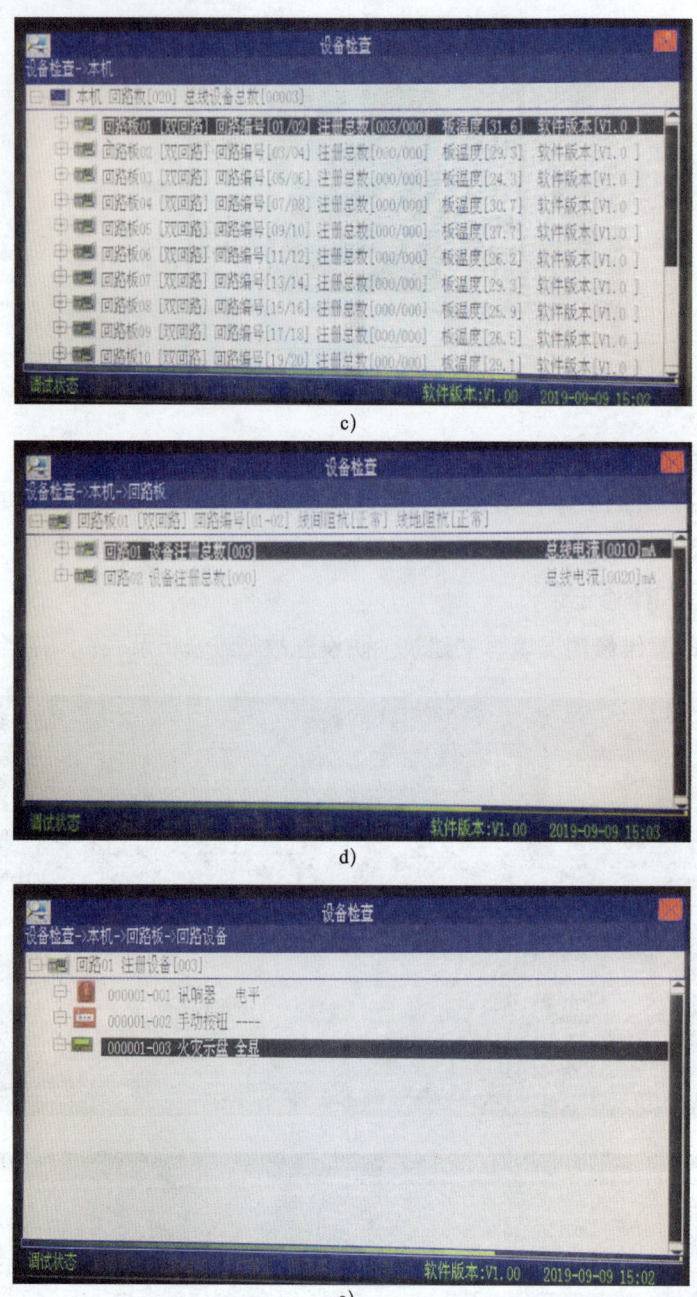

图 3-1-10 新火灾显示盘地址注册和查询操作

三、注意事项

1. 带电作业需按作业要求佩戴防护装备，登高作业需配监护人员。
2. 使用万用表带电检查时先调好万用表挡位，确认无误后测试。
3. 拆线检查时做好线头标记（如拍照留存），线头拆除后可能通电的线头必须用绝缘胶带包扎好。

4. 更换新设备时，应采用与原设备相同型号规格的设备进行更换；更换完毕通电前，应先检查接线是否牢固，有无废线头、工具遗漏在电路板上。

5. 在系统维修过程中，业主必须采取应急管理措施，确保维修期间消防安全，并按照当地相关要求报送有关部门备案。

6. 维修结束后整理现场，清点工具，清除现场所有杂物，以防遗留在设备内造成事故。

培训单元 2
消防联动控制器的工作原理和安装调试方法

【培训重点】

了解消防联动控制器的工作原理。
熟练掌握消防联动控制器的安装要求。
熟练掌握消防联动控制器的调试内容及方法。
熟练掌握消防联动控制器的更换方法。

【知识要求】

消防联动控制器是一种能接收火灾报警控制器或其他火灾触发器件发出的火灾报警信号，根据设定的控制逻辑发出控制信号，控制各类消防设备实现相应功能的控制设备。目前，各生产厂家生产的消防联动控制器往往与火灾报警控制器功能融合，兼有火灾报警和联动自动消防设备功能，产品同时满足《消防联动控制系统》（GB 16806）和《火灾报警控制器》（GB 4717）的相关技术要求，称为"火灾报警控制器（联动型）"。

一、消防联动控制器的工作原理

作为消防联动控制系统的核心组件，消防联动控制器既可直接发出控制信号，通过驱动装置控制现场的受控设备，还可针对控制逻辑复杂且不便直接控制的情况，通过消防电气控制装置（如气体灭火控制器、防火卷帘控制器等）间接控制现场受控设备，同时接收自动消防设备动作的反馈信号。

当火灾探测器探测到火灾后，将信息通过回路控制单元、通信单元上传至主控单元，主控单元进行分析和处理，根据编辑的联动逻辑关系，向各功能单元发出相关的任务操作指令。

消防联动控制器的各项联动控制任务通过相应的功能单元执行。主控单元向回路控制单元发出回路现场设备的巡检、动作等指令；回路控制单元对主控单元的指令进行解析并执行，通过回路总线发送到相应的现场设备；现场设备的反馈信息通过回路控制单元反馈到主控单元；主控单元对所有信息进行分析和处理，生成指令、联动信息和其他事件的指示和记录，并在显示单元对应显示。消防联动控制器的工作原理图如图 3-1-11 所示。

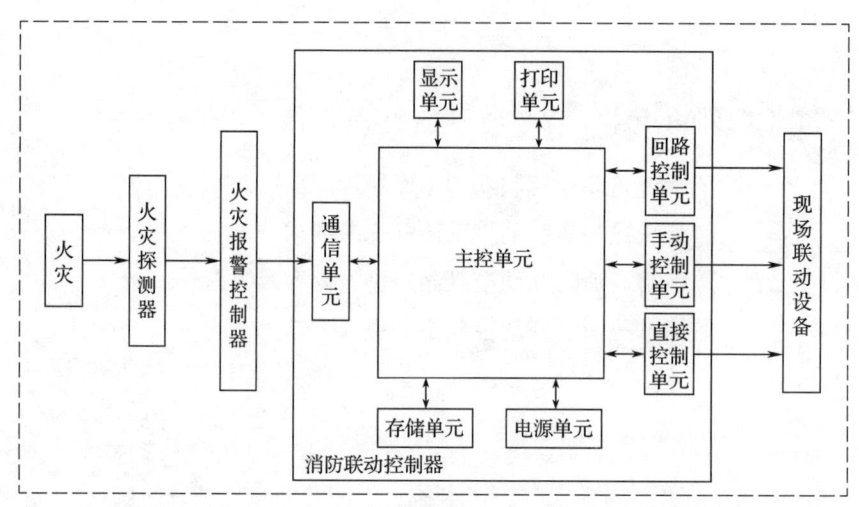

图 3-1-11　消防联动控制器的工作原理图

消防联动控制器各组成单元的功能及工作原理如下。

1. 主控单元

消防联动控制器的主控单元由主 CPU、存储部分以及外部接口组成。主 CPU 承担的工作任务主要包括数据的接收、处理、读/写存储、显示驱动等；存储部分用于保存设备定义、联动逻辑表达式、历史记录、全部点表等大数据块；外部接口用于连接打印机、通信板卡、回路板、上位机软件，以及连接液晶屏并驱动输出图像等。此外，还有一个独立的实时时钟，用于提供日期时间，并且带有可充电锂电池，保证失电后不丢失相关信息。

现场部件的地址编码、设备属性、地址注释信息、联动控制逻辑编程关系、直接手动控制单元按键编码及总线手动控制单元按键编码等系统设置数据可在计算机上编辑好后，通过火灾报警控制器主机的对外输出接口，用备份软件进行数据编辑和备份。

2. 回路控制单元

消防联动控制器的回路控制单元由电源电路、主控电路、通信电路、总线收发码电路、防雷保护电路、接地故障检测电路等部分组成。回路控制单元是控制器与现场消防设备的接口，完成控制器与现场设备信息交互、状态监测和控制功能。

3. 显示单元

消防联动控制器的显示单元由通信接口、控制部分、显示屏、指示灯、键盘、打印机等组成。显示单元与主板通信，接收主板发布的命令并返回主板所需要的信息；处理主板发布的点灯命令和声音命令，点亮自身的指示灯并控制蜂鸣器发声；处理主板发布的获取按键命令，获取键盘板的键值并反馈给主板；同时，主控单元将从回路控制单元、直接控制单元、手动控制单元等采样来的系统信息通过显示操作单元进行显示。

4. 直接控制单元

消防联动控制器的直接控制单元由控制板和输出板组成。直接控制单元采用多线控制技术，用于控制重要的消防设备（如防排烟风机、消防水泵等），即使控制器主控单元故障仍可发挥作用。

控制板由主控部分、通信电路、指示灯扫描电路、按键扫描电路、与输出板之间的通信电路、手动锁检测电路等组成。输出板由主控部分、通信接口、控制输出及状态检测电路组成。通信接口与控制板进行通信，接收控制板的命令并向控制板上传各路的状态信息；状态检测电路能够实现短路、断路检测、反馈检测、交叉短接检测等功能。

5. 总线手动控制单元

消防联动控制器的总线手动控制单元通过通信接口与主控单元通信，将扫描获取的键值返给主控单元，并根据主控单元传来的命令点亮相应的启动灯或反馈灯。

6. 通信单元

消防联动控制器的通信单元由各类通信板卡组成，可划分为内部通信接口和外部通信接口两部分。外部通信接口通常采用的技术协议有 RS-232/485、CANBus、以太网等。

7. 电源单元

消防联动控制器的电源单元由主电源和备用电源组成。电源单元用于为控制器主机部分、外部模块及部分受控设备供电。电源具有主电源和备用电源自动切换装置，能指示主、备电源的工作状态。

主电源容量能保证控制器在最大负载条件下连续工作；备用电源容量能保证控制器在监视状态下工作 8 h 后，在报警联动状态下工作 30 min。

二、消防联动控制器的选型

1. 消防联动控制器

任一台消防联动控制器地址总数不应超过 1 600 点，每一联动总线回路连接设备的总数不宜超过 100 点，且应留有不少于额定容量 10% 的余量。

2. 火灾报警控制器（联动型）

任一台火灾报警控制器（联动型）所连接的火灾探测器、手动火灾报警按钮和模块等设备总数和地址总数，均不应超过 3 200 点。其中，控制器所控制的各类模块总数不应超过 1 600 点。

火灾报警控制器（联动型）每一总线回路连接设备的总数不宜超过 200 点，且应留有不少于额定容量 10% 的余量；每一联动总线回路连接设备的总数不宜超过 100 点，且应留有不少于额定容量 10% 的余量。

工程项目中在用的消防联动控制器或火灾报警控制器（联动型）需更换时，应选择与原消防联动控制器或火灾报警控制器（联动型）型号规格相同的产品，或选择与在用总线模块、火灾探测器和手动火灾报警按钮等现场部件间接口和通信协议的兼容性满足现行国家标准《火灾自动报警系统组件兼容性要求》（GB 22134）规定的产品。

三、消防联动控制器的安装

1. 设备的安装方式

消防联动控制器一般有壁挂式、柜式和琴台式三种结构形式。壁挂式控制器采用壁挂方式安装，柜式和琴台式采用落地方式安装。

2. 设备的安装要求

（1）壁挂方式安装要求

设备应安装牢固，不应倾斜；安装在轻质墙上时，应采取加固措施。

（2）落地方式安装要求

1）落地安装时，其底边宜高出地（楼）面100～200 mm。

2）消防联动控制器在消防控制室落地安装时，设备面盘前的操作距离，单列布置时不应小于1.5 m，双列布置时不应小于2 m；在值班人员经常工作的一面，设备面盘至墙的距离不应小于3 m；设备面盘后的维修距离不宜小于1 m；设备面盘的排列长度大于4 m时，其两端应设置宽度不小于1 m的通道。

3. 消防联动控制器引入线缆的要求

（1）配线应整齐，不宜交叉，并应固定牢靠。

（2）线缆芯线的端部均应标明编号，并应与设计文件一致，字迹应清晰且不易褪色。

（3）端子板的每个接线端，接线不应超过2根。

（4）线缆应留有不小于200 mm的余量。

（5）线缆应绑扎成束。

（6）线缆穿管、槽盒后，应将管口、槽口封堵。

四、消防联动控制器的调试

消防联动控制器的调试是检查其主要功能和性能是否符合现行国家标准《消防联动控制系统》（GB 16806）和设计文件的规定，不符合规定的消防联动控制器应予以更换。

1. 消防联动控制器的调试内容及方法

消防联动控制器的调试内容及方法见表3-1-3。

表3-1-3　　　　　　　　消防联动控制器的调试内容及方法

调试内容	调试要求	调试方法
自检功能	控制器应能对指示灯、显示器和音响器件进行功能自检	操作控制器的自检机构，检查控制器指示灯、显示器和音响器的动作情况

续表

调试内容	调试要求	调试方法
操作级别	控制器应根据不同的使用对象设置不同的操作级别	检查控制器操作级别划分情况是否符合《消防联动控制系统》(GB 16806)的规定
主、备电源自动转换功能	控制器主电源断电后,备用电源应能自动投入;主电源恢复后,应能自动投入;主、备电源工作指示灯应能正确指示控制器主、备电源的工作状态	切断主电源,检查备用电源应自动投入,观察工作指示灯显示情况;恢复主电源,检查主电源应自动投入,观察工作指示灯显示情况
故障报警功能	(1)与备用电源之间连线断路、短路时,控制器应在100 s内发出故障声、光报警信号,并显示故障类型	分别使控制器与备用电源之间连线断路、短路,用秒表测量控制器故障报警响应时间,观察故障信息显示情况
故障报警功能	(2)控制器与现场部件之间的连线断路时,控制器应在100 s内显示故障部件的类型,并准确显示部件的地址注释信息	使控制器处于备电工作状态,使控制器与任一现场部件之间的连线断路,用秒表测量控制器故障报警响应时间,检查控制器故障信息显示情况
屏蔽功能	控制器应能对指定部件进行屏蔽,并点亮屏蔽指示灯,准确显示被屏蔽部件的地址注释信息	操作控制器屏蔽回路任一部件,观察控制器屏蔽指示灯点亮情况,检查控制器地址注释信息显示情况
短路隔离保护功能	总线处于短路状态时,短路隔离器应能将短路总线配接的设备隔离,被隔离设备数量不应超过32个;控制器应准确显示被隔离部件的设备类型和地址注释信息	使总线任一点线路短路,核查隔离保护现场部件的数量,检查控制器地址注释信息显示情况
消音功能	控制器应能手动消除报警声信号	手动操作控制器的消音键,检查控制器声信号消除情况
负载功能	多个模块同时处于动作状态时,控制器应记录启动设备总数,并分别记录启动设备的启动时间,准确显示部件的地址注释信息	输入/输出模块总数少于50个时,使所有模块处于动作状态;模块总数多于50个时,使至少50个模块同时处于动作状态;检查控制器启动信息记录和显示情况
复位功能	消防联动控制器应能对输出模块、输入模块的工作状态复位,消除启动、反馈声光信号	手动操作控制器的复位键,观察控制器、模块的工作状态

2. 调试步骤

(1)调试前准备

消防联动控制器调试前,应进行调试前准备。调试前准备包括线路检查、开机前电源检查、现场部件注册和联动控制逻辑编程等内容。

1）线路检查

①采用 500 V 兆欧表依次测量各回路总线对地的绝缘电阻，不应小于 20 MΩ。

②测量每个回路的两总线之间的负载电阻，应大于 1 kΩ。

2）开机前主、备电源检查

①控制器开机前，检查主电源供电电压是否在规定范围内（AC187～242 V），检查备用电源的电压是否正常（单节蓄电池电压在 DC12～13 V）。

②进行主机电源部分（电源盒、电源盘等）检查，测试有无输出，输出电压是否稳定，主、备电源切换是否正常。

3）现场部件地址注册

①对现场部件进行地址设置，一个独立的识别地址只能对应一个现场部件；与模块连接的火灾警报器、水流指示器、压力开关、报警阀、排烟口、排烟阀等现场部件的地址编号应与连接模块的地址编号一致。

②在控制器上对现场部件进行地址注册，并按现场部件的地址编号及具体设置部位，人工或利用调试软件录入部件的地址注释信息。

③填写现场部件编码和地址注释记录表并存档。

4）联动逻辑关系编辑

①按照系统联动控制逻辑设计文件的规定进行联动编程，人工或利用调试软件将逻辑关系录入控制器中；对于预设联动编程的控制类设备，应核查控制逻辑和控制时序是否符合系统联动控制逻辑设计文件的规定。

②应按照系统联动控制逻辑设计文件的规定，人工或利用调试软件进行消防联动控制器手动控制单元控制按钮、按键的编码设置。

③应填写控制类设备联动编程、手动控制单元编码设置记录并存档。

（2）调试

1）按照表 3-1-3 的要求，对消防联动控制器的自检功能、操作级别、主备电源转换功能和故障报警功能（控制器与备用电源间连线断路、短路）进行检查。

2）按照表 3-1-3 的要求，依次对控制器各回路总线的故障报警功能（控制器与回路总线配接的现场部件间连线断路、短路）、屏蔽功能、短路隔离保护功能、消音功能、负载功能和复位功能进行检查。

（3）调试恢复

恢复控制器的连线，使控制器处于正常监视状态。

消防联动控制器的更换

一、操作准备

1. 技术资料

消防联动控制系统图、模块等部件现场布置图和地址编码表、联动控制逻辑关系编程记录、消防联动控制器产品使用说明书和设计手册等技术资料。

2. 备品备件

与原消防联动控制器型号规格一致，或与现场部件间接口和通信协议的兼容性满足现行国家标准《火灾自动报警系统组件兼容性要求》(GB 22134)规定的消防联动控制器产品

3. 维修工具

故障维修常备工具，如旋具、钳子、万用表、绝缘胶带等。

4. 防护装备

劳动防护装备，如防砸鞋、安全帽、绝缘手套等。

5. 维修记录表格

"建筑消防设施故障维修记录表"。

二、操作程序

以下以结构形式为柜式的某型火灾报警控制器为例，说明控制器的更换步骤。

步骤1 原消防联动控制器数据备份

在拆除原控制器前，通过调试软件或手动备份等方式，将控制器的现场部件地址编码、设备属性、地址注释信息和联动控制逻辑等系统数据进行备份。

原控制器数据软件备份操作如图3-1-12所示。

步骤2 拆除原消防联动控制器

（1）依次切断原消防联动控制器的备用电源开关和主电源开关。

（2）将原消防联动控制器的所有外部接线拆除，对原控制器主机内部接线标识进行拍照存档，包括交流220 V、直流24 V电源、回路总线、手动控制盘（多线制）等。

(3)将原消防联动控制器从安装位置处移出。

原消防联动控制器内部接线端子接线情况如图 3-1-13 所示。

步骤 3 安装新消防联动控制器

(1)将新消防联动控制器安装在安装位置上。

(2)调节控制器底部的调节装置,使控制器安装水平、稳定。

新消防联动控制器的安装如图 3-1-14 所示。

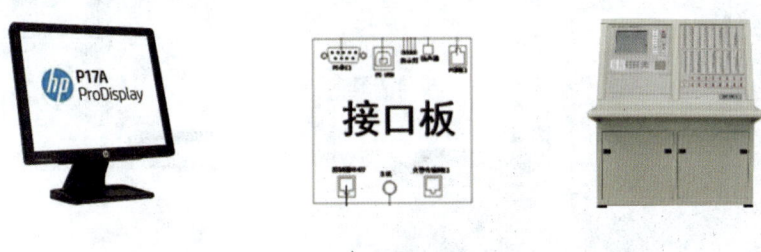

a)

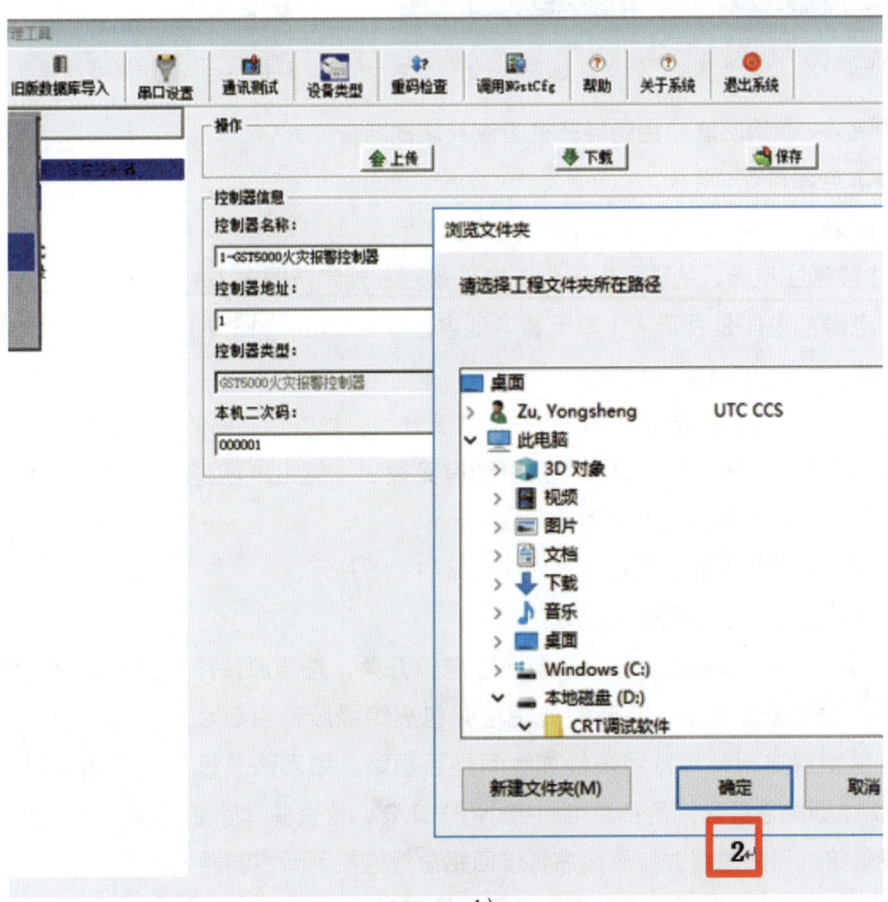

b)

图 3-1-12 原消防联动控制器数据软件备份操作

a)原控制器数据备份硬件连接 b)原控制器数据备份软件操作

图 3-1-13　原消防联动控制器内部接线端子接线情况　　图 3-1-14　新消防联动控制器的安装

步骤 4　新消防联动控制器开机检查及调试准备

（1）电源检查

1）按原线序将主电源线连接到新控制器上。

2）接通主电源，检查主电源供电电压是否在规定范围内（AC187～242 V），检查备用电源的电压是否正常（单节蓄电池电压在 DC12～13 V），检查并排除主电源供电故障。

3）依次开启控制器的主电源和备用电源开关，检查控制器的显示是否正常。

4）测试控制器的主电源和备用电源有无输出、输出电压是否稳定、主备电源切换是否正常，检查并排除控制器电源故障。

新消防联动控制器电源检查操作如图 3-1-15 所示。

（2）回路接线和现场部件地址注册

1）依次关闭控制器的备用电源和主电源开关，按照原线序选择一回路总线，拆除回路总线上所有设备，将断线处短接并包裹绝缘胶带用 500 V 兆欧表测量回路总线对地的绝缘电阻，用万用表检查线间是否短路。如回路总线对地绝缘电阻值小于 20 MΩ 或回路总线之间的负载电阻值小于 1 kΩ，检查并排除线路故障后，将拆除下来的设备接入回路总线并按原线序将该回路总线连接到新控制器上。

2）依次开启控制器的主电源和备用电源开关，操作控制器进行入"设备登记（注册）"菜单，对现场部件进行地址注册；操作控制器进入"设备检查"菜单，对照系统图、系统部件平面图和编码表，检查各回路现场部件的注册情况，记录未注册的部件。

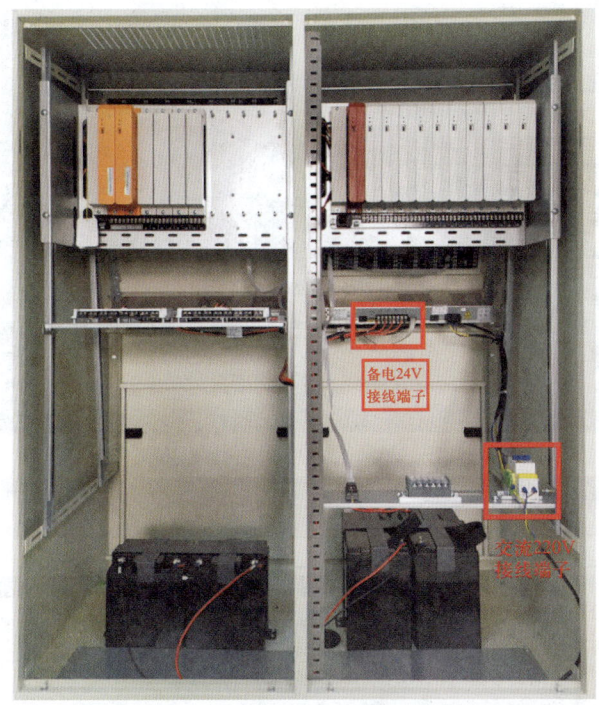

图 3-1-15 新消防联动控制器电源检查

3）分析现场部件未注册的原因，依次关闭控制器的备用电源和主电源开关，修复线路或更换损坏现场编址部件后，按照步骤2）的要求重新进行现场部件的地址注册和地址注册情况检查，直至该回路的现场部件全部完成地址注册。

4）依次选取其他回路总线，按照步骤1）~3）要求完成控制器所有回路总线与新控制器的连接及回路配接现场部件的地址注册。

新消防联动控制器回路配接现场部件地址注册和查询操作如图 3-1-16 所示。

（3）新控制器手动控制盘接线

1）依次关闭控制器的备用电源和主电源开关。

2）拆除外接线上连接的设备、组件，按照原线序依次用 500 V 兆欧表测量手动控制盘外接线对地的绝缘电阻，用万用表检查线间是否短路。如外接线对地绝缘电阻值小于 20 MΩ 或外接线之间的负载电阻小于 1 kΩ，检查并排除线路故障。

3）接入拆除下来的设备、组件，按原线序将外接线连接到新控制器上。

新消防联动控制器手动控制盘接线如图 3-1-17 所示。

（4）新控制器现场部件地址信息和联动编程关系等运行信息的还原或录入

通过人工输入或调试软件备份的方式，对原控制器现场部件的地址注释信息、联动控制逻辑、手动控制盘和总线控制盘编码等系统设置数据进行还原；操作控制器查询系统数据的还原情况，如果数据丢失，则重新人工录入丢失的系统数据。

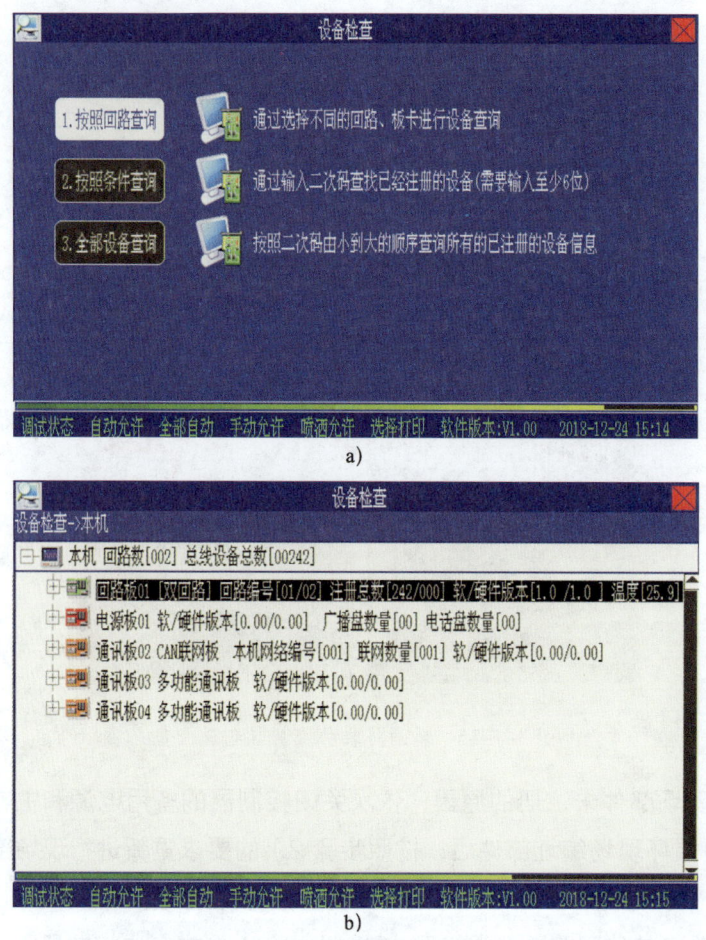

b)

图 3-1-16 新消防联动控制器现场部件地址注册和查询操作

a)

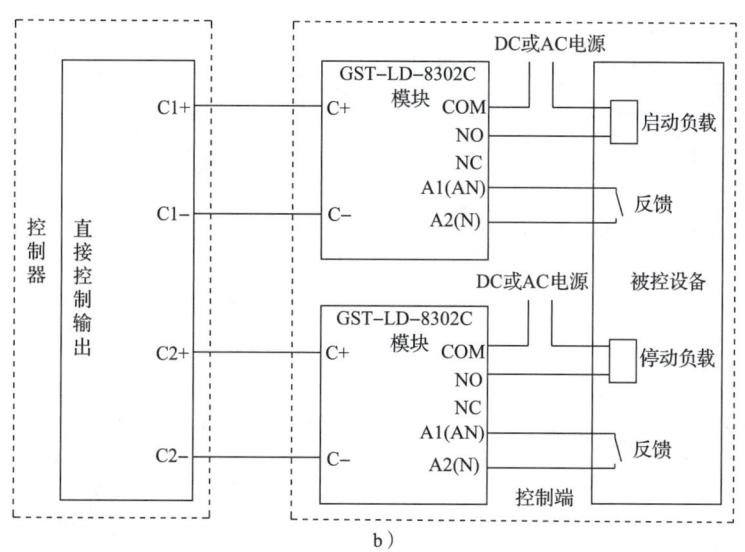

b)

图 3-1-17　新消防联动控制器手动控制盘接线

新消防联动控制器系统数据还原和查询操作如图 3-1-18 所示。

步骤 5　新消防联动控制器功能测试

（1）按照表 3-1-3 的要求，对消防联动控制器的自检功能、操作级别、主备电源转换功能和故障报警功能（控制器与备用电源间连线断路、短路）进行检查。

（2）按照表 3-1-3 的要求，依次对新控制器的所有回路总线的故障报警功能（控制器与回路总线配接的现场部件间连线断路、短路）、屏蔽功能、短路隔离保护功能、消音功能、负载功能和复位功能进行检查。

（3）恢复控制器的连线，使控制器处于正常监视状态。

步骤 6　填写维修记录

根据本次故障维修情况填写"建筑消防设施故障维修记录表"，存档并上报。

三、注意事项

1. 带电作业需按作业要求佩戴防护装备，登高作业需配监护人员。
2. 控制器断电检查时应先断备电、后断主电，挂上交流 220 V 标识牌。
3. 使用万用表带电检查时先调好万用表挡位，确认无误后测试。
4. 拆线检查时做好线头标记（如拍照），线头拆除后可能通电的线头必须用绝缘胶带包扎好。
5. 更换新设备时，应采用与原设备相同型号规格的设备进行更换；更换完毕通电前，应先检查接线是否牢固，有无废线头、工具遗漏在电路板上；通电先开主电，后开备电。检查控制器打印机的打印纸是否充足，各类操作钥匙、备件是否齐全。

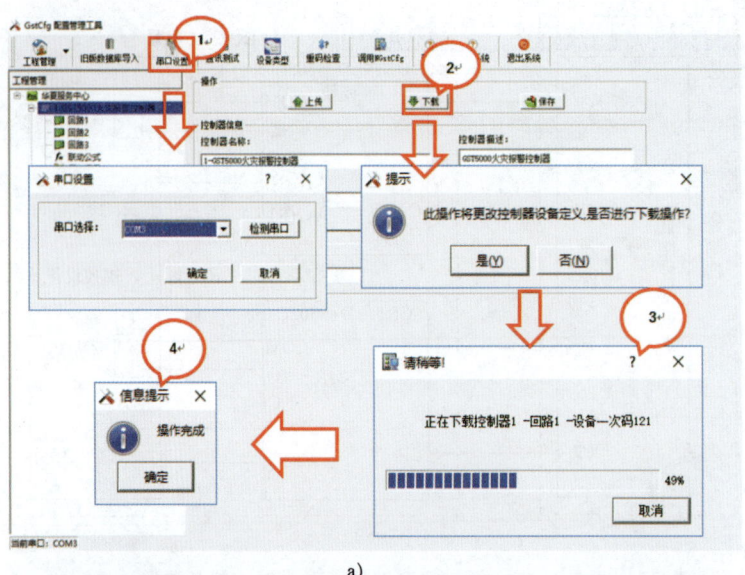

a)

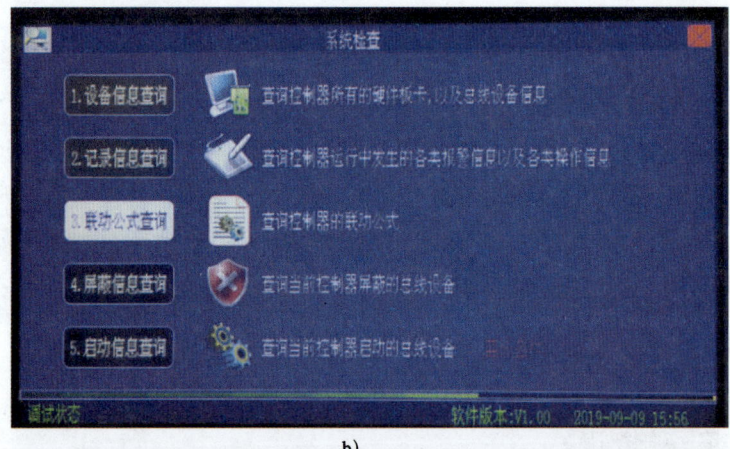

b)

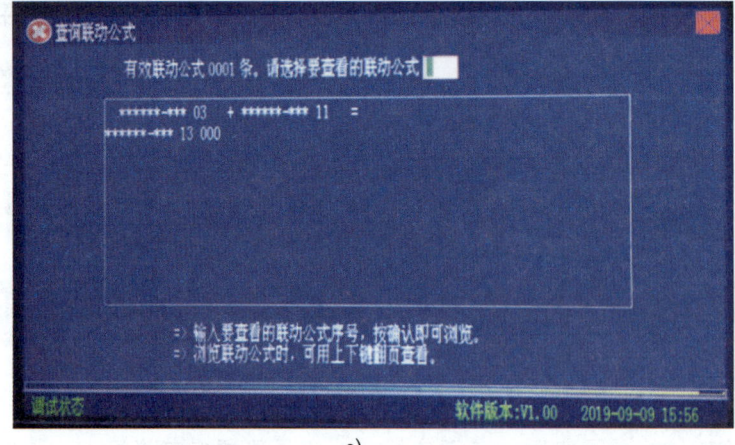

c)

图 3-1-18 新消防联动控制器系统数据还原和查询操作
a）新控制器系统设置数据还原操作 b）、c）新控制器系统设置数据查询操作

6. 在系统维修过程中，业主必须采取应急管理措施，确保维修期间消防安全，并按照当地相关要求报送有关部门备案。

7. 维修结束后整理现场，清点工具，清除现场所有杂物，以防遗留在设备内造成事故。

培训单元 3
消防控制室图形显示装置的工作原理和安装调试方法

【培训重点】

掌握消防控制室图形显示装置的工作原理。
熟练掌握消防控制室图形显示装置的调试内容及方法。
熟练掌握消防控制室图形显示装置的更换方法。

【知识要求】

作为火灾探测报警与消防联动控制系统的重要组成部分，消防控制室图形显示装置承担着建筑消防设施状态显示、信息记录、信息传输等功能性任务。国家标准《消防控制室通用技术要求》（GB 25506）规定的绝大多数功能要求，都需要消防控制室图形显示装置来实现。

消防控制室图形显示装置应满足国家标准《消防联动控制系统》（GB 16806）的要求。消防控制室图形显示装置可配接的系统包括火灾自动报警系统、可燃气体报警系统、电气火灾监控系统、消防设备电源监控系统、防火门监控系统、应急照明和疏散指示系统等。

一、消防控制室图形显示装置的工作原理

消防控制室图形显示装置的各项任务通过相应的功能单元执行。图形显示装置通过本地通信单元接收控制器发出的火警、故障、联动等事件。主控单元依据通信协议解析数据，并按信息种类显示、输出，并保存记录，同时将事件传输至远程监控中心，

也可通过输入单元接收数据查询及消音、复位等操作。消防控制室图形显示装置工作原理框图如图 3-1-19 所示。

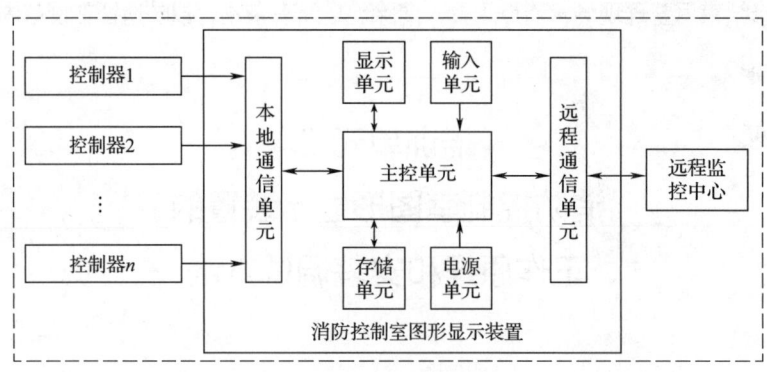

图 3-1-19　消防控制室图形显示装置工作原理框图

二、消防控制室图形显示装置的选型要求

在用消防控制室图形显示装置需要更换时，应选择与原消防控制室图形显示装置相同型号规格，或与在用火灾报警控制器间接口和通信协议的兼容性满足现行国家标准《火灾自动报警系统组件兼容性要求》（GB 22134）规定的消防控制室图形显示装置产品。

三、消防控制室图形显示装置的调试

消防控制室图形显示装置的调试是检查其主要功能和性能是否符合现行国家标准《消防联动控制系统》（GB 16806）和设计文件的规定，不符合规定的消防控制室图形显示装置应予以更换。

1. 消防控制室图形显示装置的调试内容及方法

消防控制室图形显示装置的调试内容及方法见表 3-1-4。

表 3-1-4　　　　消防控制室图形显示装置的调试内容及方法

调试内容	调试要求	调试方法
图形显示功能	应能用一个完整的界面显示建筑的总平面布局图	对照设计文件核查显示装置各图形的显示情况
	应能显示建筑的平面图，主要部位的名称和疏散路线，建筑内危化品的位置，系统设备及其控制的各分系统消防设备的名称、设置部位	
	应能显示建筑中设置的火灾自动报警系统、自动喷水灭火系统、消火栓系统等系统的系统图	

续表

调试内容	调试要求	调试方法
通信故障报警功能	显示装置与控制器之间的通信中断时，显示装置应在100 s内发出故障声、光报警信号	使显示装置与控制器间的通信中断，用秒表测量显示装置故障报警响应时间
消音功能	显示装置应能手动消除报警声信号	手动操作显示装置消音键，检查显示装置声信号消除情况
信号接收和显示功能	火灾报警控制器、消防联动控制器发出火灾报警信号、联动控制信号、反馈信号时，显示装置应在10 s内显示报警或启动设备对应的建筑位置、建筑平面图，在建筑平面图上指示报警或启动设备的物理位置、报警或启动设备的地址注释信息，记录报警或启动时间，且显示的信息应与控制器的显示信息一致	使火灾报警控制器、消防联动控制器发出火灾报警信号、联动控制信号、反馈信号，用秒表测量显示装置的响应时间，检查建筑平面图的显示情况，对照控制器的显示信息核查显示装置的显示情况
	火灾报警控制器、消防联动控制器发出监管报警信号、屏蔽信号、故障信号时，显示装置应在100 s内显示设备对应的建筑位置、建筑平面图，在建筑平面图上指示设备的物理位置、设备的地址注释信息，记录报警时间，且显示的信息应与控制器的显示信息一致	使火灾报警控制器、消防联动控制器发出监管报警信号、屏蔽信号、故障信号，用秒表测量显示装置的响应时间，检查建筑平面图的显示情况，对照火灾报警控制器、消防联动控制器的显示信息核查显示装置的显示情况
信息记录功能	应记录火灾报警触发器件的报警时间、地址注释信息及复位操作信息	操作显示装置，查询显示装置的各项记录，对照设计文件、控制器的历史记录核对记录的准确性
	应记录受控设备的类型、启动时间、反馈信息、地址注释信息	
	应记录各消防设备（设施）的动态信息	
	应记录值班及操作人员的代码、产品维护保养的内容和时间、系统程序的进入和退出时间	
	应记录消防设备（设施）的制造商、产品有效期等信息	
复位功能	火灾报警控制器、消防联动控制器的各输入信号撤除后，显示装置应能对显示器工作状态复位，恢复正常显示状态	撤除火灾报警控制器、消防联动控制器的各输出信号，观察显示装置的显示情况

2. 消防控制室图形显示装置的调试步骤

（1）调试前准备

1）图形显示软件的安装。在消防控制室图形显示装置上安装图形显示软件。

2）基础数据的录入

①按照指定的路径将建、构筑物的平面图拷贝到图形显示装置中。

②逐一打开每一张平面图，按照火灾自动报警系统现场部件布置图，在平面图上对应位置添加对应现场部件的图标，并按照地址编码表填写该设备的地址编码信息。

（2）调试

按照表3-1-4的要求，逐项检查消防控制室图形显示装置的图形显示功能、通信故障报警功能、消音功能、信号接收和显示功能、信息记录功能及复位功能。

【技能操作】

更换消防控制室图形显示装置

一、操作准备

1. 备品配件

与原消防控制室图形显示装置相同型号规格的产品。

2. 维修记录

"建筑消防设施故障维修记录表"。

二、操作程序

以某型消防控制室图形显示装置为例,其操作程序如下。

步骤1 原消防控制室图形显示装置数据备份

将原消防控制室图形显示装置的数据库(数据库内含火灾报警控制器设备程序、项目平面图、根据平面图添加的设备图标等内容)拷贝到U盘或移动硬盘中。

消防控制室图形显示装置数据库备份路径如图3-1-20所示。

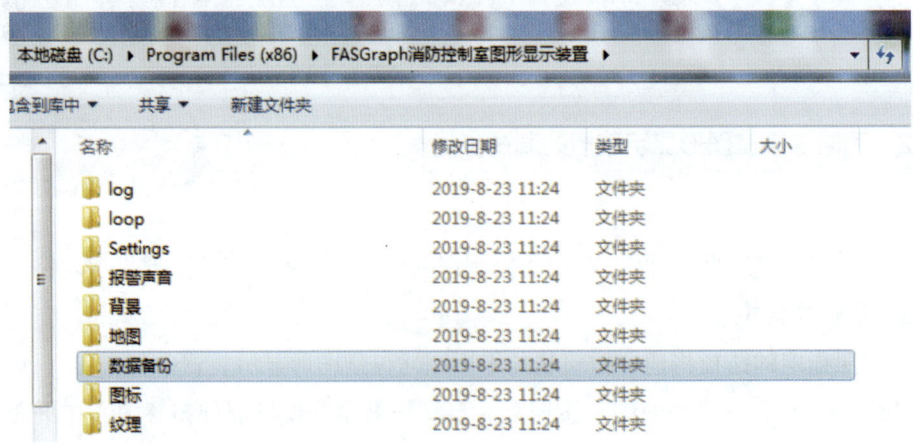

图3-1-20 消防控制室图形显示装置数据库备份路径

步骤2 安装新消防控制室图形显示装置图形显示软件

在新消防控制室图形显示装置上用鼠标双击图形显示软件的安装程序图标,按软件安装提示要求完成图形显示软件的安装。

图形软件安装操作如图 3-1-21 所示。

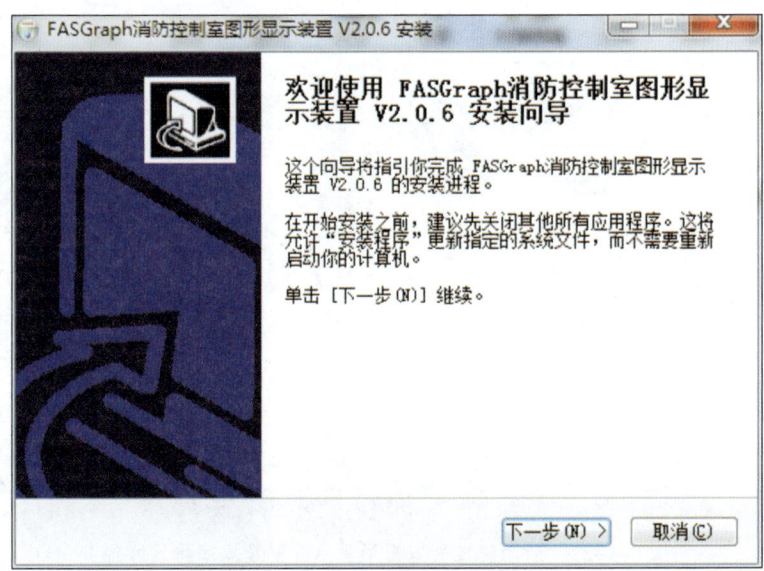

图 3-1-21　图形软件安装操作

步骤 3　拷贝新消防控制室图形显示装置数据库

将 U 盘或移动硬盘备份的原消防控制室图形显示装置的数据库拷贝到新消防控制室图形显示装置的指定路径中。

新消防控制室图形显示装置数据库拷贝路径如图 3-1-22 所示。

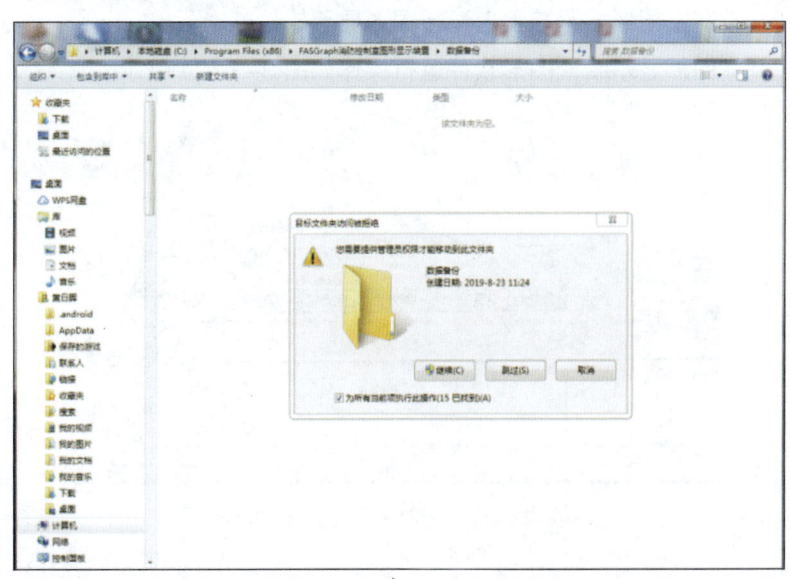

a)

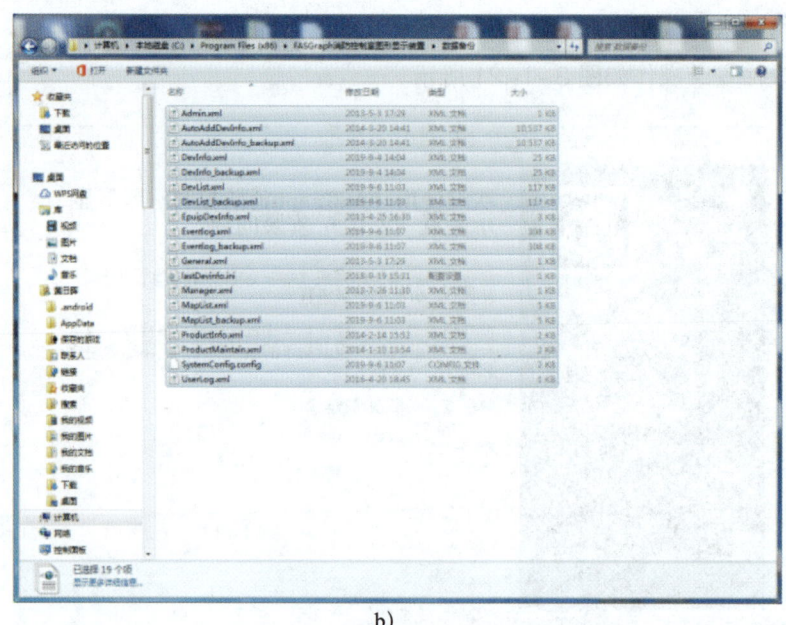

b)

图 3-1-22　新消防控制室图形显示装置数据库拷贝路径

步骤 4　连接新消防控制室图形显示装置

将原消防控制室图形显示装置与火灾报警控制器、远程监控中心等设备的通信线拆除，并按原线序连接到新消防控制室图形显示装置上。

消防控制室图形显示装置接线如图 3-1-23 所示。

步骤 5　运行新消防控制室图形显示装置图形显示软件

在新消防控制室图形显示装置上运行图形显示软件。

消防控制室图形显示装置图形软件运行操作如图 3-1-24 所示。

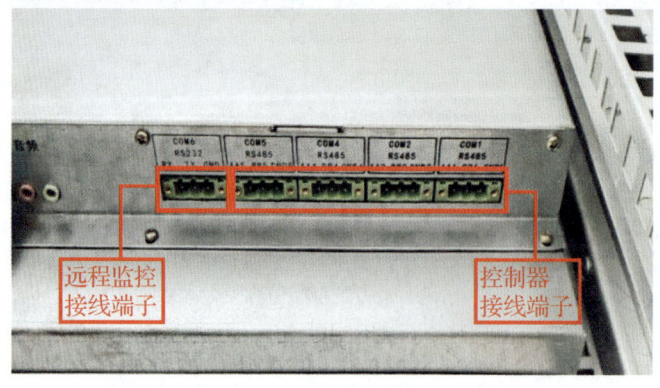

图 3-1-23　消防控制室图形显示装置接线

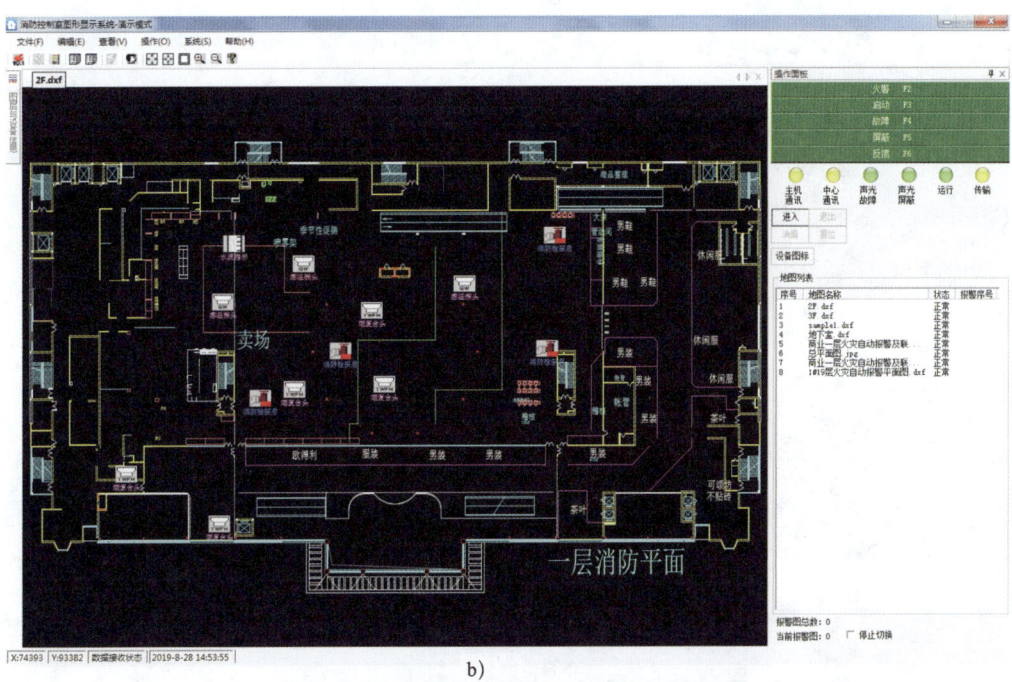

图 3-1-24 消防控制室图形图形软件运行操作

步骤 6 测试新消防控制室图形显示装置基本功能

按照表 3-1-4 规定的调试内容和要求，对新消防控制室图形显示装置的图形显示功能、通信故障报警功能、消音功能、信号接收和显示功能、信息记录功能及复位功能进行逐项检查。

步骤 7 填写维修记录

根据本次故障维修情况填写"建筑消防设施故障维修记录表"，存档并上报。

三、注意事项

1. 拆线检查时做好线头标记（如拍照），拆除后可能通电的线头必须用绝缘胶带包扎好。

2. 在消防控制室图形显示装置更换过程中，会影响通信及上传信息功能，因此在更换过程中必须采取应急管理措施，随时监控火灾自动报警系统状态，出现紧急情况及时上报。

3. 维修结束后整理现场，清点工具，清除现场所有杂物，以防遗留在设备内造成事故。

培训模块三 设施维修

培训项目 2

自动灭火系统维修

培训单元 1
水喷雾灭火系统的常见故障和维修方法

【培训重点】

掌握水喷雾灭火系统常见故障的类型及原因。

熟练掌握水喷雾灭火系统常见故障的维修方法。

【知识要求】

水喷雾灭火系统的常见故障包括火灾自动报警系统部件故障和水系统部件故障。水喷雾灭火系统常见故障类型、故障现象、故障原因及维修方法见表3-2-1。

表 3-2-1　水喷雾灭火系统常见故障类型、故障现象、故障原因及维修方法

故障类型	故障现象	故障原因	维修方法
雨淋报警阀组故障	雨淋报警阀组关闭状态密封不严	复位装置部件堵塞或损坏	清理部件或更换复位装置
		阀座有杂质导致密封不严	清除阀座杂质
		控制腔密封膜片损坏	更换密封膜片

续表

故障类型	故障现象	故障原因	维修方法
雨淋报警阀组故障	雨淋报警阀组已开启但水力警铃不报警	警铃前管路或喷嘴堵塞	清理杂质
		警铃损坏	更换警铃
	雨淋报警阀组已开启但压力开关不输出信号	压力开关前管路堵塞	清理杂质
		压力开关损坏	更换压力开关
	滴水阀一直漏水	阀座有杂质导致密封不严	清除阀座杂质
		控制腔密封膜片损坏	更换密封膜片
	防复位机构不能正常发挥作用	防复位机构中进入杂质	清理杂质
		防复位机构损坏	更换防复位机构
	电磁阀不能正常动作	电磁阀线路断路	检查并接通线路
		电磁阀损坏	更换电磁阀
喷头故障	喷头直观损伤	磕碰等原因造成的直观损伤	更换喷头
水泵故障	水泵不能动作	控制装置发生电气故障	维修电气控制柜
		电动机烧毁	更换电动机
		水泵锈蚀卡住	拆卸清除杂物或更换泵头
	水泵运转正常但水压不足	电源相序错误导致反转	调整相序
		过滤器堵塞	清除过滤器杂物
减压阀故障	减压阀不减压或关死不动作	减压阀控制管路状态错误	调节控制阀门至正确状态并锁定
		减压阀损坏	更换或维修减压阀
压力表故障	压力表显示不正常	表前管路堵塞或表前阀损坏	疏通表前管路或更换表前阀
		压力表损坏	更换压力表
密封故障	部件或连接处发现渗漏	密封材料损坏	更换密封材料
		紧固螺栓未对称紧固	对称紧固螺栓
		部件损坏	更换对应部件

注：1. 水喷雾灭火系统中使用的火灾探测器、火灾报警控制器等部件故障参见火灾自动报警系统对应描述。
2. 水泵故障等部分故障项目须专业技能维修或返厂维修。

【技能操作】

水喷雾灭火系统部件发现故障时，可参考以下技能操作进行维修。本例中未包含的维修技能可参考其他系统相同或相似的对应故障维修技能。

技能1　雨淋报警阀组关闭状态密封故障维修

一、操作准备

1. 技术资料
雨淋报警阀组成结构图、产品使用说明书、故障维修操作规程和设计手册等技术资料。
2. 维修工具
故障维修常备工具，如扳手、旋具、钳子、万用表、绝缘胶带等。
3. 防护装备
安全防护装备，如防护眼镜、防砸鞋、安全帽、绝缘手套等。
4. 维修记录表格
"建筑消防设施故障维修记录表"。

二、操作程序

步骤1　检查雨淋报警阀关闭状态
雨淋报警阀应在水源压力正常的情况下进行检查。雨淋阀报警阀各部件如图3-2-1所示。
如雨淋报警阀在关闭状态下入口压力表与控制腔压力表示值保持一致，警铃与压力开关一直报警或未发生报警但滴水阀一直漏水，其他部件状态正常，则判定为雨淋阀关闭状态密封故障，按步骤2进行操作。

步骤2　水流冲击操作
（1）关闭雨淋报警阀后喷头前控制阀门，打开雨淋报警阀后的试验排水阀。
（2）开启雨淋报警阀手动紧急启动球阀，开启雨淋报警阀，使水流通过雨淋报警阀阀座并由试验排水阀排出，可反复进行几次水流冲击。
（3）关闭雨淋报警阀手动紧急启动球阀，开启复位管路控制阀，观察雨淋报警阀复位后关闭状态。

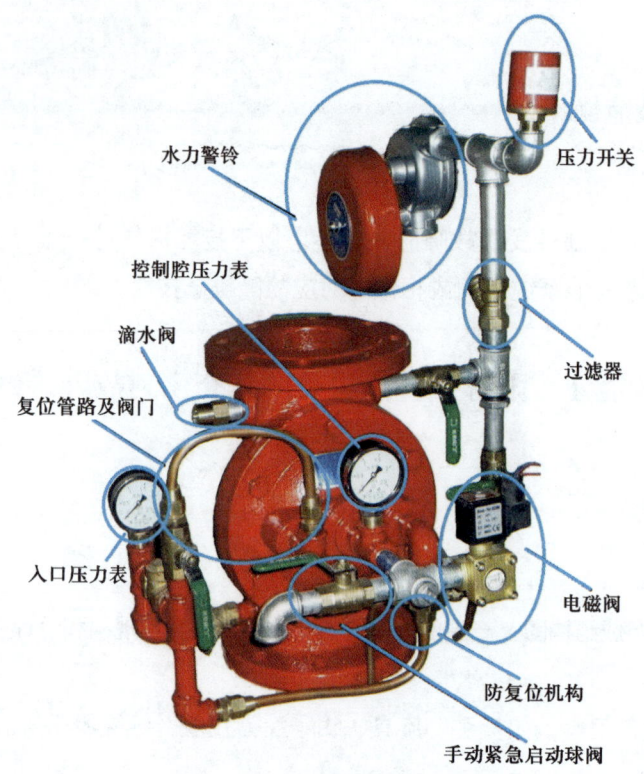

图 3-2-1 雨淋报警阀部件

（4）如雨淋报警阀密封故障现象消失，则判定为阀座杂质引起的密封故障并已通过水流冲击消除故障；如雨淋报警阀密封故障仍然存在，按步骤3进行操作。

步骤3 拆解维修

（1）关闭雨淋报警阀前后控制阀门，排除控制腔及阀体内余水。

（2）用工具拆除阀盖上与其他部分连接的控制管路及阀盖与阀体紧固的螺栓，移除阀盖，取下阀盖内的弹簧和隔膜，检查隔膜完好情况及阀座洁净情况。拆解顺序如图 3-2-2 所示。

（3）用工具清除阀座杂质至阀座密封面平整光滑。如隔膜有损坏则更换同规格备用隔膜片，如隔膜无损坏将原隔膜清洗干净。重新安装隔膜片及弹簧至阀体内，对准螺栓孔将阀盖复位并将螺栓对称紧固，将之前拆除的管件重新连接并紧固。

（4）开启雨淋报警阀前控制阀及雨淋报警阀复位控制阀，将雨淋报警阀复位，观察各重新连接紧固部位的密封情况及雨淋报警阀复位状态下的密封情况。

步骤4 恢复及调试

（1）将雨淋报警阀恢复至关闭状态后，观察并确认密封故障已经消除。

（2）自动报警控制器或控制中心发出指令打开电磁阀，观察电磁阀动作、雨淋报警阀启动情况、防复位装置的启动及运行情况、水力警铃报警情况及压力开关的信号输出情况。

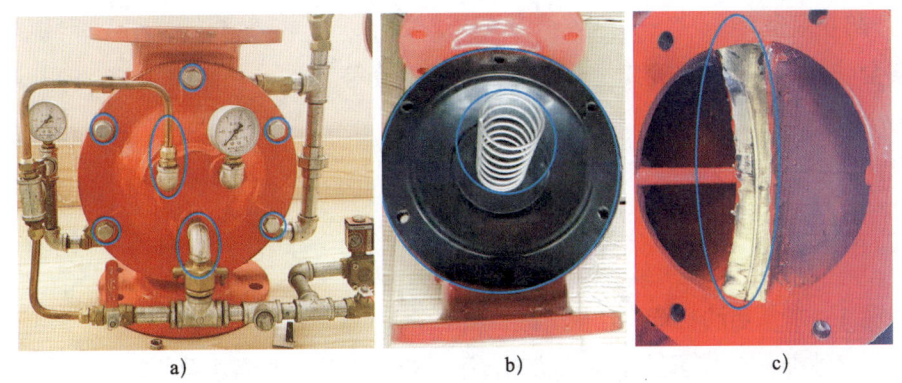

图 3-2-2 拆解顺序示意图
a) 阀盖外部拆除部件　b) 隔膜和弹簧　c) 阀座

（3）开启复位管路控制阀将雨淋报警阀复位，开启手动紧急启动阀门，观察雨淋报警阀启动情况、防复位装置的启动及运行情况、水力警铃报警情况及压力开关的信号输出情况。

（4）功能调试确认正常后恢复雨淋报警阀至正常伺应状态。

步骤 5　填写维修记录。

根据本次故障维修情况填写"建筑消防设施故障维修记录表"，存档并上报。

三、注意事项

1. 维修和调试时都涉及水流排出，应做好排水防护及处置。
2. 涉及电子部件拆线检查时，应做好线头标记（如拍照），拆除后可能通电的线头必须用绝缘胶带包扎好。
3. 更换配件时，应采用与原设备相同型号规格的配件进行更换。
4. 维修结束后整理现场，清点工具，清除现场所有杂物，以防遗留在设备内造成事故。

技能 2　水泵故障维修

一、操作准备

1. 技术资料

给水设备电气图、水泵结构图、产品使用说明书、故障维修操作规程和设计手册等技术资料。

2. 维修工具

故障维修常备工具，如扳手、旋具、钳子、万用表、绝缘胶带等。

3. 防护装备

安全防护装备,如防砸鞋、安全帽、绝缘手套等。

4. 维修记录表格

"建筑消防设施故障维修记录表"。

二、操作程序

步骤1 水泵启动检查

(1)将水泵控制装置置于手动状态,手动启动水泵,观察水泵状态。

(2)如水泵正常启动运行,但出口压力未升压,请按步骤2进行操作。

(3)如水泵在手动启动按钮操作后无反应,请按步骤3进行操作。

步骤2 电源相序和进水操作

(1)检查水泵转动方向,如发生反转现象,则断掉水泵供电,切换水泵两相顺序后重新恢复供电并检查水泵转动方向。

(2)如水泵转动方向正常,水泵启动后运行正常但不能正常升压,则检查水泵入口阀门状态和过滤器,清理过滤器杂质,确保管路阀门全开。过滤器排渣操作见步骤3。

步骤3 过滤器排渣操作

(1)关闭水泵供电,关闭过滤器前阀门。

(2)用工具拆解过滤器盖,抽出过滤器滤芯,如图3-2-3所示。

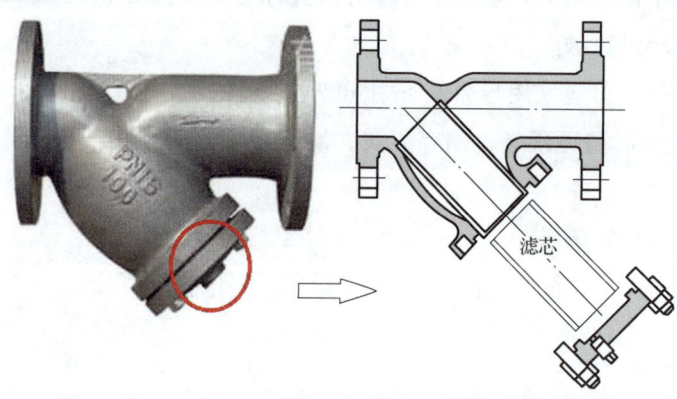

图3-2-3 过滤器拆解示意图

(3)用工具清理过滤网内渣滓并用清水清洗干净后,将滤芯装回过滤器腔内,并将过滤器盖重新紧固于过滤器上。

(4)开启过滤器前阀门,确认过滤器盖与阀体连接处无渗漏。

步骤4 水泵不运行故障维修操作

(1)检查水泵控制柜中电路及空气开关等部件,如涉及断路器、热继电器保护等故障可由具备专业资质的电工进行维修和恢复，如涉及 PLC 控制器、变频器等部件故障应交由专业公司进行维修或返厂维修。

（2）如控制柜供电正常，在断电状态下对水泵轴进行盘车操作，如卡阻不动须进行泵头维修或更换，如转动正常须进行电动机维修或更换，此状态下的水泵故障应交由专业公司进行维修或返厂维修。

步骤 5　恢复和调试

（1）水泵电气故障维修后，手动启动水泵，观察水泵运行情况及压力上升情况。

（2）水泵机械故障维修后，进行流量和压力测试，确认参数满足初始设计要求。

（3）确认设备功能和参数符合要求后，将设备控制柜设于自动状态。

步骤 6　填写维修记录

根据本次故障维修情况填写"建筑消防设施故障维修记录表"，存档并上报。

三、注意事项

1. 由于水泵控制设备均为高电压高电流设备，带电检查时应有专业人员陪同，做好安全防护措施，防止触电。

2. 拆线检查时做好线头标记（如拍照），拆除后可能通电的线头必须用绝缘胶带包扎好防止短路发生。

3. 更换配件时应在断电状态下操作，采用与原设备相同型号规格的配件进行更换；更换完毕后通电前应先检查接线是否牢固，有无废线头、工具遗留在电路板上，然后通电；通电先开主电源，后开备用电源。

4. 维修结束后，应整理现场，清点工具，清除现场所有杂物，以防遗留在设备内造成事故。

培训单元 2
细水雾灭火系统的常见故障和维修方法

【培训重点】

掌握细水雾灭火系统常见故障的类型及原因。

熟练掌握细水雾灭火系统常见故障的维修方法。

【知识要求】

一、泵组式细水雾灭火系统常见故障

泵组式细水雾灭火系统常见故障类型及维修方法见表3-2-2。

表3-2-2　　泵组式细水雾灭火系统常见故障类型及维修方法

故障类型	故障现象	故障原因	维修方法
装置控制盘（柜）故障	接收火灾信号后系统不能正常启动	控制盘（柜）内相关回路未动作	检查装置控制盘（柜），连通启动回路
		系统供电异常	检查供电线路，必要时启动备用电源
压力显示器故障	压力显示器不能正常显示压力	压力显示器前端堵塞	清洗压力显示器前端
		压力显示器损坏	更换压力显示器
分区控制阀故障	分区控制阀不动作	阀门内部有锈蚀	更换阀门
		供电参数不满足要求	检查供电电源
管道故障	管道松动	管道连接法兰有松动	紧固松动部位
细水雾喷头故障	细水雾喷头不能正常喷放	喷头被异物堵塞	清理堵塞物
		喷头被内部腐蚀物堵塞	清洗喷头上的腐蚀物，必要时更换细水雾喷头
泵组单元故障	泵组单元无法动作	泵出现故障	返厂维修或更换
		泵组单元控制盘（柜）相关回路未动作	检查泵组单元控制盘，连通启动回路
		泄压调压阀故障	返厂维修或更换

二、瓶组式细水雾灭火系统常见故障

瓶组式细水雾灭火系统常见故障类型及维修方法见表3-2-3。

表3-2-3　　瓶组式细水雾灭火系统常见故障类型及维修方法

故障类型	故障现象	故障原因	维修方法
装置控制盘（柜）故障	接收火灾信号后系统不能正常启动	控制盘（柜）内相关回路未动作	检查装置控制盘（柜），连通启动回路
		系统供电异常	检查供电线路，必要时启动备用电源
瓶组故障	驱动气体瓶组、启动气体瓶组压力下降，压力表显示瓶组内压力低于正常压力值	瓶组内气体发生泄漏	对瓶组重新进行充气，补充压力至规定值
		压力表故障，不能正常显示压力	更换压力表

续表

故障类型	故障现象	故障原因	维修方法
阀驱动装置故障	阀驱动装置不能正常动作	阀驱动装置动作部件因腐蚀而卡阻	更换阀驱动装置
		阀驱动装置供电参数不满足要求	维修供电电源
分区控制阀故障	分区控制阀不动作	阀门内部有锈蚀	更换阀门
		供电参数不满足要求	检查供电电源
管道故障	管道松动	管道连接法兰有松动	紧固松动部位
细水雾喷头故障	细水雾喷头不能正常喷放	喷头被异物堵塞	清理堵塞物
		喷头被内部腐蚀物堵塞	清洗喷头上的腐蚀物，必要时更换细水雾喷头
高压橡胶软管故障	高压橡胶软管表面有裂纹	高压橡胶软管老化	更换高压橡胶软管
单向阀故障	气瓶阀门无法正常动作	启动气体管路有泄漏	重新紧固管路
		单向阀安装方向错误	调整单向阀安装方向

【技能操作】

技能 1　细水雾喷头故障维修

一、操作准备

1. 技术资料

细水雾灭火系统图、细水雾喷头平面布置图、产品使用说明书和设计手册等技术资料。

2. 维修工具

故障维修常备工具，如旋具、钳子、扳手、生胶带等。

3. 防护装备

安全防护装备，如防砸鞋、安全帽、安全带等。

4. 维修记录表格

"建筑消防设施故障维修记录表"。

二、操作程序

步骤1　发现问题

按下红色区域的 START 按钮（见图3-2-4），启动泵组式细水雾灭火系统，观察开式细水雾喷头的喷洒外形，发现个别开式细水雾喷头未启动。

步骤2　查找原因

（1）按下红色区域的 STOP 按钮，关闭泵组式细水雾灭火系统电源，保证系统不会动作。

（2）通过手动泄水阀排除管路中的余水。

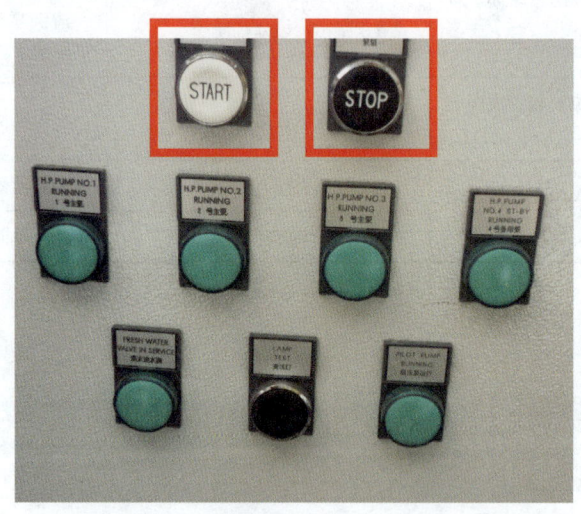

图3-2-4　泵组式细水雾灭火系统控制按钮

（3）手动拆下发生故障的细水雾喷头。

（4）发现细水雾喷头过滤网发生堵塞，如图3-2-5中红圈所示。细水雾喷头滤网被堵住，造成系统启动细水雾喷头无法正常出水。

步骤3　解决问题

（1）清洗细水雾喷头的过滤网（见图3-2-6），同时检查细水雾喷头有无腐蚀情况。

（2）经检查细水雾喷头无腐蚀，将细水雾喷头重新安装到管路上。

步骤4　恢复及调试

启动泵组式细水雾灭火系统，观察开式细水雾喷头的喷洒形状（见图3-2-7），如无异常，维修结束。

步骤5　填写维修记录

根据本次故障维修情况填写"建筑消防设施故障维修记录表"，存档并上报。

 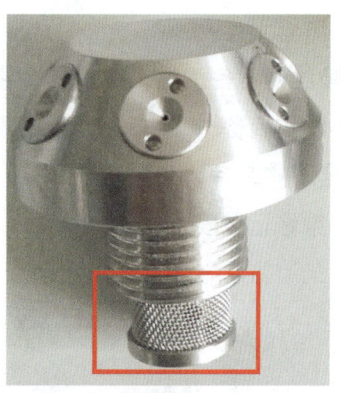

图 3-2-5　细水雾喷头滤网堵塞　　　图 3-2-6　清洗后的细水雾喷头

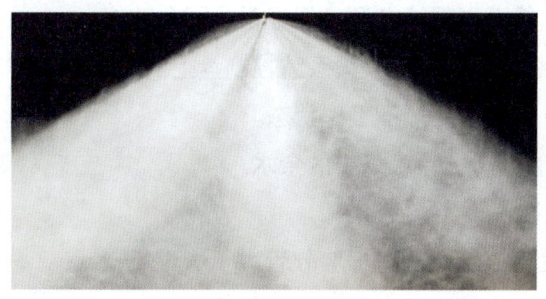

图 3-2-7　细水雾正常喷洒形状

三、注意事项

1. 系统不可带水压操作，应首先关闭泵组式细水雾灭火系统的控制柜，停止向系统供水，然后通过手动排水阀排除管路中的余水。

2. 拆下故障细水雾喷头时，立即将此位置用堵头堵上，以防止其他人员误操作将系统启动，造成危险。

3. 更换新细水雾喷头时，应采用与原细水雾喷头相同型号规格的配件进行更换；更换完毕后检查细水雾喷头连接是否牢固。

4. 维修结束后整理现场，清点工具，清除现场所有杂物，以防遗留在设备内造成事故。

技能 2　高压橡胶软管故障维修

一、操作准备

1. 技术资料

细水雾灭火系统图、系统平面布置图、产品使用说明书和设计手册等技术资料。

2. 维修工具

故障维修常备工具，如旋具、钳子、扳手、生胶带等。

3. 防护装备

安全防护装备，如防砸鞋、安全帽、安全带等。

4. 维修记录表格

"建筑消防设施故障维修记录表"。

二、操作步骤

步骤1　发现问题

关闭瓶组式细水雾灭火系统电源，保证系统不会动作。

（1）手动关闭瓶组式细水雾灭火系统控制盘上的急停按钮，当按下红色区域的按钮后（见图3-2-8），系统处于不工作状态。

（2）通过手动泄水阀排除管路中的余水。

步骤2　查找原因

（1）手动拆下发生故障的高压橡胶软管。

（2）发现高压橡胶软管出现老化开裂的情况，如图3-2-9所示。

步骤3　解决问题

（1）更换新高压橡胶软管。

（2）开启测试按钮，恢复细水雾灭火系统供水，观察更换高压橡胶软管位置是否有渗漏现象。

步骤4　填写维修记录

根据本次故障维修情况填写"建筑消防设施故障维修记录表"，存档并上报。

三、注意事项

1. 系统不可带水压操作。

2. 拆下故障高压橡胶软管时，立即将此位置用堵头堵上，以防止其他人员误操作将系统启动，造成危险。

3. 更换新高压橡胶软管时，应采用与原高压橡胶软管相同型号规格的配件进行更换；更换完毕后检查高压橡胶软管连接否牢固。

4. 维修结束后整理现场，清点工具，清除现场所有杂物，以防遗留在设备内造成事故。

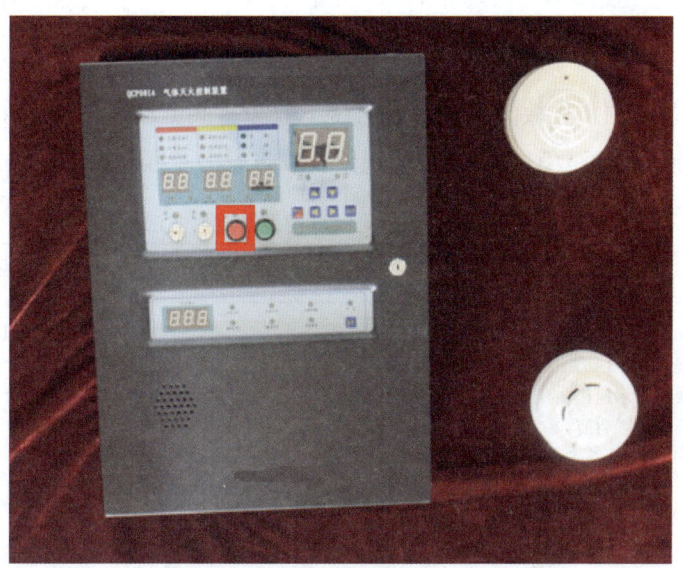

图 3-2-8 瓶组式细水雾灭火系统控制盘

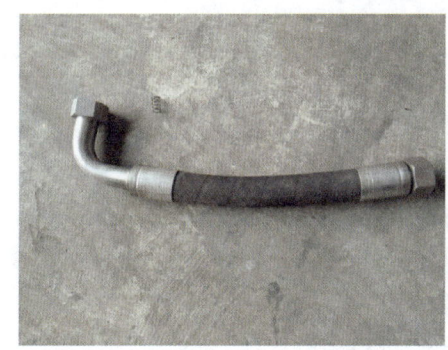

图 3-2-9 高压橡胶软管出现老化开裂

培训单元 3
干粉灭火系统的常见故障和维修方法

【培训重点】

掌握干粉灭火系统常见故障的类型及原因。
熟练掌握干粉灭火系统常见故障的维修方法。

【知识要求】

干粉灭火系统的常见故障一般有瓶组压力故障、阀驱动装置故障、干粉卷盘故障等。干粉灭火系统常见故障类型、故障现象、故障原因及维修方法见表3-2-4。

表3-2-4　　干粉灭火系统常见故障类型及维修方法

故障类型	故障现象	故障原因	维修方法
瓶组故障	驱动气体瓶组、启动气体瓶组压力下降，压力表显示瓶组内压力低于正常压力值	瓶组内气体发生泄漏	对瓶组重新进行充气，补充压力至规定值
		压力表故障，不能正常显示压力	更换压力表
阀驱动装置故障	阀驱动装置不能正常动作	阀驱动装置动作部件因腐蚀而卡阻	更换阀驱动装置
		阀驱动装置供电参数不满足要求	维修供电电源
干粉卷盘故障	回转机构卡阻	干粉卷盘回转机构被腐蚀	对回转机构进行防腐蚀处理
	软管有裂纹	软管因老化出现裂纹	更换软管

【技能操作】

技能1　瓶组压力故障维修

一、操作准备

1. 技术资料

驱动气体瓶组、启动气体瓶组、容器阀图纸、产品检测报告、系统设计手册和产品使用说明书等技术资料。

2. 维修工具

维修常备工具，如旋具、钳子、扳手、生胶带等。

3. 防护装备

安全防护装备，如防砸鞋、安全帽、防护眼镜等。

4. 维修记录表格

"建筑消防设施故障维修记录表"。

二、操作程序

步骤1 确定发生故障的瓶组

（1）打开驱动气体瓶组或启动气体瓶组容器阀上的压力表开关。

（2）逐个检查压力表指针，若压力表指针处于零位与绿区下限之间的红色区域内，则该瓶组发生故障。

储气瓶型干粉灭火系统如图3-2-10所示，驱动气体瓶组如图3-2-11所示。

图3-2-10 储气瓶型干粉灭火系统

图3-2-11 驱动气体瓶组

步骤2 压力表检查

（1）关闭压力表开关，拧松压力表排除表内气体。

（2）将压力表从瓶组上拆下，更换新的压力表。

（3）打开新压力表开关，观察压力表指针位置。若压力表指针处于绿区范围内，则原压力表故障；若压力表指针仍处于零位与绿区下限之间的红色区域内，则该瓶组气体有泄漏。压力表检查如图3-2-12所示。

步骤3 重新充气操作

对气体有泄漏的瓶组，需联系有资质的充气站实施充装，按设计要求重新进行充气操作。充气站无法充装的，应联系生产企业对瓶组返厂重新进行充气。

步骤4 填写维修记录

根据本次故障维修情况填写"建筑消防设施故障维修记录表"，存档并上报。

三、注意事项

1. 操作前应熟悉产品结构、参数及工作原理。
2. 拆卸压力表时，确保气体被完全释放后才能进行后续操作。
3. 操作时，操作人员应佩戴好安全帽、防护眼镜等个人防护装备。

4. 维修的瓶组 48 h 内不能恢复正常工作时，应使用备用瓶组。

5. 维修结束后整理现场，清点工具，清除现场所有杂物，以防遗失、遗留在设备内造成事故。

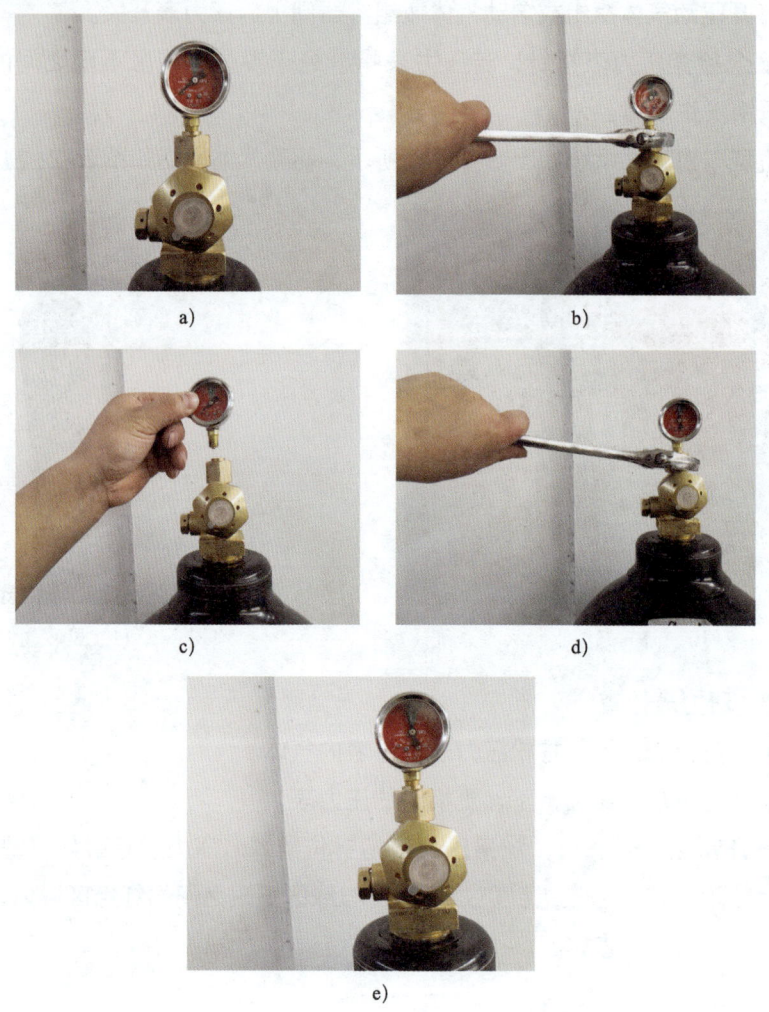

图 3-2-12　压力表检查

a）检查瓶组压力　b）拆卸压力表　c）更换新压力表　d）安装新压力表　e）检查压力示值

技能 2　阀驱动装置故障维修

一、操作准备

1. 技术资料

阀驱动装置结构图、电路图、产品使用说明书（包括供电参数）和设计手册等技术资料。

2. 维修工具

维修常备工具，如旋具、扳手、钳子、万用表、绝缘胶带等。

3. 防护装备

个人安全防护装备，如防砸鞋、安全帽、绝缘手套等。

4. 维修记录表格

"建筑消防设施故障维修记录表"。

二、操作程序

步骤 1　拆卸阀驱动装置

（1）熟悉阀驱动装置的结构、供电参数及工作原理。

（2）将驱动装置从阀门上拆卸下来，拆卸时阀驱动装置应安装保险销。

启动气体瓶组如图 3-2-13 所示，阀驱动装置拆卸如图 3-2-14 所示。

图 3-2-13　启动气瓶组

a)

b)

c)

图 3-2-14　阀驱动装置拆卸

a）准备保险销　b）安装保险销　c）拆卸阀驱动装置

步骤 2　检查阀驱动装置供电参数

（1）确定驱动气体瓶组对应的防护区，在控制盘上手动启动对应防护区启动按钮。

（2）用万用表检测阀驱动装置的供电参数，并与产品使用说明书进行核对。

阀驱动装置供电参数检查如图 3-2-15 所示。

步骤 3　活动部件检查

（1）在完成步骤 2 检查后，检查阀驱动装置活动部件。

（2）若活动部件有严重腐蚀，应更换阀驱动装置。

活动部件检查如图 3-2-16 所示。

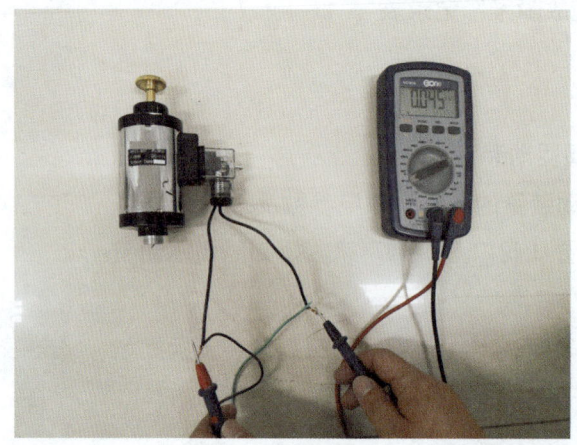

图 3-2-15　阀驱动装置供电参数检查

a)　　　　　　　　　　　　　　　　b)

图 3-2-16　活动部件检查

a）阀驱动装置　　b）活动部件锈蚀

步骤 4　填写维修记录

根据本次故障维修情况填写"建筑消防设施故障维修记录表"。

三、注意事项

1. 检查时应有专业人员监护，防止造成系统误动作。

2. 操作人员应熟悉产品结构、参数及工作原理。

3. 操作人员应佩戴好安全帽、防砸鞋、防护眼镜等个人防护装备。

4. 维修结束后整理现场，清点工具，清除现场所有杂物，以防遗留在设备内造成事故。

技能3　干粉卷盘故障维修

一、操作准备

1. 技术资料

干粉卷盘结构图、产品使用说明书和设计手册等技术资料。

2. 维修工具

故障维修常备工具，如旋具、扳手、钳子等。

3. 防护装备

安全防护装备，如防砸鞋、安全帽、防护眼镜等。

4. 维修记录表格

"建筑消防设施故障维修记录表"。

二、操作程序

步骤1　检查回转机构运转状态

（1）拉动干粉枪及软管卷盘，观察回转机构运转情况，如图3-2-17所示。

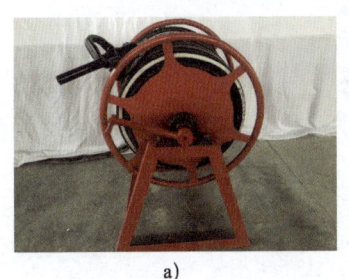  

a)　　　　　　　　　　b)　　　　　　　　　　c)

图3-2-17　软管卷盘检查

a）干粉枪及软管卷盘　b）拉开软管　c）回转机构

（2）若回转机构无法正常运转，出现卡阻，应在回转部位施加润滑剂等。

步骤2　检查软管

（1）拉出卷盘上所有软管，检查软管表面，如图3-2-18所示。

（2）若软管表面有裂纹，应及时更换软管。

 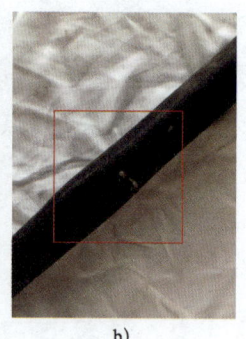

图 3-2-18 软管检查
a) 干粉枪喷射 b) 软管裂纹

三、注意事项

1. 操作人员应熟悉产品结构、参数及工作原理。
2. 操作人员应佩戴好安全帽、防护眼镜等个人防护用品。
3. 维修结束后，应整理现场，清点工具，清除现场所有杂物，以防遗留在设备内造成事故。

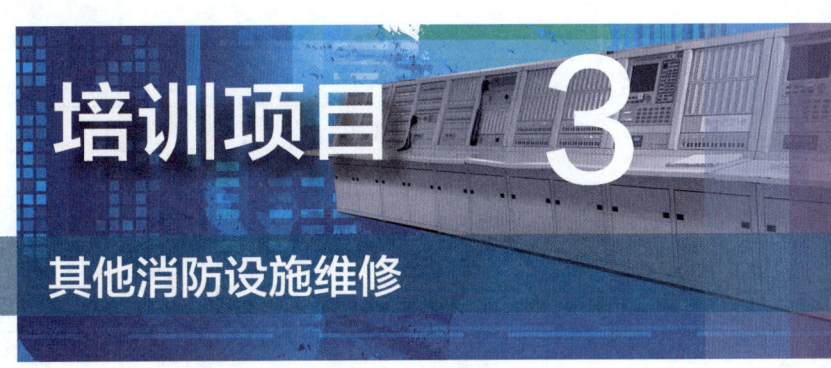

培训项目 3

其他消防设施维修

培训单元 1
消防设备电源监控系统的常见故障和维修方法

【培训重点】

掌握消防设备电源监控系统的常见故障类型及原因。
熟练掌握消防设备电源监控系统常见故障的维修方法。

【知识要求】

消防设备电源监控系统的常见故障一般有监控器故障、系统线路故障、传感器故障等。消防设备电源监控系统常见故障类型、故障现象、故障原因及维修方法见表3-3-1。

表 3-3-1　消防设备电源监控系统常见故障类型、故障现象、故障原因及维修方法

故障类型	故障现象	故障原因	维修方法
监控器故障	监控器无显示或显示不正常	灯板、显示板损坏	更换灯板、显示板
		灯板、显示板接线不良	重新连接连线
	监控器显示"主电故障"	主电源接线不良	重新连接主电源接线
		主电源保险管烧断	更换主电源保险管
	监控器显示"备电故障"	备用电源保险管烧断	更换备用电源保险管
		备用电源线路接线不良	重新连接备用电源接线
		蓄电池（组）欠压	保持主电源充电 8 h
		蓄电池（组）损坏	更换蓄电池（组）
	监控器不打印	未设置成打印方式	重新进行设置
		打印机接线不良	重新连接连线
		打印机卡纸	重新安装打印纸
		打印机故障	维修或更换打印机
	按键无反应	主板损坏	更换主板或监控器
	监控器显示"某总线回路故障"	回路板损坏	更换回路板
	消防设备电源有故障时，监控器不能报警	监控器损坏	维修或更换监控器
系统线路故障	监控器显示"某总线回路故障"	总线断路、短路或接线不良	修复线路故障或重新接线
	监控器显示"某传感器故障"	传感器与总线断路、短路或接触不良	修复线路故障或重新接线
传感器故障	监控器显示"某传感器故障"	传感器损坏	更换传感器

【技能操作】

技能 1　打印机故障维修

一、操作准备

1. 技术资料

产品使用说明书和设计手册等技术资料。

2. 维修工具

故障维修常备工具，如旋具、钳子、万用表、绝缘胶带等。

3. 防护装备

安全防护装备，如安全帽、绝缘手套等。

4. 维修记录表格

"建筑消防设施故障维修记录表"。

二、操作程序

步骤1　打印机状态指示灯状态检查（见图3-3-1）

（1）接通打印机电源，打印机进入待命状态，此时"SEL""LF"指示灯亮，表示打印机可以从接口接收数据并进行打印。

（2）在待命状态下，按一下"SEL"按键，指示灯灭，进入离线状态；再按一下"SEL"按键，指示灯亮，返回待命状态。

（3）如"SEL"和"LF"指示灯都不亮，请进行步骤2操作。

步骤2　打印机排线检查

（1）两个指示灯均不亮时，打开消防设备电源监控器门板，找到打印机排线处，检查排线是否插接牢靠。

（2）重新插拔加以固定后，若图3-3-1中的两个指示灯仍然不亮，则说明打印机损坏，应联系厂家更换打印机。

打印机排线检查示例如图3-3-2中红色线框所示。

步骤3　打印机打印纸充装情况检查（见图3-3-3）

（1）如果指示灯状态正常，就按"OPEN"按键打开打印机机盖，查看打印机中是否有充足的打印纸。

（2）如果纸张不足，就会导致打印机空转，不能及时打印报警信息，所以应及时补充打印纸。

（3）如果纸张充足，那么请进行步骤4操作。

图3-3-1　打印机状态指示灯状态检查

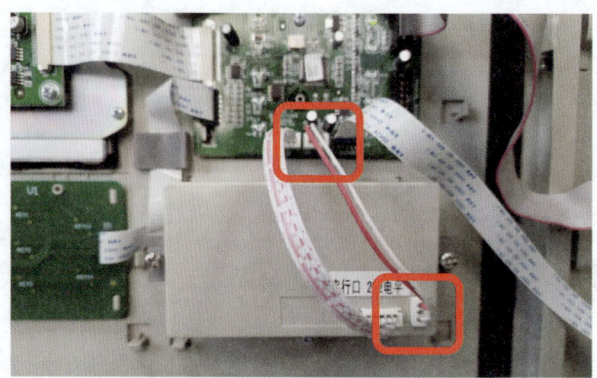

图 3-3-2　打印机排线检查

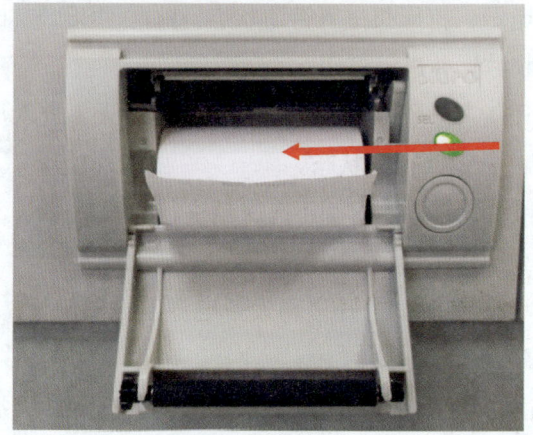

图 3-3-3　打印机打印纸充装情况检查

步骤 4　打印机打印设置情况检查（见图 3-3-4）

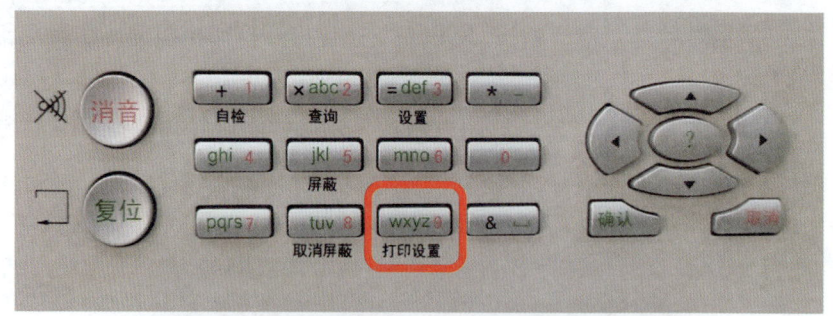

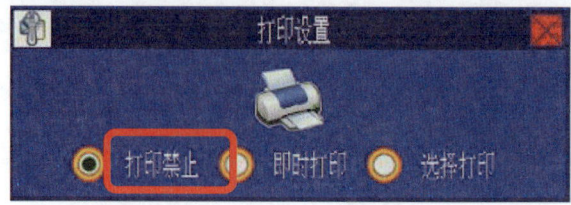

图 3-3-4　打印机打印设置情况检查

（1）查看监控器"打印设置"中是否为"打印禁止"状态。

（2）如果是"打印禁止"状态，会导致打印机不能正常工作，如需使用打印机，请选择"即时打印"或"选择打印"状态。

步骤5　填写维修记录

根据本次故障维修情况，填写"建筑消防设施故障维修记录表"，存档并上报。

三、注意事项

1. 不可带电插拔打印机端子。

2. 拆线检查时，应做好线头标记（如拍照），并将拆除后可能通电的线头用绝缘胶带包扎好。

3. 更换新设备时，应先关闭电源，并采用与原设备型号相同的配件进行更换；更换完毕后，在通电前应先检查接线是否牢固，有无废线头、工具遗漏在线路板上；通电时应先开主电，后开备电。

4. 维修结束后，应整理现场、清点工具、清除现场所有杂物，以防遗留在设备内造成事故。

技能2　现场传感器故障维修

一、操作准备

1. 技术资料

消防设备电源监控系统的系统图、传感器平面布置图、产品使用说明书和设计手册等技术资料。

2. 维修工具

故障维修常备工具，如旋具、钳子、万用表、绝缘胶带等。

3. 防护装备

安全防护装备，如防砸鞋、安全帽、绝缘手套等。

4. 维修记录表格

"建筑消防设施故障维修记录表"。

二、操作程序

步骤1　传感器指示状态检查

（1）检查传感器指示灯的工作状态，正常监控状态下"通讯"绿灯间断闪，故障状态下"故障"黄灯快闪。

（2）如果两个灯都不亮，就说明传感器损坏，请联系厂家即时更换。

传感器工作状态检查如图3-3-5中红色线框所示。

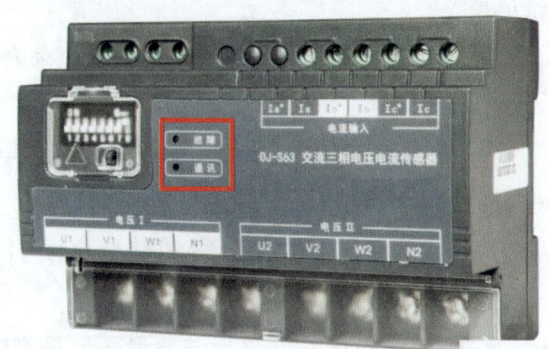

图3-3-5　传感器工作状态检查

步骤2　传感器通信端子连接情况检查

（1）查看接线端子螺钉是否出现松动导致断路，以及生锈导致接触不良或短路。

（2）如有以上现象，应予以修复、排除。

传感器通信端子连接情况检查如图3-3-6中红色线框所示。

图3-3-6　传感器通信端子连接情况检查

步骤3　监控器总线端子连接情况检查

（1）查看监控器总线端子螺钉是否出现松动导致断路，以及生锈导致接触不良或短路。

（2）如有以上现象，应予以修复、排除。

监控器总线端子连接情况检查如图3-3-7中红色线框所示。

步骤4　填写维修记录

根据本次故障维修情况，填写"建筑消防设施故障维修记录表"，存档并上报。

图 3-3-7 监控器总线端子连接情况检查

三、注意事项

1. 由于传感器监控设备均为高电压高电流设备，因此带电检查时应有专业人员陪同，做好安全防护措施，防止触电。

2. 拆线检查时，应做好线头标记（如拍照），并将拆除后可能通电的线头用绝缘胶带包扎好，防止短路发生。

3. 更换新设备时，应先关闭电源，并采用与原设备型号相同的配件进行更换，且将更换完的传感器地址码设置成与之前相同的地址码；更换完毕后，在通电前应先检查接线是否牢固，有无废线头、工具遗漏在线路板上；通电时应先开主电，后开备电。

4. 维修结束后，应整理现场、清点工具、清除现场所有杂物，以防遗留在设备内造成事故。

技能 3 通信总线故障维修

一、操作准备

1. 技术资料

产品使用说明书和设计手册等技术资料。

2. 维修工具

故障维修常备工具，如旋具、钳子、万用表、绝缘胶带等。

3. 防护装备

安全防护装备,如安全帽、绝缘手套等。

4. 维修记录表格

"建筑消防设施故障维修记录表"。

二、操作程序

下面以监控器显示"3号回路故障"为例说明维修步骤。

步骤1 回路板指示状态检查

(1)打开消防设备电源状态监控器的主机箱,查看3号回路板的指示灯工作状态,正常情况下,绿灯常亮,红灯闪亮。

(2)如果红灯常亮,则说明回路板损坏,应更换同型号规格回路板。

监控器回路板指示状态检查如图3-3-8中箭头所指红色线框所示。

图3-3-8 监控器回路板指示状态检查

步骤2 回路板总线端子连接情况检查

(1)查看监控器"3+"和"3-"端子(总线端子)螺钉是否出现松动导致断路,以及生锈导致接触不良或短路。

(2)如有以上现象,应予以修复、排除。

监控器回路板总线端子连接情况检查示例如图3-3-9中红色线框所示。

图 3-3-9 监控器回路板总线端子连接情况检查

步骤 3 总线与大地间绝缘电阻、回路间电阻测试

（1）依次关闭监控器备用电源和主电源开关。

（2）将故障回路的总线拆下，短接在一起，用 500 V 的兆欧表（摇表）测量对地绝缘电阻，其对地绝缘电阻值不应小于 20 MΩ。

（3）用万用表的欧姆挡检查线间是否短路，阻值是否正常（大于 1 kΩ）。

（4）若发现接地故障，则可采用总线分段测试法确定故障点，并予以修复。

测量总线与大地间绝缘电阻的兆欧表和测量回路间电阻的万用表如图 3-3-10 所示。

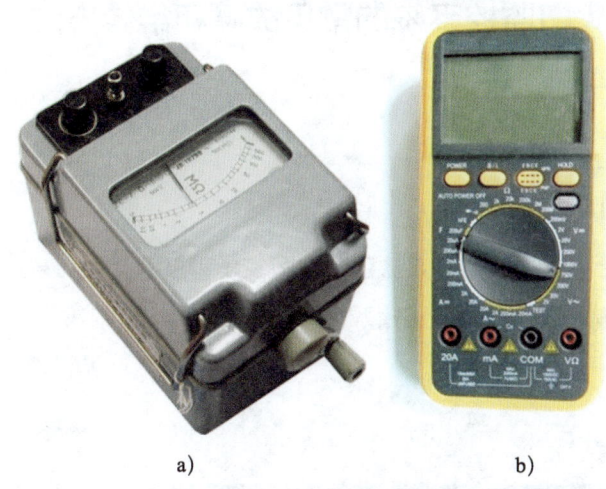

图 3-3-10 兆欧表和万用表
a）兆欧表 b）万用表

步骤 4 系统功能测试

（1）依次开启监控器主电源和备用电源开关。

（2）设置3号回路任一只传感器接线故障，检查监控器是否能发出传感器故障报警，并准确显示传感器的设置部位信息。

（3）设置被监控消防设备电源故障，检查传感器报警后监控器是否能发出消防设备电源故障报警，并准确显示故障消防设备的设置部位信息。

步骤5　填写维修记录

根据本次故障维修情况，填写"建筑消防设施故障维修记录表"，存档并上报。

三、注意事项

1. 带电检查时，先调好万用表挡位，确认无误后再进行测试。

2. 拆线检查时，应做好线头标记（如拍照），并将拆除后可能通电的线头用绝缘胶带包扎好。

3. 更换新设备时，应先关闭电源，并采用与原设备型号相同的配件进行更换；更换完毕后，在通电前应先检查接线是否牢固，有无废线头、工具遗漏在线路板上；通电时应先开主电，后开备电。

4. 维修结束后，应整理现场、清点工具、清除现场所有杂物，以防遗留在设备内造成事故。

培训单元2
防火门监控系统的常见故障和维修方法

【培训重点】

掌握防火门监控系统的常见故障类型及原因。
熟练掌握防火门监控系统常见故障的维修方法。

【知识要求】

防火门监控系统的常见故障一般有监控器故障、系统线路故障、监控模块故障等。防火门监控系统常见故障类型、故障现象、故障原因及维修方法见表3-3-2。

表 3-3-2　　防火门监控系统常见故障类型、故障现象、故障原因及维修方法

故障类型	故障现象	故障原因	维修方法
监控器故障	监控器无显示或显示不正常	灯板、显示板损坏	更换灯板、显示板
		灯板、显示板接线不良	重新连接连接线
	监控器显示"主电故障"	主电源接线不良	重新连接主电源接线
		主电源保险管烧断	更换主电源保险管
	监控器显示"备电故障"	备用电源保险管烧断	更换备用电源保险管
		备用电源线路接线不良	重新连接备用电源接线
		蓄电池（组）欠压	保持主电源充电 8 h
		蓄电池（组）损坏	更换蓄电池（组）
	监控器不打印	未设置成打印方式	重新进行设置
		打印机接线不良	重新连接连接线
		打印机卡纸	重新安装打印纸
	按键无反应	主板损坏	更换主板或监控器
	监控器显示"某总线回路故障"	回路板损坏	更换回路板
	不能自动控制常开防火门关闭	监控器控制逻辑错误	重新编程并录入
		监控器损坏	修复或更换监控器
系统线路故障	监控器显示"某总线回路故障"	总线断路、短路或接线不良	修复线路故障或重新接线
	监控器显示"某监控模块故障"	监控模块与回路总线断路、短路或接线不良	修复线路故障或重新接线
		监控模块与连接部件间线路断路、短路或接线不良	修复线路故障或重新接线
监控模块故障	监控器显示"某监控模块故障"	监控模块损坏	更换监控模块
	不能控制常开防火门关闭	监控模块损坏	更换监控模块
	常闭防火门开启，监控器不报警	监控模块损坏	更换监控模块

【技能操作】

技能 1　防火门监控器主电源故障维修

一、操作准备

1. 技术资料

防火门监控系统的系统图、监控模块平面布置图、监控模块地址编码表、产品使用说明书和设计手册等技术资料。

2. 维修工具

故障维修常备工具，如旋具、钳子、万用表、绝缘胶带等。

3. 防护装备

安全防护装备，如防砸鞋、安全帽、绝缘手套等。

4. 维修记录表格

"建筑消防设施故障维修记录表"。

二、操作程序

步骤 1　监控器主电源接线检查

（1）打开防火门监控器机箱，检查防火门监控器主电源接线端子螺钉是否出现松动导致断路，以及生锈导致接触不良或短路。

（2）如有以上现象，则应予以修复、排除。

（3）如不存在上述现象，则进行下一步操作。

监控器主电源接线端子连接情况检查示例如图 3-3-11 中红色线框所示。

图 3-3-11　监控器主电源接线端子连接情况检查

步骤2　主电源保险丝检查

（1）切断监控器主电源开关，拆除主电源保险丝，用万用表测试保险丝是否熔断。

（2）如保险丝熔断，则进行下一步操作。

主电源保险丝测试示例如图3-3-12所示。

步骤3　主电源保险丝更换

采用同一型号规格的保险丝进行更换。

保险丝更换示例如图3-3-13所示。

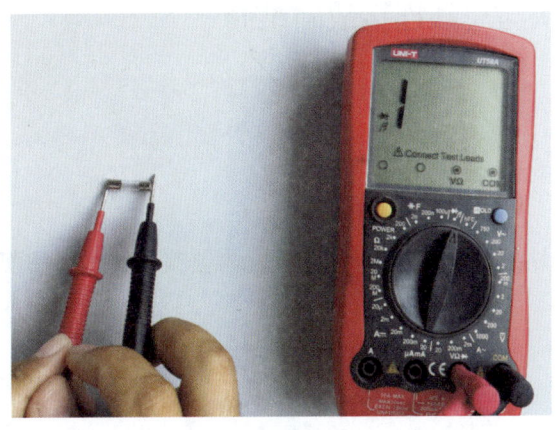
图3-3-12　主电源保险丝测试示例

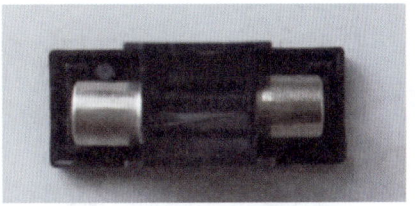
图3-3-13　保险丝更换示例

步骤4　开机测试

接通监控器主电源，检查监控器工作状态。

监控器开机检查如图3-3-14所示。

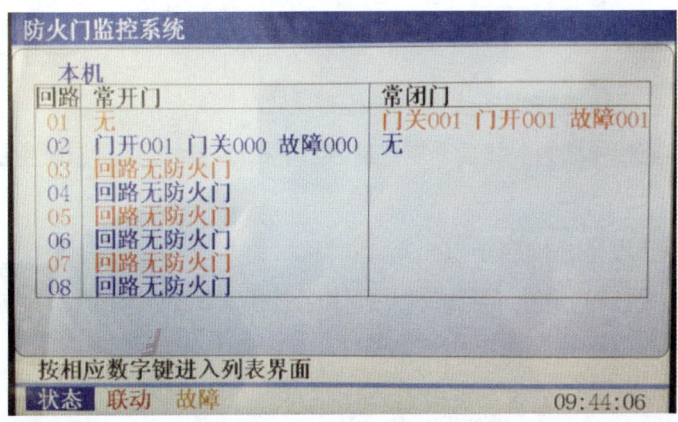
图3-3-14　监控器开机检查

步骤5　填写维修记录

根据本次故障维修情况，填写"建筑消防设施故障维修记录表"，存档并上报。

三、注意事项

1. 更换新保险丝时，应先关闭电源，并采用与原保险丝型号规格相同的配件进行更换；更换完毕后，再打开电源开关。

2. 维修结束后，应整理现场、清点工具、清除现场所有杂物，以防遗留在设备内造成事故。

技能 2　监控模块与总线连接故障维修

一、操作准备

1. 技术资料

防火门监控系统的系统图、监控模块平面布置图、监控模块地址编码表、产品使用说明书和设计手册等技术资料。

2. 维修工具

故障维修常备工具，如旋具、钳子、万用表、绝缘胶带等。

3. 防护装备

安全防护装备，如防砸鞋、安全帽、绝缘手套等。

4. 维修记录表格

"建筑消防设施故障维修记录表"。

二、操作程序

步骤1　监控模块接线端子连接情况检查

（1）查看该监控模块的接线端子螺钉是否出现松动导致断路，以及生锈导致接触不良或短路。

（2）如有以上现象，则应予以修复、排除。

（3）对接线端子进行清理、紧固处理后，如监控模块故障仍未消除，则进行下一步操作。

监控模块接线端子连接情况检查如图3-3-15中红色线框所示。

步骤2　监控模块与总线连接检查

（1）用万用表测试监控模块与总线分线盒间的连线是否存在短路、断路。

（2）线路存在短路、断路现象时，进行下一步操作。

监控模块与总线连接情况检查如图3-3-16中红色线框所示。

步骤3　故障部位的确定和线路的更换

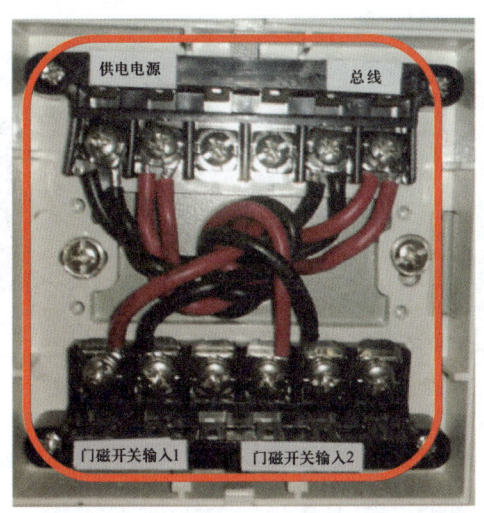

图 3-3-15 监控模块接线端子连接情况检查

图 3-3-16 监控模块与总线连接情况检查

（1）采用同一型号规格的电线对故障线路予以更换。

（2）将总线上连接的监控模块拆除，用 500 V 兆欧表测量更换线路对地的绝缘电阻，用万用表检查线间是否短路，外接线对地绝缘电阻值应小于 20 MΩ、外接线之间的负载电阻值应小于 1 kΩ。

（3）将监控模块与总线重新连接。

更换线路对地绝缘电阻测试如图 3-3-17 所示。

步骤 4　监控模块启动功能测试

（1）依次打开监控器的主电源和备用电源开关，检查监控模块的故障报警是否消除。

图 3-3-17　更换线路对地绝缘电阻测试

（2）故障消除后，操作监控器使该模块启动，检查监控模块的动作情况。

监控模块启动检查如图 3-3-18 所示。

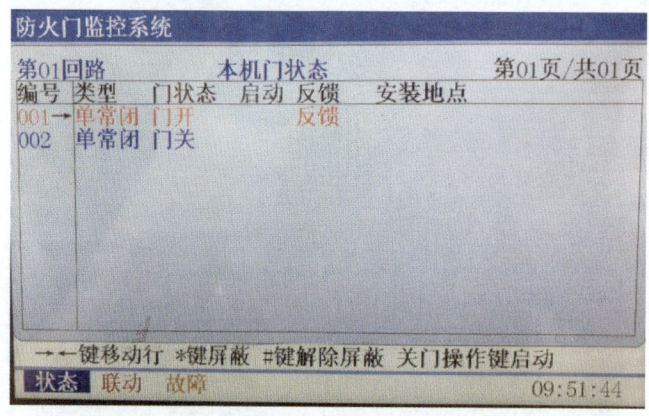

图 3-3-18　监控模块启动检查

步骤 5　监控器复位

（1）打开被关闭的常开防火门。

（2）手动操作监控器复位按键（钮），检查监控器复位情况。

监控器复位检查如图 3-3-19 所示。

步骤 6　填写维修记录

根据本次故障维修情况，填写"建筑消防设施故障维修记录表"，存档并上报。

三、注意事项

1. 拆线检查时，应做好线头标记（如拍照），并将拆除后可能通电的线头用绝缘胶带包扎好，防止短路发生。

2. 更换线路时，应注意线路绝缘护套的防护；设备重新接线时，线序应正确，接线端子应紧固。

3. 维修结束后，应整理现场、清点工具、清除现场所有杂物，以防遗失、遗留在设备内造成事故。

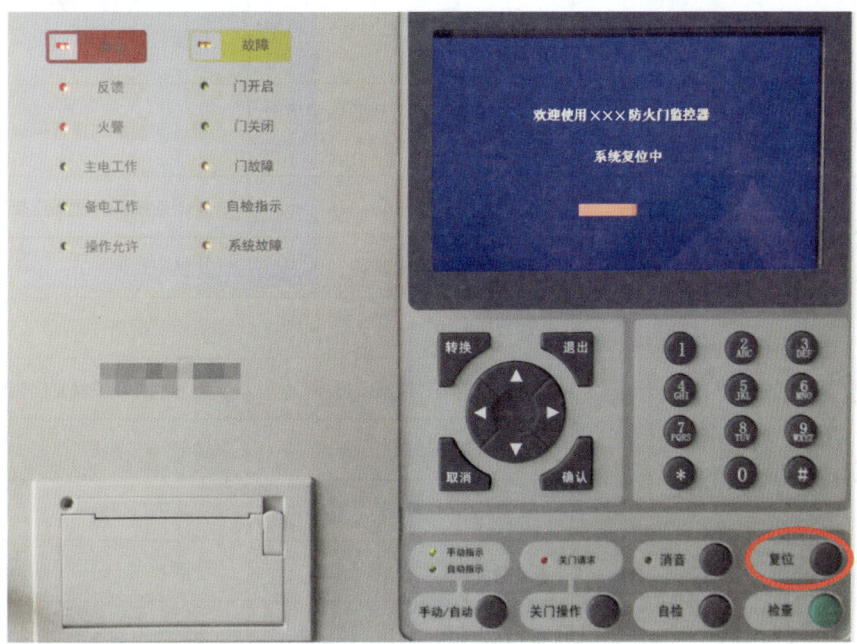

图 3-3-19　监控器复位检查

培训单元 3
水幕自动喷水系统的常见故障和维修方法

【培训重点】

熟练掌握水幕自动喷水系统的常见故障类型及维修方法。
熟练掌握水幕自动喷水系统维修方案的编制方法。

【知识要求】

水幕自动喷水系统的常见故障包括水幕喷头堵塞、仪表读数异常、渗漏故障等。
水幕自动喷水系统常见故障类型、故障现象、故障原因及维修方法见表 3-3-3。

表 3-3-3　　水幕自动喷水系统常见故障类型、故障现象、故障原因及维修方法

故障类型	故障现象	故障原因	维修方法
系统测试管路故障	系统测试不报警	测试管路控制阀门不能正常动作	检修阀门，必要时进行更换
		测试管路上的过滤器滤网被堵塞	对过滤器滤网进行排渣处理
管网及阀门故障	管网及阀门渗漏	连接件未紧固到位	紧固连接件并使其连接到位
		密封材料老化或破损	更换密封件
		部件损坏	更换受损部件
雨淋报警阀组故障	雨淋报警阀不能完全关闭	复位装置部件堵塞或损坏	清理部件或更换复位装置
		阀座有杂质导致密封不严	清除阀座杂质
		控制腔密封膜片损坏	更换密封膜片
	雨淋报警阀已开启但压力开关不输出信号	压力开关前管路堵塞	清除杂质
		压力开关损坏	更换压力开关
	雨淋报警阀已开启但水力警铃不报警	警铃前管路或喷嘴堵塞	清除杂质
		警铃损坏	更换警铃
	电磁阀不能正常动作	电磁阀线路断路	检查并接通线路
		电磁阀损坏	更换电磁阀
	防复位机构不能正常发挥作用	防复位机构中进入杂质导致故障	清除杂质
		防复位机构损坏	更换防复位机构
	滴水阀一直漏水	阀座有杂质导致密封不严	清除阀座杂质
		控制腔密封膜片损坏	更换密封膜片
其他部件故障	监控仪表读数不正常	压力表前管路堵塞	疏通压力表前管路
		压力表损坏	更换压力表
	水幕喷头堵塞	消防用水内杂质过多	清除水池、管道和喷头内杂质
	过滤器堵塞	管道过滤器不能正常工作	检测管道过滤器，清除滤网上的杂质或者更换过滤器

注：水幕自动喷水系统中使用的火灾探测器、火灾报警控制器等部件故障参见火灾自动报警系统对应描述。

【技能操作】

技能 1　水幕喷头故障维修

一、操作准备

1. 技术资料

水幕自动喷水系统的系统图、水幕喷头布置图、产品使用说明书和设计手册等技术资料。

2. 维修工具

故障维修常备工具，如旋具、钳子、扳手、生胶带等。

3. 防护装备

安全防护装备，如防砸鞋、安全帽、安全带等。

4. 维修记录表格

"建筑消防设施故障维修记录表"。

二、操作程序

步骤 1　启动系统，发现问题

开启水幕自动喷水系统，观察水幕喷头的喷洒形状，当发现个别水幕喷头的喷洒形状异常时，则可确定故障位置。

步骤 2　查找原因

（1）人工手动拆下发生故障的水幕喷头。

（2）发现水幕喷头出现了异物堵塞的情况，造成了喷洒形状异常。堵塞的水幕喷头如图 3-3-20 中红色线框所示。

（3）水幕喷头出水口被杂物堵塞，无法正常出水。

步骤 3　解决问题

（1）清除水幕喷头出水口异物，同时检查水幕喷头有无腐蚀情况。

（2）如喷头无腐蚀，则可将其重新安装到原位置上。正常的水幕喷头如图 3-3-21 中红色线框所示。

步骤4 恢复及调试

打开雨淋报警阀,启动水幕自动喷水系统的供水,观察水幕喷头的喷洒形状。水幕喷头正常喷洒如图3-3-22所示。如无异常,则维修完成。

图3-3-20 堵塞的水幕喷头

图3-3-21 正常的水幕喷头

图3-3-22 水幕喷头正常喷洒

步骤5 填写维修记录

根据本次故障维修情况,填写"建筑消防设施故障维修记录表",存档并上报。

三、注意事项

1. 不可带水压操作。首先关闭水幕自动喷水系统的供水管路,停止向系统供水,然后通过手动排水阀排除管路中的余水。

2. 拆下故障水幕喷头时,应将此位置用堵头堵上,以防止其他人员误操作将阀门打开,造成不可控的危险。

3. 更换新水幕喷头时,应采用与原水幕喷头型号相同的配件进行更换;更换完毕后,还应检查水幕喷头连接是否牢固。

4. 维修结束后,应整理现场、清点工具、清除现场所有杂物,以防遗留在设备内造成事故。

技能 2　压力表故障维修

一、操作准备

1. 技术资料

水幕自动喷水系统的系统图、雨淋报警阀的结构图、产品使用说明书和设计手册等技术资料。

2. 维修工具

故障维修常备工具,如旋具、钳子、扳手、生料带等。

3. 防护装备

安全防护装备,如防砸鞋、安全帽、防护眼镜等。

4. 维修记录表格

"建筑消防设施故障维修记录表"。

二、操作程序

步骤 1　启动系统,发现问题

开启水幕自动喷水系统,观察水力警铃、压力表状态时,发现雨淋报警阀上的压力表无法正常显示压力。

步骤 2　查找原因

(1) 关闭压力表前的阀门,拆下无法正常显示压力的压力表。

(2) 发现压力表已经出现了损坏的情况,如图 3-3-23 中红色线框所示。

步骤 3　解决问题

更换损坏的压力表后,打开压力表前的阀门。

步骤 4　恢复及调试

恢复管网供水,自动报警控制器或控制中心发出指令打开电磁阀,观察压力表读数,当读数正常时,此次维修完成。压力表正常显示如图 3-3-24 所示。

步骤 5　填写维修记录

根据本次故障维修情况,填写"建筑消防设施故障维修记录表",存档并上报。

图 3-3-23 损坏的压力表

图 3-3-24 压力表正常显示

三、注意事项

1. 不可带水压操作。首先关闭水幕自动喷水系统的供水管路，停止向系统供水，然后通过手动排水阀排除管路中的余水。

2. 拆下故障压力表时，一定要关闭压力表前的阀门，以防止其他人员误操作，造成不可控的危险。

3. 更换新压力表时，应采用与原压力表型号相同的配件进行更换；更换完毕后，还应检查压力表连接是否牢固。

4. 维修结束后，应整理现场、清点工具、清除现场所有杂物，以防遗留在设备内造成事故。

培训模块

设施检测

培训模块四　设施检测

培训项目 1

自动灭火系统检测

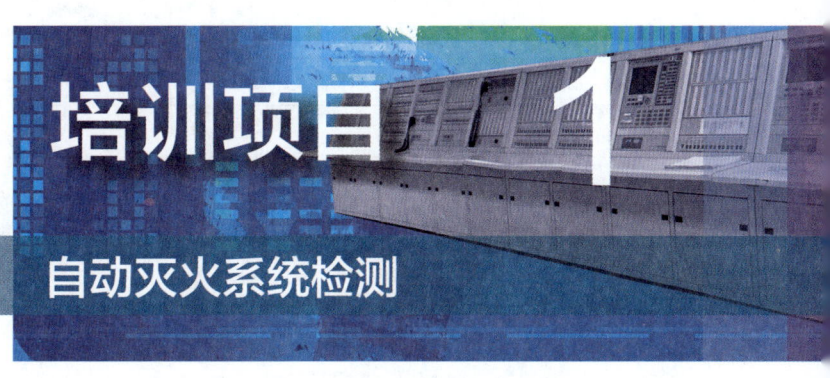

培训单元 1
水喷雾灭火系统施工和验收要求

【培训重点】

掌握水喷雾灭火系统施工和验收的检测内容。
熟练掌握水喷雾灭火系统施工和验收的检测方法。

【知识要求】

　　水喷雾灭火系统施工和验收时，应参照现行国家标准《水喷雾灭火系统技术规范》(GB 50219)，对照施工图对系统设备的选型、设置和安装质量进行检查，并依据设计文件、产品标准和现行国家标准《水喷雾灭火系统技术规范》(GB 50219)对系统设备及系统功能进行检测。水喷雾灭火系统设备功能和系统功能的检测内容及要求见表 4-1-1。

表 4-1-1　　水喷雾灭火系统设备功能和系统功能的检测内容及要求

检测内容	检测要求	检测方法
部件类型：动力源		
主备动力源切换	系统主备动力源应具备自动和手动切换功能，切换试验时，主动力源和备用动力源及电气设备运行应正常，切换时间应符合设计要求	在自动和手动状态下切换动力源，观察主备动力源和电气设备的运行情况，用秒表测量切换时间
部件类型：给水设备		
自动启动	设备平时应处于自动状态，模拟控制中心或其他远程启动信号接入，设备应能按设计要求启动消防泵组	自动状态下，模拟控制中心或其他远程启动信号接入，检查设备启动消防泵组的动作情况、报警状态及反馈情况
手动启动	设备处于自动和手动状态时，消防紧急启动按键启动后，设备应能按设计要求启动消防泵组	将设备分别处于自动和手动状态，检查消防紧急启动按键启动后设备的动作情况
控制功能	控制柜应进行空载和加载控制调试，并能按其设计功能正常动作和显示	使用电压表、电流表、兆欧表等仪表通电检查
稳压功能	具备稳压功能的设备，应按照设定方式在设定压力下进行稳压	在稳压状态下放水检查压力及稳压泵动作情况
水位	水箱或水池设有水位显示装置，水位不低于设计最低水位	目测检查
消防水泵	消防水泵启动时间应符合设计要求，压力流量应满足设计要求	用秒表测量消防水泵启动时间，用压力表和流量计测量泵组出口压力和实际流量
部件类型：雨淋报警阀		
电动开启	电磁阀启动后，雨淋报警阀应能正常开启，启动时间不超过 15 s（公称直径大于 DN200 时不超过 60 s）	电动开启电磁阀后，用秒表记录雨淋报警阀完全开启时间
机械应急开启	手动应急控制阀开启后，雨淋报警阀应能正常开启，启动时间不超过 15 s（公称直径大于 DN200 时不超过 60 s）	手动开启手动应急控制阀后，用秒表记录雨淋报警阀完全开启时间
防复位	雨淋报警阀应具备防复位功能，动作后，除人为复位外不能回到正常伺应状态	雨淋报警阀动作后，关闭电磁阀或手动应急控制阀，目测检查雨淋报警阀防复位机构的动作情况及雨淋报警阀的工作状态
报警功能	雨淋报警阀启动后，报警口压力应不低于 0.05 MPa，压力开关应输出报警信号，3 m 距离下水力警铃响度应不低于 70 dB（A）	启动雨淋报警阀后，使用压力表测量入口压力和报警口压力，用万用表测量压力开关信号输出情况，使用声级计测量水力警铃响度
不开启阀门报警试验	雨淋报警阀应有在不开启的情况下检测报警装置的设施	目测雨淋报警阀是否具备不开启雨淋报警阀检测报警装置的辅助管路，手动开启辅助管路检查报警功能
控制阀状态	雨淋报警阀各控制阀应处于正常位置	目测检查各控制阀启闭状态

续表

检测内容	检测要求	检测方法
部件类型：信号阀		
信号功能	信号阀在由全开向全关状态转变的过程中应有信号输出，信号变化点位置应符合要求	用万用表检查信号阀由全开向全关转变过程时的信号变化情况，并记录信号变化时的开关位置
部件类型：水泵接合器		
充水密封性能	系统管网侧充水至额定压力时应无渗漏	使用水泵或水压设备将系统管网侧充水至设定压力，目测各部分密封情况
供水能力	水泵接合器供水能力应满足最不利点压力和流量要求	使用移动消防泵供水，使用压力表和流量计测量试验管路压力和流量
部件类型：减压阀		
调压性能	减压阀出口设定压力应能调节并锁定	使用压力表观察减压阀出口压力，调节减压阀调节装置，在有试验水流的前提下目测出口压力的变化情况
部件类型：系统		
自动联动	采用模拟火灾信号启动系统时，当火灾报警控制器探测到火灾信号后，能控制雨淋报警阀打开，水力警铃发出报警铃声，压力开关动作，消防水泵启动。压力信号反馈装置、消防水泵及其他消防联动控制设备应能发出或显示反馈信号，响应时间应符合设计要求	使系统整体处于自动状态，通过烟感、温感等探测器和手动报警器给出模拟火灾信号，目测系统各组成部分动作情况及信号反馈情况，用秒表记录响应时间
传动管联动	当灭火系统采用传动管启动时，开启传动管1只喷头后，雨淋报警阀开启，水力警铃发出报警铃声，压力开关动作，消防水泵启动。压力信号反馈装置、消防水泵及其他消防联动控制设备应能发出或显示反馈信号，响应时间应符合设计要求	使系统整体处于自动状态，开启传动管1只喷头，目测系统各组成部分动作情况及信号反馈情况，用秒表记录响应时间
机械应急联动	当灭火系统采用机械应急启动时，开启雨淋报警阀手动紧急启动控制阀后，雨淋报警阀开启，水力警铃发出报警铃声，压力开关动作，消防水泵启动。压力信号反馈装置、消防水泵及其他消防联动控制设备应能发出或显示反馈信号，响应时间应符合设计要求	使系统整体处于自动状态，开启雨淋报警阀手动紧急启动控制阀，目测系统各组成部分动作情况及信号反馈，用秒表记录响应时间
工作压力、流量	系统处于消防工作状态时，其工作压力和流量应满足设计要求	具备试验条件时，使系统处于消防工作状态，用压力表和流量计测量系统工作压力和流量

注：水喷雾灭火系统中使用的火灾自动报警系统产品的施工和验收检测要求，参考对应系统中的检测要求和检测方法。

【技能操作】

技能 1　工作压力测试

一、操作准备

1. 水喷雾灭火系统的系统图、设备布置图、压力测试仪表和产品使用说明书等技术资料。

2. 《建筑消防设施检测记录表》。

二、操作程序

步骤 1　工作压力测量位置选择

根据测试要求，选择压力测量合适位置。雨淋报警阀报警压力测量应选择水力警铃报警口处（见图 4-1-1a），必要时可选取压力开关位置；消防水泵工作压力测量应选择水泵出口附近管道未变向或变经前位置（见图 4-1-1b）；系统最不利压力测量应选择最远端喷头安装处；减压阀减压压力测量应选择减压阀出口处；其他的工作压力测量应选择对应功能要求的部位。工作压力测量位置选择示意图如图 4-1-1 所示。

图 4-1-1　工作压力测量位置选择示意图
a）雨淋报警阀　b）消防水泵

步骤 2　压力测试仪表的安装

在测试位置加装或替换压力测量连接口，将压力测试仪表安装于指定位置。压力测量仪表的量程应选用合理。压力表安装处螺纹和压力表螺纹不匹配时，应使用转接头安装。压力表一般需要垂直于地面安装，安装紧固时需要使用扳手在压力表紧固位置操作，严禁通过直接扳动压力表盘的方式进行紧固安装。当选用数显压力表时，开启压力表电源后应选择合适的压力显示单位，如图 4-1-2 所示。

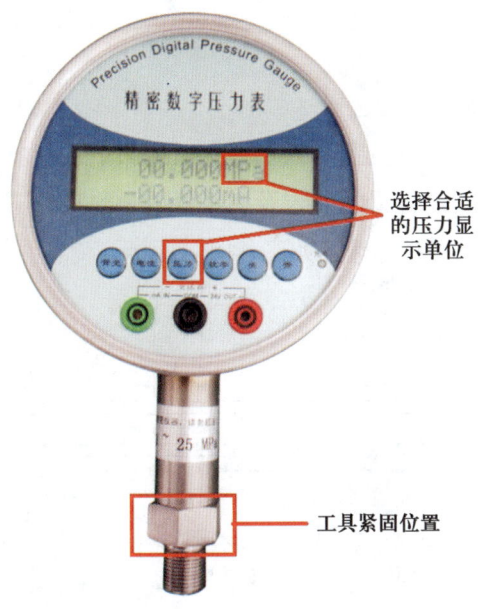

图 4-1-2 压力表安装

步骤 3 工作压力测量

调节相关阀门和试验管路至测试状态，启动系统进入消防运行状态，雨淋报警阀、给水设备等设备开启，当系统运行稳定后观察各压力测量点压力表显示值。

步骤 4 记录检测结果

根据压力表测试结果，如实填写检测记录。

三、注意事项

1. 操作过程中，应多人协作观察，一旦发生紧急情况应及时停止操作。
2. 操作过程中，应由专业技术人员操作消防水泵控制柜。
3. 操作过程中，应做好排水防护及处置。
4. 操作过程中，应注意成品保护，测试后应恢复系统设备的正常连接。

技能 2 系统流量测试

一、操作准备

1. 水喷雾灭火系统的系统图、设备布置图、流量测试仪表和产品使用说明书等技术资料。

2.《建筑消防设施检测记录表》。

二、操作程序

步骤1 工作流量测量位置选择

根据测试要求，选择流量测量合适位置。流量测试位置应处于测量对应流量的全通管段，且能满足仪表安装位置的要求及测试管道公称直径"前十后五"的管道长度要求。工作流量测量位置选择示意图如图4-1-3所示。

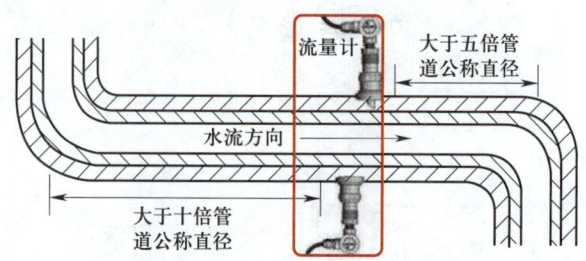

图4-1-3 工作流量测量位置选择示意图

步骤2 流量测试仪表的安装

鉴于工程现场的实际测量条件，流量测试仪表宜选用超声波流量计。超声波流量计的安装主要分为参数设置和探头安装两步。

（1）根据现场实际情况将管道的外径、壁厚、材料及流体温度等参数输入超声波流量计主机，选择探头及安装方式，读取探头安装间隙。

（2）根据选择的位置和探头安装间隙，将管道探头位置进行除污处理，必要时进行漆膜打磨，在探头探测面涂耦合剂，按安装间隙使用工具和夹具固定在管道上，并将探头与超声波流量计主机进行连接。

超声波流量计安装如图4-1-4所示。

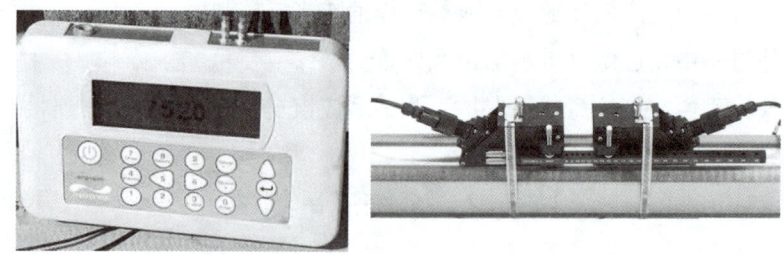

图4-1-4 超声波流量计安装

步骤3 系统流量测量

调节相关阀门和试验管路至测试状态，启动系统进入消防运行状态，雨淋报警阀、给水设备等设备开启，当系统运行稳定后观察测量点超声波流量计显示值。

步骤4　记录检测结果

根据超声波流量计测试结果，如实填写检测记录。

三、注意事项

1. 操作过程中，应多人协作观察，一旦发生紧急情况应及时停止操作。
2. 操作过程中，应由专业技术人员操作消防水泵控制柜。
3. 操作过程中，应做好排水防护及处置。
4. 操作过程中，应注意成品保护，测试后应恢复系统设备的正常连接。

技能3　联动控制功能测试

一、操作准备

1. 水喷雾灭火系统的系统图、设备布置图、相关测试仪表和产品使用说明书等技术资料。
2. 《建筑消防设施检测记录表》。

二、操作程序

步骤1　测试仪表安装及状态调整

根据测试要求，将相关测试仪表安装于指定位置。调整相关阀门和试验管路至测试状态，将系统整体置于自动状态。

步骤2　联动试验

水喷雾灭火系统动作联动示意图如图4-1-5所示，主要分为自动联动、传动管联动（适用时）和机械应急联动三种方式。自动联动又分为探测器的模拟火灾联动和手动报警开关的人工远程联动。

（1）自动联动。模拟产生火灾信号触发探测器动作和按下手动报警开关，观察火灾报警控制装置的探测及报警情况，观察火灾报警控制装置启动雨淋报警阀电磁阀情况，观察电磁阀启动后雨淋报警阀的启动及水力警铃、压力开关的动作情况，观察压力开关动作后消防水泵的启动情况。可通过控制中心观察各设备动作后的反馈情况。用秒表测量系统响应时间。

（2）传动管联动（适用时）。当系统具备传动管启动功能时，手动开启雨淋报警阀控制腔传动管中的1只喷头，观察雨淋报警阀的启动及水力警铃、压力开关的动作情况，

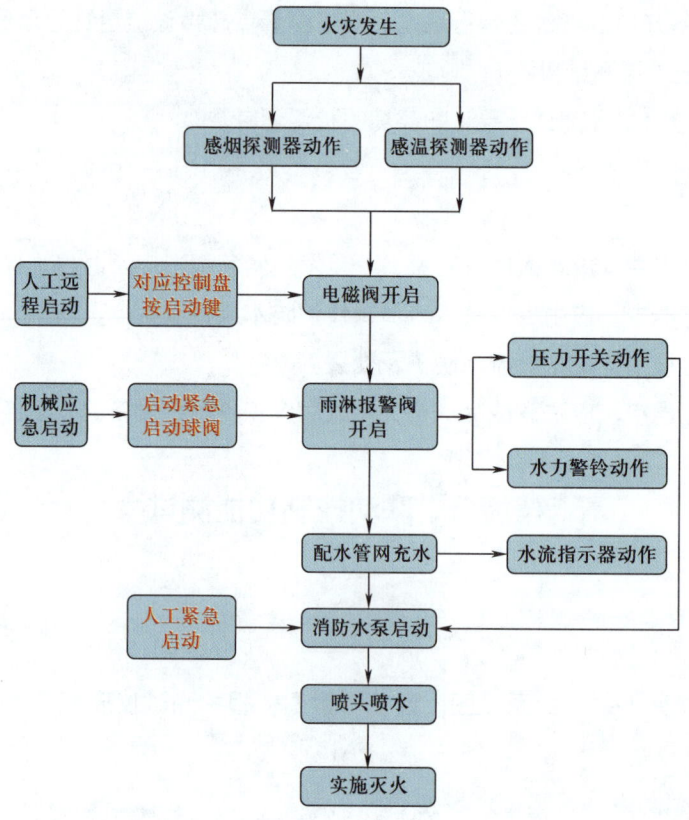

图 4-1-5 水喷雾灭火系统动作联动示意图

观察压力开关动作后消防水泵的启动情况。可通过控制中心观察各设备动作后的反馈情况。用秒表测量系统响应时间。

（3）机械应急联动。雨淋报警阀设有手动紧急启动控制阀，一般设有标志牌或保护盒，如图 4-1-6 所示。

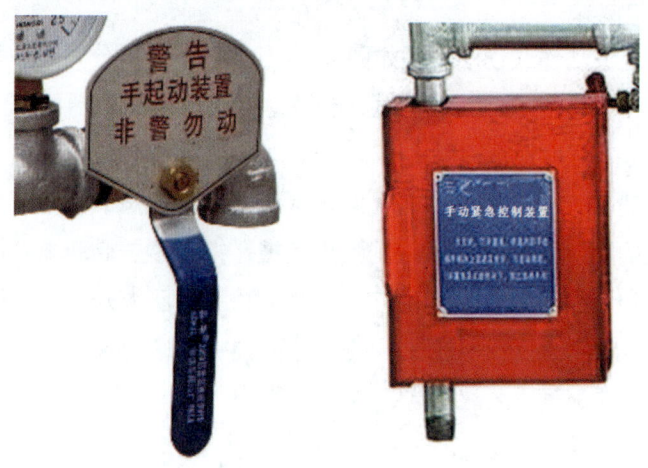

图 4-1-6 雨淋报警阀手动紧急启动控制阀

系统在自动状态时，手动开启雨淋报警阀手动紧急启动控制阀，观察雨淋报警阀的启动及水力警铃、压力开关的动作情况，观察压力开关动作后消防水泵的启动情况。可通过控制中心观察各设备动作后的反馈情况。用秒表测量系统响应时间。

步骤3　工作压力和流量测量

系统启动后，通过安装的压力表和流量计测量系统工作压力和流量。

步骤4　记录检测结果

根据联动测试结果，如实填写检测记录。

三、注意事项

1. 操作过程中，应多人协作观察，一旦发生紧急情况应及时停止操作。
2. 操作过程中，启动消防水泵应由专业技术人员操作控制柜。
3. 操作过程中，应做好排水防护及处置。
4. 操作过程中，应注意成品保护，测试后应恢复系统设备的正常连接。

培训单元 2
细水雾灭火系统施工和验收要求

【培训重点】

掌握细水雾灭火系统施工和验收的相关要求。

熟练掌握细水雾灭火系统检测工作压力、流量和联动控制功能的测量方法。

【知识要求】

细水雾灭火系统施工和验收时，应参照现行国家标准《细水雾灭火系统技术规范》（GB 50898）相关内容，参照设计图样对系统设备的选型、设置和安装质量进行检查。

一、细水雾灭火系统的施工安装质量要求

1. 闭式系统的喷头布置应能保证细水雾喷放均匀并完全覆盖保护区域,还应符合下列规定。

(1) 喷头与墙壁的距离不应大于喷头最大布置间距的 1/2。

(2) 喷头与其他遮挡物的距离应保证遮挡物不影响喷头正常喷放细水雾;当无法避免时,应采取补偿措施。

(3) 喷头的感温组件与顶棚或梁底的距离不宜小于 75 mm,且不宜大于 150 mm。当场所内设置吊顶时,喷头可贴临吊顶布置。

2. 开式系统的喷头布置应能保证细水雾喷放均匀并完全覆盖保护区域,还应符合下列规定。

(1) 喷头与墙壁的距离不应大于喷头最大布置间距的 1/2。

(2) 喷头与其他遮挡物的距离应保证遮挡物不影响喷头正常喷放细水雾;当无法避免时,应采取补偿措施。

(3) 对于电缆隧道或夹层,喷头宜布置在电缆隧道或夹层的上部,并应能使细水雾完全覆盖整个电缆或电缆桥架。

3. 采用局部应用方式的开式系统,其喷头布置应能保证细水雾完全包络或覆盖保护对象或部位,喷头与保护对象的距离不宜小于 0.5 m。用于保护室内油浸变压器时,喷头的布置还应符合下列规定。

(1) 当变压器高度超过 4 m 时,喷头宜分层布置。

(2) 当冷却器距变压器本体超过 0.7 m 时,应在其间隙内增设喷头。

(3) 喷头不应直接对准高压进线套管。

(4) 当变压器下方设置集油坑时,喷头布置应能使细水雾完全覆盖集油坑。

4. 喷头施工安装的其他要求

(1) 安装时,应根据设计文件逐个核对其生产厂标志、型号、规格和喷孔方向。

(2) 安装时,不得对喷头进行拆装、改动,并严禁给喷头附加任何装饰性涂层。

(3) 喷头安装高度、间距,与吊顶、门、窗、洞口或障碍物的距离均应符合设计要求。

(4) 不带装饰罩的喷头,其连接管管端螺纹不应露出吊顶;带装饰罩的喷头应紧贴吊顶。

(5) 带有外置式过滤网的喷头,其过滤网不应伸入支干管内。

(6) 喷头与管道的连接宜采用端面密封或 O 形圈密封,不应采用聚四氟乙烯、麻

丝、黏结剂等作为密封材料。

（7）安装在易受机械损伤处的喷头，应加设喷头保护罩。

5. 储水瓶组、储气瓶组的施工安装应符合下列规定。

（1）应按设计要求确定瓶组的安装位置。

（2）瓶组的安装、固定和支承应稳固，且固定支框架应进行防腐处理。

（3）瓶组容器上的压力表应朝向操作面，安装高度和方向应一致。

6. 泵组的施工安装除应符合现行国家标准《机械设备安装工程施工及验收通用规范》（GB 50231）和《风机、压缩机、泵安装工程施工及验收规范》（GB 50275）的有关规定外，还应符合下列规定。

（1）系统采用柱塞泵时，泵组安装后应充装润滑油并检查油位。

（2）泵组吸水管上的变径处应采用偏心大小头连接。

7. 泵组控制柜的施工安装应符合下列规定。

（1）控制柜基座的水平度偏差不应大于 ±2 mm，并应采取防腐及防水措施。

（2）控制柜与基座应采用直径不小于 12 mm 的螺栓固定，每只柜不应少于 4 只螺栓。

（3）制作控制柜的上下进出线口时，不应破坏控制柜的防护等级。

8. 阀组的施工安装除应符合现行国家标准《工业金属管道工程施工规范》（GB 50235）的有关规定外，还应符合下列规定。

（1）应按设计要求确定阀组的观测仪表和操作阀门的安装位置，并应便于观测和操作。阀组上的启闭标志应便于识别，控制阀上应设置标明所控制防护区的永久性标志牌。

（2）分区控制阀的安装高度宜为 1.2 ~ 1.6 m，操作面与墙或其他设备的距离不应小于 0.8 m，并应满足安全操作要求。

（3）分区控制阀应有明显的启闭标志和可靠的锁定设施，并应具有启闭状态的信号反馈功能。

（4）闭式系统试水阀的安装位置应便于安全检查、试验。

9. 管道和管件的施工安装除应符合现行国家标准《工业金属管道工程施工规范》（GB 50235）和《现场设备、工业管道焊接工程施工规范》（GB 50236）的有关规定外，还应符合下列规定。

（1）管道安装前应分段进行清洗。施工过程中，应保证管道内部清洁，不得留有焊渣、焊瘤、氧化皮、杂质或其他异物，施工过程中的开口应及时封闭。

（2）并排管道法兰应方便拆装，间距不宜小于 100 mm。

（3）管道之间或管道与管接头之间的焊接应采用对口焊接。系统管道焊接时，应使用氩弧焊工艺,并应使用性能相容的焊条。

管道焊接的坡口形式、加工方法、尺寸等均应符合现行国家标准《气焊、焊条电弧焊、气体保护焊和高能束焊的推荐坡口》(GB/T 985.1)的有关规定。

(4)管道穿越墙体、楼板处应使用套管;穿过墙体的套管长度不应小于该墙体的厚度,穿过楼板的套管长度应高出楼地面 50 mm。管道与套管间的空隙应采用防火封堵材料填塞密实。设置在有爆炸危险场所的管道应采取导除静电的措施。

10. 管道安装固定后应进行冲洗,并应符合下列规定。

(1)冲洗前,应对系统的仪表采取保护措施,并应对管道支、吊架进行检查,必要时应采取加固措施。

(2)冲洗用水的水质宜满足系统的要求。

(3)冲洗流速不应低于设计流速。

11. 管道冲洗合格后,应进行压力试验,并应符合下列规定。

(1)试验用水的水质应与管道的冲洗用水一致。

(2)试验压力应为系统工作压力的 1.5 倍。

(3)试验的测试点宜设在系统管网的最低点,对不能参与试压的设备、仪表、阀门及附件应加以隔离或在试验后安装。

12. 压力试验合格后,系统管道宜采用压缩空气或氮气进行吹扫,吹扫压力不应大于管道的设计压力,流速不宜小于 20 m/s。

二、细水雾灭火系统的验收

细水雾灭火系统设备功能和系统功能的验收应符合表 4-1-2 的相关要求。

表 4-1-2　　细水雾灭火系统设备功能和系统功能的验收要求及方法

验收内容	验收要求	验收方法
部件类型:储气瓶组和储水瓶组		
瓶组	瓶组的数量、型号、规格、安装位置、固定方式和标志应符合设计和安装要求	对照设计资料和产品说明书等进行观察检查
储水容器	储水容器内水的充装量和储气容器内氮气或压缩空气的储存压力应符合设计要求	用称重设备、液位计或压力计测量
瓶组机械应急	瓶组机械应急操作处的标志应符合设计要求。应急操作装置应有铅封的安全销或保护罩	观察检查和测量检查
部件类型:控制阀组		
控制阀	控制阀的型号、规格、安装位置、固定方式、启闭标志等应符合设计和安装要求	对照设计资料和产品说明书等进行观察检查

续表

验收内容	验收要求	验收方法
开式控制阀动作	开式系统分区控制阀组能采用手动和自动方式可靠动作	采用手动和电动启动分区控制阀，观察检查阀门启闭反馈情况
闭式控制阀动作	闭式系统分区控制阀组能采用手动方式可靠动作	将处于常开位置的分区控制阀手动关闭，观察检查
分区控制阀状态	分区控制阀前后的阀门均应处于常开位置	观察检查
部件类型：模拟联动功能性测试		
反馈信号	动作信号反馈装置应能正常动作，并应能在动作后启动泵组或开启瓶组及与其联动的相关设备，可正确发出反馈信号	模拟信号试验，采用观察检查
控制阀	开式系统的分区控制阀应能正常开启，并可正确发出反馈信号	模拟信号试验，采用观察检查
流量压力	系统的流量、压力均应符合设计要求	通过泄放试验，利用系统流量压力检测装置测量
联动功能	泵组或瓶组及其他消防联动控制设备应能正常启动，并应有反馈信号显示	模拟信号试验，采用观察检查
主备电	主、备电源应能在规定时间内正常切换	模拟主备电切换，使用秒表计时检查
部件类型：开式系统冷喷试验		
冷喷试验	除符合上述模拟联动功能试验的试验要求以外，冷喷试验的响应时间应符合设计要求	自动启动系统，使用秒表等观察检查

注：细水雾灭火系统中使用的火灾自动报警系统产品的施工和验收检测要求，参考对应系统中的检测要求和检测方法。

【技能要求】

技能 1　工作压力测试

一、操作准备

1. 细水雾灭火系统的系统图、设备布置图、细水雾末端试水装置和产品使用说明书等技术资料。

2.《建筑消防设施检测记录表》。

二、操作程序

步骤1　测试前的准备

进行测试前，应先做好测试方案，对不能联动开启的设备做好提前检查和处理，以防造成不必要的损失。

步骤2　试水装置安装顺序

在细水雾试水末端找到合适的接口，使用密封辅材，按顺序分别接上变径接头、内外牙三通、高压球阀、宝塔泄水接头、压力表接头、压力表等。注意，高压球阀必须接在内外牙三通与压力表的下端（也就是排水端），压力表方向尽量向上，以便于观察指针读数，如图4-1-7所示。

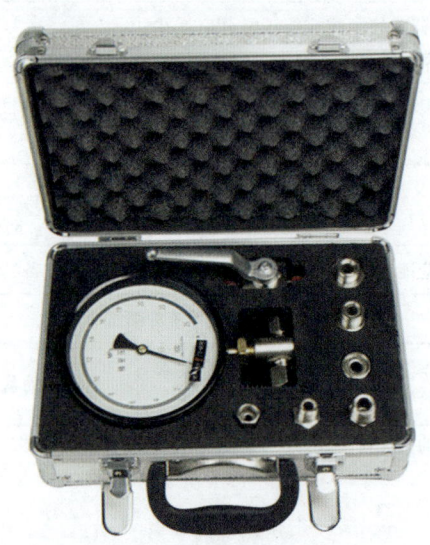

图4-1-7　细水雾末端试水装置

步骤3　静态压力检测

在检查所有接头连接牢靠的前提下，关闭下面的高压球阀，再缓慢开启末端自带的阀门，直至压力表指针固定不动，记录测量值。

步骤4　动态（工作）水压测试

在静态水压测试完毕后，关闭自带的阀门，再开启测压接头上的球阀泄压，在该球阀完全开启的状态下及做好泄水顺畅的前提下，再慢慢开启自带阀门，直至阀门全部开启。此时，如果为自动状态，相应的水流传感器、压力开关、水力警铃、水泵等设备会启动，消防报警主机应该能接收到这些设备的报警信号。当水流稳定，压力表表针稳定后，记录此时的压力表数值，检测是否符合相关规范及设计要求。

三、注意事项

1. 操作过程中，应保证设备及系统正常工作，无安全隐患。
2. 操作过程中，应多人看护，一旦有应急事件发生，应能立即停止操作。
3. 操作过程中，应做好排水防护及处置。
4. 操作过程中，应注意成品保护，测试后应恢复系统设备的正常连接。

技能 2　工作流量测试

一、操作准备

1. 细水雾灭火系统的系统图、设备布置图、超声波流量计和产品使用说明书等技术资料。
2.《建筑消防设施检测记录表》。

二、操作程序

步骤 1　测试前的准备

进行测试前，应先做好测试方案，对不能联动开启的设备做好提前检查和处理，以防造成不必要的损失。

步骤 2　根据测试要求，选择流量测量合适位置

流量测试位置应处于测量对应流量的全通管段，且能满足仪表安装位置的要求及测试管道公称直径"前十后五"的管道长度要求。

步骤 3　超声波流量计的安装

超声波流量计的安装方式有四种，分别是 V 法、Z 法、N 法和 W 法。一般情况下，安装管径在 DN15～200 mm 范围内可优先选用 V 法，在 V 法测不到信号或信号质量差时可选用 Z 法，管径在 DN200 mm 以上或测量铸铁管时应优先选用 Z 法。N 法和 W 法是较少使用的方法，适合 DN50 mm 以下的细管道安装。

（1）V 法安装（见图 4-1-8）。一般情况下，V 法是比较标准的超声波流量计的安装方法，使用方便，测量准确。安装时两传感器水平对齐，其中心线与管道轴线水平即可，可测管径范围为 DN15～400 mm。

（2）Z 法安装（见图 4-1-9）。当由于管道很粗等原因，造成 V 法安装信号弱、机器不能正常工作时，就需要选用 Z 法安装。Z 法的特点是超声波在管道中直接传输，

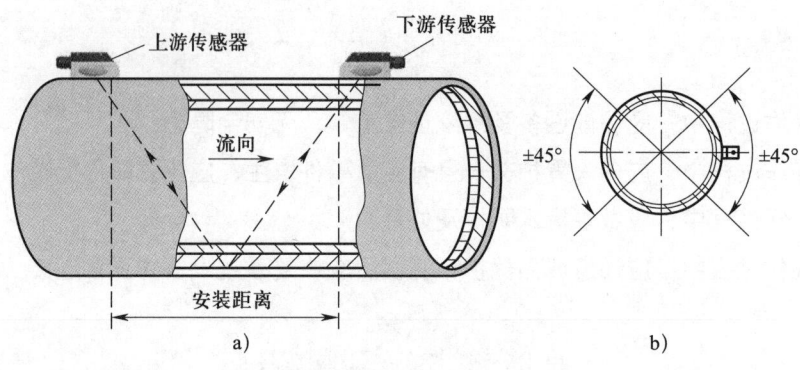

图 4-1-8 V 法安装
a）V 法 – 顶视图　b）V 法 – 截面图

没有反射（称为单声程），信号衰耗小。Z 法安装可测管径范围为 DN100 ~ 6 000 mm。现场实际安装时，建议 DN200 mm 以上的管道都要选用 Z 法安装。

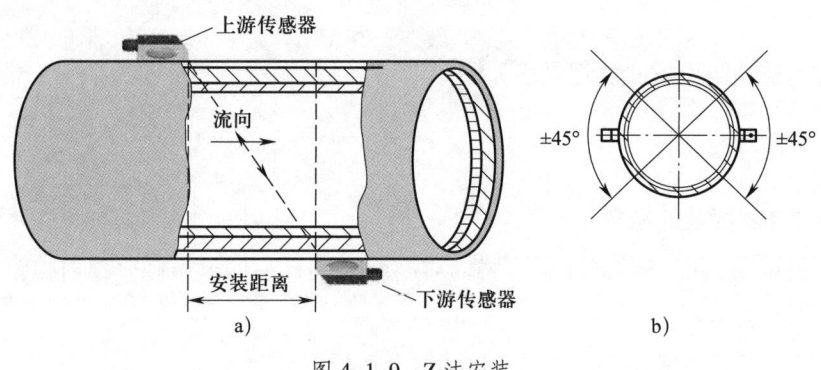

图 4-1-9 Z 法安装
a）Z 法 – 顶视图　b）Z 法 – 截面图

（3）N 法安装（见图 4-1-10）。N 法安装的特点是通过延长超声波传输距离来提高测量精度。使用 N 法安装时，超声波束在管道中反射两次、穿过流体三次（称为三声程），适用于测量小管径管道。

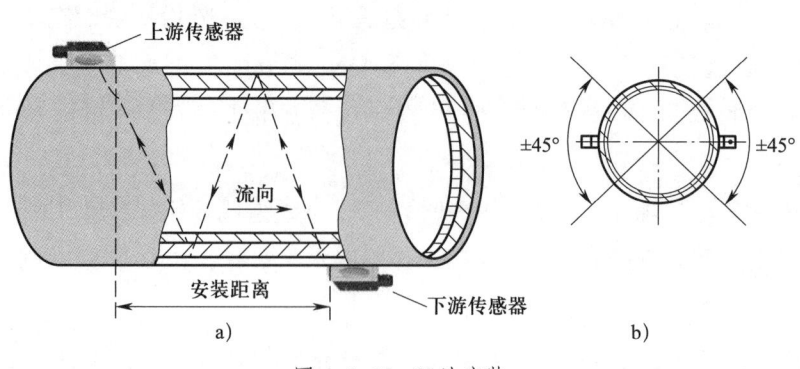

图 4-1-10 N 法安装
a）N 法 – 顶视图　b）N 法 – 截面图

（4）W 法安装（见图 4-1-11）。同 N 法安装一样，W 法安装也是通过延长超声波传输距离来提高小管径管道的测量精度。W 法安装适用于测量 DN50 mm 以下的小管径管道。使用 W 法安装时，超声波束在管道内反射三次、穿过流体四次（称为四声程）。

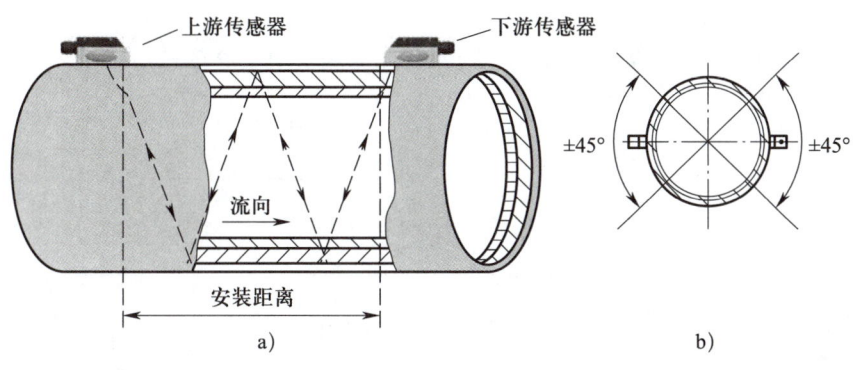

图 4-1-11　W 法安装
a）W 法 – 顶视图　b）W 法 – 截面图

步骤 4　测量系统流量

安装好超声波流量计后，将系统调整到测试状态，采用自动或手动方式启动细水雾灭火系统，系统运行稳定后，观察超声波流量计读数。

步骤 5　记录试验数据

记录试验数据，与系统设计图样及相关规范对照，检查是否满足要求。

三、注意事项

1. 操作过程中，应保证设备及系统正常工作，无安全隐患。
2. 操作过程中，应多人看护，一旦有应急事件发生，应能立即停止操作。
3. 操作过程中，应做好排水防护及处置。
4. 操作过程中，应注意成品保护，测试后应恢复系统设备的正常连接。

技能 3　联动控制功能测试

一、操作准备

1. 细水雾灭火系统的系统图、设备布置图、相关测试设备和产品使用说明书等技术资料。
2. 《建筑消防设施检测记录表》。

二、操作程序

步骤1　确认消防报警及联动控制系统及各组件工作正常、功能完好。

步骤2　确认细水雾灭火系统及各组件工作正常、功能完好，且各个阀门及测试管路处于准工作状态。

步骤3　细水雾灭火装置（开式）动作顺序如图4-1-12所示。

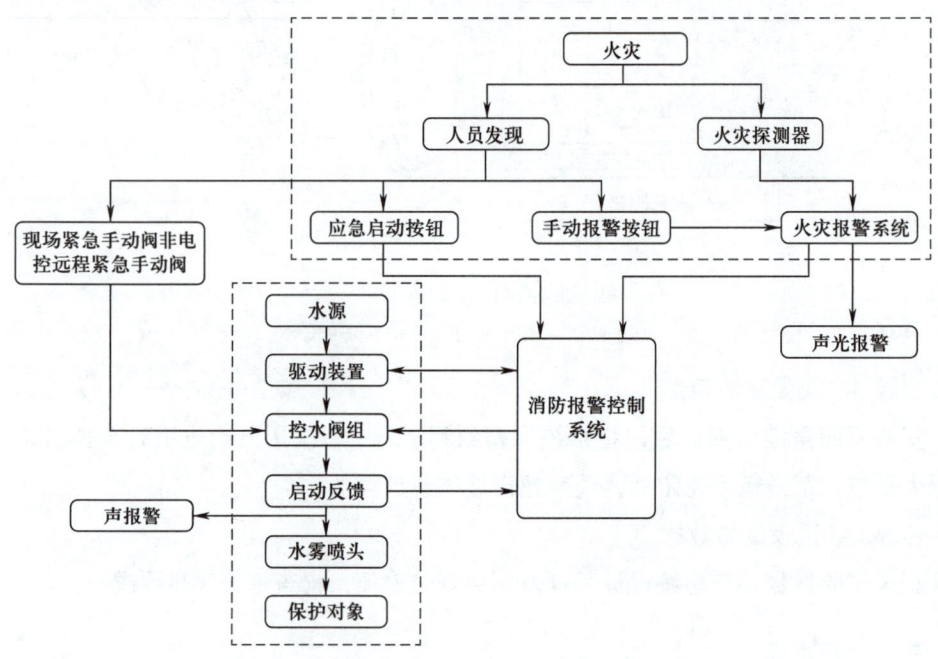

图4-1-12　细水雾灭火装置（开式）动作顺序

步骤4　细水雾灭火装置（闭式）动作顺序如图4-1-13所示。

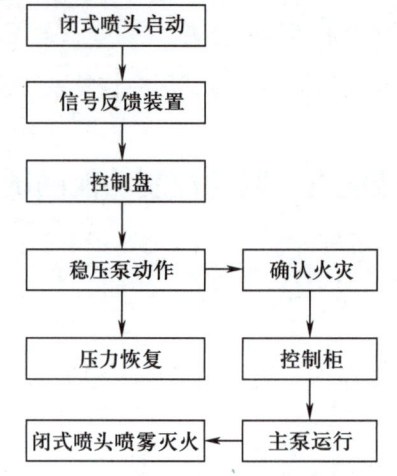

图4-1-13　细水雾灭火装置（闭式）动作顺序

步骤5　模拟系统达到启动条件，观察细水雾灭火系统各个部件动作是否准确无误，系统压力及流量是否满足设计图样要求。

步骤6　测试试验结束后，消除报警信号，将系统恢复到正常工作状态。

步骤7　记录测试结果。

三、注意事项

1. 操作过程中，应保证设备及系统正常工作，无安全隐患。
2. 操作过程中，应多人看护，一旦有应急事件发生，应能立即停止操作。
3. 操作过程中，应做好排水防护及处置。
4. 操作过程中，应注意成品保护，测试后应恢复系统设备的正常连接。

培训单元 3
干粉灭火系统施工和验收要求

【培训重点】

掌握干粉灭火系统施工和验收的检测内容。
熟练掌握干粉灭火系统施工和验收的检测方法。

【知识要求】

干粉灭火系统施工和验收时，应参照现行国家标准《干粉灭火系统设计规范》（GB 50347），对照施工图对系统设备的选型、设置和安装质量进行检查，并依据设计文件、产品标准和现行国家标准《干粉灭火系统设计规范》（GB 50347）对系统设备及系统功能进行检测。干粉灭火系统设备功能和系统功能的检测内容及要求见表4-1-3。

表 4-1-3　干粉灭火系统设备功能和系统功能的检测内容及要求

检测内容	检测要求	检测方法
部件类型：系统		
自动启动	设备处于自动状态，模拟火灾探测器信号接入，设备应能按设计要求联动阀驱动装置动作，各报警及反馈状态正常	自动状态下，模拟某一防护区火灾探测器信号接入，检查对应防护区阀驱动装置、干粉罐出口阀门的动作情况，系统报警状态及反馈情况
手动启动	设备处于手动状态，手动启动按钮，设备应能按设计要求联动阀驱动装置动作，各报警及反馈状态正常	手动状态下，按下某一防护区启动按钮，检查对应防护区阀驱动装置、干粉罐出口阀门的动作情况，系统报警状态及反馈情况
模拟喷放	手动启动灭火系统，气体瓶组应能正常动作，喷嘴处应有气体喷出	干粉罐内未充装干粉灭火剂，取 1~2 只驱动气体瓶组安装在集流管上，手动启动灭火系统，阀驱动装置使驱动气体瓶组动作，驱动气体瓶组内气体通过灭火剂释放管路流动，从喷嘴喷出，各部件应按设定程序动作
部件类型：气体瓶组		
钢瓶检查	钢瓶外观、公称工作压力、充装介质等应符合设计要求	核对产品设计文件，检查钢瓶钢印、公称工作压力、充装介质、生产日期等是否符合设计要求
压力检查	驱动气体瓶组、启动气体瓶组内压力应符合设计要求	打开压力表开关，检查压力表示值是否在绿区范围内

注：干粉灭火系统中使用的火灾自动报警系统产品的施工和验收检测要求，参考对应系统中的检测要求和检测方法。

【技能操作】

技能 1　瓶组压力测试

一、操作准备

1. 干粉灭火系统的系统图、瓶组结构图、产品使用说明书等技术资料。
2.《建筑消防设施检测记录表》。

二、操作程序

步骤 1　压力表选取

选取经校准的压力表,对瓶组压力进行检查。

步骤2　压力表安装

在瓶组压力表开关处安装压力表,并使其安装紧固。

步骤3　压力测试(见图4-1-14)

(1)用适宜的工具打开压力表开关。

(2)检查压力表指针在绿区范围内,则压力合格。

图4-1-14　气体瓶组压力测试

步骤4　记录检测结果

根据压力表测试结果,如实填写检测记录。

三、注意事项

1. 操作人员应熟悉产品结构、关键参数及工作原理。

2. 操作过程中,人员应佩戴安全防护装备,如安全帽、防砸鞋、防护眼镜等。

3. 压力表拆卸前,应先关闭压力表开关,然后缓慢拧松压力表,待气体释放完毕再完全拆卸。

4. 操作过程中,应注意成品保护,测试后应恢复系统设备的正常连接。

技能2　模拟启动测试

一、操作准备

1. 干粉灭火系统的系统图、系统组件结构图、产品使用说明书等技术资料。

2.《建筑消防设施检测记录表》。

二、操作程序

步骤1 模拟自动启动

（1）在控制盘上选择"自动"状态。

（2）对某一防护区的火灾探测器施加模拟信号，并使其动作。

（3）检查对应防护区阀驱动装置、干粉罐出口阀门的动作情况，系统报警状态及反馈情况。

步骤2 模拟手动启动

（1）在控制盘上选择"手动"状态。

（2）按下某一防护区的手动启动按钮，使其动作。

（3）检查对应防护区阀驱动装置、干粉罐出口阀门的动作情况，系统报警状态及反馈情况，系统动作程序如图4-1-15所示。

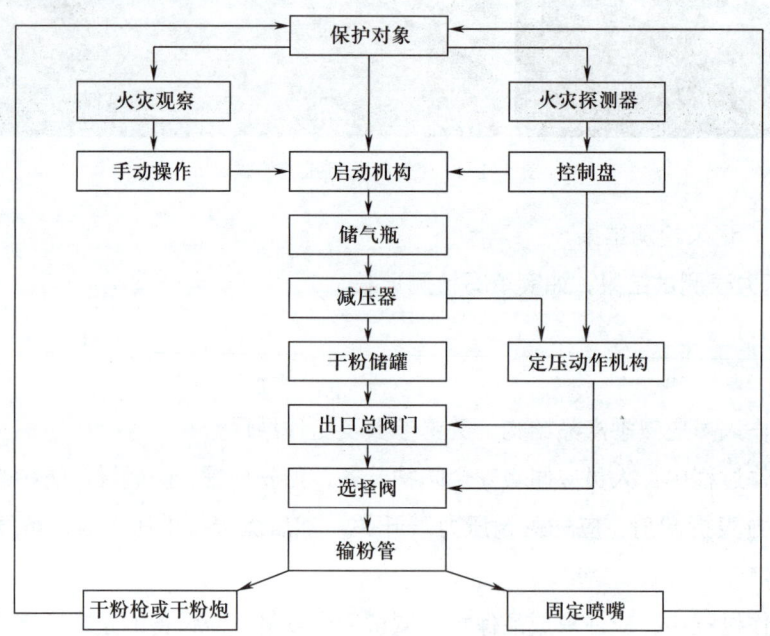

图4-1-15 系统动作程序

三、注意事项

1. 操作人员应熟悉产品结构、关键参数及工作原理。

2. 操作前应将阀驱动装置从启动气体瓶组上拆下。

3. 操作过程中，人员应佩戴安全防护装备，如安全帽、防砸鞋、防护眼镜等。

4. 操作过程中，应注意成品保护，测试后应恢复系统设备的正常连接。

技能 3 模拟喷放测试

一、操作准备

1. 干粉灭火系统的系统图、系统组件结构图、产品使用说明书等技术资料。
2. 《建筑消防设施检测记录表》。

二、操作程序

干粉灭火系统组成结构如图 4-1-16 所示。

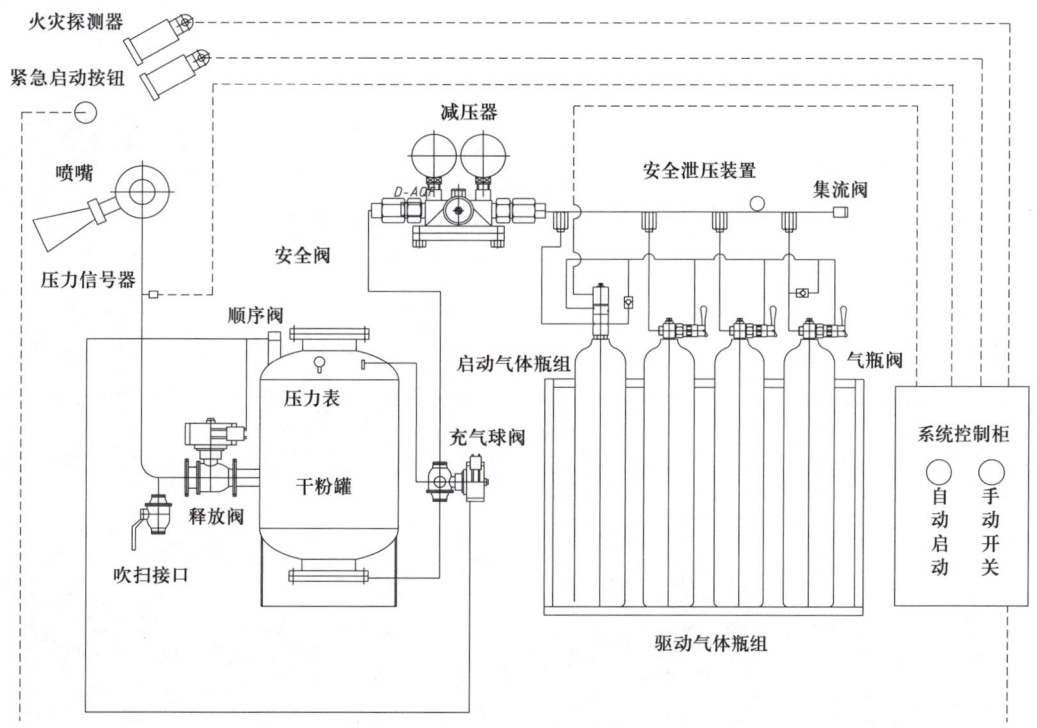

图 4-1-16　干粉灭火系统组成结构

步骤 1　将灭火系统组件按设计要求连接，干粉罐内不充装干粉灭火剂。

步骤 2　取 1~2 只充满气体的驱动气体瓶组连接在集流管上，并使其安装紧固，集流管其他位置用单向阀或堵头堵住。

步骤 3　将启动气体瓶组、启动管路与驱动气体瓶组正确连接。

步骤 4　手动启动灭火系统。

步骤 5　观察系统及各组件动作情况，喷嘴处是否有气体喷出。

三、注意事项

1. 操作人员应熟悉产品结构、关键参数及工作原理。
2. 安装有压力的气体瓶组时，应安装容器阀保险装置。
3. 系统启动时，人员应远离系统，待气体喷放完毕后才可进行操作。
4. 操作过程中，人员应佩戴安全防护装备，如安全帽、防砸鞋、防护眼镜等。
5. 操作过程中，应注意成品保护，测试后应恢复系统设备的正常连接。

培训项目 2

其他消防设施检测

培训单元 1
消防设备电源监控系统的检查、测试方法

【培训重点】

掌握消防设备电源监控系统的检测内容。

熟练掌握消防设备电源监控系统的检测方法。

【知识要求】

消防设备电源监控系统检测时,应参照现行国家标准《火灾自动报警系统施工及验收标准》(GB 50166),对照施工图对系统设备的选型、设置和安装质量进行检查,并依据设计文件、产品标准和现行国家标准《火灾自动报警系统施工及验收标准》(GB 50166)对系统设备及系统功能进行检测。消防设备电源监控系统设备功能和系统功能的检测内容及要求见表4-2-1。

表 4–2–1　消防设备电源监控系统设备功能和系统功能的检测内容及要求

检测内容	检测要求	检测方法
部件类型：消防设备电源监控器		
自检功能	监控器应能对指示灯、显示器和音响器进行功能自检	操作监控器的自检机构，检查监控器指示灯、显示器和音响器的动作情况
实时显示功能	监控器应能实时显示各消防设备电源的工作情况	检查监控器的显示情况
主、备电自动转换功能	监控器主电源断电后，备用电源应能自动投入；主电源恢复后，应能自动投入；主、备电工作指示灯应能正确指示监控器主、备电的工作状态	切断主电源，检查备用电源自动投入情况，观察工作指示灯显示情况；恢复主电源，检查主电源自动投入情况，观察工作指示灯显示情况
故障报警功能	监控器与备用电源连线断路、短路时，监控器应在 100 s 内发出故障声、光信号，显示故障类型	分别使监控器与备用电源连线断路、短路，用秒表测量监控器故障报警响应时间，观察故障信息显示情况
	监控器与现场部件之间的连线断路、短路时，监控器应在 100 s 内发出故障声、光信号，准确显示故障部件的地址注释信息	使监控器处于备电工作状态，分别使监控器与任一现场部件之间的连线断路、短路，用秒表测量监控器故障报警响应时间，检查监控器故障信息显示情况
消防设备电源故障报警功能	消防设备断电后，监控器应在 100 s 内发出声、光报警信号，记录报警时间，准确显示报警部件的地址注释信息	切断任一非故障部位传感器监控设备电源，用秒表测量监控器报警响应时间，检查监控器信息记录、显示情况
消音功能	监控器应能手动消除报警声信号	手动操作监控器消音键，检查监控器声信号消除情况
复位功能	监控器的连接、消防设备的电源恢复正常后，监控器应能对监控器的报警状态复位，消除监控器的声、光报警信号	恢复监控器的正常连接、消防设备的正常供电，手动操作监控器的复位键，观察监控器的工作状态
部件类型：信号传感器		
消防设备电源故障报警功能	传感器监测消防设备的电源断电后，监控器应发出声、光报警信号，记录报警时间，准确显示报警部件的地址注释信息	切断传感器监控设备的电源，观察监控器报警情况，检查监控器的报警信息记录、显示情况

【技能操作】

消防设备电源监控系统测试

一、操作准备

1. 消防设备电源监控系统的系统图、传感器平面布置图、传感器编码表、产品使用说明书等技术资料。

2.《建筑消防设施检测记录表》。

二、操作程序

步骤 1　监控器自检功能检测

操作监控器的自检机构，检查监控器指示灯、显示器和音响器的动作情况。监控器自检功能操作和显示如图 4-2-1 所示。

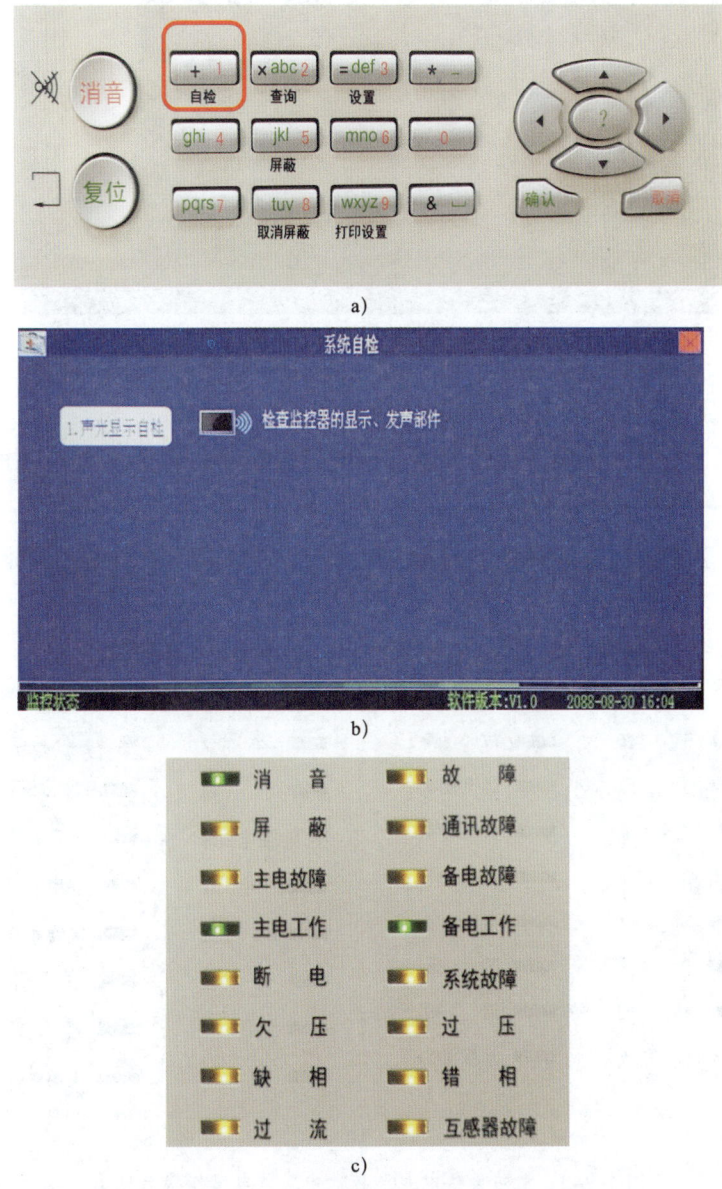

图 4-2-1　监控器自检功能操作和显示
a）监控器自检操作示例　b）自检操作监控器液晶屏显示示例　c）自检操作监控器指示灯显示示例

步骤2 监控器显示功能检测

观察并记录监控器显示的各消防设备电源工作状态。消防设备电源工作状态显示如图4-2-2所示。

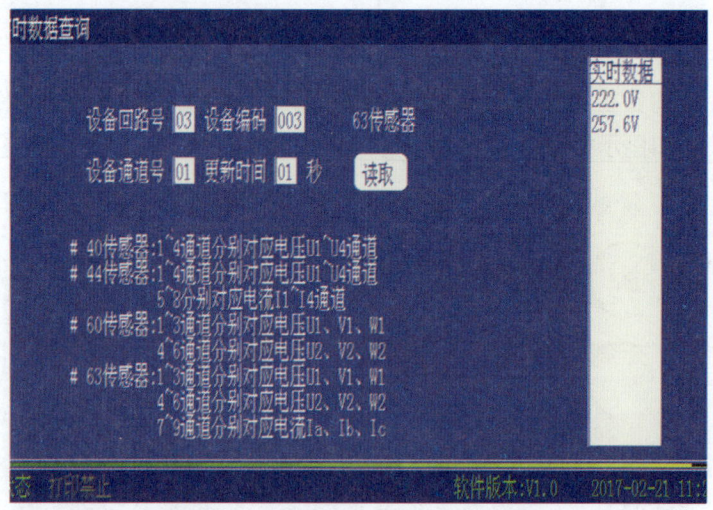

图4-2-2 消防设备电源工作状态显示

步骤3 监控器主、备电自动转换功能检测

(1) 关断监控器主电源开关,检查备用电源自动投入情况,观察工作指示灯显示情况。

(2) 闭合监控器主电源开关,检查主电源自动投入情况,观察工作指示灯显示情况。

消防设备电源监控器主、备电工作状态显示如图4-2-3所示。

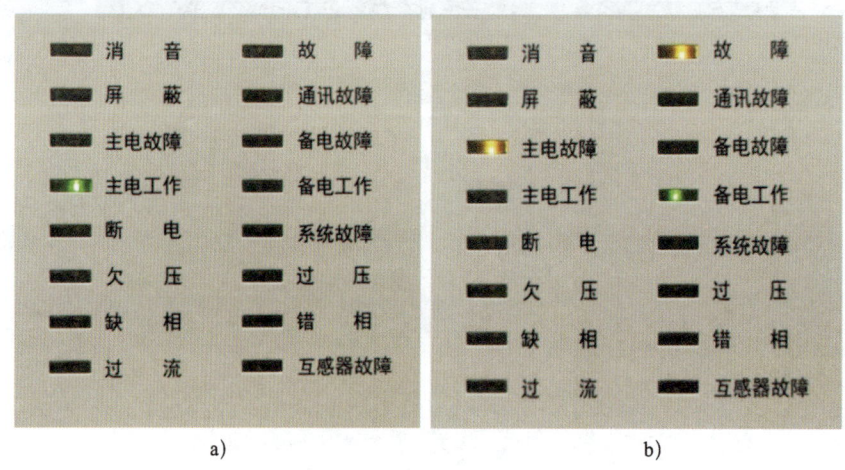

图4-2-3 消防设备电源监控器主、备电工作状态显示
a) 主电工作状态 b) 备电工作状态

步骤 4　监控器故障报警功能检测

（1）分别使监控器与备用电源连线断路、短路，用秒表测量监控器故障报警响应时间，观察故障信息显示情况。

（2）分别使监控器与任一传感器之间的连线断路、短路，用秒表测量监控器故障报警响应时间，检查监控器故障信息显示情况。

消防设备电源监控器故障报警显示如图 4-2-4 所示。

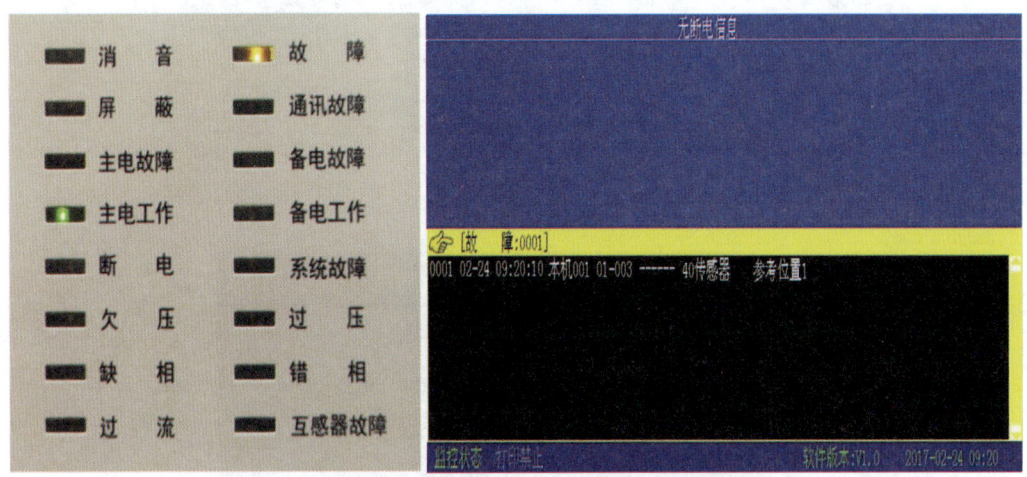

图 4-2-4　消防设备电源监控器故障报警显示

步骤 5　消防设备电源故障报警功能检测

切断任一非故障部位传感器监控设备电源，用秒表测量监控器报警响应时间，检查监控器信息记录、显示情况。

消防设备电源故障报警显示如图 4-2-5 所示。

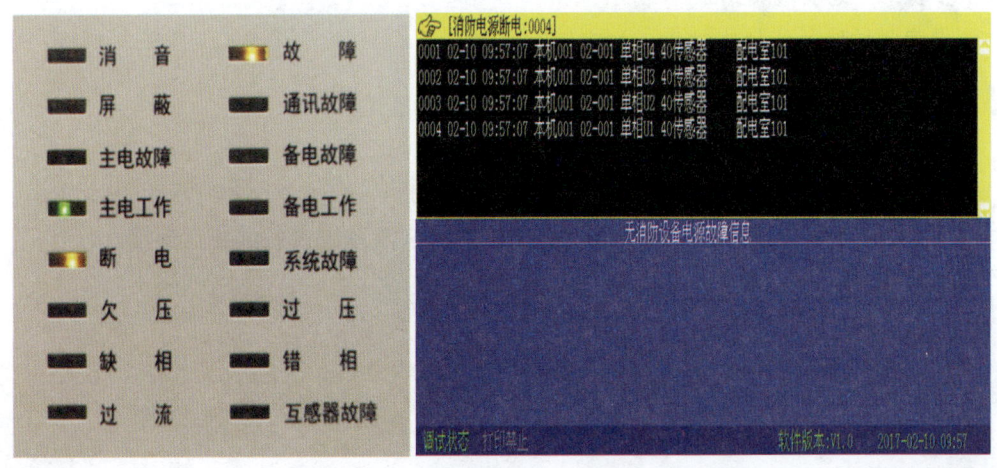

图 4-2-5　消防设备电源故障报警显示

步骤6　监控器复位功能检测

恢复监控器和传感器的正常连接、消防设备的正常供电,手动操作监控器的复位键,观察监控器的工作状态。

监控器复位操作和显示如图 4-2-6 所示。

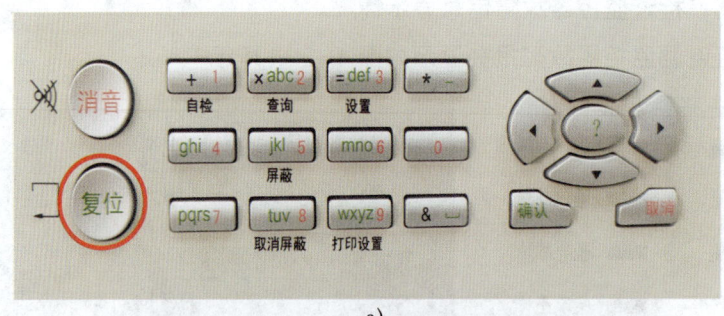

图 4-2-6　监控器复位操作和显示
a) 监控器复位操作　b) 复位操作监控器液晶屏显示

步骤7　记录检测结果

根据监控器功能检查结果,如实填写检测记录。

三、注意事项

1. 操作过程中,应注意安全,避免发生触电事故。
2. 操作过程中,应注意成品保护,测试后应恢复系统设备的正常连接。

培训单元 2
水幕自动喷水系统的检查、测试方法

【培训重点】

掌握水幕自动喷水系统的检测内容。
熟练掌握水幕自动喷水系统的检测方法。

【知识要求】

水幕自动喷水系统检测时，应参照现行国家标准《自动喷水灭火系统设计规范》（GB 50084），对照施工图对系统设备的选型、设置和安装质量进行检查，并依据设计文件、产品标准和现行国家标准《自动喷水灭火系统设计规范》（GB 50084）对系统设备及系统功能进行检测。水幕自动喷水系统设备功能和系统功能的检测内容及要求见表 4-2-2。

表 4-2-2　　水幕自动喷水系统设备功能和系统功能的检测内容及要求

检测内容	检测要求	检测方法
部件类型：雨淋报警阀组		
外观	检查雨淋报警阀组外观应无锈蚀、碰伤等损坏，检查阀组上各阀门开关状态，应无漏水情况	目测
电动开启	检查雨淋报警阀组开启功能	通过控制柜开启雨淋报警阀电磁阀，观察雨淋报警阀组开启情况
机械应急开启	检查雨淋报警阀组开启功能	通过使用手动紧急控制阀开启雨淋报警阀组，观察雨淋报警阀组开启情况
防复位	雨淋报警阀组防复位机构应能正常运行，并保证雨淋报警阀组一直处于开启状态	使用手动紧急控制阀开启雨淋报警阀组，待雨淋报警阀组启动后，关闭手动紧急控制阀，观察雨淋报警阀组防复位机构是否正常运行，并保证雨淋报警阀组一直处于开启状态
复位功能	雨淋报警阀组只能人为手动复位	使用手动紧急控制阀开启雨淋报警阀组后，人为手动复位，并能复位到位

续表

检测内容	检测要求	检测方法
滴水阀	滴水阀应无水渗漏；雨淋报警阀组复位后，滴水阀应能开启排出余水	雨淋报警阀组开启后，观察滴水阀是否关闭且无水渗漏；雨淋报警阀组复位后，观察滴水阀是否开启并排出余水
报警功能	压力开关应能输出信号	雨淋报警阀组启动后，检查压力开关是否输出信号
水力警铃	雨淋报警阀组启动后，报警口压力应不低于 0.05 MPa，距离水力警铃 3 m 处的警铃响度应不低于 70 dB（A）	打开试警阀门，观察水力警铃是否发出声响，并用声级计记录响度值
部件类型：给水设备		
自动启动	当接收到火警信号后，设备应能发出火灾报警信号，各部件动作符合设计要求	使设备处于自动状态，模拟控制中心给出启动信号，用秒表记录设备的反应时间，并观察报警状态及动作情况
手动启动	设备应具有手动启动功能	使设备处于自动和手动状态，按下消防紧急启动按键，观察设备的动作情况
双电源	设备应具备双电源，切换时间不超过 2 s	观察设备是否具备双电源，用秒表记录切换时间
巡检功能	设备应具有巡检提示功能，并能根据指示完成巡检	检查设备是否具备巡检或巡检提示功能；检查是否设置巡检回路，并按巡检要求进行巡检
信息记录	设备应具有运行记录功能	通过主操作界面，找到运行记录选项，检查设备运行状况、时间等事件信息记录功能是否完备
部件类型：水幕喷头		
外观及标识	外观应完好，标识应完整、清晰，且具备永久性	观察水幕喷头的外观是否完好，喷口有无异物，标识的型号规格是否符合设计要求，是否为永久性标识
系统功能		
系统联动试验	当有启动信号接入时，相应的分区雨淋报警阀组、消防水泵及其他联动设备均应能及时动作并发出相应的信号	采用模拟火灾信号启动系统，相应的分区雨淋报警阀组、消防水泵及其他联动设备是否均能够及时动作并发出相应的信号
	系统的响应时间、工作压力和流量应满足设计要求	手动启动系统，并用压力表记录系统末端工作压力、用流量计记录系统总的流量、用秒表记录系统的启动时间

注：本系统和其他系统联用时，其他系统的检测项目和要求参考其他系统的对应要求。

【技能操作】

技能 1　工作压力测试

一、操作准备

1. 水幕自动喷水系统的系统图、平面布置图、产品使用说明书等技术资料。
2. 《建筑消防设施检测记录表》。

二、操作程序

步骤 1　手动开启系统，当水幕喷头按照设计要求进行喷洒时，用压力表记录末端的工作压力，如图 4-2-7 中红色线框所示。

图 4-2-7　水幕自动喷水系统末端工作压力测试

步骤 2　记录检测结果
根据工作压力测试检查结果，如实填写检测记录。

三、注意事项

1. 操作过程中，应注意安全，避免发生泄漏事故。
2. 操作过程中，应注意成品保护，测试后应恢复系统设备的正常连接。

技能 2 系统流量测试

一、操作准备

1. 水幕自动喷水系统的系统图、平面布置图、产品使用说明书等技术资料。
2. 《建筑消防设施检测记录表》。

二、操作程序

步骤 1 手动开启系统,当水幕喷头按照设计要求进行喷洒时,用超声波流量计记录系统的流量,如图 4-2-8 中红色线框所示。

步骤 2 记录检测结果

根据系统流量测试检查结果,如实填写检测记录。

三、注意事项

1. 操作过程中,应注意安全,避免发生泄漏事故。
2. 操作过程中,应注意成品保护,测试后应恢复系统设备的正常连接。

图 4-2-8 水幕自动喷水系统流量测试

技能 3 联动控制功能测试

一、操作准备

1. 水幕自动喷水系统的系统图、平面布置图、产品使用说明书等技术资料。
2. 《建筑消防设施检测记录表》。

二、操作程序

步骤 1 远程启动电磁阀,使雨淋报警阀组正常启动(见图 4-2-9),压力开关报警,水力警铃发出声响,启动消防水泵,水幕喷头出水,同时记录末端工作压力和系统流量。

a)   b)

图 4-2-9　雨淋报警阀正常启动

a）电磁阀　b）水力警铃报警

步骤2　联动测试完成后，将雨淋报警阀组复位。

步骤3　记录检测结果

根据联动测试检查结果，如实填写检测记录。

三、注意事项

1. 操作过程中，应注意安全，避免发生泄漏事故。
2. 操作过程中，应注意成品保护，测试后应恢复系统设备的正常连接。
3. 拆装雨淋报警阀组的过程中，应断开供水水源，严禁带压操作。

培训模块 五

技术管理和培训

培训模块五 技术管理和培训

培训项目 1
消防控制室的管理

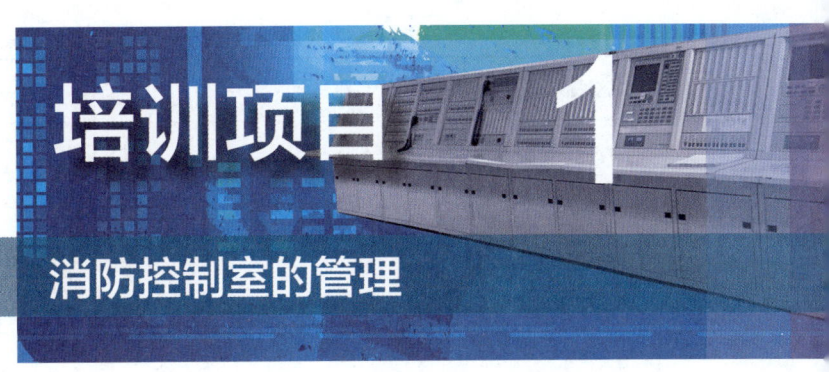

培训单元 1
火灾自动报警产品的维修保养和报废制度

【培训重点】

掌握火灾自动报警产品维修保养和报废更新计划的制订方法。

【知识要求】

本培训单元主要依据现行国家标准《火灾探测报警产品的维修保养与报废》（GB 29837）。

一、维修

火灾自动报警产品的使用或管理单位在发现产品存在问题和故障时，应及时进行维修。产品故障的维修一般应在 48 h 内完成；需要由供应商或者生产企业提供零配件时，应在 5 个工作日内完成。火灾自动报警产品维修要求及流程见表 5-1-1，火灾自动报警产品维修注意事项见表 5-1-2，火灾自动报警产品维修记录表见表 5-1-3。

表 5-1-1　　　　　　　　　　火灾自动报警产品维修要求及流程

产品名称	维修要求	维修流程
火灾探测器	1. 一般应在维修企业内进行维修 2. 拆下维修时，应立即更换备品，不应对相应部位实施屏蔽 3. 没有备品时，应对该部位采取有效的消防安全措施	1. 对存在问题的产品应根据故障现象，分析查找原因并记录 2. 按照相关技术文件和维修作业指导书的要求对故障产品的结构、部件等进行检查，对发现的问题应采取相应维修措施并予以记录 3. 更换部件和元器件时，应对产品所更换的部件、元器件及相应部位进行防潮、防盐雾、防霉处理 4. 产品维修后，应依据相关产品标准进行检验，记录检验结果，合格后应加贴检验合格标识
模块	^	^
手动报警按钮	^	^
消火栓启动按钮	^	^
火灾报警控制器	1. 可在现场维修 2. 维修期间，应换上备用控制器 3. 没有备用控制器时，应对该受保护区域采取有效的消防安全措施，或暂停使用该区域	^
消防联动控制器	^	^
可燃气体报警控制器	^	^

表 5-1-2　　　　　　　　　　火灾自动报警产品维修注意事项

产品类别	产品名称	注意事项
探测器类和按钮类产品（需要将无底座的探测器或按钮拆下时，应先切断该回路的供电）	感烟探测器 火焰探测器 图像型火灾探测器	维修后，应分别按《点型感烟火灾探测器》(GB 4715)、《特种火灾探测器》(GB 15631)、《线型光束感烟火灾探测器》(GB 14003)要求进行响应阈值试验，响应阈值应在生产企业成品出厂检验规程规定的范围内
^	感温探测器	维修后，应分别按《点型感温火灾探测器》(GB 4716)、《线型感温火灾探测器》(GB 16280)要求进行响应时间试验，试验结果应符合标准要求
^	可燃气体探测器	维修后，应按《可燃气体探测器》(GB 15322)要求进行响应时间和报警动作值试验，试验结果应符合标准要求
^	剩余电流式电气火灾监控探测器	维修后，应按《电气火灾监控系统　第2部分：剩余电流式电气火灾监控探测器》(GB 14287.2)要求进行报警性能试验，试验结果应符合标准要求，设定的剩余电流报警动作值应符合设计要求
^	测温式电气火灾监控探测器	维修后，应按《电气火灾监控系统　第3部分：测温式电气火灾监控探测器》(GB 14287.3)要求进行基本性能试验，试验结果应符合标准要求，设定的报警温度值应符合设计要求

续表

产品类别	产品名称	注意事项
探测器类和按钮类产品（需要将无底座的探测器或按钮拆下时，应先切断该回路的供电）	手动报警按钮 消火栓启动按钮	维修后，应分别按《手动火灾报警按钮》（GB 19880）、《消防联动控制系统》（GB 16806）要求进行动作性能试验和不动作性能试验，试验结果应符合标准要求
控制器类产品	火灾报警控制器 消防联动控制器 可燃气体报警控制器 电气火灾监控器 气体灭火控制器	1. 维修前应切断主电源、备用电源及所有外部控制连接线 2. 更换主程序芯片后，应至少抽取20只与其连接的探测器按规定进行试验，并应检查控制器连接的全部探测器、手动报警按钮和模块的报警和故障功能 3. 更换主电源板或备用电池后，应分别按《点型感烟火灾探测器》（GB 4715）、《消防联动控制系统》（GB 16806）、《可燃气体报警控制器》（GB 16808）、《电气火灾监控系统 第1部分：电气火灾监控设备》（GB 14287.1）要求进行电源试验，试验结果应符合标准要求 4. 更换回路板后，应检查该回路板连接的全部探测器、手动报警按钮和模块的报警与故障功能 5. 更换显示板后，应检查控制器的全部显示功能和自检功能 6. 气体灭火控制器维修后应先接通电源，检验在无负载状态下的各项功能；符合要求后，接通与消防联动控制器的连接，检验其接受联动控制的功能；合格后，再与负载连接，对能够进行试验的控制功能进行检验，检验结果应符合《消防联动控制系统》（GB 16806）和该工程原设计要求
消防电气控制装置		1. 各类消防电气控制装置维修前应切断主电源、备用电源，断开其与负载和联动控制器的连接线 2. 维修后，应先接通电源，在消防电气控制装置的各项功能都符合要求后，接通与负载和联动控制器的连接，检验其接受联动控制器的联动控制功能、启动负载功能和负载启动后的反馈功能。检验结果应符合标准和设计要求
其他部件	模块 火灾声光警报器 火灾显示盘	1. 维修后，应按相关标准要求进行基本功能试验，检验结果应符合标准和设计要求 2. 增加或更换模块、火灾声光警报器等部件后，应检验增加或更换部件的启动输出功能，同时检验本回路中其他任一个同类型产品的启动输出功能是否受到影响
其他要求		1. 维修更换电池前应检查电池外观，不应有裂纹、变形及爬碱、漏液等现象，电池两端极性标识应正确 2. 更换保险前，应确认所更换的保险器件参数满足产品要求 3. 现场修改软件后，应对软件可能影响的功能进行全部检验，且应抽检10%但不超过50只探测器的报警功能和相同数量模块的输出功能，抽检应覆盖所有回路

表 5-1-3　　　　　　　　　火灾自动报警产品维修记录表

产品名称								
送修单位								
送修日期								
维修项目								
维修单位								
故障现象	故障原因	故障位置	故障处理过程及结果	维修人员	维修日期	检验结果	检验人员	检验日期
维修结果及处理意见：				送修单位签收意见：				
维修单位负责人：　　　　　　　　　年　月　日				送修单位负责人：　　　　　　　　　年　月　日				

二、保养

1. 一般要求

火灾自动报警产品的使用或管理单位应根据产品使用场所环境及产品保养要求制订保养计划，保养计划应包括需保养设备的具体名称、保养内容和周期，火灾自动报警产品维护保养计划表见表 5-1-4。火灾自动报警产品维护保养记录表见表 5-1-5，火灾自动报警产品维护保养内容见表 5-1-6。

2. 保养周期

具有报脏功能的探测器，在报脏时应及时清洗保养。没有报脏功能的探测器，应按产品说明书的要求进行清洗保养；产品说明书没有明确要求的，应每 2 年清洗或标定一次。

可燃气体探测器的气敏元件达到生产企业规定的使用寿命年限后应及时更换。

表 5-1-4　　　　　　　　　火灾自动报警产品维护保养计划表

序号：　　　　日期：

序号	保养设备名称	保养内容	周期

注：1. 保养内容、周期，可根据设施、设备使用说明书、国家有关标准、安装场所环境等综合确定
2. 本表为样表，单位可根据建筑消防设施的列表分别制表

消防安全责任人或管理人（签字）：　　　制订人：　　　审核人：

表 5-1-5　　　　　　　　　火灾自动报警产品维护保养记录表

序号：　　　　日期：

设备名称		设备参数	
		额定功率	
保养项目	保养完成情况		

备注：

保养作业完成后，保养人员或单位应如实填写保养完成情况，并做相应功能试验，遇有故障应及时填写"建筑消防设施故障维修记录表"

注：本表为样表，单位可根据建筑消防设施维护保养计划表确定的保养内容分别制表

消防安全责任人或管理人（签字）：　　　保养人：　　　审核人：

表 5-1-6　　火灾自动报警产品维护保养内容

序号	维护保养对象	维护保养内容
1	接线端子	（1）将连接松动的端子重新紧固连接 （2）换掉有锈蚀痕迹的螺钉、端子垫片等接线部件 （3）去除有锈蚀的导线端，烫锡后重新连接
2	点型感烟火灾探测器	用专业工艺设备清洗传感部件和线路板，清洗后应标定探测器响应阈值，响应阈值应在生产企业成品出厂检验规程规定的范围内
3	点型感温火灾探测器	用专业工艺设备清洗感温部件和线路板，清洗后应标定探测器响应时间，响应时间应在生产企业成品出厂检验规程规定的时间范围内
4	线型光束感烟火灾探测器	用专用清洁工具或软布及适当的清洁剂清洗光路通过的窗口，清洗后将探测器响应阈值标定到探测器出厂设置的阈值
5	吸气式感烟火灾探测器	按照产品说明书保养要求进行保养。一般保养时，应对采样管进行吹洗，更换过滤袋，吹洗后应进行报警功能试验
6	点型火焰探测器	用专用清洁工具或软布及适当的清洁剂清洗光路通过的窗口
7	可燃气体探测器	使用标准气体检测可燃气体探测器的报警功能。不符合要求时，应调整报警阈值或者按照产品说明书要求更换气敏元件，然后将传感器报警阈值标定到探测器出厂设定值
8	剩余电流式电气火灾监控探测器	用专用清洁工具或软布及适当的清洁剂清洗传感器部件的污染物，清洗后应将剩余电流显示值标定到实际测量值
9	测温式电气火灾监控探测器	用专用清洁工具或软布及适当的清洁剂清洗感温部件的污染物，清洗后应将温度显示值标定到实际测量值
10	控制器类产品和消防电气控制装置	（1）用压缩空气、毛刷等清除线路板、接线端子处灰尘；用吸尘器、潮湿软布等清除柜体内灰尘。空气潮湿场所，可在柜体内放置干燥剂 （2）用万用表测量控制器总线回路最末端探测器或模块的供电电压，电压值小于说明书规定值时，应更换回路板或调整线路
11	电池类	按照产品说明书的要求进行保养

三、报废

1. 报废条件

（1）火灾自动报警产品使用寿命一般不超过 12 年，可燃气体探测器中气敏元件、光纤产品中激光器件的使用寿命不超过 5 年。生产企业应在产品说明书中明确规定产品的预期使用寿命。

（2）产品达到使用寿命时一般应报废。若继续使用，应对所有达到使用寿命的产品每年逐一按相关标准维修检测要求和接入复检要求进行检测，并进行系统性能测试，所有检测结果均应合格。并应每年抽取系统中的火灾探测器，进行下述试验，合格后方可继续使用。

1）感烟类火灾探测器，抽取 4 只，按《点型感烟火灾探测器》（GB 4715）进行

SH1 和 SH2 试验火的火灾灵敏度试验。

2）点型感温火灾探测器，抽取 4 只，按《点型感温火灾探测器》（GB 4716）进行响应时间和动作温度试验。

3）缆式线型感温火灾探测器，抽取 2 只，按《线型感温火灾探测器》（GB 16280）进行动作性能试验。

4）线型光纤感温火灾探测器，抽取 2 只，按《线型感温火灾探测器》（GB 16280）进行动作性能试验。

5）点型红外火焰探测器、图像型火灾探测器，抽取 4 只，按《特种火灾探测器》（GB 15631）进行火灾灵敏度试验。

（3）产品未达到使用寿命但符合下列条件时，应报废。

1）产品不能正常工作，且无法进行维修。

2）感烟类火灾探测器不能标定到生产企业规定的响应阈值范围内，且在《点型感烟火灾探测器》（GB 4715）规定的 SH1 和 SH2 试验火结束前未响应。

3）感温类火灾探测器在环境温度达到《点型感温火灾探测器》（GB 4716）、《特种火灾探测器》（GB 16280）规定的该类型探测器响应时间上限值或动作温度上限值时未响应。

4）点型红外火焰探测器、图像型火灾探测器的火灾灵敏度不符合《特种火灾探测器》（GB 15631）的要求。

（4）主机的报废。火灾自动报警产品的探测器整体报废的情况较少，但报警控制器报废的有应用案例。

1）部分主机由于产品问题，主机电流会将现场手报、烟感击穿，导致整条线路报故障，增加维修难度。一般这种情况，会建议更换报警主机。

2）部分报警主机由于使用时间较久（10年以上），会出现乱报故障、乱报警或不报警等情况，也建议更换报警主机。

2. 报废处理

（1）产品的报废处理参见《废弃电器电子产品回收处理管理条例》。产品使用或管理单位应建立并保持产品报废处理程序，做好报废处理记录，火灾自动报警产品报废记录表见表 5-1-7。

（2）离子感烟火灾探测器应按《离子感烟火灾探测器放射防护标准》（GBZ 122）要求进行报废。使用单位及个人不得任意弃置离子型感烟火灾探测器，应将报废的离子感烟火灾探测器按进货渠道退回产品生产厂商、进口厂商或者他们的委托回收单位。离子感烟火灾探测器回收后，应将报废的放射源集中收集到专用的放射性废弃物容器中，然后集中送往国家指定的废物库（场）存放或处置。放射性废弃物容器及其暂存处应有电离辐射警示标志。

（3）电池的报废应符合国家有关规定。

表 5-1-7　　　　　　　　　火灾自动报警产品报废记录表

设备名称	型号规格	数量	上线时间	报废时间	生产厂家	报废原因

【技能操作】

技能 1　制订火灾自动报警产品的维修保养计划

一、操作准备

在制订维修保养计划前，应收集整理相关技术资料。

1. 火灾自动报警产品历年的维修保养记录、报告。
2. 火灾自动报警产品的平面布置图、火灾自动报警系统现场部件的编码表、联动控制逻辑设计文件等资料。
3. 火灾自动报警产品的使用说明书、设计手册。
4. 火灾自动报警产品的设置数量、设置部位及型号规格的统计资料。

二、操作程序

步骤 1　确定保养周期

根据产品使用说明书等技术资料的规定，确定火灾自动报警产品的保养周期。

步骤 2　确认保养内容

根据火灾自动报警产品的设置情况及技术规范要求，确定每一个维保周期内各火灾自动报警产品的保养范围及保养方法。

步骤 3　确定维修内容

火灾探测报警产品的使用或管理单位在发现产品存在问题和故障时，应及时进行维修。

编制维修保养计划时，应根据历史维修记录或存在的故障情况，确认预计的维修内容。

步骤 4　编制备品备件清单

产品使用或管理单位应储备一定数量的产品易损件，或与有关产品生产企业、供应商签订相关备用品合同，保证备用品数量；应将确认好的备用品数量列入维修保养计划。

步骤 5　编制人员及培训计划

制订参与维修保养的人员安排，并将对维修人员进行相关培训列入计划，确保各项维修操作符合产品使用说明书和作业指导书的要求。

步骤 6　计划审批及资金准备

（1）向消防安全责任人或管理人提出书面的维修保养计划，提交维修保养年度预算。

（2）消防安全责任人或管理人组织审批，划拨预算资金。

步骤 7　归档实施

将审批通过的维修保养计划归档，并组织实施。

技能 2　制订火灾自动报警产品的报废计划

一、操作准备

在制订报废计划前，应收集整理相关技术资料。

1. 火灾自动报警产品的使用说明书、设计手册。

2. 火灾自动报警产品的生产日期、使用日期。

3. 火灾自动报警产品最近一年的维修保养记录、报告。

二、操作程序

步骤 1　编制维修更换方案

（1）火灾自动报警设备的现状及满足的报废条件等情况说明。

（2）维修更换的可行性建议方案。

（3）维修更换期间安全保护措施的建议。

（4）维修更换的大致预算。

步骤 2　提出报废申请，划拨预算资金

（1）向消防安全责任人或管理人提出书面的报废申请，提交维修更换方案作为附件。

（2）消防安全责任人或管理人组织审批，划拨预算资金。

步骤 3　组织实施更换

（1）通过招投标等方式，落实维修更换的技术服务机构。

（2）技术服务机构组织实施火灾自动报警产品的更换。

（3）消防安全责任人或管理人对维修更换期间的安全保护措施进行落实。

步骤4　组织调试验收

（1）技术服务机构在更换完成后进行调试。

（2）调试合格后，由消防安全责任人或管理人组织人员或委托第三方检测机构对更换设备进行验收。

步骤5　填写整理竣工资料

（1）《火灾自动报警产品维修记录表》。

（2）《火灾自动报警产品接入记录表》。

（3）将更换后的产品使用说明书等资料存档。

（4）如涉及调整探测器物理地址的，需要将新的图样、编码图表存档。

（5）其他相关资料。

培训单元 2
建筑消防设施的维护管理规范

【培训重点】

了解现行国家标准《建筑消防设施的维护管理》（GB 25201）中关于消防控制室内其他消防设备报废和更新的有关规定。

掌握消防控制室内设置的防火门监控器、可燃气体报警控制器、电气火灾监控器的报废年限。

熟练掌握制订消防控制室内其他消防设备报废和更新计划的方法。

【知识要求】

一、防火门监控器、可燃气体报警控制器、电气火灾监控器的报废

消防控制室内安装的消防设备除火灾自动报警系统的火灾报警控制器、消防联动

控制器、CRT图形显示装置外，还包括防火门监控器、可燃气体报警控制器、电气火灾监控器、城市消防设施远程监控系统传输装置、消防设备电源监控系统监控主机、固定消防炮灭火系统控制器、自动跟踪定位射流灭火系统控制器、拨打火警的直线电话、双电源切换装置等。

1. 防火门监控器的报废

防火门监控器应设置在消防控制室内，未设置消防控制室时，应设置在有人值班的场所。防火门监控器的报废年限可参照《火灾探测报警产品的维修保养与报废》（GB 29837）的规定，一般不超过12年。当防火门监控器产品说明书上有明确的报废年限要求时，可按说明书执行。

2. 可燃气体报警控制器的报废

当有消防控制室时，可燃气体报警控制器可设置在保护区域附近；当无消防控制室时，可燃气体报警控制器应设置在有人值班的场所。可燃气体报警控制器的报废年限参照《火灾探测报警产品的维修保养与报废》（GB 29837）的规定，一般不超过12年。可燃气体探测器中气敏元件、光纤产品中激光器件的使用寿命不超过5年。

3. 电气火灾监控器的报废

设有消防控制室时，电气火灾监控器应设置在消防控制室内或保护区域附近；设置在保护区域附近时，应将报警信息和故障信息传入消防控制室。未设置消防控制室时，电气火灾监控器应设置在有人值班的场所。电气火灾监控器的报废年限参照《火灾探测报警产品的维修保养与报废》（GB 29837）的规定，一般不超过12年。

4. 其他消防设备的报废年限

安装在消防控制室内的城市消防设施远程监控系统传输装置、消防设备电源监控系统监控主机、固定消防炮灭火系统控制器、自动跟踪定位射流灭火系统控制器，其报废年限可参照《火灾探测报警产品的维修保养与报废》（GB 29837）的规定，一般不超过12年。

拨打火警的直线电话、双电源切换装置等的报废年限可参照《火灾探测报警产品的维修保养与报废》（GB 29837）的规定，一般不超过12年。同时，也可结合平时测试、年度检测情况，对已不具备使用功能的，应予以立即报废。

二、制订消防控制室内其他消防设备报废和更新计划的方法

1. 消防控制室内其他消防设备报废条件

防火门监控器、可燃气体报警控制器、电气火灾监控器等消防控制室内其他消防设备达到使用寿命时一般应报废。若继续使用，应对所有达到使用寿命的产品至少每年逐一按《火灾探测报警产品的维修保养与报废》（GB 29837）中的维修检测要求和接入复检要求或厂家提供的产品使用说明书进行检测，并进行系统性能测试，所有检测结果均应合格，否则应予以立即更换。

2. 制订消防控制室内其他消防设备报废和更新计划的方法

消防控制室是建筑消防系统的信息中心、控制中心、日常运行管理中心和各自动消防系统运行状态监视中心，也是建筑发生火灾和日常火灾演练时的应急指挥中心；在有城市远程监控系统的地区，消防控制室也是建筑消防设施与监控中心的接口，可见其地位是十分重要的。为了使消防控制室内消防设施设备的报废和更新有序进行，不影响消防控制室的正常功能，一般采取以下方法制订消防控制室内其他消防设备报废和更新计划。

（1）将消防控制室内其他消防设备报废和更新纳入年度消防工作计划。《机关、团体、企业、事业单位消防安全管理规定》第七条规定：单位消防安全管理人对单位的消防安全责任人负责，拟订年度消防工作计划，组织实施日常消防安全管理工作。消防安全管理人在拟订年度消防工作计划时，根据消防控制室内其他消防设备报废年限的情况，统一纳入年度消防工作计划之中，在规定年限内报废和更新。

（2）结合消防设施检测情况制订消防控制室内其他消防设备报废和更新计划。《中华人民共和国消防法》第十六条规定：机关、团体、企业、事业等单位对建筑消防设施每年至少进行一次全面检测。在检测过程中，消防技术服务机构会对消防控制室内其他消防设备报废和更新提出建议和意见，单位消防安全责任人和管理人应按照消防技术服务机构的建议，结合消防设施的整体情况，作出报废和更新的具体安排。

（3）结合消防设施维护保养情况制订消防控制室内其他消防设备报废和更新计划。《建筑消防设施的维护管理》（GB 25201）规定：单位消防安全管理人对建筑消防设施存在的问题和故障，应立即通知维修人员进行维修，维修期间，应采取确保消防安全的有效措施。故障排除后应进行相应功能试验并经单位消防安全管理人检查确认。对于消防控制室内其他消防设备经维修后仍不能正常使用的，应当立即报废并尽快更新。

三、制订消防控制室内其他消防设备报废和更新计划过程中的注意事项

消防控制室内其他消防设备报废和更新关系重大,在确定设备需要报废以后,应尽快采购新的设备并及时更换,更换期间要采取有效安全措施,并向有管理权限的消防救援部门报告。新设备安装完成后,要按照国家相关工程技术标准进行调试检测,在确保设备的功能和性能符合要求以后方可投入运行。

培训单元 1
理论培训的内容和方法

【培训重点】

掌握《消防设施操作员国家职业技能标准》关于消防设施操作员"基本要求"的具体内容。

掌握《消防设施操作员国家职业技能标准》对五级/初级工、四级/中级工、三级/高级工"相关知识要求"的具体内容。

熟练掌握五级/初级工、四级/中级工、三级/高级工理论知识培训的方法。

【知识要求】

一、《消防设施操作员国家职业技能标准》对职业道德和基础知识的要求

《消防设施操作员国家职业技能标准》对消防设施操作员的"基本要求"分为两个大的方面,一方面是职业道德,另一方面是基础知识。其中,基础知识又分为消防工

作概述、燃烧和火灾基本知识等 8 个部分。《消防设施操作员国家职业技能标准》对消防设施操作员的"基本要求"是所有级别消防设施操作员均需熟练掌握的内容，也是二级 / 技师对五级 / 初级工、四级 / 中级工、三级 / 高级工进行培训的重点。

二、《消防设施操作员国家职业技能标准》对五级 / 初级工、四级 / 中级工、三级 / 高级工"相关知识要求"的具体内容

作为消防设施操作员技师，应对五级 / 初级工、四级 / 中级工、三级 / 高级工"相关知识要求"部分的具体内容熟练掌握，具体的内容可参照《消防设施操作员国家职业技能标准》。

三、理论培训的方法

作为消防设施操作员技师，在对三级 / 高级工及以下级别人员进行培训时，除使用常规的讲授法、讨论法（谈话法）、演示法（直观法）以外，还可以采用案例分析法和参观法。

1. 案例分析法

案例分析法是指通过对案例的分析，提出解决问题的建议和方案的培训方法。火灾案例是真实火灾的反映，在火灾事故中汲取经验和教训，是最直接的教学手段，也是最有效的教学方法之一。在消防设施操作员培训过程中，要求教员保持高度敏感性，对发生过的各类火灾事故案例做由表及里、由此及彼、去粗存精、去伪存真的研究和分析，并在课堂上利用现代化多媒体课件的形式加以展现，帮助消防设施操作员理解知识的来龙去脉，使其知其然，也知其所以然，加深消防设施操作员运用知识技能的主动性。

教员应当高度重视火灾案例教学在整个培训过程中的重要作用，将已经发生的不同类型的火灾通过各种有效形式和载体融入课堂，通过对火灾案例解析得出的成功经验，印证消防科学技术知识、操作技能中的观点和方法，提高学员学习的主动性和积极性；通过火灾案例中汲取的深刻教训，加强学员学习的责任感和使命感。从不同角度、多方面深刻剖析火灾事故案例，使其更好地发挥提高教学水平的作用，加快学员将知识、技能转化为实际工作能力的进程。火灾案例的形式，应当包括文字、图片、影像等，应当真实、可靠，经得起历史的考验。

2. 参观法

参观法是教员组织学员到校外一定场所进行直接观察、访问、调查而获得知识或验证知识的方法。参观的类型主要有四种。感知性参观是指使学员获取必要的感性材料，为学习新课奠定基础而组织的参观。例如，带领学员去某大型超市现场，识别安全疏散设施和防火分隔设施。并行性参观是指在学习的过程中，为便于理解、丰富和记忆知识而组织的参观。例如，讲授火灾探测器时，组织学员到火灾探测器生产车间参观其生产过程。验证性参观是指在新内容学习结束后，为了用事实来检验和论证学员已学知识而组织的参观。例如，组织学员去火灾现场感受火灾对生产生活的破坏。总结性参观是指在新内容学习结束后，组织学员结合所学内容到现场作出结论或验证结论而进行的参观。例如，讲解完火灾隐患的内容后，带领学员到某建筑物内查找火灾隐患。

参观前，教员要实事求是地根据教学要求和现实条件，确定参观的目的、时间、对象、地点以及重点内容，并在校内外做好充分准备。参观时，教员要根据不同的参观类型提出不同的具体要求，组织学员全面看、细心听、主动问、认真记。参观后，教员要根据教学要求和参观计划，指导学员交流收获，整理材料，找出问题，写出报告，及时总结。

【技能操作】

理 论 培 训

一、操作准备

1. 相应等级消防设施操作员培训教材，现行消防技术标准，其他参考资料。
2. 标准教室、投影仪等教学设施、设备。

二、操作程序

步骤 1 备课

消防设施操作员理论培训之前，应进行充分细致的备课。备课一般包括制作课件、量化课时两个阶段。教员在授课前，这些都要准备到位，而不是现场发挥、随意而为。只有这样，才能有效、准确地达到教学目标。

（1）制作课件。上课前应使用计算机，结合统编教材制作 PPT（PowerPoint，演示文稿软件）课件。课件按照统编教材中的"培训模块——培训项目——培训单元"顺序编辑，整体结构应清晰、明确。教学直观分图像直观、实物直观等多种形式，图像直观是其中十分重要的一种。在消防设施操作员培训教学过程中，由于实物直观的客观限制，图像直观显得十分重要。配图应尽量选择白底彩色图片，可采用全图和图文并茂两种形式，图片不得侵犯知识产权。

（2）量化课时。以 45 min 标准课时为例：一般在正式上课以前，应利用 2 min 概述课程内容，将本节课的内容简明扼要地说明；一节课即将结束时，通常利用 2 min 回顾课程内容，也可以利用 1 min 布置作业题。

步骤 2　授课

（1）优选方法。授课方法是教员为了达到既定的授课目标而采取的具体措施。理论培训教学方法包括讲授法、讨论法、案例分析法、参观法等，要根据不同的授课内容加以选择。

（2）规范语言。理论培训过程中，教员应使用普通话。课件中的消防科学技术术语不得使用缩略语、俚语、简称；文字应当采用国务院公布的标准简化字；少数民族地区可以根据需要采用少数民族文字。课件中的计量单位应采用国家法定计量单位。严禁臆造名词术语，严禁脱离教材和现行法律法规及规范标准，严禁传播违法乱纪的内容。

理论培训场景如图 5-2-1 所示。

图 5-2-1　理论培训场景

培训单元 2
操作技能培训的内容和方法

【培训重点】

掌握《消防设施操作员国家职业技能标准》对五级/初级工、四级/中级工、三级/高级工"技能要求"的具体内容。

熟练掌握五级/初级工、四级/中级工、三级/高级工操作技能培训的方法。

【知识要求】

一、《消防设施操作员国家职业技能标准》对五级/初级工、四级/中级工、三级/高级工"技能要求"的具体内容

在职业技能标准中,技能要求是完成每项工作内容应达到的结果或应具备的能力,是工作内容的细分。

《消防设施操作员国家职业技能标准》对消防设施操作员"技能要求"按照级别高低有所不同,对五级/初级工、四级/中级工、三级/高级工"技能要求"的内容可参见《消防设施操作员国家职业技能标准》。该标准中标注"★"的为涉及安全生产或操作的关键技能,如考生在技能考核中违反操作规程或未达到该技能要求的,则技能考核成绩为不合格。需要注意的是,不同等级的消防设施操作员的关键技能要求并不相同,五级/初级工设有 10 项关键技能,四级/中级工设有 25 项关键技能,三级/高级工设有 5 项关键技能,二级/技师和一级/高级技师没有设置关键技能,这主要是因为按照高级别覆盖低级别的原则,二级/技师和一级/高级技师所学的内容逐渐偏理论化、抽象化,涉及的消防设施设备的种类也越来越少见,所以关键技能的设置总体上是逐步减少的。

二、操作技能培训的方法

1. 演示法

演示法是教员配合讲授或谈话,通过展示实物、教具或进行示范性试验而使学员

在观察中获取知识的方法。演示的种类很多,按演示教具分为实物、标本、模型、照片、图画、幻灯、录像以及具体试验的演示等;按演示对象分为单个物体或现象的演示,有事物发展全过程的演示。例如,讲授水力警铃的作用时,应当打开湿式报警阀测试,使水力警铃发出报警声。

演示前,教员要根据教材内容确定演示目的,选好演示教具,做好演示准备。演示时,教员要使全班学员都能清楚地观察到演示活动,促使学员综合运用多感官去充分感知学习对象,以形成正确的观念和表象。例如,讲授隐蔽式喷头时,可以让学员的手指触及喷头的隐蔽盖板。此外,演示时要配以讲解,引导学员全神贯注于演示对象的主要特征和重要方面。演示后,教员要指导学员把观察到的现象同书本知识联系起来,及时地根据观察结果作出明确结论。

2. 角色扮演法

角色扮演法是由学习者在模拟情景中通过扮演特定角色,体悟角色所需的理念、情感和行为模式的培训方法。角色扮演法既适用于初级消防设施操作员培训,也适用于中级、高级消防设施操作员培训。例如,一个初次参加消防设施操作员培训的学员,在学习初级消防设施操作员课程的过程中,教员可以安排其扮演"消防控制室值班人员"的角色,教员(或者安排其他学员)模拟某区域火灾探测器发出火警信号,"消防控制室值班人员"在消防控制室内,由教员观察其接到报警信号后是否能够按照程序进行处理(包括确认火灾报警信息、查找误报原因并填写记录、将火灾报警联动控制开关转入自动状态、拨打"119"火警电话报警、启动单位内部灭火和应急疏散预案、报告单位消防安全责任人等)。又如,一名中级消防设施操作员在学习中级课程时,教员可以安排其扮演"消防设施检测人员"的角色,按照法律法规、技术标准和执业准则,开展技术服务活动。角色扮演法在运用过程中要注意的是:扮演者要获得一定的知识和技能以后方可进行,教员要跟踪教学,并加以讲评,及时纠正角色扮演过程中的错误行为。

3. 拓展训练法

拓展训练法是户外体验式的培训方法。拓展原意是指利用特定的场地、设施设备,为得到磨炼意志、激发潜能、完善人格、熔炼团队等方面的提高而进行的穿越、上升、下降、跳跃等活动。在消防设施操作员培训过程中,可以将拓展训练理解为在户外开展的、体验消防技能的有组织的培训活动。拓展训练法在消防设施操作员培训中应用前景广阔。例如,初级消防设施操作员的灭火器课程、疏散逃生课程、消火栓课程,消防设施操作员技师的缓降器课程等,均可采用拓展训练法,在户外针对特定的消防器材或者逃生避难器材展开训练,以激发学员的学习兴趣,提高学员的实战能力。拓展训练法在运用过程中需要注意的是，教员要精心组织、做好安全防护，避免各类事故的发生。

培训单元 3
教学方案和教学计划的编制方法

【培训重点】

熟练掌握教学方案的基本要素。
熟练掌握教学计划的编制要素及其要求。

【知识要求】

一、培训教学方案的编制方法

教学方案也称教案，是对每一堂课具体深入的教学准备，它建立在钻研教材和了解学员的基础之上。就班级上课而言，教案是对师生课堂上预期的教学活动的设计和描述。教案的主要内容包括课程顺序、时间计划，甚至教员某一时间点做什么、说什么，都有详细的安排。教案实际上是对教员授课过程的文字化梳理，对于新任教员来说，一份详细完整的教案，是教学秩序的重要保证。

教案的格式因人而异，但宗旨是应当突出教学目标。教学目标是教学活动的目的。根据对知识点要求的程度不同，认知领域的教学目标包括识记、领会、应用、分析、综合和评价六个层次。但教案中确定的教学目标，通常是指某一节课或某几节课所要达到的目的。教学目标是教学工作的出发点和落脚点，一切教学工作都应该服从、服务于这个教学目标。

教案可以有详有略，一般来说，新教员要写得详细些；有经验的教员，对教材教法比较熟悉，可以写得简略些。教案的格式，不必强求一律，它取决于教员的习惯，取决于教学内容和学习活动的特点。教案只是部分地表现了课堂教学的规划，更多丰富的内容是以非文本的形式存储于教员心中，是无形的教案。在备课的形式上，除了教员的个体备课，还有以同伴互助形式进行的集体备课。集体备课是促进教员专业成长的最便捷、最现实的一种方式。集体备课中，教员们敞开心扉，互相帮助，彼此分享。

完整规范的教案应包括：培训对象、课程名称及性质、采用教材、教学目标、培训课时、教学任务分析、教学过程等。操作技能课程还需要增加场地设置、器材设施方面的内容。

1. 培训对象

一般是指课程适用的培训对象，如"初级消防设施操作员"，切忌含糊其词。

2. 课程名称及性质

要写明课程的具体名称、性质，主要用于区分理论知识课程和操作技能课程。如初级消防设施操作员的理论知识课程包括职业道德、基础知识、设施监控、设施操作、设施保养5个部分，操作技能课程包括设施监控、设施操作、设施保养3个部分。

3. 采用教材

要写明选用教材的名称、版次，在选用教材时要反复比较各种教材的优劣，优先选用统编教材，尽量选用版次较新、使用量大的教材。

4. 教学目标

教学目标要明确、准确，切忌使用"基本""大概"等含糊其词的用语。在教学目标设定过程中，要写明采用的教学方法。

5. 培训课时

要结合相应等级的消防设施操作员培训总课时逐步分解，在分解过程中要考虑根据课程内容有所侧重，对于关键技能要相应增加课时。同时，在操作技能培训过程中，还要考虑学员的数量，数量较多时要适当延长课时。

课程之间的课时分配比例应符合《消防设施操作员国家职业技能标准》权重表的要求。例如，假设初级消防设施操作员培训总课时为100课时，则理论课程为50课时，操作技能课程为50课时。其中，理论课程中的职业道德可定为3课时，基础知识可定为18课时，设施监控、设施操作均可定为13课时（合计26课时），设施保养定为3课时，累计50课时。操作技能课程的课时分配以此类推，一般需另外安排4课时用于结业考试。

6. 教学任务分析

要准确界定教学目标的层次，做到层级鲜明。理论知识教学目标包括识记、理解、掌握、分析 4 个层次，形成由低到高的阶梯；操作技能教学目标包括知觉、模仿、操作、连贯 4 个层次，逐步提高，难度也逐渐增大。

7. 教学过程

教学过程是教学方案的主体，要求写出所有细节。在编写教案的过程中，要注意教学过程中的每一句话，都要围绕教学目标来进行，不能偏离主题。

教学方案的制定，是教员创造性的写作过程，要实事求是、量体裁衣，切忌囫囵吞枣、剽窃抄袭。

二、培训教学计划的编制方法

1. 教学计划的概念和分类

教学计划，顾名思义，就是对教学工作作出的安排和部署。作为消防设施操作员技师，要重点掌握消防设施操作员职业资格培训过程中教学计划的编制方法。

2. 教学计划的要素

适用于消防设施操作员职业资格培训过程中的教学计划，一般由制定依据，名词术语，教学目标，教学内容，对教学过程的要求，对实训设备、场地、教员的要求，考试要求等要素构成。

（1）制定依据。制定依据主要反映教学计划制订应当遵循的主要法律法规和标准，教学计划的制订要严格遵循现行《中华人民共和国消防法》《中华人民共和国民办教育促进法》《中华人民共和国职业教育法》等法律法规和《消防设施操作员国家职业技能标准》的规定，教学计划的内容不得与现行法律法规、标准相冲突。

（2）名词术语。名词术语主要用于与教学计划有关联的重要定义和概念。名词术语要准确界定各种概念、定义，以便于使用者理解和应用。名词术语的拟定，要充分吸收现行法律法规、标准规范已经明确规定的术语，一般不生造术语。例如，《中华人民共和国消防法》第七十三条规定：消防设施，是指火灾自动报警系统、自动灭火系统、消火栓系统、防烟排烟系统以及应急广播和应急照明、安全疏散设施等；又如，《消防设施操作员国家职业技能标准》规定：消防设施操作员是从事建（构）筑物消防设施运行、操作和维修、保养、检测等工作的人员。

（3）教学目标。教学计划中的教学目标，要准确反映教学计划中特定的培训对象所应达到的目标。以初级消防设施操作员教学目标为例，根据《消防设施操作员国家职业技能标准》和统编教材，通过理论、实践教学，要实现以下三个目标：①使结业学员达到初级消防设施操作员所应具备的理论知识和操作技能，顺利通过消防行业特有工种职业技能鉴定站的鉴定考试；②使其具有《消防设施操作员国家职业技能标准》要求的消防设施监控工作能力；③为中级消防设施操作员培训打下基础。

（4）教学内容。教学计划中的教学内容，是对教学目标的具体分解和落实，根据培训的需要，可以设定必修课程和选修课程。以初级消防设施操作员为例，教学内容应当与《消防设施操作员国家职业技能标准》保持高度一致。凡《消防设施操作员国家职业技能标准》规定的内容，应列入必修课程；此外为提高初级消防设施操作员工作能力的内容，可以列为选修课程。教学内容要分解到具体的知识点，不同的知识点要设定具体的教学目标。例如，初级消防设施操作员要掌握区域型火灾报警控制器的组成、功能和特征，能识别区域型火灾报警控制器。

（5）对教学过程的要求。对教学过程的要求一般包括教学方法和课时分配两个部分。教学计划要列举消防设施操作员职业资格培训过程中常用的教学方法，供教员选择。课时分配反映了培训过程中结合教材拟定的各章节课时。消防设施操作员技师要能够在规定时间内编制初级、中级、高级消防设施操作员课时分配表，并说明理由。

（6）对实训设备、场地、教员的要求。实训设备是指为提高学员的职业技能而模拟或再现实际生产过程，演练和实际操作训练的设备、仪器及配套的操作系统。进行消防设施操作员职业资格培训的实训设备、场地应满足《消防设施操作员国家职业技能标准》的规定。消防设施操作员教员应持有三级/高级工（包含两个职业方向）及以上级别的职业资格证书。

（7）考试要求。考试分为理论知识考试、技能考核以及综合评审三种形式。理论知识考试以笔试、机考等方式为主，主要考核从业人员从事本职业应掌握的基本要求和相关知识要求；技能考核主要采用现场操作、模拟操作等方式进行，主要考核从业人员从事本职业应具备的技能水平；综合评审主要针对技师和高级技师，通常采取审阅申报材料、答辩等方式进行全面评议和审查。

理论知识考试、技能考核和综合评审均实行百分制，成绩皆达60分（含）以上者为合格。职业标准中标注"★"的为涉及安全生产或操作的关键技能，如考生在技能考核中违反操作规程或未达到该技能要求的，则技能考核成绩为不合格。

考试组织主要包括监考人员、考评人员与考生配比以及考试时间等方面的内容。理论知识考试中的监考人员与考生配比为1:15，每个标准教室不少于2名监考人员，实行机考的应根据考试机位合理确定考评人员人数；技能考核中的考评人员与考生配比为1:5，每个考位不少于2人，且为3人（含）以上单数；综合评审委员为5人（含）以上单数。

理论知识考试时间不少于100 min，如采用机考形式不少于60 min；技能考核时间：五级/初级工、四级/中级工不少于30 min，三级/高级工、二级/技师、一级/高级技师不少于 40 min；综合评审时间不少于 30 min。

3. 教学计划编制的注意事项

（1）体现整体性原则。教学计划的整体性原则是指教学计划的设计要完整地执行《消防设施操作员国家职业技能标准》，体现工匠精神和精益求精的敬业风气。在教学计划的各个部分之间，注意各自的恰当地位与作用，力求整体结构的合理与各部分之间的和谐，特别是理论知识课程与操作技能课程之间的配合。

（2）体现有序性原则。消防设施操作员培训过程中的理论知识课程，包括基础知识和相关知识两部分，一般按照先理论、后技能的顺序安排课程，也可以按照边理论、边技能的顺序安排课程，还可以按照线上理论、线下技能实施教学。

（3）体现相关性原则。教学计划的相关性原则是指在整体结构基本确定的基础上根据统一体内部诸因素相互关联、相互制约、既对立又统一的原理，进一步处理计划内部的各种关系，探求它们之间的最佳配合比例。初级消防设施操作员培训过程中的理论知识课程和操作技能课程的比例，一般以 6∶4 为宜。

培训单元 4
建筑火灾逃生避难器材的使用方法

【培训重点】

了解建筑火灾逃生避难器材的种类、组成、配备、性能、设置等技术要求。

熟练掌握开展建筑火灾逃生避难器材操作使用方法的培训。

【知识要求】

一、建筑火灾逃生避难器材的定义及分类

建筑火灾逃生避难器材（以下简称逃生器材）是指在发生建筑火灾的情况下，遇险人员逃离火场时所使用的辅助逃生器材。逃生器材主要分为绳索类、滑道类、梯类、

呼吸器类等，其中绳索类包括逃生缓降器、应急逃生器、逃生绳等，滑道类主要有逃生滑道，梯类主要包括固定式逃生梯和悬挂式逃生梯，呼吸器类主要有过滤式消防自救呼吸器和化学氧消防自救呼吸器。

另外逃生缓降器、应急逃生器、逃生绳、悬挂式逃生梯、自救呼吸器等属于单人逃生类器材；逃生滑道、固定式逃生梯等属于多人逃生类器材。

二、建筑火灾逃生避难器材的配备要求

逃生避难器材的合理配备和使用，可增加火灾时建筑内人员逃生的途径和安全性，提高人员疏散的效率。强制性国家标准《建筑火灾逃生避难器材》（GB 21976）系列标准中《建筑火灾逃生避难器材 第1部分：配备指南》（GB 21976.1）规定了逃生器材的适用范围、设置要求、配备数量及检查、更换、报废等相关技术要求。应根据建筑物的使用性质、救助人员数量、建筑结构及楼层高度等综合因素考虑配备不同类型的逃生器材。目前我国对逃生器材市场准入实施的是强制性产品认证制度，应取得强制性产品认证证书，通过国家授权的质量检验机构检验合格。

三、常用建筑火灾逃生避难器

1. 逃生缓降器

逃生缓降器（救生缓降器，见图5-2-2），是一种使用者靠自重以一定的速度自动下降并能往复使用的逃生器材，主要由调速器、绳索、安全带、安全钩、金属连接件和绳索卷盘组成。调速器是核心部件，有离心力制动式和油压制动式两种结构，用来控制下降速度，保证安全下降。逃生缓降器的特点是将调速器用安全钩挂在预先安装好的挂钩板上或用安全钩、连接用钢丝绳将其挂在坚固的支撑物上固定，当一人降至地面时，另一人又可以继续安全下降，可往复使用，连续救生，是建筑内突发紧急事故时被困人员随绳索从建筑物外墙缓慢下降并快速脱险的一种方式。逃生缓降器也可装在消防云梯车上，以提高救援效率。

（1）性能要求。逃生缓降器的安全性要求高，技术参数包括：额定负载≤100 kg，下降速度为0.16~1.5 m/s。若为钢丝绳索，应采用航空用钢丝绳，直径不小于3 mm；若为有芯绳索，绳芯应为航空用钢丝绳，直径不小于3 mm，外层材料应为棉纱或合成纤维材料。

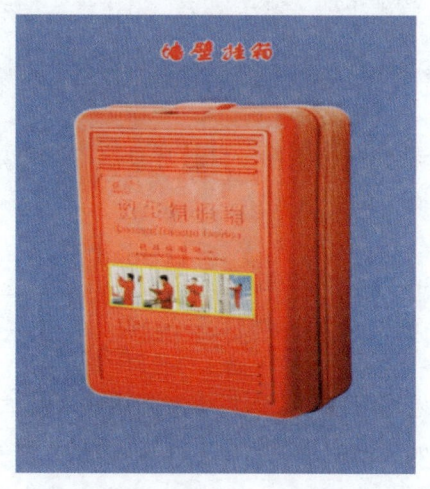
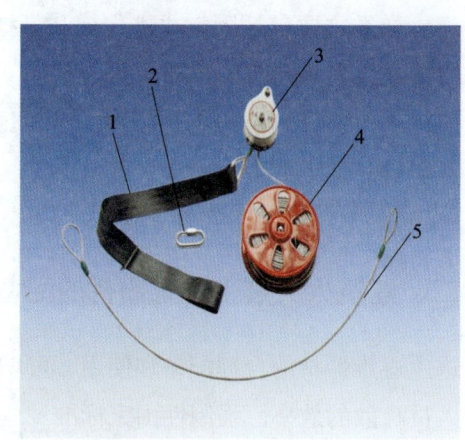

图 5-2-2 逃生（救生）缓降器
1—安全带 2—安全钩 3—调速器 4—绳索卷盘 5—连接用钢丝绳

（2）设置要求。逃生缓降器应设置在建筑物袋形走道尽头或室内的窗边、阳台凹廊以及公共走道、屋顶平台等处；供人员逃生的开口高度应在 1.5 m 以上，宽度应在 0.5 m 以上，开口下沿距所在楼层地面高度应在 1 m 以上；室外设置应有防雨、防晒措施。固定方式应采用安装连接栓、支架和墙体连接，连接强度应满足相应设计要求。逃生缓降器限用高度为 30 m。

2. 逃生梯

逃生梯可作为建筑辅助疏散通道，可在短时间内连续将建筑内被困人员安全疏散至地面，有固定式和悬挂式两种。

固定式逃生梯（见图 5-2-3）采用固定框架和传动链踏板结构，建筑发生火灾时依靠使用者自重使踏板垂直下降。它主要由主机、刹车装置、主架、链轮、链条组合、防护网、引桥、基础或吊臂等组成，特点是无需任何动力驱动，当逃生者踏上脚踏板时，其自重可使救生梯匀速运转，连续不间断地救人和运物。

悬挂式逃生梯（见图 5-2-4）采用上端悬挂和边索梯档结构，建筑火灾时供使用者徒手攀爬。

（1）性能要求。固定式逃生梯梯宽应 ≥ 500 mm，应设置应急制动机构，当踏板的下降速度大于 0.5 m/s

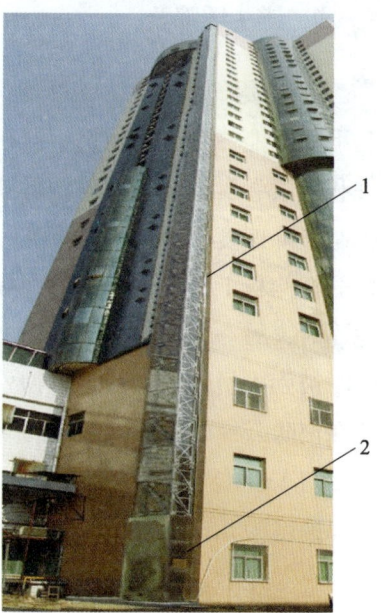

图 5-2-3 固定式逃生梯
1—逃生梯 2—逃生梯出口

时，应急制动机构应能自动停止固定式逃生梯的运行，且能通过手动操作将有负载的踏板缓慢安全降至地面。

悬挂式逃生梯梯宽应≥300 mm，悬挂式逃生梯的上端应能可靠固定在建筑物上，梯身展开时应灵活可靠，不应出现缠绕、打结或卡阻现象，撑脚应能全部张开并支撑在墙面上。

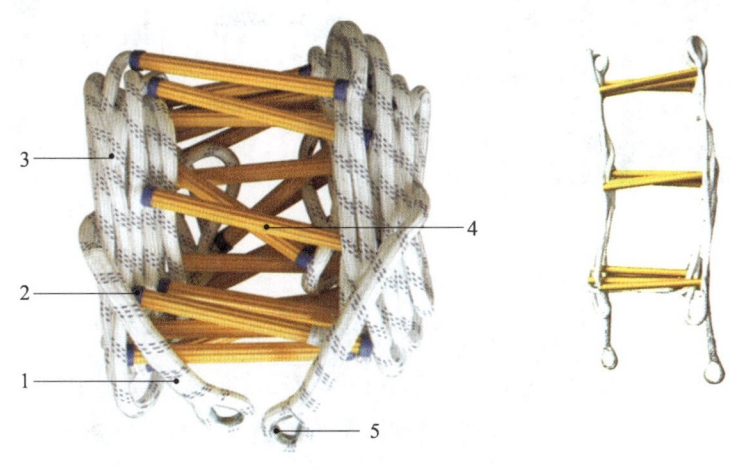

图 5-2-4　悬挂式逃生梯

1—车缝接口　2—耐磨塑胶扣　3—涤纶梯绳　4—防滑树脂软梯棍　5—锰钢挂钩

（2）设置要求。逃生梯一般应设置在建筑物袋形走道尽头或室内的窗边、阳台凹廊以及公共走道、屋顶平台等处。

固定式逃生梯的设置可根据建筑实际情况，选择容易逃生、地面空旷易疏散、又不影响建筑外观的位置，一般安装在建筑物的墙体、地面及结构坚固的部分。固定式逃生梯限用高度是 60 m。

悬挂式逃生梯应采用夹紧装置与墙体连接，夹紧装置应能根据墙体厚度进行调节，应设置在专用箱内。悬挂式逃生梯限用高度是 15 m。

3. 逃生滑道

逃生滑道是指使用者靠自重以一定的速度下滑逃生的一种柔性通道，建筑火灾发生时，使用者依靠自重以一定的速度在其内部滑降逃生，配置高度不高于 60 m 并能反复使用。逃生滑道一般由入口金属框架、金属连接件、滑道主体等构成，如图 5-2-5 所示。

（1）性能要求。滑道主体应由外层防护层、中间阻尼层和内层导滑层三层材料组合制成，也可由外层防护层、内层阻尼导滑复合层二层材料组合制成。材质的阻燃性能、断裂强力、撕破强力、接缝强力、拉伸弹性、橡胶物理机械性能均应符合国家标准要求。在最小负荷、标准负荷和最大负荷状态下，滑道内负荷的下滑速度应不大于 4.0 m/s，滑道内负荷的着地速度应不大于 1.0 m/s。

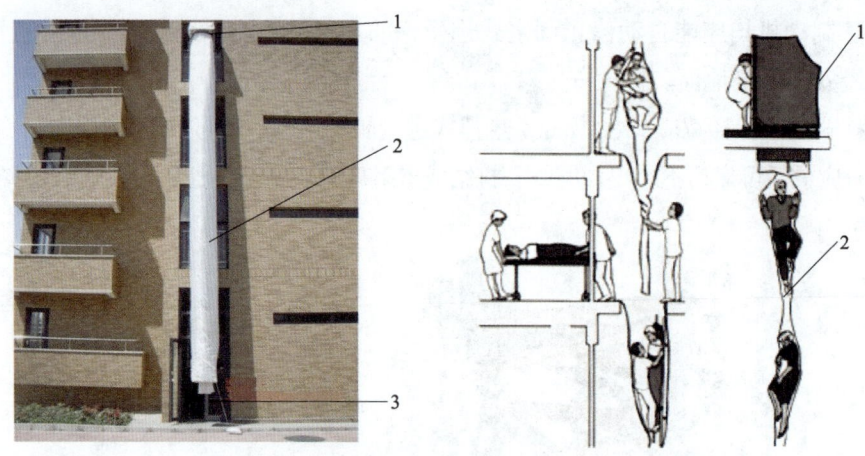

图 5-2-5 逃生滑道
1—金属框架及金属连接件 2—滑道主体 3—滑道出口

（2）设置要求。逃生滑道应设置在建筑物袋形走道尽头或室内的窗边、阳台凹廊以及公共走道、屋顶平台等处。逃生滑道的入口圈应安装在建筑物的墙体、地面及结构坚固的部分；室外设置应有防雨、防晒措施。逃生滑道主体与入口金属框架的连接应牢固、可靠；滑道出口端可设置保护垫或其他缓冲装置；为防止使用时滑道出口端产生飞扬、缠绕、卷曲等，可配置适当重量的沙袋，并在滑道出口末端设置360°方位均可见的夜间识别和警示标志。

4. 应急逃生器

应急逃生器是供使用者靠自重以一定的速度下降且具有刹停功能的一次性使用逃生器材，通常由调速器、绳索、安全带、安全钩和金属连接件组成，如图5-2-6所示。图5-2-6b中的调速器及绳索均隐藏不能打开，只有安全钩露在外面，调速器和使用者一同下降，一次性使用，使用过的应急逃生器需经检测合格才能再次使用。

在规定的最小负荷（343 N±5 N）、标准负荷（687 N±5 N）和最大负荷（981 N±5 N）状态下，其下降速度应为0.16~1.5 m/s。若为钢丝绳索，应采用航空用钢丝绳，直径不小于3 mm；若为有芯绳索，绳芯应为航空用钢丝绳，直径不小于3 mm，外层材料应为棉纱或合成纤维材料。应急逃生器限用高度为15 m。

5. 逃生绳

逃生绳是一种供使用者手握滑降逃生的纤维绳索，主要由绳盘、钢芯绳、安全钩、安全带、橡胶垫等组成，如图5-2-7所示。逃生绳应为绳芯外紧裹绳皮的包芯绳结构，一端应为绳环结构并连有安全钩，另一端可选配安全带，下降时通过减速弹簧减缓下降速度。逃生绳限用高度为6 m，发生建筑火灾时供单人使用以逃离着火层。

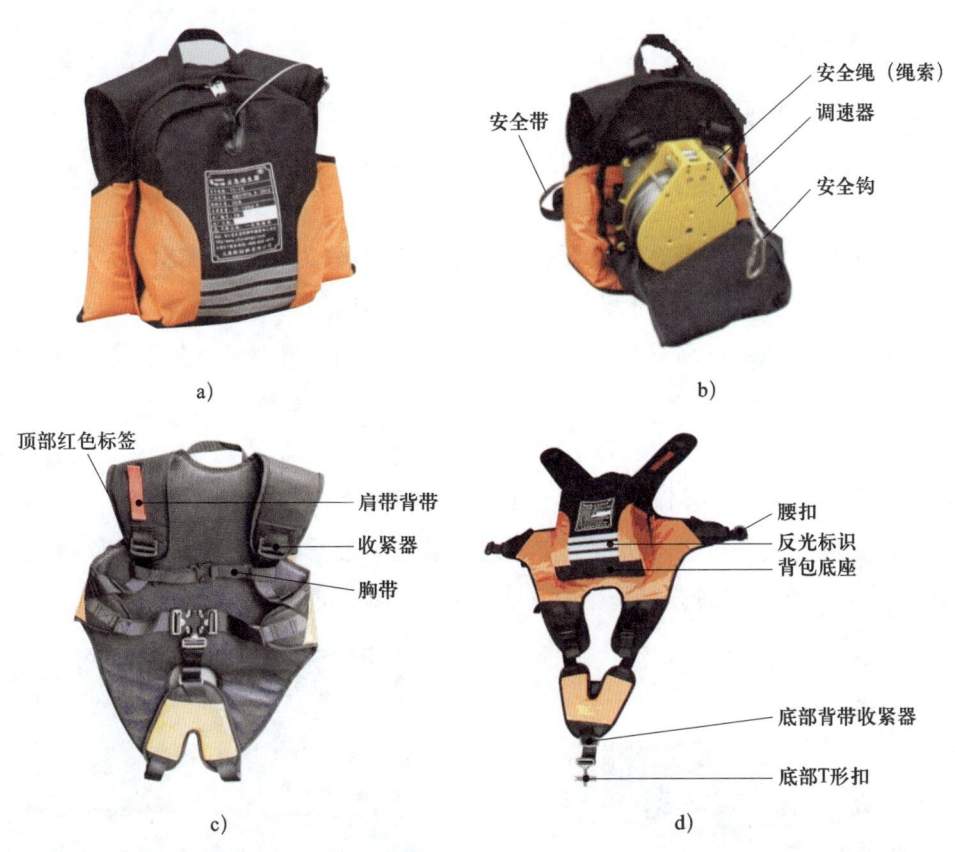

图 5-2-6 应急逃生器
a）正面图　b）内部结构图　c）背面图　d）使用展开图

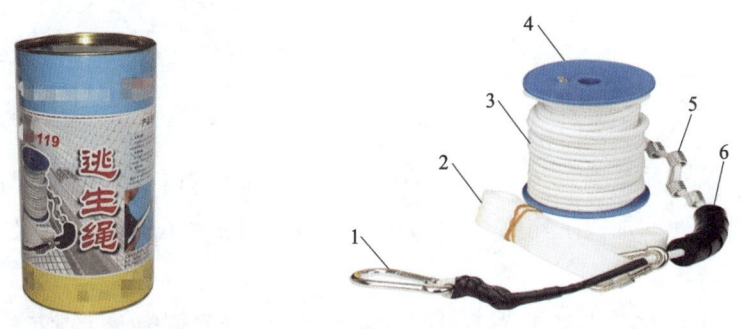

图 5-2-7 逃生绳
1—安全钩　2—安全带　3—钢芯绳　4—绳盘　5—减速弹簧　6—橡胶垫

（1）性能要求。逃生绳直径不得小于 8 mm。安全带材质应为棉纱或合成纤维材料，带宽 40～80 mm，带厚 1～3 mm，带长 1 000～1 800 mm，并带有能按使用者胸围大小调整长度的扣环。其特点是操作简单，更适合于紧急逃生；可以重复使用，为更多人员提供逃生机会。

（2）设置要求。逃生绳的设置要求同逃生缓降器。

6. 自救呼吸器

发生火灾时如何防止有毒烟气对人的伤害,是火灾现场人员逃生时需要解决的重要问题。目前用于火灾逃生时对人的呼吸系统进行保护的器材主要有两种:过滤式消防自救呼吸器和化学氧消防自救呼吸器。

(1)分类和设置要求。呼吸器按额定防护时间分为 15 min、20 min、25 min 和 30 min 四种类型。地上建筑可配备过滤式消防自救呼吸器或化学氧消防自救呼吸器,高于 30 m 的楼层内应配备防护时间不少于 20 min 的自救呼吸器,地下建筑应配备化学氧消防自救呼吸器。

(2)过滤式消防自救呼吸器。过滤式消防自救呼吸器主要通过过滤装置吸附、吸收、催化及直接过滤等作用去除一氧化碳、烟雾等有毒有害气体,让被困人员有时间撤离危险区域。一般由防护头罩、过滤装置(过滤罐)、脖套等部件组成,如图 5-2-8 所示。使用条件是环境中氧气浓度高于 17%,否则会缺氧窒息。

图 5-2-8 过滤式消防自救呼吸器

呼吸器的佩戴质量 ≤ 1 000 g;浓烟的滤烟效率 ≥ 95%;在额定防护时间内,一氧化碳透过浓度的时间加权平均值 ≤ 200 mL/m³,吸气温度 ≤ 65℃,吸气阻力 ≤ 800 Pa,呼气阻力 ≤ 300 Pa。

(3)化学氧消防自救呼吸器。化学氧消防自救呼吸器的原理是使人体的呼吸器官与外界大气环境隔绝,利用人体呼出的水汽和二氧化碳与化学生氧剂反应产生氧气,氧气进入储气袋,再由人体吸回,如此循环往复,供佩戴者在有毒有害气体、火灾烟雾、缺氧等危险环境下逃生自救。化学氧消防自救呼吸器由防护头罩、面罩、药罐和储气袋等组成,各部件连接应牢固可靠,在不借助工具的情况下应不易拆开,如图 5-2-9 所示。

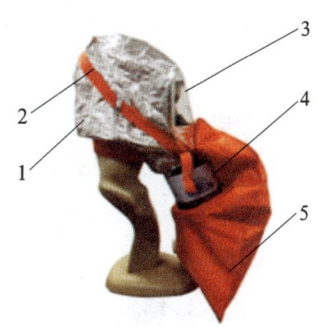

图 5-2-9 化学氧消防自救呼吸器
1—防护头罩 2—拉紧带 3—面罩 4—药罐 5—储气袋

呼吸器的佩戴质量不应大于 1 800 g，储气袋有效容积不应小于 6 L。在防护时间内，试验开始 2 min 内储气袋中氧浓度不应小于 17%，其余防护时间内氧浓度不应小于 21%；在防护时间内，储气袋中二氧化碳平均浓度不应大于 1.5%，最大浓度不应大于 3.0%。吸气温度不应大于 60℃。

【技能操作】

技能 1　逃生缓降器使用方法的培训

一、操作准备

1. 编写培训实施方案，明确培训目的、内容、人员分组及分工、步骤及注意事项等。

2. 准备至少两套逃生缓降器，制作逃生缓降器模拟操作器材。

3. 选择适合的场地。逃生缓降器操作技能训练一般按其长度选择建筑物内相应楼层进行，在窗前放置缓降器 1 部，在窗口内设置可悬挂缓降器的支点 1 处。

4. 准备一台视频播放设备，制作视频播放课件。

5. 配两名辅助人员，负责安全及配合操作。

6. 每人操作前应在前端和后端设专人进行保护。

二、操作程序

步骤1 安装

具体安装步骤如图5-2-10所示。

（1）选好安装位置，定位打孔，如图5-2-10a、b所示。

（2）安装挂钩板（挂钩板必须安装牢固），如图5-2-10c所示。

（3）安装连接绳，如图5-2-10d所示。

（4）把缓降器与连接绳挂钩板连接好后放入箱中，如图5-2-10e所示。

（5）最后把箱体擦拭干净，锁上箱门，如图5-2-10f所示。

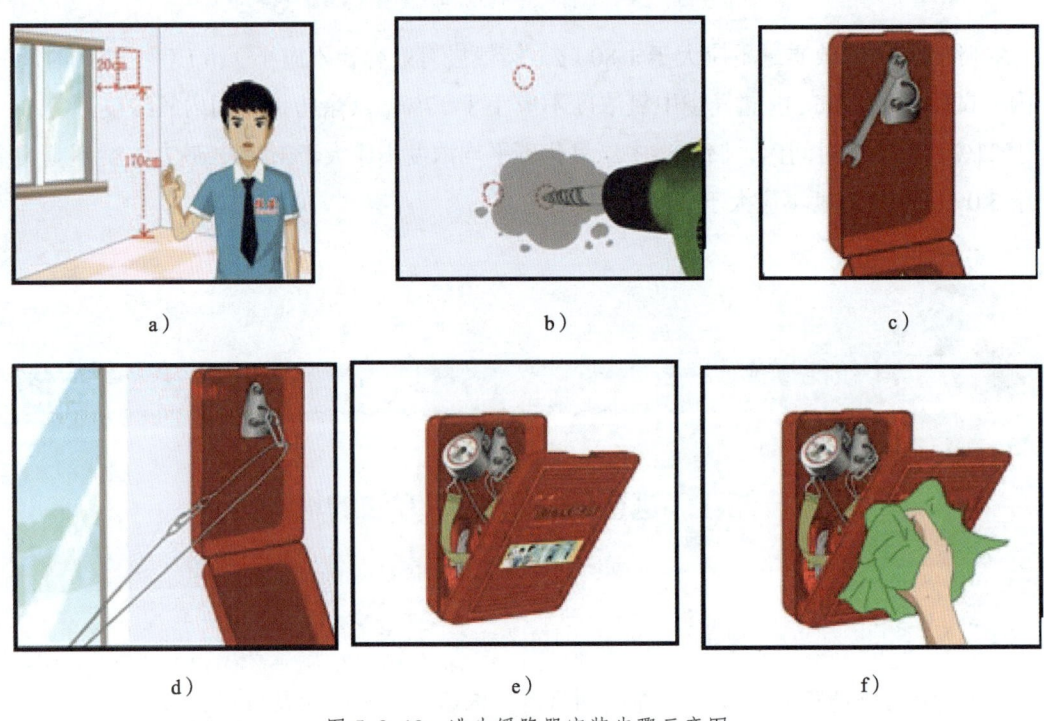

图5-2-10 逃生缓降器安装步骤示意图

步骤2 讲解逃生缓降器的结构、工作原理、操作使用要求及注意事项。

步骤3 通过播放视频分步骤进行讲解，并实际演示操作方法。

步骤4 每一名学员先进行模拟训练，直至熟练掌握操作方法。

步骤5 每一名学员进行实操，并设两人为其做好协助和保护。逃生缓降器操作步骤如下。

（1）将调速器用安全钩挂在预先安装好的挂钩板上或用安全钩、连接用钢丝绳将其挂在坚固的支承物上（暖气管道，上、下水管道，楼梯栏杆等处），对于已经安装了安装箱的用户，可在紧急情况发生时打碎玻璃取出调速器，如图5-2-11a所示。

（2）将钢丝绳盘顺室外墙面投向地面，且保证钢丝绳顺利展开至地面，如图 5-2-11b 所示。

（3）使用人系好安全带，将带夹调整适度，如图 5-2-11c 所示。

（4）使用人站在窗台上拉动钢丝绳长端，使其短端处于绷紧状态，如图 5-2-11d 所示。

（5）使用人双手扶住窗框，将身体悬于窗外，松开双手，开始匀速下降，如图 5-2-11e 所示。

（6）下降过程中，面朝墙，双手轻扶墙面，双脚蹬墙，以免擦伤，如图 5-2-11f 所示。

（7）人安全落地后，摘下安全带迅速离开现场，如图 5-2-11g 所示。

步骤 6　回收缓降器，换下一人操作，并记录每一个缓降器的使用次数。

步骤 7　通过考核验收培训效果。

图 5-2-11　逃生缓降器操作使用方法示意图

三、注意事项

1. 使用前须认真阅读使用说明书以便正确使用。不同产品的使用方法各有不同。
2. 认真做好使用前的检查。发现存在故障或质量疑问时，必须停止使用，并按照产品说明书进行检查、保养和维护。当发现缓降器滑降绳索的编织保护层脱落和破损时须及时更换，否则严禁使用。
3. 训练时注意记录器材使用次数，满50次后进行检修。达到最高使用次数时，应报废。
4. 缓降器是按楼层高度配置的，必须按规定设置在相应楼层，严禁窜动楼层使用。
5. 只能使用产品箱内所配附件，如安全钩、连接绳等，严禁自行用其他物品代替。
6. 使用时必须按说明书上的使用方法悬挂在固定的物体上（如上、下水管道，暖气管道等），不允许连接在移动物或承受力比较弱的钩、环、钉等物体上。
7. 每次只能承载一人，并可连续使用。严禁两人或多人同时一次使用。
8. 学龄前儿童、年老体弱者、精神智障者、无行动能力者必须在有人监护和帮助下使用。
9. 存放缓降器的库房应通风，常温，相对湿度不大于80%。禁止与油脂、酸类、易燃品及有腐蚀性的物品混放在一起。
10. 缓降器摩擦块内严禁注油，以免摩擦块打滑而造成滑降人员坠落伤亡事故。

技能2　逃生梯使用方法的培训

一、操作准备

1. 编写培训实施方案，明确培训目的、内容、人员分组及分工、步骤及注意事项等。
2. 选择适合的场地，完成逃生梯的安装。
3. 准备一台视频播放设备，制作视频播放课件。
4. 配两名辅助人员，负责安全及配合操作。
5. 每人操作前应在前端和后端设专人进行保护。

二、操作程序

步骤1　讲解逃生梯的类型、设置要求、操作使用方法及注意事项。
步骤2　通过播放视频分步骤进行讲解，并实际演示操作方法。
步骤3　每一名学员先进行模拟训练，直至熟练掌握操作方法。

步骤4 每一名学员进行实操,并设两人为其做好协助和保护。固定式逃生梯操作步骤如图5-2-12所示。

图5-2-12 固定式逃生梯操作步骤示意图

(1)靠近逃生梯,拉动平衡杆,将脚踏板拉到与脚面平行的位置,如图5-2-12a所示。

(2)双手抓牢平衡杆,双脚踏上脚踏板,逃生梯开始下降,如图5-2-12b、c所示。

(3)即将到达地面时,单脚离开,脚离开脚踏板准备下梯,当单脚落到地面后,松开双手,同时另一只脚离开脚踏板,安全到达地面后离开,如图5-2-12d所示。

步骤5 操作完成后,换下一人操作。

步骤6 通过考核验收培训效果。

三、注意事项

1. 使用前须认真阅读使用说明书。

2. 操作前做好检查。悬挂式逃生梯应检查的内容如下。

（1）使用过的软梯，若再次使用应检查主绳是否有磨损和破损。

（2）主绳挂钩圈连接处是否有松动或脱节。

（3）梯蹬绳与主绳连接处是否有磨损或破损；如果发现有磨损、破损、松动、脱节状况，就不能再使用。

3. 悬挂式逃生梯虽操作简单，但危险性高，使用过程应注意如下事项。

（1）应可靠安装。

（2）超过承重力不能使用。

（3）使用人员应佩戴安全带或安全绳。

（4）沿梯而下时，注意手与脚的用力要保持适中，身体要紧贴梯子，以防换手时软梯的偏转和摇动导致坠落。

（5）两手不可以同时松开，同时松开后容易脱手造成坠落。

技能 3　逃生滑道使用方法的培训

一、操作准备

1. 编写培训实施方案，明确培训目的、内容、人员分组及分工、步骤及注意事项等。
2. 选择适合的场地，完成逃生滑道的安装。
3. 准备一台视频播放设备，制作视频播放课件。
4. 配两名辅助人员，负责安全及配合操作。
5. 每人操作前应在前端和后端设专人进行保护。

二、操作程序

步骤 1　讲解逃生滑道的结构、设置要求、操作使用要求及注意事项。

步骤 2　通过播放视频分步骤进行讲解，并实际演示操作方法。

步骤 3　每一名学员先进行模拟训练，直至熟练掌握操作方法。

步骤 4　每一名学员进行实操，并设两人为其做好协助和保护。逃生滑道操作步骤如图 5-2-13 所示。

（1）平时逃生滑道储存于保管箱内，使用时先打开保管箱，如图 5-2-13a、b 所示。

（2）打开保管箱，松开软性滑道固定绳，将滑道取出，如图 5-2-13c、d 所示。

图 5-2-13 逃生滑道的使用方法示意图

（3）将滑道由入口处顺着楼体扔下，将入口处框架推出窗外展开定位，如图 5-2-13e、f 所示。

（4）入口处框架展开后效果图如图 5-2-13g 所示。

（5）楼体外侧逃生滑道效果图如图 5-2-13h 所示。

（6）逃生人员直立入口前，脚踩踏板进入，如图 5-2-13i 所示。

（7）逃生人员双手自然扶住逃生滑道入口固定框，脚下头上进入滑道，如图 5-2-13j 所示。

（8）逃生人员进入滑道，以身体自重下滑，着地时下蹲撤离，如图 5-2-13k 所示。

（9）逃生人员通过逃生滑道顺利到达地面，着地后迅速撤离出口，如图 5-2-13l 所示。

步骤 5　操作完成后，换下一人操作。

步骤 6　通过考核验收培训效果。

三、注意事项

1. 使用前须认真阅读使用说明书以便正确使用。不同产品的使用方法各有不同。

2. 认真做好使用前的检查。

3. 逃生滑道在使用过程中，需注意身上不要携带钥匙、笔等尖锐物品，不要随身携带行李，以免影响逃生。

技能 4　应急逃生器使用方法的培训

一、操作准备

1. 编写培训实施方案，明确培训目的、内容，人员分组及分工，步骤及注意事项等。

2. 准备应急逃生器，制作应急逃生器模拟操作器材。

3. 准备一台视频播放设备，制作视频播放课件。

4. 选择适合进行应急逃生器实操练习的场地。

5. 配两名辅助人员，负责安全及配合操作。

6. 每人操作前应在前端和后端设专人进行保护。

二、操作程序

步骤 1　讲解应急逃生器的结构、工作原理、操作使用要求及注意事项。

步骤 2　通过播放视频分步骤进行讲解，并实际演示操作方法。

步骤 3　每一名学员先进行模拟训练，直至熟练掌握操作方法。

步骤 4　每一名学员按操作步骤进行实操，并设两人为其做好协助和保护，如图 5-2-14 所示。

（1）将应急逃生器翻转过来，工作面低到地面，如图 5-2-14a 所示。

（2）像背包一样背上应急逃生器，如图 5-2-14b 所示。

（3）向下伸，将"T"扣绕过两腿中间并连接，创建了一个单点坐具，如图 5-2-14c 所示。

（4）确保两种扣环紧扣并牢固地连接在一起，如图 5-2-14d 所示。

（5）皮带应足够松，这样手可滑到皮带和胸之间，如图 5-2-14e 所示。

（6）调整腿带，通过向上拉来调整角度和松紧，直到舒适为止，如图 5-2-14f 所示。

（7）连接胸带，如图 5-2-14g 所示。

（8）拉下前肩带，不要过紧，以适应舒适的配合，如图 5-2-14h 所示。

（9）将右肩上顶部的红色标签拉下来以释放安全钩，如图 5-2-14i 所示。

（10）找到一个有预装好挂钩板的窗户向下看，确保能安全地降到地面；如果此位置不可能实现安全降到地面，就移到建筑的另一边重新查看，寻找安全降落的通道，如图 5-2-14j 所示。

（11）当窗户的逃生空间不够时，使用安全锤用力击碎玻璃，如图 5-2-14k 所示。

（12）将安全钩连接到挂钩板上，如图 5-2-14l 所示。

（13）俯身将一只手伸出窗外，有助于保持身体平衡，如图 5-2-14m 所示。

（14）将一只脚和腿放在外面，平稳地移动；将另一只脚甩到外面，直到胸部在窗台上，用胸部将体重转移到应急逃生器上，如图 5-2-14n 所示。

（15）将体重转移到应急逃生器上后，一旦胸部处于边缘，就先从手开始移动，并悬挂脚，如图 5-2-14o 所示。

（16）当开始下滑时，双手轻轻推墙，小腿呈弓字形，越过障碍物，绕过危险，如图 5-2-14p 所示。

（17）在靠近地面的地方大声喊叫，吸引降落区域附近任何人的注意。当着陆时，双脚与肩同宽，用脚着地而不用脚趾着地，如图 5-2-14q 所示。

（18）使用完毕后，先从胸带开始解开"T"扣，再当作背包一样脱掉。

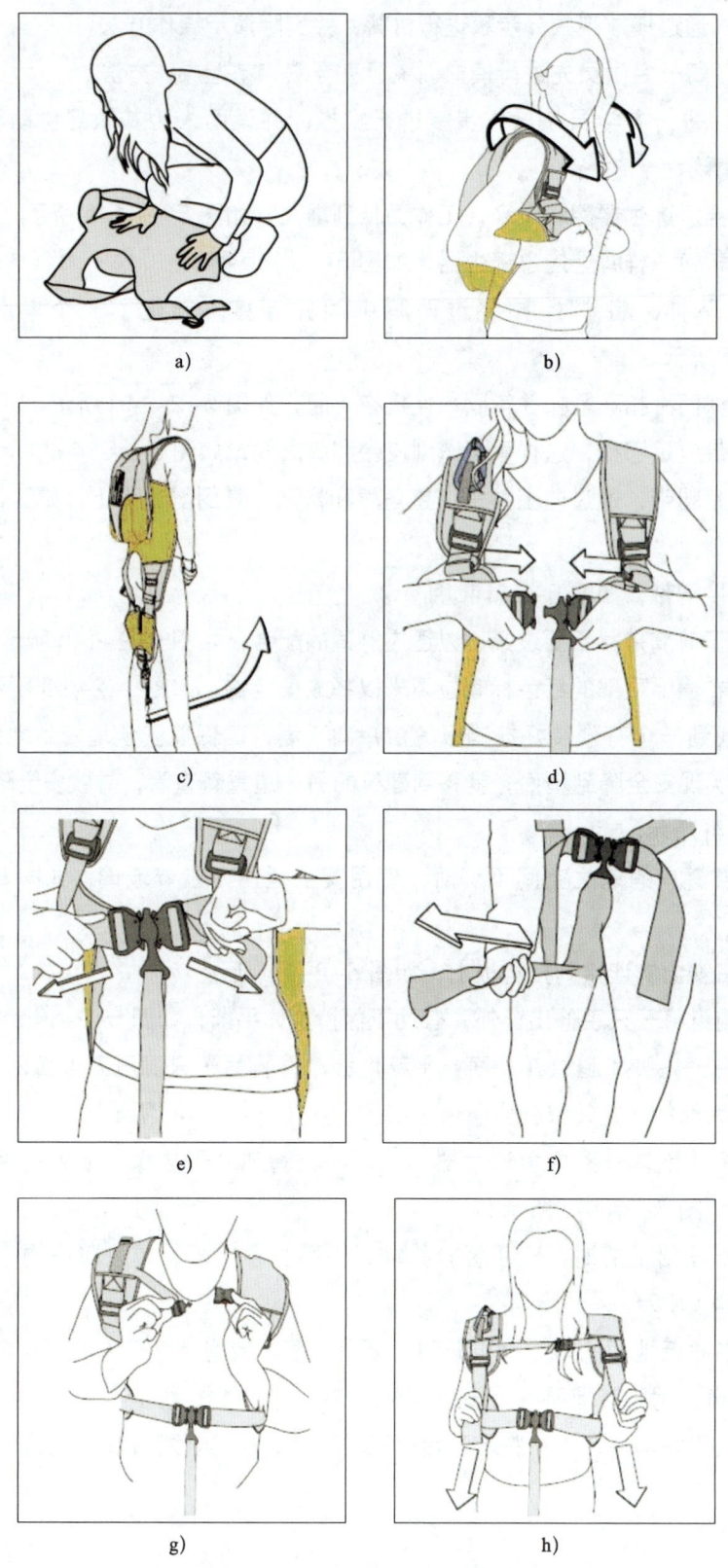

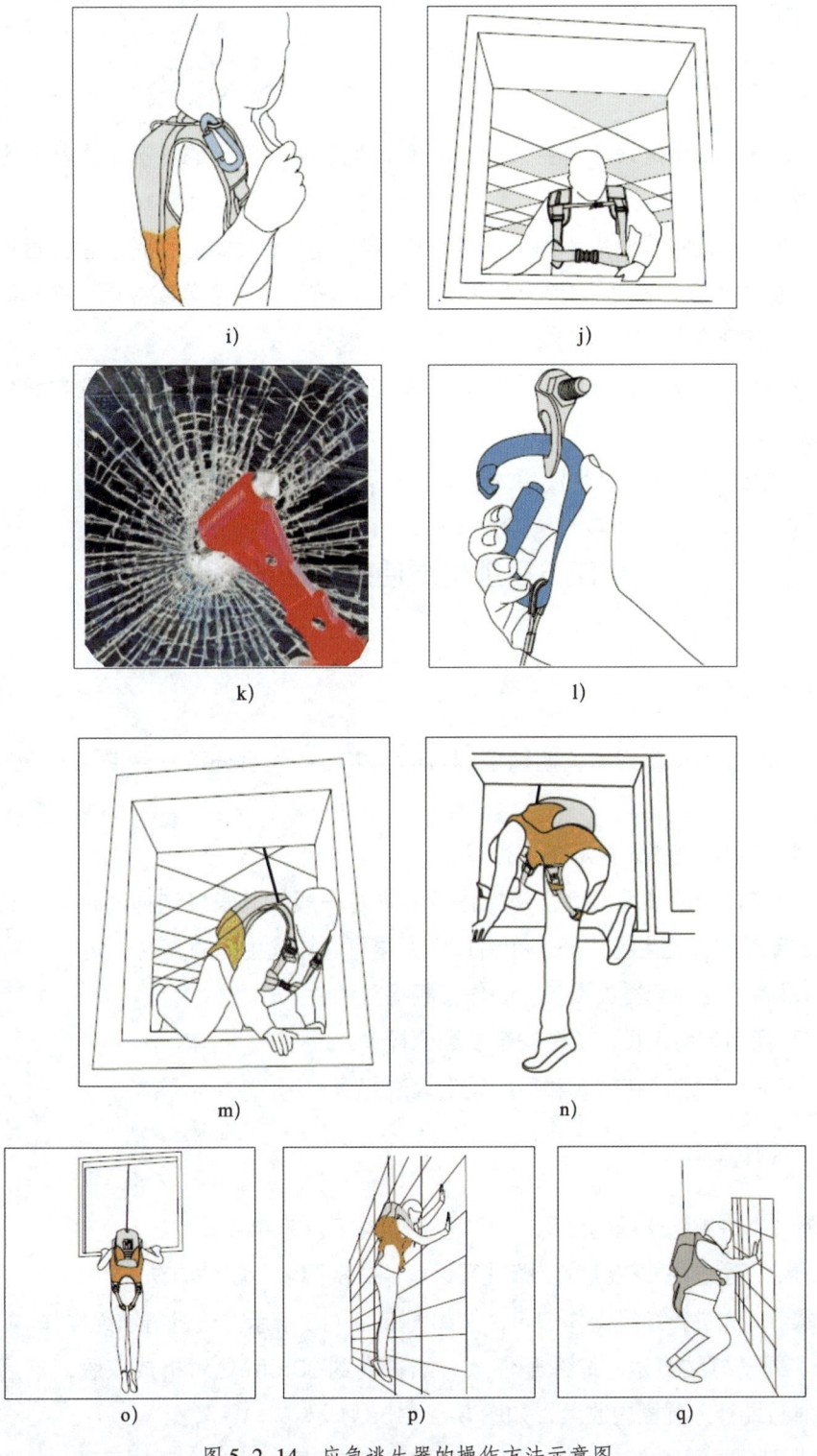

图 5-2-14 应急逃生器的操作方法示意图

步骤 5　操作完成后,换下一人操作。
步骤 6　通过考核验收培训效果。

三、注意事项

1. 应急逃生器是紧急逃生装置,只有在危及生命安全的情况下,其他逃生选择不可用时,才可使用。

2. 必须仔细阅读使用手册,从包装中取出,应多次背上和脱下它,尝试调整并熟悉使用操作步骤,直到有信心使用时,才能在紧急情况下可靠应用。在熟悉应急逃生器时,切记不要拉起安全钩。

3. 在使用过程中,可能会有轻微的擦伤、割伤和其他伤害,以及衣服损伤等情况出现。

4. 应急逃生器是一次性使用的设备,不可重复使用。

技能 5　逃生绳使用方法的培训

一、操作准备

1. 编写培训实施方案,明确培训目的、内容、人员分组及分工、步骤及注意事项等。

2. 按参加培训的人数准备逃生绳。

3. 选择适合的场地。逃生绳操作技能训练一般按其长度选择建筑物内相应楼层进行,在窗前放置逃生绳1部,在窗口内设置可悬挂逃生绳的支点1处。

4. 准备一台视频播放设备,制作视频播放课件。

5. 配两名辅助人员,负责安全及配合操作。

6. 每人操作前应在前端和后端设专人进行保护。

二、操作程序

步骤 1　讲解逃生绳的结构、操作使用要求及注意事项。
步骤 2　通过播放视频分步骤进行讲解,并实际演示操作方法。
步骤 3　先进行结绳操作练习,按如图 5-2-15 所示方法进行结绳操作。

(1)绳子打结方法。取绳子任意一端在大约 30 cm 处对折成双股,然后绕成绳圈,将对折端穿入绳圈内收紧,如图 5-2-15a 所示。

(2)安全绳捆绑方法。先将安全钩扣在套节环里,找一合适的固定物,将安全绳在固定物上绕 2～3 圈，然后打个十字结或不打结，如图 5-2-15b 所示；将安全钩扣在安全绳上，如图 5-2-15c 所示。

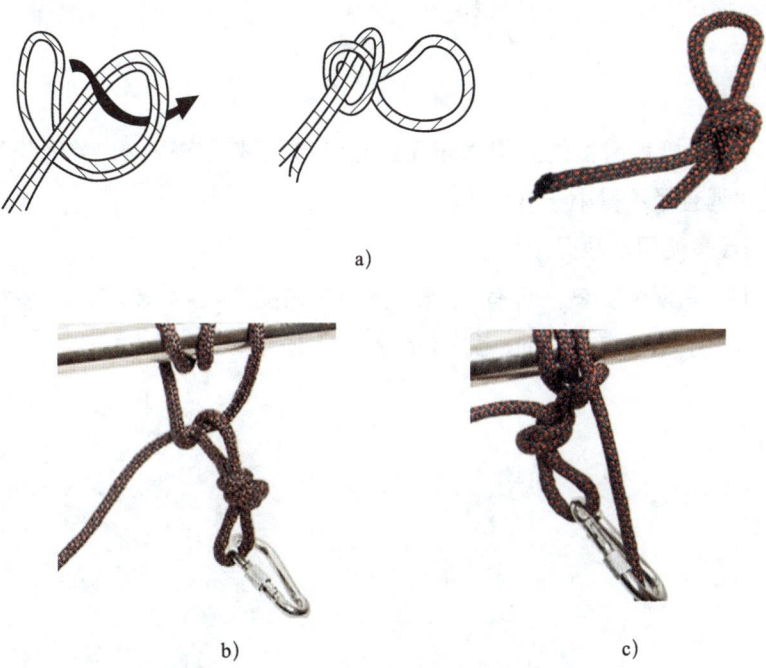

图 5-2-15 结绳操作方法示意图

步骤 4 每一名学员先进行模拟训练，直至熟练掌握逃生绳操作方法。

步骤 5 每一名学员按以下操作步骤进行操作，并设两人为其做好协助和保护（见图 5-2-16）。

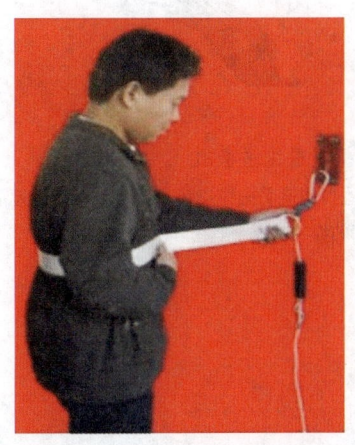 

图 5-2-16 逃生绳使用方法示意图

（1）将逃生绳一端安全钩牢固固定在窗口或建筑物上，将安全带套在腋下。

（2）手握橡胶垫，适当调整手握方向，由垂直方向往水平方向扭，可增加下滑阻力,减缓下降速度。

步骤6 按步骤回收逃生绳,换下一人操作。

步骤7 通过考核验收培训效果。

三、注意事项

1. 使用前先检查逃生绳的绳索表面应无任何机械损伤现象,整绳粗细均匀、结构一致,逃生绳直径不得小于 8 mm。

2. 达到最高使用次数必须报废。

3. 下滑时手握橡皮垫,可有效预防烫手,如图 5-2-17a 所示。为减缓下降速度,可适当调整手握橡皮垫方向,如图 5-2-17b 所示。

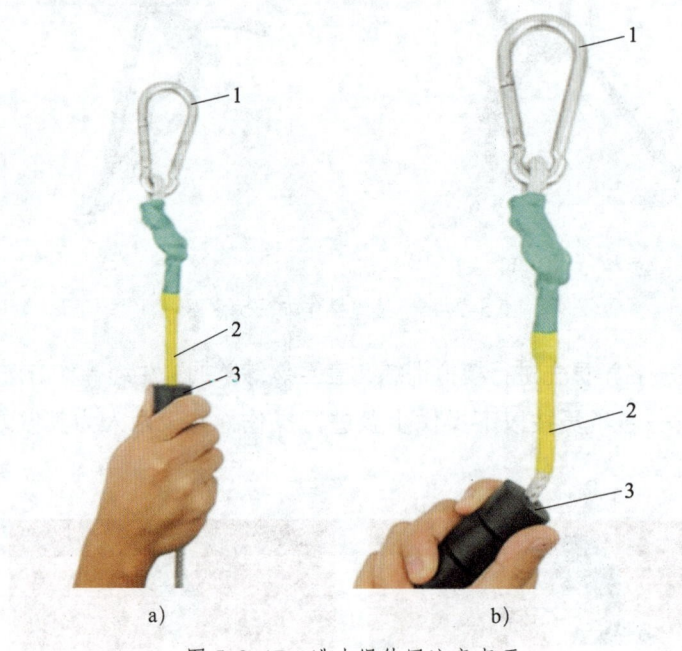

图 5-2-17 逃生绳使用注意事项

a)下滑时手握橡皮垫有效预防烫手 b)适当调整手握橡皮垫方向可减缓下降速度

1—安全钩 2—钢芯绳 3—橡皮垫

一级 / 高级技师

培训模块 六

设施维修

消防设施维修的工作流程如图 6-0-1 所示，主要包括前期准备，维修方案制定，维修实施，维修记录填写、存档、上报等几个步骤。

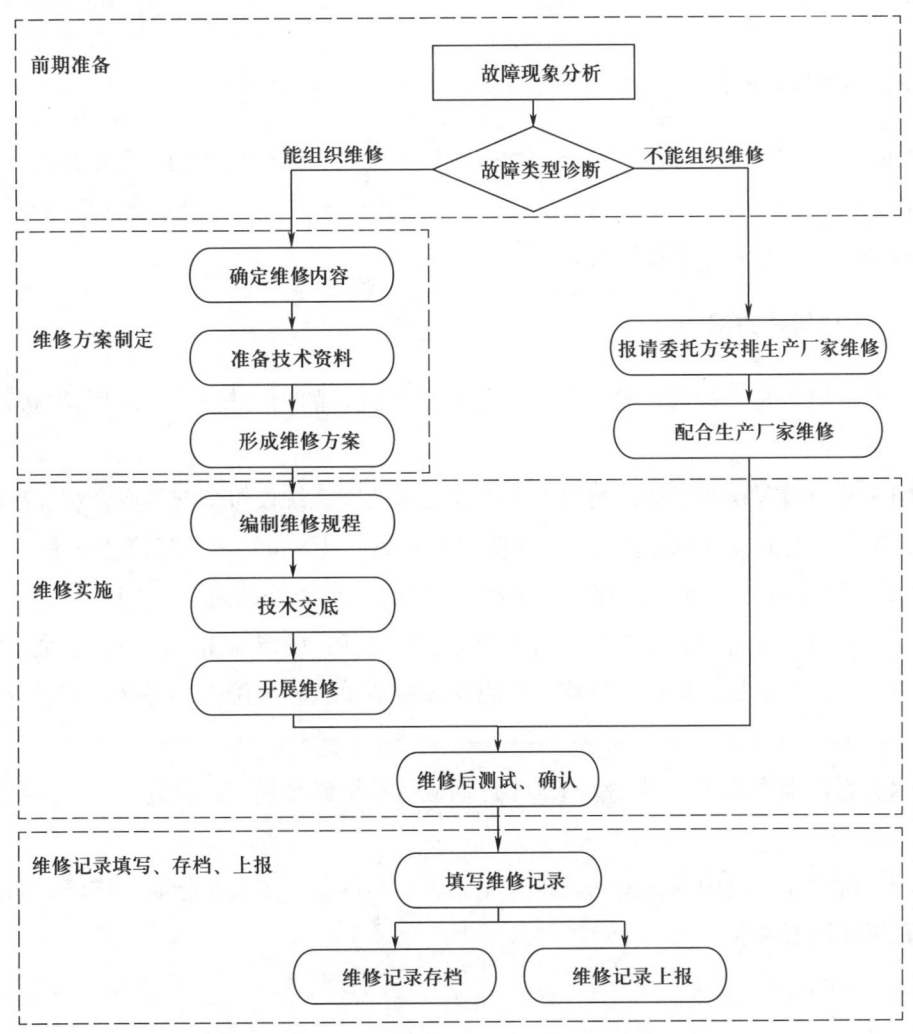

图 6-0-1　消防设施维修的工作流程

一、消防设施维修方案的编制

通过对设施故障现象的分析，初步诊断设施的故障类型后，综合考虑故障类型、故障部位及范围等因素制定该故障的维修方案。维修方案的编制主要包括以下流程。

1. 确定维修内容

根据已确定的故障类型和故障范围确定消防设施的维修内容。维修内容一般包括：

火灾探测器、手动火灾报警按钮、水流指示器、排烟阀等现场部件的更换，系统电气线路、供水管路的维修或更换，火灾报警控制器回路板、打印机等系统设备相关部件的更换等。

2. 准备技术资料

根据故障类型和故障范围准备故障系统的系统图、系统设备的平面布置图、系统设备的接线图、设备的使用说明书或设计手册。更换火灾自动报警系统的现场部件时，还需准备现场设备的地址编码表。

3. 形成维修方案

根据故障类型、故障部位及范围，结合故障设备的相关技术资料制定维修方案。维修方案包括以下内容：

（1）故障情况说明。故障情况说明主要包括故障系统设置情况概要介绍、故障类型、故障发生时间、故障具体现象、故障影响范围及具体位置等故障信息描述。

（2）维修内容的确定。维修内容的确定主要指明确维修的内容及工作要求。

（3）人员及设备配置。人员及设备配置主要包括：确定从事该故障设施维修的人员数量以及人员的执业资格；维修所需更换设备清单、相关配件的耗材；维修所需施工设备、工具。

（4）制订维修工作计划。维修工作计划应包括维修日期、人员分工及工作时长等内容。

（5）维修完成后的测试要求。维修完成后的测试要求主要是指确定维修后的系统测试范围及测试要求。

二、维修规程的编制

故障设施维修规程的编制主要包括以下流程。

1. 确定维修对象

确定维修对象是指确定需要维修的故障设施及故障类型，如控制器回路板故障、回路短路故障、消防水灭火系统管路泄漏等。

2. 分解维修步骤

分解维修步骤是指根据故障类型、部位和范围，参照故障设备的技术资料，将维修过程进行操作步骤分解。

3. 确定分步作业规程

确定分步作业规程是指参照故障设备的技术资料，明确每一分步操作的作业规程要求。

4. 维修操作注意事项

维修操作注意事项应根据故障类型、部位和范围，充分考虑建（构）筑物的使用性质及消防设施的设置情况，与委托单位共同确定。其中，与维修分步操作相关的内容应在分步作业规程中体现。

三、消防设备的维修原则

1. 对于火灾探测器、排烟阀、水流指示器等现场部件类故障，系统线路故障，火灾报警控制器、气体灭火控制器、水泵控制柜等控制类设备的打印机、蓄电池等非关键部件的故障，可以组织相关人员进行更换、维修。

2. 对于控制类设备控制主板、液晶显示器等关键部件应报请委托单位协调设备的生产厂家进行维修，并应组织人员予以配合。

培训单元 1
火灾探测报警系统维修方案、操作规程的编制方法

【培训重点】

掌握火灾探测报警系统的常见故障原因及维修方法。

熟练掌握火灾探测报警系统维修方案的编制方法。

熟练掌握火灾探测报警系统维修操作规程的编制方法。

【知识要求】

火灾探测报警系统常见故障原因及维修方法见表 6–1–1。

表 6–1–1　　　　火灾探测报警系统常见故障原因及维修方法

故障现象	故障原因	维修方法
控制器开机后无显示或显示不正常	灯板、显示板损坏	协助厂家更换灯板、显示板
	主板与灯板、显示板间接线不良	重新连接连接线
控制器开机后显示"主电故障"	主电源接线不良	重新连接主电源接线
	主电源保险管烧断	更换主电源保险管

续表

故障现象	故障原因	维修方法
控制器开机后显示"备电故障"	备用电源保险管烧断	更换备用电源保险管
	备用电源线路接线不良	重新连接备用电源接线
	蓄电池（组）欠压	保持主电源充电 8 h
	蓄电池（组）损坏	更换蓄电池（组）
控制器打印机不打印	未设置成打印方式	重新进行设置
	打印机接线不良	重新连接连接线
	打印纸卡纸	重新安装打印纸
控制器显示"现场部件故障"	现场部件接线不良	重新连接连接线
	现场部件损坏	更换现场部件
控制器显示"总线故障"	总线断路、短路或接线不良	修复线路故障或重新接线
	回路板损坏	更换回路板
控制器时钟故障、存储故障等	接地故障	重新连接接地线
	相应部件老化	协助厂家更换相应部件
按键无反应	主板损坏	更换主板或控制器
现场部件报警，控制器未报警	现场设备未进行地址注册	重新进行设备地址注册
	控制器主板损坏	更换主板或控制器
现场部件误报警	现场部件损坏	更换现场部件
现场部件有明显机械损伤	现场部件损坏	更换现场部件

【实例 6-1-1】火灾探测报警系统维修方案

一、项目概况

×××项目，消防控制室设置 1 台××型火灾报警控制器，控制器配接 6 个回路，现场设备总数为 801 个。

二、故障情况说明

2019 年 7 月 27 日，在进行报警测试时，手动操作二层楼梯口处设置的手动火灾报警按钮动作后，火灾报警控制器未发出火灾报警信号。

经现场故障诊断核查确认，3 回路 125# 手动火灾报警按钮损坏，无法正常报警。

三、维修内容

向委托方申领同一型号规格的手动火灾报警按钮，将损坏的手动火灾报警按钮予以更换。

四、人员及设备配置

安排张某（二级/技师）作为此次维修的负责人，带领李某（三级/高级工）执行此次维修任务，对故障按钮进行更换。张某准备现场设备编码器、万用表、电工工具、个人防护用具等仪器设备。

五、组织实施

1. 维修时间安排

维修开始时间：2019年7月28日上午8:30到场。

维修结束时间：2019年7月28日上午11:30之前。

2. 工作分工

张某负责手动火灾报警按钮的编码、更换及控制器注册的设置，李某负责协助张某完成设备更换及系统功能的调试。

六、维修测试要求

火灾报警按钮更换后，需对火灾报警按钮的功能进行测试。调试正常后，移交委托单位确认，并填写故障维修记录。

七、注意事项

1. 带电作业时需按作业要求佩戴防护用具，登高作业时需配监护人员。

2. 断电检查时先断备电，后断主电，挂上交流220 V标识牌。

3. 使用万用表带电检查时先调好万用表挡位，确认无误后测试。

4. 拆线检查时做好线头标记（如拍照），线头拆除后可能通电的线头必须用绝缘胶带包扎好。

5. 更换新设备时应注意：

（1）现场设备的更换，应根据实际情况分步分段进行。在更换部分设备时，不应影响其他未更换区域的系统功能。

（2）应采用与原设备相同型号的设备进行更换；更换完毕通电前，应先检查接线是否牢固，有无废线头、工具遗留在线路板上；通电时，应先开主电，后开备电。

6. 在系统维修更换过程中，业主必须采取应急管理措施，确保维修期间消防安全，并按照当地相关要求报送消防管理机构备案。

7. 维修结束后，应整理现场，清点工具，清除现场所有杂物，以防遗留在设备内造成事故。

八、附件

维修结束后,维修人员应填写"建筑消防设施故障维修记录表"(见表 6-1-2)。

表 6-1-2　　　　　　　　建筑消防设施故障维修记录表

委托单位	×××公司	项目名称	×××项目		所属系统	火灾探测报警系统
故障情况		故障维修情况				故障排除确认
发现时间	故障情况描述	维修时间	维修人员	维修方法	安全保护措施	
2019年7月27日	手动操作二层楼梯口处的手动火灾报警按钮动作后,火灾报警控制器未发出火灾报警信号	2019年7月28日	张某李某	更换部件	佩戴安全帽、防护眼镜,穿三防鞋,使用测电笔和绝缘旋具	

【实例 6-1-2】火灾探测报警系统手动火灾报警按钮更换的操作规程

一、维修对象

更换××型手动火灾报警按钮。

二、维修准备

1. 资料准备

设备使用说明书、系统图、接线图、平面布置图。

2. 备品备件

××型手动火灾报警按钮 1 只。

3. 维修工具

故障维修常备工具,如旋具、钳子、万用表、绝缘胶带等。

4. 防护装备

安全防护装备,如防砸鞋、安全帽、绝缘手套等。

5. 维修记录表格

"建筑消防设施故障维修记录表"。

三、维修步骤及作业要求

手动火灾报警按钮更换的步骤及作业要求如下:

步骤1　拆除原手动火灾报警按钮

作业要求：依次关闭控制器的备用电源、主电源开关，拆除原手动火灾报警按钮和总线回路接线，回路总线有极性要求时，检查回路总线线端的标号是否完整清晰，如不符合要求，则应重新标识。

步骤2　更换手动火灾报警按钮

作业要求：

（1）将新手动火灾报警按钮进行编码，号码与原手动火灾报警按钮号码应一致。

（2）按原线序将回路总线连接到手动火灾报警按钮上。

（3）将手动火灾报警按钮固定安装。

步骤3　新手动火灾报警按钮地址注册

作业要求：

（1）先打开控制器主电源开关，再打开备用电源开关。

（2）操作控制器，进行更换设备的注册。

（3）操作控制器，查看新更换的手动火灾报警按钮是否注册成功。

步骤4　手动火灾报警按钮报警功能和复位功能测试

作业要求：

（1）操作新更换的手动火灾报警按钮动作，观察火灾报警控制器发出火灾报警信号及信息显示情况。

（2）用专用工具使手动火灾报警按钮的机械结构复位，操作火灾报警控制器的复位按键（钮），观察火警信息复位情况。

步骤5　填写维修记录

根据本次故障维修情况，填写"建筑消防设施故障维修记录表"，存档并上报。

四、注意事项

1. 带电作业时需按作业要求佩戴防护用具，登高作业时需配监护人员。

2. 断电检查时先断备电，后断主电，挂上交流220 V标识牌。

3. 使用万用表带电检查时先调好万用表挡位，确认无误后测试。

4. 拆线检查时做好线头标记（如拍照），并将拆除后可能通电的线头用绝缘胶带包扎好。

5. 更换新设备时应注意：

（1）现场设备的更换，应根据实际情况分步分段进行。在更换部分设备时，不应影响其他未更换区域的系统功能。

（2）应采用与原设备相同型号的设备进行更换；更换完毕通电前，应先检查接线是否牢固，有无废线头、工具遗留在线路板上；通电时，应先开主电，后开备电。

6. 在系统维修更换过程中，业主必须采取应急管理措施，确保维修期间消防安全，并按照当地相关要求报送消防管理机构备案。

7. 维修结束后，应整理现场，清点工具，清除现场所有杂物，以防遗留在设备内造成事故。

培训单元 2
消防联动控制系统维修方案、操作规程的编制方法

【培训重点】

掌握消防联动控制系统的常见故障类型及维修方法。

熟练掌握消防联动控制系统维修方案的编制方法。

熟练掌握消防联动控制系统维修操作规程的编制方法。

【知识要求】

消防联动控制系统常见故障类型及维修内容要求见表 6-1-3。

表 6-1-3　　消防联动控制系统常见故障类型及维修内容要求

序号	故障现象	故障类型	维修内容要求
1	受控设备未能按照逻辑关系联动启动	逻辑关系编程错误	重新编程录入
2	控制器按键无反应	控制器主板损坏	更换控制器主板或同型号规格的控制器
	控制器显示不正常		
3	整个回路受控设备不能启动，控制器显示总线故障	控制器回路板损坏	更换控制器回路板
		回路总线断路	修复总线故障
4	受控设备不能启动	控制模块损坏	更换同一型号规格的模块
		模块和受控设备连线故障	修复线路故障
		受控设备电动控制装置损坏	更换同一型号规格的控制装置

【实例 6-1-3】消防联动控制系统维修方案

项目名称:某项目消防联动控制系统维修工程

编制时间:2019 年 5 月 27 日

一、项目概况

某项目,消防控制室设置一台××型火灾报警控制器(联动型),控制器配接 4 个回路。

二、故障情况说明

2019 年 5 月 26 日上午,某维护保养公司在对该项目的维护保养过程中,联动测试时发现一层东区设置的 5 樘防火卷帘均无法下降,其他防火分区设置的防火卷帘能够正常下降。

经现场核查,控制器 2# 回路板损坏,导致一层东区设置的 5 樘防火卷帘均无法联动控制下降。

三、维修内容

将控制器的 2# 回路板进行更换。

四、人员及设备配置

安排张某(二级/技师)作为此次维修的负责人,带领李某(三级/高级工)执行此次维修任务,对联动控制器的 2# 回路板进行更换。报请委托方向设备生产厂家采购××型火灾报警控制器(联动型)配套的回路板。张某准备万用表、电工工具、个人防护用具等仪器设备。

五、组织实施

1. 维修时间安排

维修开始时间:2019 年 5 月 27 日上午 8:30 到场。

维修结束时间:2019 年 5 月 27 日下午 5:30 之前。

2. 工作分工

张某负责回路板的更换、控制器运行参数的重新设置,李某负责协助张某完成系统功能的调试。

六、维修测试要求

回路板更换后,需对控制器 2# 回路的启动功能和负载能力、一层东区的联动控制功能进行测试。调试正常后,移交委托单位确认,并填写故障维修记录。

七、注意事项

1. 带电作业需按作业要求佩戴防护用具,登高作业需配监护人员。

2. 在维修期间，关闭消防联动控制器会造成火灾报警系统监控功能失效，委托单位应加强巡查，确保维修期间消防安全。

八、附件

维修结束后，维修人员应填写"建筑消防设施故障维修记录表"（见表 6-1-4）。

表 6-1-4　　　　　　　　建筑消防设施故障维修记录表

委托单位	××公司	项目名称	××项目	所属系统		消防联动控制系统
故障情况		故障维修情况				故障排除确认
发现时间	故障情况描述	维修时间	维修人员	维修方法	安全保护措施	
2019年5月26日	联动测试时发现一层东区设置的5樘防火卷帘门均无法下降	2019年5月27日	张某、李某	更换2#回路板	佩戴安全帽、防护眼镜，穿三防鞋，使用测电笔和旋具	

【实例 6-1-4】消防联动控制系统故障维修操作规程

一、维修对象

更换××型火灾报警控制器（联动型）2#回路板。

二、维修准备

1. 资料准备

设备使用说明书、系统图、接线图、平面布置图、联动逻辑关系，"建筑消防设施故障维修记录表"。

2. 与××型火灾报警控制器（联动型）匹配的回路板一块。

3. 防护用具（如绝缘鞋），常用工具（万用表、旋具、电工胶布等）、回路板（参数、型号应与原系统匹配）。

三、维修步骤及作业要求

控制器回路板更换的步骤及作业要求如下：

步骤 1　关机

作业要求：先关闭控制器的备电开关，再关闭主电开关。

步骤 2　拆除回路板

作业要求：

（1）拆除回路板的回路线路（注意回路线路末端是否有永久性标识，若没有，则应在拆除前施加相应标识）。

（2）拆除原回路板。

（3）更换新的回路板，更换时先将回路板进行拨码（号码与原回路板号码应一致），并按原线序将回路总线连接到回路板上。

步骤3　开机

作业要求：

（1）先打开控制器主电源开关，再打开备用电源开关。

（2）用万用表测试回路板输出电压是否正常。

步骤4　功能测试

作业要求：

（1）测试控制2#回路的启动功能和负载能力。

（2）按照联动控制逻辑设计文件的要求，使符合一层东区防火卷帘联动启动控制逻辑的火灾探测器或手动报警按钮发出火灾报警信号，检查一层东区防火卷帘的动作是否正常。

步骤5　填写维修记录

根据本次故障维修情况，填写"建筑消防设施故障维修记录表"，存档并上报。

四、注意事项

1. 断电检查时，先断备电，后断主电，挂上标识牌。

2. 带电检查时，先调好万用表挡位，确认无误后测试。

3. 拆线检查时，做好线头标记（如拍照），并将拆除后可能通电的线头用绝缘胶带包扎好。

4. 更换新设备时，先关闭电源，应采用与原设备相同型号的配件进行更换；更换完毕通电前，应先检查接线是否牢固，有无废线头、工具遗留在线路板上；通电时，应先开主电，后开备电。

5. 维修结束后，整理现场，清点工具，清除现场所有杂物，以防遗留在设备内造成事故。

培训单元 1
自动喷水灭火系统维修方案、操作规程的编制方法

【培训重点】

掌握自动喷水灭火系统的常见故障类型及维修方法。
熟练掌握自动喷水灭火系统维修方案的编制方法。
熟练掌握自动喷水灭火系统维修操作规程的编制方法。

【知识要求】

自动喷水灭火系统常见故障类型及维修内容要求见表 6-2-1。

表 6-2-1　　　自动喷水灭火系统常见故障类型及维修内容要求

序号	故障现象	故障类型	维修内容要求
1	密封渗漏	密封材料损坏	更换密封材料
		紧固螺栓未对称紧固	对称紧固螺栓
		管件损坏	更换管件

续表

序号	故障现象	故障类型	维修内容要求
2	压力表显示不正常	表前管路堵塞	疏通表前管路
		压力表损坏	更换压力表
3	湿式报警阀不能处于正常伺应状态	阀座杂质过多	清理并冲洗阀座
		阀瓣密封垫损坏	更换阀瓣密封垫
4	湿式阀阀瓣已开启但水力警铃不报警	警铃前过滤器或喷嘴堵塞	清除杂质
		警铃损坏	更换警铃
5	湿式阀阀瓣已开启但压力开关不输出信号	压力开关前过滤器堵塞	清除杂质
		压力开关损坏	更换压力开关
6	喷头损坏	喷头直观损伤	更换喷头
		喷头误动作	更换喷头并检查、分析环境因素
7	末端试水动作后水流指示器无信号输出	水流指示器方向装反	重新按正确方向安装
		叶片卡阻或信号元件损坏	更换适应的水流指示器
		灵敏度调整部件位置错误	调整灵敏度调整部件位置
8	水流指示器不复位	叶片卡阻或信号元件损坏	更换适应的水流指示器
		灵敏度调整部件位置错误	调整灵敏度调整部件位置
9	水泵不能动作	控制装置电气故障	维修控制柜
		电动机烧毁	更换电动机
		水泵锈蚀卡住	拆卸并清除杂物或更换泵头
10	水泵运转正常但水压不足	水泵过滤器堵塞	清除过滤器杂物
11	减压阀不减压或关死不动作	减压阀控制管路状态错误	调节控制阀门至正确状态并锁定
		减压阀损坏	更换或维修减压阀

注：水泵故障等部分故障项目须由专业人员维修或返厂维修。

【实例6-2-1】自动喷水灭火系统维修方案

项目名称：某项目自动喷水灭火系统维修工程

编制时间：2019年4月22日

一、项目概况

某公司项目自动喷水灭火系统，一层设备间装配有 5 台湿式报警阀。

二、故障情况说明

2019 年 4 月 22 日，某维护保养公司在对该项目的维护保养过程中发现一层设备间 4# 湿式报警阀不能处于正常的伺应状态，延迟器排水口一直流水，但未驱动水力警铃和压力开关报警，其他湿式报警阀状态正常，现场分析是阀座杂质多导致阀瓣密封不严或阀瓣密封圈损坏。

经现场核查，4# 湿式报警阀延迟器排水口一直流水，考虑到湿式阀使用寿命不长，判断为阀座杂质多导致阀瓣密封不严，但不排除阀瓣密封圈损坏。

三、维修内容

打开 4# 湿式报警阀阀盖进行阀座和阀瓣检查并清理杂质或根据检查情况更换阀瓣密封件。

四、人员及设备配置

安排张某（二级/技师）作为此次维修的负责人，带领李某（三级/高级工）执行此次维修任务，对 4# 湿式报警阀进行维修。报请委托方采购 4# 湿式报警阀阀瓣密封垫片。张某准备照明工具、螺栓拆卸工具、清理工具、个人防护用具等仪器设备。

五、组织实施

1. 维修时间安排

维修开始时间：2019 年 4 月 23 日上午 8:30 到场。

维修结束时间：2019 年 4 月 23 日下午 5:30 之前。

2. 工作分工

张某负责阀盖的拆卸复位、检查、阀座清理和密封垫片更换，李某负责协助张某完成维修后系统功能的调试。

六、维修测试要求

维修后，需对 4# 湿式报警阀的伺应状态及报警功能进行测试。调试正常后，移交委托单位确认，并填写故障维修记录。

七、注意事项

1. 作业时要求佩戴防护用具，登高作业需配监护人员。

2. 在维修期间，自动喷水灭火系统部分阀门会关闭，关闭期间，对应防火分区的自动喷水灭火系统失效，维修后测试时会因报警功能的测试启动压力开关，须提前确定好相关设备状态。委托单位应加强巡查，确保维修期间消防安全。

八、附件

维修结束后,维修人员应填写"建筑消防设施故障维修记录表"(见表 6-2-2)。

表 6-2-2　　　　　　　　　建筑消防设施故障维修记录表

委托单位		××公司	项目名称		××项目		所属系统	自动喷水灭火系统
故障情况			故障维修情况					故障排除确认
发现时间	故障情况描述		维修时间	维修人员	维修方法		安全保护措施	
2019年4月22日	一层设备间4#湿式报警阀延迟器排水口一直流水,未引发警铃和压力开关动作		2019年4月23日	张某李某	清除阀座杂质,更换阀瓣密封垫		佩戴安全帽、防护眼镜,穿防砸鞋	

【实例 6-2-2】自动喷水灭火系统故障维修操作规程

一、维修对象

××型湿式报警阀。

二、维修准备

1. 资料准备

设备使用说明书、设备装配图、"建筑消防设施故障维修记录表"。

2. 与××型湿式报警阀匹配的备用阀瓣密封垫一片。

3. 防砸鞋、防护眼镜,手电筒、拆卸工具(扳手、管钳)、清除工具(钢刷)等。

三、维修步骤及作业要求

该湿式报警阀维修的步骤及作业要求如下:

步骤 1　准备

维修前确定维修需要涉及的系统设备及动作情况,相关配合人员须就位。

步骤 2　封闭和排水

作业要求:

(1)关闭 4#湿式报警阀前后的控制阀门。

(2)打开湿式报警阀排水阀,将两控制阀门之间封闭段内的水排放到合适地方。

步骤 3　拆解

作业要求：

（1）用拆卸工具拆除阀盖螺栓，将阀盖及密封垫一起移出。

（2）取出阀瓣轴销，将阀瓣从阀座中取出。

步骤 4　检查和维修

作业要求：

（1）用手电筒照射观察阀座情况和阀瓣密封垫情况。

（2）用清除工具处理阀座及湿式报警阀腔内的杂质。

（3）拆除原阀瓣密封垫并更换新密封垫（适用时）。

（4）将阀瓣装回湿式报警阀内，装配好阀盖。

步骤 5　功能测试

作业要求：

（1）恢复维修时关闭的控制阀门至开启位置。

（2）观察正常状态下延迟器排水口是否流水，确定湿式报警阀是否能处于正常伺应状态。

（3）确定湿式报警阀可以处于正常伺应状态后，开启泄水阀排水观察湿式报警阀开启情况，检查湿式报警阀是否能正常启动以及启动后警铃和压力开关的报警状态。

（4）确认湿式报警阀功能正常后，将系统相关设备恢复至正常状态。

步骤 6　填写维修记录

根据本次故障维修情况，填写"建筑消防设施故障维修记录表"，存档并上报。

四、注意事项

1. 阀盖拆除过程中会有余水流出，注意采取防水措施，拆除过程中注意对阀盖密封垫的保护。

2. 维修时对系统部件的相关动作应提前做好应急预案。

3. 清除杂质时应避免杂质掉入供水侧管网。

4. 维修结束后，整理现场，清点工具，清除现场所有杂物，以防遗留在设备内造成事故。

培训单元 2
泡沫、气体等灭火系统维修方案、操作规程的编制方法

【培训重点】

掌握泡沫、气体等灭火系统的常见故障原因及维修方法。
熟练掌握泡沫、气体等灭火系统维修方案的编制方法。
熟练掌握泡沫、气体等灭火系统维修操作规程的编制方法。

【知识要求】

一、泡沫灭火系统常见故障原因及维修内容要求（见表6-2-3）

表 6-2-3　　泡沫灭火系统常见故障原因及维修内容要求

序号	故障现象	故障原因	维修内容要求
1	泡沫产生装置发泡异常	泡沫产生器吸气口被异物堵塞	清除异物
		泡沫混合液不满足要求（泡沫液失效，混合比不满足要求）	更换合格的泡沫液
2	比例混合器锈死	泡沫液长期腐蚀混合器，致使其锈死	更换比例混合器（系统平时试验完毕后，一定要用清水冲洗干净）
3	泡沫液储罐进水（无囊式压力比例混合装置）	储罐进水的控制阀门选型不当或不合格，导致平时出现渗漏	更换适用的阀门（严格阀门选型）
4	泡沫液储罐胶囊破裂（囊式压力比例混合装置）	胶囊因老化，承压降低，导致系统运行时发生破裂	更换胶囊
		泡沫液灌装方法不当而导致胶囊破裂	更换胶囊并按正确的方法进行灌装

二、气体灭火系统常见故障原因及维修内容要求(见表 6-2-4)

表 6-2-4　　　　气体灭火系统常见故障原因及维修内容要求

序号	故障现象	故障原因	维修内容要求
1	七氟丙烷、IG541 等储气瓶压力表指针在红区	储气瓶气体存储量不足	(1)委托有钢瓶检验资质的单位对钢瓶及配件进行检验 (2)委托有资质的单位对钢瓶充装相应的气体 (3)更换合格的气体储存装置或驱动瓶
	高压二氧化碳弹簧式称重报警装置报警		
	低压二氧化碳系统中灭火剂损失超过 10%		
2	驱动瓶压力表指针在红区	驱动瓶驱动气体欠压	
3	气体驱动管道、灭火剂输送管道有泄漏或不能输送气体	气体驱动管道、灭火剂输送管道损伤或堵塞	更换损坏的配件、管道
4	气体喷放时,放气指示灯不亮	灭火剂输送主管道上压力信号反馈装置故障	检查压力反馈装置的灵敏度,维修或更换相应配件
		线路短路或开路	排查线路故障

【实例 6-2-3】某储罐区泡沫灭火系统故障维修方案

项目名称:某储罐区泡沫灭火系统维修工程

编制时间:2019 年 6 月 17 日

一、项目概况

某储罐区设置泡沫灭火系统,设有 1#、2# 压力式比例混合器,分别连接 1# ~ 15# 泡沫炮、16# ~ 30# 泡沫炮。

二、故障情况说明

2019 年 6 月 16 日上午,在维护保养过程中,维保测试时发现 15# 泡沫炮出水压力低,经检查发现 1# 压力式比例混合器堵塞。

三、维修内容

维修 1# 压力式比例混合器。

四、人员及设备配置

安排张某(三级/高级工)作为此次维修的负责人,带领李某、王某(四级/中级工)执行此次维修任务,对 1# 压力式比例混合器进行维修。张某准备扳手、个人防护用具等仪器设备。

五、组织实施

1. 维修时间安排

维修开始时间：2019年6月18日上午9:00到场。

维修结束时间：2019年6月18日上午11:00之前。

2. 工作分工

张某负责1#压力式比例混合器的维修，李某、王某配合，维修完成后，对系统功能进行测试。

六、维修测试要求

张某对15#泡沫炮进行出水压力试验，检查出水压力是否符合要求，完成系统功能的测试。调试正常后，移交委托单位确认，并填写故障维修记录。

七、注意事项

1. 维修作业时需按作业要求佩戴防护用具。

2. 在维修期间，联系委托单位消防安全管理人，协调该区域停止储罐装卸作业。

八、附件

维修结束后，维修人员应填写"建筑消防设施故障维修记录表"（见表6-2-5）。

表6-2-5 建筑消防设施故障维修记录表

委托单位	××公司	项目名称	××储罐区	所属系统	泡沫灭火系统
故障情况		故障维修情况			故障排除确认
发现时间	故障情况描述	维修时间	维修人员	维修方法	安全保护措施	
2019年6月16日	1#压力式比例混合器堵塞	2019年6月18日 9:00—11:00	张某（三级/高级工），李某、王某（四级/中级工）	拆除泡沫比例混合器，检查维修并重新安装	（1）个人防护用品（2）在维修期间，禁止该区域进行储罐装卸作业	

【实例 6-2-4】泡沫灭火系统故障维修操作规程

一、维修对象

维修 1# 压力式比例混合器。

二、维修准备

1. 资料准备

设备使用说明书、"建筑消防设施故障维修记录表"。

2. 防护用具（安全帽、劳保鞋）、常用工具（扳手等）。

三、维修步骤及作业要求

压力式比例混合器维修步骤及作业要求如下：

步骤 1　关闭系统阀门

作业要求：

（1）关闭总阀。

（2）确认进水阀、出液阀处于关闭状态。

步骤 2　维修压力式比例混合器

作业要求：

（1）拆开压力式比例混合器。

（2）检查堵塞原因。

（3）更换或清理压力式比例混合器孔板。

步骤 3　系统复位

作业要求：

（1）安装压力式比例混合器。

（2）打开系统总阀。

步骤 4　功能测试

测试 15# 泡沫炮出水情况。

步骤 5　填写维修记录

根据本次故障维修情况，填写"建筑消防设施故障维修记录表"，存档并上报。

四、注意事项

维修结束后，整理现场，清点工具，清除现场所有杂物，以防遗留在设备内造成事故。

【实例 6-2-5】气体灭火系统维修方案

项目名称：某厂房项目气体灭火系统维修工程

编制时间：2019 年 6 月 17 日

一、项目概况

某厂房项目，2# 厂房 3#、4# 层压机旁设置一台 ×× 型气体控制器，该厂房设置 3#、4# 层压机两个防护区，每个防护区各配有 2 个 ××L 的高压二氧化碳储气钢瓶。

二、故障情况说明

2019 年 6 月 16 日上午，某维护保养公司在对 2# 厂房的气体灭火系统的维护保养过程中，维保测试时发现 2# 厂房的 3# 层压机防护区内 2 个高压二氧化碳储气钢瓶称重装置报警，经现场排查确认为这 2 个储气瓶气体储量不足，根据该故障描述编制气体灭火系统维修方案。

三、维修内容

对 2 个高压二氧化碳储气钢瓶进行更换。

四、人员及设备配置

安排张某（二级/技师）作为此次维修的负责人，带领李某、王某（三级/高级工）执行此次维修任务，对 2 个高压二氧化碳储气钢瓶进行更换。报请委托方向设备生产厂家采购 2 个 ××L 的高压二氧化碳储气钢瓶。张某准备扳手、电工工具、个人防护用具等仪器设备。

五、组织实施

1. 维修时间安排

维修开始时间：2019 年 6 月 18 日上午 9:30 到场。

维修结束时间：2019 年 6 月 18 日下午 5:00 之前。

2. 工作分工

张某负责对 2 个高压二氧化碳储气钢瓶、称重装置进行更换及重新设置，李某、王某负责协助张某完成系统功能的调试。

六、维修测试要求

维修后，需对 2 个钢瓶的称重报警功能进行测试。调试正常后，移交委托单位确认，并填写故障维修记录。

七、注意事项

1. 维修作业时需按作业要求佩戴防护用具。

2. 在维修期间，为防止误动作，气体控制器可能会关机，或可能将气体灭火系统驱动装置动作机构脱开，3#、4#层压机防护区内气体灭火系统将失去作用。在维修期间，委托单位需在两个防护区外配备适当灭火器，并加强巡查，确保维修期间消防安全（或报请委托单位消防安全管理人协调维修期的停产）。

八、附件

维修结束后，维修人员应填写"建筑消防设施故障维修记录表"（见表6-2-6）。

表 6-2-6　　　　　　　　　建筑消防设施故障维修记录表

委托单位	××公司	项目名称	××项目	所属系统	气体灭火系统
故障情况		故障维修情况			故障排除确认
发现时间	故障情况描述	维修时间	维修人员	维修方法	安全保护措施	
2019年6月16日	2#厂房3#层压机设置的2个高压二氧化碳储气钢瓶称重装置报警器报警	2019年6月18日	张某（二级/技师），李某、王某（三级/高级工）	更换合格的储气钢瓶	1. 个人防护用品 2. 防止误动作：关机或拆除驱动装置动作机构	

【实例6-2-6】气体灭火系统故障维修操作规程

一、维修对象

更换2个××L高压二氧化碳储气钢瓶。

二、维修准备

1. 资料准备

设备使用说明书、系统图、"建筑消防设施故障维修记录表"。

2. 委托单位已采购的2个符合型号的高压二氧化碳储气钢瓶。

3. 防护用具（如绝缘鞋）、常用工具（扳手、旋具、电工胶布等）。

三、维修步骤及作业要求

高压二氧化碳储气钢瓶更换的步骤及作业要求如下：

步骤1　关机或脱开驱动装置的动作机构

作业要求：先关闭控制器的备电开关，再关闭主电开关或拆开驱动装置电磁阀的线圈。

步骤2 拆除高压二氧化碳储气钢瓶

作业要求：

（1）拆除与储气钢瓶的连接管道（注意不要引起机械损伤）、称重装置等。

（2）拆除储气钢瓶。

（3）更换合格的储气钢瓶，连接管道至原状并调节称重报警装置，保证其有效性。

步骤3 设备复位

作业要求：

（1）先打开控制器主电开关，再打开备电开关；或检查无动作信号后对驱动装置进行复位连接。

（2）用万用表测试回路板输出电压是否正常。

步骤4 功能测试

作业要求：

测试2个高压二氧化碳储气钢瓶称重报警装置的报警功能。

步骤5 填写维修记录

根据本次故障维修情况，填写"建筑消防设施故障维修记录表"，存档并上报。

四、注意事项

1. 断电检查时，先断备电，后断主电，挂上标识牌。

2. 脱开驱动电磁阀线圈时，做好线头标记（如拍照），并将拆除后可能通电的线头用绝缘胶带包扎好。

3. 更换设备前，检查设备型号尺寸是否完全匹配。更换时，因设备较为沉重，应有相应的保护及安装辅助措施。安装结束后，对称重报警功能进行确认，检查无异常后，对系统进行复位。

4. 维修结束后，整理现场，清点工具，清除现场所有杂物，以防遗留在设备内造成事故。

培训单元 3
自动跟踪定位射流灭火系统与固定消防炮灭火系统维修方案、操作规程的编制方法

【培训重点】

掌握自动跟踪定位射流灭火系统与固定消防炮灭火系统的常见故障及维修方法。

熟练掌握自动跟踪定位射流灭火系统与固定消防炮灭火系统维修方案的编制方法。

熟练掌握自动跟踪定位射流灭火系统与固定消防炮灭火系统维修操作规程的编制方法。

【知识要求】

一、自动跟踪定位射流灭火系统的常见故障及维修方法

自动跟踪定位射流灭火系统的维修一般由三级/高级工及以上级别人员进行操作，其常见故障及维修方法见表 6-2-7。

表 6-2-7　　　自动跟踪定位射流灭火系统常见故障及维修方法

组件类别	设备名称	序号	常见故障	维修方法
灭火装置	自动消防炮、喷射型自动射流灭火装置	1	消防控制室远程手动操作灭火装置上、下、左、右、直流/喷雾不动作	先检查远程通信是否存在故障，再逐步检查控制主机、信号处理器、灭火装置动作机构等是否存在故障，维修或更换故障部件
		2	现场控制箱操作灭火装置上、下、左、右、直流/喷雾不动作	先检查现场控制箱通信是否存在故障，再逐步检查信号处理器、灭火装置动作机构等是否存在故障，维修或更换故障部件
		3	控制灭火装置上下动作、左右不动作或左右动作、上下不动作	先检查信号处理器是否存在故障，再检查灭火装置动作机构等是否存在故障，维修或更换故障部件

续表

组件类别	设备名称	序号	常见故障	维修方法
灭火装置	自动消防炮、喷射型自动射流灭火装置	4	灭火装置上、下、左、右、直流/喷雾动作卡阻、迟缓	检查灭火装置动作机构是否存在故障,维修或更换故障部件
		5	灭火装置无法自动扫描	先检查系统控制主机参数设置是否错误,再检查信号处理器、灭火装置是否存在故障,维修或更换故障部件
		6	灭火装置不出水或射程小、水流分散	检查自动控制阀和检修阀是否能正常打开、供水管网和灭火装置流道是否有异物堵塞,排除阀门故障、清除堵塞异物
		7	灭火装置射流打不准目标	检查探测装置是否存在故障,探测装置参数设置是否正确;维修或更换故障部件,调整参数设置
	喷洒型自动射流灭火装置	1	灭火装置射流但不旋转	检查灭火装置旋转机构是否存在故障,维修或更换故障部件
		2	灭火装置不出水或水量小	检查自动控制阀和检修阀是否能正常打开,供水管道内是否有异物堵塞,排除阀门故障,清除堵塞异物
探测装置	图像型火灾探测器	1	无红外图像信号	检查探测器是否损坏,维修或更换故障部件
		2	无可视图像信号	检查探测器是否损坏,维修或更换故障部件
		3	不输出火源探测信号	检查探测器是否损坏,维修或更换故障部件
		4	误报火警	先检查探测器是否损坏,维修或更换故障部件,再调整探测器灵敏度和探测器参数设置
		5	可视图像模糊	先检查探测器是否损坏,维修或更换故障部件,再调整探测器清晰度
		6	图像干扰	先检查探测器是否存在故障,维修或更换故障部件,再检查线路是否存在干扰,排除线路干扰
	红紫外复合探测器	1	红外信号故障	检查红外探测部件是否存在故障,维修或更换故障部件
		2	紫外信号故障	检查紫外探测部件是否存在故障,维修或更换故障部件
		3	不输出火源探测信号	检查探测器是否损坏,维修或更换故障部件
		4	误报火警	先检查探测器是否损坏,维修或更换故障部件,再调整探测器灵敏度和探测器参数设置

续表

组件类别	设备名称	序号	常见故障	维修方法
控制装置	控制主机	1	主机瘫痪	检查系统供电及主机硬件，维修或更换损坏设备
		2	无法操作及控制	检查通信是否正常，再对线路进行排查，维修故障
		3	控制软件运行故障	检查硬件是否存在故障，排除硬件故障，再检查系统数据、参数设置是否正确，校正系统数据
		4	无法操作灭火装置动作	检查控制主机是否存在故障，维修或更换损坏设备，再检查系统电气线路是否存在故障，排除线路故障
		5	无法打开和关闭自动控制阀	检查控制主机、自动控制阀及电源是否存在故障，维修或更换故障部件，再检查系统电气线路是否存在故障，排除线路故障
		6	无法远程启动消防水泵	先检查控制主机、消防水泵控制柜及电源是否存在故障，维修或更换故障部件，再检查系统电气线路是否存在故障，排除线路故障
		7	无法报警	检查控制主机警报器是否存在故障，维修或更换故障部件
		8	联动故障	先检查控制主机是否存在故障，维修或更换故障部件，再检查控制主机与火灾自动报警系统联动控制柜通信是否存在故障，排除通信故障
	硬盘录像机	1	不录像	检查参数设置，检查录像机和硬盘是否损坏，维修或更换故障部件
		2	无法回放录像	检查录像机和硬盘是否存在故障，维修或更换故障部件
	矩阵切换器	1	不能切换图像	检查矩阵切换器是否存在故障，维修或更换故障部件
		2	时间、日期不准确	重新设置时间参数
	监视器	1	不显示画面	检查监视器和连接线路是否存在故障，维修或更换故障部件
		2	画面显示干扰、杂纹	检查监视器是否存在故障，维修或更换故障部件，再检查线路是否存在干扰，排除线路干扰
	UPS电源	1	不供电	检查UPS电源主机是否存在故障，维修或更换故障部件
		2	无法逆变供电	检查UPS电源主机和蓄电池组是否存在故障，维修或更换故障部件

续表

组件类别	设备名称	序号	常见故障	维修方法
控制装置	UPS电源	3	电源主机风扇不工作或存在异响	检查UPS电源主机是否存在故障，维修或更换故障部件
		4	蓄电池腐蚀、漏液、变形	更换蓄电池
	信号处理器	1	远程通信故障	检查信号处理器远程通信部件是否存在故障，维修或更换故障部件
		2	现场通信故障	检查信号处理器现场通信部件是否存在故障，维修或更换故障部件
		3	无法控制灭火装置动作	检查信号处理器控制部件是否存在故障，维修或更换故障部件
		4	无法打开和关闭自动控制阀	
		5	现场控制箱无法启动消防水泵	检查信号处理器反馈部件是否存在故障，维修或更换故障部件
		6	无反馈信号	
	现场控制箱	1	钥匙锁故障或密码锁失灵，无法解锁	维修设备或更换面板
		2	通信故障	
		3	无法控制灭火装置动作	检查现场控制箱是否存在故障，维修或更换故障部件
		4	无法打开和关闭自动控制阀	
		5	无法启动消防水泵	
		6	现场和远程状态无法切换	
	消防水泵控制柜	1	无法启动消防水泵	检查消防水泵控制柜和电气线路、消防水泵驱动电动机是否存在故障，维修或更换故障部件
		2	无法实现主、备用泵自动切换	检查消防水泵控制柜和电气线路是否存在故障，维修或更换故障部件

二、固定消防炮灭火系统的常见故障及维修方法

固定消防炮灭火系统的维修一般由三级/高级工及以上级别人员进行操作，其常见故障及维修方法见表6-2-8。

表 6-2-8　　　　　　　　　　固定消防炮灭火系统常见故障及维修方法

组件类别	设备名称	序号	常见故障	维修方法
消防炮	消防水炮、消防泡沫炮、消防干粉炮	1	消防控制室远程手动操作消防炮上、下、左、右、直流/喷雾不动作	先检查远程通信是否存在故障，再逐步检查控制主机、动力源、消防炮驱动电动机、动作机构等是否存在故障，维修或更换故障部件
		2	现场控制箱操作消防炮上、下、左、右、直流/喷雾不动作	先检查现场控制箱通信是否存在故障，再逐步检查动力源、消防炮驱动电动机、动作机构等是否存在故障，维修或更换故障部件
		3	无线遥控器操作消防炮上、下、左、右、直流/喷雾不动作	先检查无线遥控器通信是否存在故障，再逐步检查动力源、消防炮驱动电动机、动作机构等是否存在故障，维修或更换故障部件
		4	控制消防炮上下动作、左右不动作或左右动作、上下不动作	先检查动力源是否存在故障，再检查消防炮驱动电动机、动作机构等是否存在故障，维修或更换故障部件
		5	消防炮上、下、左、右、直流/喷雾动作卡阻、迟缓	检查消防炮动作机构，维修或更换故障部件
		6	消防炮不射流或射程小、射流分散	检查控制阀和检修阀是否能正常打开，供水（泡沫、干粉）管道和消防炮流道是否有异物堵塞，排除阀门故障，清除堵塞异物
控制装置	控制主机	1	主机瘫痪	检查系统供电及主机硬件，维修或更换损坏设备
		2	无法操作及控制	先检查通信是否正常，再对线路进行排查，维修故障
		3	无法控制消防炮动作	先检查控制主机是否存在故障，维修或更换损坏设备，再检查系统电气线路是否存在故障，排除线路故障
		4	无法打开和关闭控制阀	先检查控制主机、控制阀及电源是否存在故障，维修或更换故障部件，再检查系统电气线路是否存在故障，排除线路故障
		5	无法远程启动消防水泵	先检查控制主机、消防水泵控制柜及电源是否存在故障，维修或更换故障部件，再检查系统电气线路是否存在故障，排除线路故障
	现场控制箱	1	钥匙锁故障或密码锁失灵，无法解锁	维修设备或更换面板
		2	通信故障	检查现场控制箱是否存在故障，维修或更换故障部件
		3	无法控制消防炮动作	
		4	无法打开和关闭控制阀	
		5	无法启动消防水泵	
		6	现场和远程状态无法切换	

续表

组件类别	设备名称	序号	常见故障	维修方法
控制装置	无线遥控器	1	遥控器按键无反应或反应不灵敏	检查电池电量是否过低,检查按键面板是否存在故障,更换电池、维修按键面板
		2	无法选择消防炮	检查无线遥控器是否存在故障,维修或更换故障部件
		3	无法控制消防炮动作	检查无线遥控器是否存在故障,维修或更换故障部件
		4	无法打开和关闭控制阀	检查无线遥控器是否存在故障,维修或更换故障部件
	消防水泵控制柜	1	无法启动消防水泵	检查消防水泵控制柜和电气线路、消防水泵驱动电动机是否存在故障,维修或更换故障部件
		2	无法实现主、备用泵自动切换	检查消防水泵控制柜和电气线路是否存在故障,维修或更换故障部件
泡沫装置	泡沫液储罐	1	罐体、管路及附件锈蚀、损坏	进行除锈、涂漆处理,维修或更换故障部件
		2	泡沫液泄漏	检查罐体是否腐蚀、锈蚀、损坏,检查阀门是否关闭不严密,维修或更换故障部件
		3	泡沫液过期或变质	更换泡沫液
	储罐压力式泡沫比例混合装置	1	不产生泡沫混合液	检查储罐进水管阀门、出泡沫液管阀门是否打开,检查系统供水流量、压力是否过小或过大,检查储罐内泡沫液是否已用完,检查泡沫比例混合器进泡沫液口是否堵塞,排除故障
		2	泡沫混合比例不符合要求	检查系统供水流量、压力是否过小或过大,检查泡沫比例混合器进泡沫液口是否堵塞,检查泡沫比例混合器与泡沫液型号规格是否匹配,排除故障
		3	泡沫液泄漏	检查罐体是否腐蚀、锈蚀、损坏,检查阀门是否关闭不严密,检查储罐内隔膜是否损坏,维修或更换故障部件
	平衡式泡沫比例混合装置	1	供泡沫液泵不工作	检查驱动电动机、水轮机、柴油机是否存在故障,检查供泡沫液泵是否咬死,维修或更换故障部件
		2	不产生泡沫混合液	检查系统供水流量、压力是否过小或过大,检查供泡沫液泵是否正常工作,检查储罐内泡沫液是否已用完,检查泡沫比例混合器进泡沫液口是否堵塞,排除故障
		3	泡沫混合比例不符合要求	检查系统供水流量、压力是否过小或过大,检查供泡沫液泵是否正常工作,检查泡沫比例混合器进泡沫液口是否堵塞,排除故障

续表

组件类别	设备名称	序号	常见故障	维修方法
干粉装置	干粉罐	1	罐体、管路及附件锈蚀、损坏	进行除锈、涂漆处理，维修或更换故障部件
		2	干粉结块、过期或变质	更换干粉灭火剂
	氮气瓶组	1	压力表显示瓶内压力低	检查压力表是否存在故障，检查瓶内氮气是否泄漏，更换压力表或充装氮气
		2	瓶体及阀门附件有锈蚀、损坏	维修或更换锈蚀、损坏部件
		3	瓶头阀启动装置损坏	维修或更换损坏部件

【实例 6-2-7】某高铁车站自动跟踪定位射流灭火系统维修方案

项目名称：某高铁车站自动跟踪定位射流灭火系统维修工程

编制时间：20××年××月××日

一、项目概况

某高铁车站候车大厅建筑面积约为 30 000 m^2，配置有火灾自动报警系统、消火栓系统、自动喷水灭火系统、自动跟踪定位射流灭火系统等消防系统设施，其中自动跟踪定位射流灭火系统设置自动消防炮（20 L/s）22 台、现场控制箱 22 台、自动控制阀 22 套、图像型火灾探测器 46 只、控制主机 1 台、硬盘录像机 1 台、矩阵切换器 1 台、监视器 6 台、UPS 电源 1 套、消防水泵 2 台、气压稳压装置 1 套、模拟末端试水装置 1 套、消防供水设施及管网等。

二、故障检查及情况说明

1. 故障检查结果

系统运行中出现故障，经现场排查，系统故障情况及检查结果见表 6-2-9。

表 6-2-9　　　　自动跟踪定位射流灭火系统故障情况及检查结果

序号	故障设备名称	故障数量	故障描述	检查结果	点位分布/故障编号
1	图像型火灾探测器（红外）	5 只	探测器无红外探测信号	经检查，探测器供电正常，线路传输及接口正常，确定是探测器设备损坏	2#、19#、22#、35#、43#
2	图像型火灾探测器（可视）	2 只	探测器无可视图像信号	经检查，探测器供电正常，线路传输及接口正常，确定是探测器设备损坏	6#、37#

续表

序号	故障设备名称	故障数量	故障描述	检查结果	点位分布/故障编号
3	图像型火灾探测器（可视）	1只	探测器角度偏离防护区域	经检查，探测器角度偏离防护区域，导致出现盲区，无法正常探测	31#
4	自动消防炮	2台	水平和垂直方向不能动作	经检查，自动消防炮动作机构损坏	12#、20#
5	现场控制箱	4台	无法控制自动消防炮、自动控制阀、消防水泵动作	经检查，设备供电正常，接线及端口接触正常，确定是设备故障	2#、8#、15#、19#
6	录像机	1台	无法录像及回放	经检查，是设备故障，原型号产品已被市场淘汰	1#
7	监视器	2台	画面显示有干扰	经检查，是监视器老化导致，该型号产品已停产	1#、6#

2. 故障情况说明

（1）5只图像型火灾探测器损坏（设备编号：2#、19#、22#、35#、43#），无红外探测信号。

（2）2只图像型火灾探测器损坏（设备编号：6#、37#），无可视图像信号；1只图像型火灾探测器角度偏离防护区域（设备编号：31#）。

（3）2台自动消防炮动作机构损坏（设备编号：12#、20#），水平和垂直方向不能动作。

（4）4台现场控制箱无法控制自动消防炮、自动控制阀、消防水泵动作（设备编号：2#、8#、15#、19#）。

（5）1台录像机无法录像及回放（设备编号：1#）。

（6）2台监视器画面显示有干扰（设备编号：1#、6#）。

三、维修内容及方法

自动跟踪定位射流灭火系统维修内容及方法见表6-2-10。

表6-2-10　　　　　　自动跟踪定位射流灭火系统维修内容及方法

序号	故障设备名称	数量	维修内容及方法	备注
1	图像型火灾探测器（红外）	5只	拆下探测器进行维修，更换损坏配件，经安装、调试、测试后恢复运行	需登高
2	图像型火灾探测器（可视）	2只	拆下探测器进行维修，更换损坏配件，经安装、调试、测试后恢复运行	需登高
		1只	对探测器进行调节，校对角度并固定，恢复运行	需登高

续表

序号	故障设备名称	数量	维修内容及方法	备注
3	自动消防炮	2台	拆下自动消防炮进行维修，更换损坏的动作机构，经安装、调试、测试后恢复使用	需登高
4	现场控制箱	4台	拆下现场控制箱进行维修，更换故障主板，经安装、调试、测试后恢复使用	—
5	录像机	1台	原型号产品已停产，更换硬盘录像机，经安装、调试后恢复工作	—
6	监视器	2台	原型号产品已停产，更换监视器，经安装、调试后恢复工作	—

四、人员及设备配置

1. 人员配置

根据项目规模及现场情况，配置4~5名具有三级/高级工职业资格的人员进行维修。其中，项目维修负责人1名，维修人员2~3名，安全员1名。

（1）维修负责人：负责项目整体规划、质量控制、现场安全管理、人员安排、维修进度掌控、项目协调等。

（2）维修人员：负责现场具体维修事宜，包括设施维修、技术调试、功能测试等工作。

（3）安全员：负责落实维修作业安全防护措施。

2. 设备配置

（1）根据维修自动跟踪定位射流灭火系统的实际需要，除常用工具外，还需配备相应专用设备、工具、仪器，保障维修工作顺利进行。

（2）本项目需要进行登高作业，应配置登高车，登高高度不小于18 m。

五、维修工期

根据项目实际维修情况，结合委托方要求，合理安排维修工期，保质保量完成维修任务，恢复系统正常运行。

六、注意事项

登高作业应做好安全防护，登高人员须持证上岗，佩戴安全帽、安全带，登高区域做好安全防护，防止工具、配件从高空坠落。

七、附件

维修结束后，维修人员应填写"建筑消防设施故障维修记录表"。

【实例 6-2-8】某高铁车站自动跟踪定位射流灭火系统维修操作规程

一、维修内容

某高铁车站自动跟踪定位射流灭火系统维修内容见表 6-2-11。

表 6-2-11　　　　自动跟踪定位射流灭火系统维修内容

序号	故障设备名称	数量	维修内容
1	图像型火灾探测器（红外）	5 只	探测器维修，更换损坏部件
2	图像型火灾探测器（可视）	2 只	探测器维修，更换损坏部件
3	图像型火灾探测器（可视）	1 只	调整探测器角度
4	自动消防炮	2 台	自动消防炮维修，更换动作机构
5	现场控制箱	4 台	现场控制箱维修，更换主板
6	录像机	1 台	更换硬盘录像机
7	监视器	2 台	更换液晶监视器

二、维修准备

1. 熟悉现场情况

结合系统各类图样、资料熟悉项目情况，做好维修准备工作。根据该项目系统点位图和设备清单熟悉各设备实际安装位置。

2. 配置登高设施

根据项目具体情况，配置适合的登高设施，既要保障登高安全，又要便于维修。在确认设备安装高度和登高条件后，决定本项目采用斜壁登高车，斜壁长度为 24 m。

3. 安全防护准备

在维修期间，如需登高作业，为保障维修人员安全以及现场安全，应为登高人员配备安全带、安全帽、安全绳，在现场作业区域设置施工牌和隔离带，必要情况下还应配置防护网、防护海绵等。

4. 维修工具配备

配备维修所需的各种工具、辅材，包括常规工具、维修专用工具、测试设备、仪器、辅材等。

5. 维修人员配置

本项目配置 5 名具有三级 / 高级工职业资格的人员。其中，项目维修负责人 1 名，维修人员3名,安全员1名。

6. 材料、配件准备

准备维修需要更换的材料、配件、设备等。

三、维修步骤及作业要求

步骤1 故障设备拆卸

利用登高设施,拆下故障设备,并做好电气线路接头保护及标识。拆下自动消防炮时,应关闭相应检修阀。

本项目需拆下的设备见表6-2-12。

表6-2-12 自动跟踪定位射流灭火系统维修需拆下的设备

序号	拆下的设备	数量	设备点位
1	图像型火灾探测器(红外)	5只	2#、19#、22#、35#、43#
2	图像型火灾探测器(可视)	2只	6#、37#
3	自动消防炮	2台	12#、20#
4	现场控制箱	4台	2#、8#、15#、19#
5	录像机	1台	1#
6	监视器	2台	1#、6#

注:31#图像型火灾探测器只需要调整角度,不需要拆下维修。

步骤2 设备维修

对拆下的故障设备根据情况实施维修,检测故障情况,更换故障部件或更新设备。

步骤3 设备测试

对维修好的设备进行测试,确保在安装之前设备运行正常。

步骤4 设备安装

利用登高设施,对修复的设备进行安装并接线,设备安装应牢固、稳定,接线应固定牢固、整齐。

步骤5 设备调试

设备安装好后,应通电调试,本项目设备调试的主要内容见表6-2-13。

表6-2-13 自动跟踪定位射流灭火系统维修设备调试的主要内容

序号	设备名称	数量	调试内容
1	图像型火灾探测器(红外)	5只	探测器红外信号灵敏度,探测器角度
2	图像型火灾探测器(可视)	2只	探测器可视图像信号清晰度,探测器角度
		1只	探测器角度
3	自动消防炮	2台	自动消防炮极限位

步骤6 功能测试

调试完成后，进行系统功能测试，恢复系统运行。

步骤7 记录填写

根据本次故障维修情况，填写"建筑消防设施故障维修记录表"，存档并上报。

四、注意事项

1. 带电作业时需按作业要求佩戴防护用具，登高作业应做好安全防护措施，并配登高监护人员。

2. 拆线检查时做好线头标记（如拍照），并将拆除后可能通电的线头用绝缘胶带包扎好。

3. 更换新设备时，应采用与原设备相同型号的设备进行更换，更换完毕通电前，应先检查接线是否牢固，有无废线头、工具遗留在线路板上。

4. 在系统维修更换过程中，业主必须采取应急管理措施，确保维修期间消防安全，并按照当地相关要求报送消防管理机构备案。

5. 维修结束后，应整理现场，清点工具，清除现场所有杂物，以防遗留在设备内造成事故。

【实例6-2-9】某石化企业原油码头固定消防炮灭火系统维修方案

项目名称：某石化企业原油码头固定消防炮灭火系统维修工程

编制时间：20××年××月××日

一、项目概况

某石化企业原油码头，配置远控消防炮灭火系统，设置消防炮塔2座，每座消防炮塔的上层操作平台安装远控消防泡沫炮1台，下层操作平台安装远控消防水炮1台、自保护水喷雾系统1套，每台消防炮及水喷雾系统各设电动控制阀1只，系统还设有控制主机1台、无线遥控器2个、消防水泵3台（2用1备）、气压稳压装置1套、平衡压力式泡沫比例混合装置及常压泡沫储罐2套、消防供水设施及管网等。

二、故障检查结果及情况说明

1. 故障检查结果

系统运行中出现故障，经现场排查，系统故障情况及检查结果见表6-2-14。

表 6-2-14　　　　　　　固定消防炮灭火系统故障情况及检查结果

序号	故障设备名称	故障数量	故障描述	检查结果	点位分布/故障编号
1	消防水炮	2台	上、下、左、右、直流/喷雾动作卡阻、迟缓	经检查，消防水炮动作机构锈蚀，回转运动受阻	1#、2#
2	消防泡沫炮	1台	射程小、射流分散	经检查，消防泡沫炮出口导流芯锈蚀、损坏，造成出口流道不畅	2#
3	电动控制阀	2只	阀门漏水	经检查，电动控制阀阀板密封老化，导致阀门关闭不严密	1#水炮、2#泡沫炮
4	控制主机	1台	无法启动消防水泵	经检查，控制主机供电正常，线路正常，主机主板损坏，无法启动消防水泵	1#
5	无线遥控器	1个	无法操作消防炮和自动控制阀动作	经检查，无线遥控器按键失灵	2#

2. 故障情况说明

（1）2台消防水炮动作机构锈蚀（设备编号：1#、2#），上、下、左、右、直流/喷雾动作卡阻、迟缓。

（2）1台消防泡沫炮出口导流芯锈蚀、损坏（设备编号：2#），射程小、射流分散。

（3）2只电动控制阀阀板密封老化（设备编号：1#水炮、2#泡沫炮），阀门漏水。

（4）1台控制主机主板损坏（设备编号：1#），无法启动消防水泵。

（5）1个无线遥控器按键失灵（设备编号：2#），无法操作消防炮和自动控制阀动作。

三、维修内容及方法

固定消防炮灭火系统维修内容及方法见表6-2-15。

表 6-2-15　　　　　　　固定消防炮灭火系统维修内容及方法

序号	故障设备名称	数量	维修内容及方法	备注
1	消防水炮	2台	拆下消防水炮进行维修，更换损坏的动作机构，经安装、调试、测试后恢复正常	需登高
2	消防泡沫炮	1台	拆下消防泡沫炮进行维修，更换损坏的导流芯，经安装、调试、测试后恢复正常	需登高
3	电动控制阀	2只	更换电动控制阀，经安装、测试后恢复正常	—
4	控制主机	1台	更换主机主板，经安装、调试后恢复正常	—
5	无线遥控器	1个	更换无线遥控器控制面板	—

四、人员及设备配置

1. 人员配置

根据项目规模及现场情况，配置4名具有三级/高级工职业资格的人员进行维修。其中，项目维修负责人1名，维修人员3名。

（1）维修负责人：负责项目整体规划、质量控制、现场安全管理、人员安排、维修进度掌控、项目协调等。

（2）维修人员：负责现场具体维修事宜，包括设施维修、技术调试、功能测试等工作。

2. 设备配置

根据维修固定消防炮灭火系统的实际需要，除常用工具外，还需配备相应专用设备、工具、仪器，保障维修工作顺利进行。

五、维修工期

根据项目实际维修情况，结合委托方要求，合理安排维修工期，保质保量完成维修，恢复系统正常运行。

六、注意事项

登高作业应做好安全防护，登高人员须持证上岗，佩戴安全帽、安全带，登高区域做好安全防护，防止工具、配件从高空坠落。

七、附件

维修结束后，维修人员应填写"建筑消防设施故障维修记录表"。

【实例6-2-10】某石化企业原油码头固定消防炮灭火系统维修操作规程

一、维修内容

某石化企业原油码头固定消防炮灭火系统维修内容见表6-2-16。

表6-2-16　　　　　　固定消防炮灭火系统维修内容

序号	故障设备名称	数量	维修内容
1	消防水炮	2台	消防水炮维修，更换损坏的动作机构
2	消防泡沫炮	1台	消防泡沫炮维修，更换损坏的导流芯
3	电动控制阀	2只	更换电动控制阀
4	控制主机	1台	控制主机维修，更换主板
5	无线遥控器	1个	无线遥控器维修，更换控制面板

二、维修准备

1. 熟悉现场情况

结合系统各类图样、资料熟悉项目情况，做好维修准备工作。根据该项目系统点位图和设备清单熟悉各设备实际安装位置。

2. 登高安全防护

在维修期间,如需登高作业,为保障维修人员安全以及现场安全,应为登高人员配备安全带、安全帽、安全绳,在现场作业区域设置施工牌和隔离带,必要情况下还应配置防护网、防护海绵等。

3. 维修工具配备

配备维修所需的各种工具、辅材,包括常规工具、维修专用工具、测试设备、仪器、辅材等。

4. 维修人员配置

本项目配置4名具有三级/高级工职业资格的人员。其中,项目维修负责人1名,维修人员3名。

5. 材料、配件准备

准备维修需要更换的材料、配件、设备等。

三、维修步骤及作业要求

步骤1 故障设备拆除

登高拆下故障设备,并做好电气线路接头保护及标识。拆下消防炮时,应关闭相应检修阀。

本项目需拆下的设备见表6-2-17。

表6-2-17　　　　　　　固定消防炮灭火系统维修需拆下的设备

序号	拆下的设备	数量	设备点位
1	消防水炮	2台	1#、2#
2	消防泡沫炮	1台	2#
3	电动控制阀	2只	1#水炮、2#泡沫炮
4	控制主机	1台	1#
5	无线遥控器	1个	2#

步骤2 设备维修

根据情况对拆下的故障设备实施维修,检测故障情况,更换故障配件。

步骤3 设备测试

对维修好的设备进行测试,确保在安装之前设备运行正常。

步骤4 设备安装

登高安装修复的设备,并连接电气线路,设备安装应牢固、稳定,接线应固定牢固、整齐。

步骤5 设备调试

设备装好后应通电调试。

步骤6 功能测试

调试完成后，进行系统功能测试，恢复系统运行。

步骤7 记录填写

根据本次故障维修情况，填写"建筑消防设施故障维修记录表"，存档并上报。

四、注意事项

1. 带电作业时需按作业要求佩戴防护用具，登高作业应做好安全防护措施，并配登高监护人员。

2. 拆线检查时做好线头标记（如拍照），并将拆除后可能通电的线头用绝缘胶带包扎好。

3. 更换新设备时，应采用与原设备相同型号的设备进行更换，更换完毕通电前，应先检查接线是否牢固，有无废线头、工具遗留在线路板上。

4. 在系统维修更换过程中，业主必须采取应急管理措施，确保维修期间消防安全，并按照当地相关要求报送消防管理机构备案。

5. 维修结束后，应整理现场，清点工具，清除现场所有杂物，以防遗留在设备内造成事故。

培训单元4
水喷雾灭火系统、细水雾灭火系统、干粉灭火系统维修方案、操作规程的编制方法

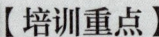

【培训重点】

掌握水喷雾灭火系统、细水雾灭火系统、干粉灭火系统常见故障原因及维修方法。

熟练掌握水喷雾灭火系统、细水雾灭火系统、干粉灭火系统维修方案的编制方法。

熟练掌握水喷雾灭火系统、细水雾灭火系统、干粉灭火系统维修操作规程的编制方法。

【知识要求】

水喷雾灭火系统、细水雾灭火系统、干粉灭火系统常见故障原因及维修内容要求见表 6-2-18、表 6-2-19、表 6-2-20。

表 6-2-18　　水喷雾灭火系统常见故障原因及维修内容要求

序号	故障现象	故障原因	维修内容要求
1	连接处水渗漏	密封材料损坏	更换密封材料
		紧固螺栓未对称紧固	对称紧固螺栓
		管件损坏	更换管件
2	压力表显示不正常	表前管路堵塞	疏通表前管路
		压力表损坏	更换压力表
3	雨淋报警阀不能处于正常伺应状态	复位装置部件堵塞或损坏	清理部件或更换复位装置
		控制腔密封膜片损坏	更换密封膜片
4	雨淋报警阀已开启但水力警铃不报警	警铃前管路或喷嘴堵塞	清理杂质
		警铃损坏	更换警铃
5	雨淋报警阀已开启但压力开关不输出信号	压力开关前管路堵塞	清理杂质
		压力开关损坏	更换压力开关
6	喷头损坏	喷头外表损伤	更换喷头
7	雨淋报警阀的滴水阀一直漏水	阀座有杂质导致密封不严	清除阀座杂质
		控制腔密封膜片损坏	更换密封膜片
8	防复位机构不能正常发挥作用	防复位机构中进入杂质	清理杂质
		防复位机构损坏	更换防复位机构
9	电磁阀不能动作	电磁阀线路断路	检查并接通线路
		电磁阀损坏	更换电磁阀
10	水泵不能动作	控制装置电气故障	维修控制柜
		电动机烧毁	更换电动机
		水泵锈蚀卡住	拆卸清除杂物或更换泵头
11	水泵运转正常但水压不足	水泵过滤器堵塞	清除过滤器杂物
12	减压阀不减压或关死不动作	减压阀控制管路状态错误	调节控制阀门至正常状态并锁定
		减压阀损坏	更换或维修减压阀

注：1. 水喷雾灭火系统中使用的火灾探测器、火灾报警控制器等部件故障参见火灾自动报警系统对应描述。
　　2. 系统故障并不限于以上情况，相关故障可参考其他系统或自行分析判断。

表 6-2-19　细水雾灭火系统主要部件常见故障原因及维修内容要求

序号	故障部位	故障现象	故障原因	维修内容要求
1	泵组	泵组连接处有渗漏	连接件松动	拧紧连接件
			连接处O形圈或密封垫损坏	更换O形圈或密封垫
			连接件损坏	更换连接件
2		泵组出口压力低	泵组测试阀未关闭	关闭泵组测试阀
			泵组进线电源反相	调整进线电源相序
			高压泵损坏	更换高压泵
			使用流量超出额定值	在泵组额定值内工作
3		泵组不启动	高压泵接触器未闭合	闭合接触器
			泵组停止触点断开	闭合泵组停止触点
			联动控制器未执行程序	检修联动控制器，必要时更换
			电源未接通	接通电源
			断水水位保护	恢复调节水箱水位
4		稳压泵频繁启动	管道有渗漏	管道渗漏点补漏
			安全泄压阀密封不良	检修安全泄压阀
			测试阀未关紧	完全关闭测试阀
			单向阀密封垫上粘连杂质	清洗单向阀并清洁水箱及管道
5		稳压泵在规定时间内不能恢复压力	管道内残存空气	完全排除管道内空气
			管道有渗漏	管道渗漏点补漏
			高压球阀渗漏	见本表序号11高压球阀渗漏故障处理方法
			稳压泵出口压力低	调节稳压泵压力调节螺钉
			稳压泵损坏	更换稳压泵
6	储水箱	储水箱水质不合格，储水量不足	取水来自生活用水，但使用时间长，水中产生滋生物	水箱由专业厂商直接提供，不得由施工单位现场加工制造
			进水阀不能进水	在水箱底部设置放空阀
			进水控制阀误关闭	进水控制阀选择带电信号阀
7		调节水箱低液位报警或断水停泵	过滤器进水压力低	保证进水压力不低于0.2 MPa
			过滤器滤芯堵塞	清洗或更换滤芯
			进水电磁阀有异物堵塞	清理进水电磁阀
8	分区控制阀	分区控制阀不方便操作、误操作	为了防止误操作，把控制阀设置在防护区外较高处不便于操作	控制阀外设一个有机玻璃箱，并标明"非消防勿动"
			设置位置合适时，其他人员误动作	

续表

序号	故障部位	故障现象	故障原因	维修内容要求
9	分区控制阀	瓶组系统分区控制阀手动启动装置无法动作	瓶组系统采用电磁启动阀作为分区控制阀时，电磁启动阀设有手动紧急启动装置。紧急情况下，将手动保险销拔出，拍击手动按钮，即可使启动阀动作，启动装置喷雾灭火。电磁启动阀检测合格后，动作机构的弹簧已处于压紧待发状态，为防止在安装、调试及运输过程中产生误动作，动作机构多由辅助保险销锁定，在系统投入使用后容易忘记拔出保险销，导致电磁启动阀动作机构无法动作	待系统安装调试完毕投入使用时，必须将辅助保险销拔出，并将此项工作明确写入使用单位的系统运行管理操作、维护规程中
10	分区控制阀	电动阀不动作	电源接线接触不良	压紧电源接线
			超出电源电压允许范围	调整电压在允许范围内
			阀芯内混入杂质卡死	清洗阀芯
			电动装置烧毁或短路	更换电动装置
11		高压球阀渗漏	管道内水有杂质割伤密封垫	更换密封垫并清洗管道
			手柄紧定六角螺钉松动	旋紧紧定六角螺钉
			O形圈损坏	更换O形圈
12		压力开关报警	高压球阀渗漏	见本表序号11高压球阀渗漏故障处理方法
			高压球阀未关闭到位	用手柄将高压球阀关闭至零位
			压力开关未复位	按下压力开关进行复位
			压力开关损坏	更换压力开关
13	细水雾喷头	喷头喷雾不正常	管道内有杂质堵塞喷头	见本表序号14喷头堵塞故障处理方法
			喷头工作压力低	保证喷头工作压力不小于其最低设计工作压力
14		喷头堵塞	供水水质不合理，水里带有沙粒、污物等	安装喷头前将管网吹洗干净，并且每使用过一次后要清理喷头滤网处的沙粒、污物等。调试完毕可以在喷嘴孔处涂上稠度等级为4~6级，滴点不小于95℃，具有防锈性能的润滑脂，或是采取其他防尘措施
			喷头所处环境灰尘、杂质较多	

表 6-2-20 干粉灭火系统常见故障原因及维修内容要求

序号	故障现象	故障原因	维修内容要求
1	接收火灾信号后，系统不能正常启动	联动控制器故障	检查联动控制器
		驱动装置故障	检查驱动装置
2	驱动气体瓶组压力显示不正常	驱动气体瓶组、启动气体瓶组气体有泄漏	重新进行密封试验，确定泄漏原因，再重新充装气体至规定压力
	启动气体瓶组压力显示不正常		
3	压力显示器不能正常显示压力	压力显示器故障	更换压力显示器
4	阀驱动装置不动作	阀驱动装置内部锈蚀	更换阀驱动装置
5	管道松动	管道连接法兰有松动	紧固松动部位
6	喷头不能正常喷放	喷头被异物堵塞	清理堵塞物
7	选择阀无法动作	选择阀内部有锈蚀	更换选择阀
8	高压橡胶软管有裂纹	高压橡胶软管老化	更换高压橡胶软管
9	单向阀反向泄漏	单向阀密封件损坏	更换密封件或阀门

【实例 6-2-11】水喷雾灭火系统维修方案

项目名称：某项目水喷雾灭火系统维修工程

编制时间：2019 年 4 月 22 日

一、项目概况

某公司项目水喷雾灭火系统，一层设备间装配有 5 台雨淋报警阀。

二、故障情况说明

2019 年 4 月 22 日，某维护保养公司在对该项目的维护保养过程中发现一层设备间 2# 雨淋报警阀上的滴水阀一直流水，进一步检查其密封底水水位明显升高，其他雨淋报警阀状态正常，现场分析原因为控制腔隔膜密封膜片损坏或阀座杂质过多。

三、维修内容

打开 2# 雨淋报警阀阀盖，拆除控制腔隔膜密封膜片，进行隔膜和阀座检查，清理杂质或根据检查情况更换控制腔隔膜密封膜片。

四、人员及设备配置

安排张某（二级/技师）作为此次维修的负责人，带领李某（三级/高级工）执行此次维修任务,对 2 号雨淋报警阀进行维修。报请委托方向设备生产厂家采购××型雨淋报警阀配套的控制腔隔膜密封膜片。张某准备照明工具、螺栓拆卸工具、清理工具、个人防护用具等仪器设备。

五、组织实施

1. 维修时间安排

维修开始时间:2019 年 4 月 26 日上午 8:30 到场。

维修结束时间:2019 年 4 月 26 日中午 12:30 之前。

2. 工作分工

张某负责阀盖的拆卸复位、检查、阀座清理和密封膜片更换,李某负责协助张某完成维修后功能的调试。

六、维修测试要求

维修后,需对 2 号雨淋报警阀的伺应状态及报警功能进行测试。调试正常后,移交委托单位确认,并填写故障维修记录。

七、注意事项

1. 作业时要求佩戴防护用具,登高作业时需配监护人员。

2. 在维修期间,水喷雾灭火系统部分阀门会关闭,关闭期间,对应防火分区的水喷雾灭火系统失效。维修后进行测试时,会因报警功能的测试启动电磁阀、压力开关,须提前确定好相关设备状态。委托单位应加强巡查,确保维修期间消防安全。

八、附件

维修结束后,维修人员应填写"建筑消防设施故障维修记录表"(见表 6-2-21)。

表 6-2-21　　　　　　　　建筑消防设施故障维修记录表

委托单位	××公司	项目名称	××项目	所属系统	水喷雾灭火系统
故障情况		故障维修情况			故障排除确认
发现时间	故障情况描述	维修时间	维修人员	维修方法	安全保护措施	
2019 年 4 月 22 日	一层设备间 2# 雨淋报警阀上的滴水阀一直流水,进一步检查其密封底水水位明显升高	2019 年 4 月 26 日	张某 李某	清除阀座杂质,更换控制腔隔膜密封片	佩戴安全帽、防护眼镜,穿防砸鞋	经测试,确认故障排除

【实例 6-2-12】水喷雾灭火系统维修操作规程

一、维修对象

××型雨淋报警阀。

二、维修准备

1. 资料准备

设备使用说明书、设备装配图、"建筑消防设施故障维修记录表"。

2. 与××型雨淋报警阀匹配的控制腔隔膜密封膜片一片。

3. 防砸鞋、防护眼镜，手电筒、拆卸工具、清除工具（如钢刷）等。

三、维修步骤及作业要求

该雨淋报警阀维修的步骤及作业要求如下：

步骤1 准备

维修前确定维修需要涉及的系统设备及动作情况，相关配合人员须就位。

步骤2 封闭和排水

作业要求：

（1）关闭2号雨淋报警阀前后的控制阀门。

（2）打开雨淋报警阀排水阀，将封闭管段内的水排放到合适地方。

步骤3 拆解

作业要求：

（1）用拆卸工具拆除阀盖螺栓。

（2）将阀盖和密封垫片一起移出。

（3）取出弹簧和膜片。

步骤4 检查和维修

作业要求：

（1）用手电筒照射观察阀座情况和控制腔膜片情况。

（2）用清除工具处理阀座及雨淋报警阀腔内的杂质。

（3）将弹簧和新的控制腔隔膜密封膜片装回原位。

（4）装配好阀盖。

步骤5 功能测试

作业要求：

（1）恢复维修时关闭的雨淋报警阀供水侧控制阀门至开启位置，按使用说明书要求对雨淋报警阀控制腔充压，使雨淋报警阀恢复到伺应状态。

（2）雨淋报警阀处于正常伺应状态后，关闭水位阀，电动开启电磁阀和手动开启应急启动阀，检查雨淋报警阀是否能正常启动以及启动后防复位机构动作情况、警铃和压力开关的报警状态。

（3）确定雨淋报警阀功能正常后，将相关设备恢复至正常状态，开启系统侧放水阀放掉余水并观察自动滴水阀滴水情况。

步骤6 记录填写

根据本次故障维修情况填写"建筑消防设施故障维修记录表"，存档并上报。

四、注意事项

1. 维修调试过程中涉及电气操作时，须严格按照电工操作规程执行。

2. 阀盖拆除过程中会有余水流出，请注意采取防水措施，拆除过程中注意对阀盖密封垫的保护。

3. 维修时对系统部件的相关动作应提前做好应急预案。

4. 清除杂质时应避免杂质掉入供水侧管网。

5. 维修结束后，应整理现场，清点工具，清除现场所有杂物，以防遗留在设备内造成事故。

【实例6-2-13】细水雾灭火系统维修方案

项目名称：某项目细水雾灭火系统维修工程

编制时间：2019年10月26日

一、项目概况

某项目建筑面积为 2 000 m^2，高度为 4 m，分隔为 4 个保护区，配置有火灾自动报警系统、细水雾灭火系统，其中细水雾灭火系统为泵组型细水雾灭火系统，设计压力为 10 MPa，流量为 500 L/min，分区控制阀 4 个，每个防护区对应 1 个。

二、故障情况说明

2019 年 10 月 26 日上午联动测试时发现 1 区驱动装置无法动作，经检查 1 区驱动电磁阀，发现电磁阀内部严重锈蚀，电磁阀不能正常工作，经检测分析，需要更换。

三、维修内容

更换 1 区驱动电磁阀。

四、人员及设备配置

安排张某（二级/技师）作为此次维修的负责人，带领李某（三级/高级工）执行此次维修任务，对 1 区驱动电磁阀进行更换。报请委托方向设备生产厂家采购××型电磁阀。张某准备扳手、万用表、电工工具、个人防护用具等仪器设备。

五、组织实施

1. 维修时间安排

维修开始时间：2019 年 10 月 27 日上午 8:30 到场。

维修结束时间：2019 年 10 月 27 日下午 5:30 之前。

2. 工作分工

张某负责 1 区驱动电磁阀的更换，李某负责协助张某完成电磁阀更换后的功能调试工作。

六、维修测试要求

1 区驱动电磁阀更换后，需对 1 区回路进行自动和手动工况下的联动试验，确定 1 区驱动电磁阀能够正常工作。调试正常后，移交委托单位确认，并填写故障维修记录。

七、注意事项

1. 带电作业时需按作业要求佩戴防护用具，登高作业时需配监护人员。

2. 在维修期间，1 区灭火系统无法正常启动，存在火灾发生后系统无法启动的风险，委托单位应加强巡查，确保维修期间消防安全。

八、附件

维修结束后，维修人员应填写"建筑消防设施故障维修记录表"（见表 6-2-22）。

表 6-2-22　　　　　建筑消防设施故障维修记录表

委托单位	××公司	项目名称	××项目	所属系统		细水雾灭火系统
故障情况		故障维修情况				故障排除确认
发现时间	故障情况描述	维修时间	维修人员	维修方法	安全保护措施	
2019年10月26日	联动测试时发现1区驱动装置无法正常动作	2019年10月27日	张某李某	更换部件	佩戴安全帽、防护眼镜、穿防砸鞋	经测试，确认故障排除

【实例 6-2-14】细水雾灭火系统维修操作规程

一、维修对象

1 区驱动电磁阀更换。

二、维修准备

1. 资料准备

设备使用说明书、系统图、接线图、平面布置图、各防护区管路布置图、"建筑消防设施故障维修记录表"。

2. 与灭火系统相匹配的××型电磁阀1只。

3. 防护用具（如绝缘鞋），常用工具（扳手、万用表、旋具、电工胶布等）、回路板（参数、型号应与原系统匹配）。

三、维修步骤及作业要求

1区驱动电磁阀更换的步骤及作业要求如下：

步骤1　插入保险销

作业要求：对需要更换的1区驱动电磁阀插入保险销，确保其在任何工况下均无法动作。

步骤2　断线，拆阀

作业要求：

（1）断开与1区驱动电磁阀相连接的启动线路。

（2）拆下1区驱动电磁阀。

步骤3　新阀门调试，安装

作业要求：

（1）阀门先不安装在启动气体瓶组上，将新电磁阀与1区启动线路相连接，通过手动启动控制器1区按钮，确认电磁阀正常动作后，恢复启动按钮。

（2）对新电磁阀插入保险销。

（3）将新电磁阀安装在启动气体瓶组上。

步骤4　拆下保险销

步骤5　记录填写

根据本次故障维修情况填写"建筑消防设施故障维修记录表"，存档并上报。

四、注意事项

1. 操作前，先对电磁阀插入保险销，确保所有电磁阀均不会动作。

2. 拆线时关闭电源，确保电气线路不发生短路等故障。

3. 更换新设备时，应采用与原设备相同型号的电磁阀进行更换。更换完毕通电前应先检查接线是否牢固。确认无误后恢复通电，拆下保险销。

4. 维修结束后，整理现场，清点工具，清除现场所有杂物，以防遗留在设备内造成事故。

【实例6-2-15】干粉灭火系统维修方案

项目名称：某项目干粉灭火系统维修工程

编制时间：2019年5月27日

一、项目概况

某项目建筑面积为 2 000 m²，高度为 4 m，分隔为 4 个保护区，配置有火灾自动报警系统、干粉灭火系统。其中干粉灭火系统为储气瓶型干粉灭火系统，干粉罐内充装 ABC 干粉灭火剂 1 000 kg，驱动气瓶 6 个，每个气瓶容积为 70 L，充装氮气压力为 13.5 MPa（20℃），启动气瓶 4 个，每个防护区对应一个，气瓶容积为 4 L，充装氮气压力为 6 MPa（20℃）。

二、故障情况说明

2019 年 5 月 26 日上午某维护保养公司在对该项目的维护保养过程中发现 2# 防护区选择阀不能正常动作。

三、维修内容

对 2# 防护区选择阀进行维修。

四、人员及设备配置

安排张某（二级/技师）作为此次维修的负责人，带领李某（三级/高级工）执行此次维修任务，对 2# 防护区选择阀进行维修。张某准备扳手、旋具、钳子、润滑油、个人防护用具等。

五、组织实施

1. 维修时间安排

维修开始时间：2019 年 5 月 27 日上午 8:30 到场。

维修结束时间：2019 年 5 月 27 日下午 5:30 之前。

2. 工作分工

李某负责拆卸阀门，张某负责维修选择阀，李某同时协助张某完成阀门维修和调试工作。

六、维修测试要求

阀门维修后，需对 2# 防护区选择阀功能进行测试。调试正常后，移交委托单位确认，并填写故障维修记录。

七、注意事项

1. 维修调试过程中操作人员必须佩戴个人防护装备。

2. 涉及气压操作时，必须按相关作业规程进行操作。

3. 维修期间，干粉灭火系统不能正常工作，委托单位应加强巡查，确保维修期间消防安全。

八、附件

维修结束后，维修人员应填写"建筑消防设施故障维修记录表"（见表 6-2-23）。

表 6-2-23　　　　　　　　　建筑消防设施故障维修记录表

委托单位	××公司	项目名称	××项目		所属系统		干粉灭火系统
故障情况		故障维修情况					故障排除确认
发现时间	故障情况描述	维修时间	维修人员	维修方法	安全保护措施		
2019年5月26日	2#防护区选择阀不能正常动作	2019年5月27日	张某李某	对2#防护区选择阀进行维修	佩戴安全帽、防护眼镜，穿三防鞋		经测试，确认故障排除

【实例6-2-16】干粉灭火系统维修操作规程

一、维修对象

干粉灭火系统2#防护区选择阀。

二、维修准备

1. 资料准备

设备使用说明书、系统图、选择阀结构图、平面布置图、"建筑消防设施故障维修记录表"。

2. 穿戴防护用具（如防护帽、防护眼镜），准备常用工具（钳子、旋具、扳手等）。

三、维修步骤及作业要求

选择阀维修的步骤及作业要求如下：

步骤1　断开驱动气体回路

作业要求：断开2#防护区驱动气体回路。

步骤2　维修选择阀

作业要求：

（1）将需要维修的选择阀从管路上拆下。

（2）对选择阀进行润滑处理，并进行调试，使其能正常工作。

步骤3　打压试验

将维修好的选择阀安装在管路上，并按相关要求进行打压试验。

步骤4　记录填写

根据本次故障维修情况填写"建筑消防设施故障维修记录表"，存档并上报。

四、注意事项

1. 拆卸阀门时，确保管路中没有气体，然后进行拆卸作业。

2. 带压调试时，确保阀门固定牢固、可靠。

3. 打压试验时，使管路内充满水，完全排除空气后进行打压操作。试验结束，应用压缩空气吹扫管道内壁，确保干燥。

4. 维修结束后，整理现场，清点工具，清除现场所有杂物，以防遗留在设备内造成事故。

培训单元 5
油浸变压器排油注氮灭火装置、探火管式灭火装置、其他灭火系统或装置组件的维修方法，维修方案、操作规程的编制方法

【培训重点】

掌握油浸变压器排油注氮灭火装置、探火管式灭火装置的维修方法。

熟练掌握油浸变压器排油注氮灭火装置、探火管式灭火装置维修方案的编制方法。

熟练掌握油浸变压器排油注氮灭火装置、探火管式灭火装置维修操作规程的编制方法。

【知识要求】

一、油浸变压器排油注氮灭火装置常见故障原因及维修内容要求（见表 6-2-24）

表 6-2-24　油浸变压器排油注氮灭火装置常见故障原因及维修内容要求

序号	故障现象	故障原因	维修内容要求
1	消防控制柜面板上漏油指示灯亮	排油阀漏油	更换排油阀
		漏油传感器故障	更换漏油传感器

续表

序号	故障现象	故障原因	维修内容要求
2	注氮管路和排油管路漏油	密封垫损坏	更换密封垫,并紧固连接部位
3	控制柜氮气瓶组欠压指示灯亮	氮气瓶组泄漏	重新充气或更换氮气瓶组
4	火警指示灯亮	火灾探测器损坏	更换火灾探测器
		线路损坏	检查连接火灾探测器的线路是否短路

二、探火管式灭火装置常见故障原因及维修内容要求（见表6-2-25）

表6-2-25　　　　探火管式灭火装置常见故障原因及维修内容要求

序号	故障现象	故障原因		维修内容或要求
1	探火管终端压力表指针不在绿区	指针低于绿区	探火管没有充气或管内气体泄漏	给探火管充气或检查并排除漏气故障,及时补充气体
		指针高于绿区	探火管内充气时压力太大或容器阀被打开,显示的是灭火剂钢瓶内压力	关闭容器阀侧部小球阀,缓慢释放探火管内气体,直到压力降为1.0 MPa。再缓慢打开该小球阀,使探火管内压力平衡 （1）当不小心使压力降到0.7 MPa以下时,应考虑按调试要求,重新给探火管内充气,调试整个系统 （2）当排放压力较大,且排放后压力未恢复到绿区时,应考虑容器阀已被非正常打开,探火管终端压力表显示的是药剂瓶组内压力。需放掉灭火剂,检修该容器阀
		压力表损坏		关闭连接探火管的阀门,更换压力表
2	装置在运行状态时瓶头阀有白霜或有异常声响	瓶头阀可能漏气		检查并密封漏气处
3	报警铃手动不自检（不响）	电池没电或报警铃损坏		更换电池或维修报警铃

注：所有故障的排除均应由经过培训的专业人员完成。当采用以上排除方法无效时,需及时与厂家或维保单位联系,以便及时排除故障,使系统始终处于正常工作状态。

【实例 6-2-17】油浸变压器排油注氮灭火装置维修方案

一、项目概况

×××变压器场站位于××市××区××路3号,位于3区容量为800 kVA的变压器,采用油浸变压器排油注氮灭火装置进行消防保护,型号规格为BPZM-40×2-Ⅱ,注氮压力为1.0 MPa,该装置安装日期为2018年7月28日,投运日期为2018年12月15日。

二、故障情况说明

2019年6月9日进行的维护保养过程中,发现变压器排油阀观察窗内出现漏油现象,初步判断为排油阀密封部件故障。

三、维修内容

更换消防柜排油阀,型号为DN125。

四、人员及设备配置

初步安排张某(一级/高级技师)作为此次维修的负责人,带领李某(三级/高级工)执行此次维修任务,对该排油阀进行更换。

需要配置的工具有扳手、密封垫、人字梯、棉纱及个人防护用品等。

五、组织实施

1. 维修时间安排

维修开始时间为2019年6月27日上午8:30。预计更换用时为1天。

2. 工作分工

张某负责拆卸阀门,李某负责协助张某完成阀门拆卸和更换。

六、维修测试要求

设备安装完毕后,需对安装后的阀门进行一次动作可靠性及密封检查。调试正常后,移交委托单位确认,并填写故障维修记录。

七、注意事项

1. 维修人员应了解变压器场站的相关安全规定,熟悉现场的情况。

2. 更换部件必须在变压器停电状态下进行。

3. 现场操作人员应穿戴安全防护装备,如绝缘靴、绝缘手套、安全帽等。

4. 维修人员必须经过被检设备生产企业的培训,了解设备的操作方法。

5. 现场故障发生后,应与生产单位确认故障原因再进行维修,防止错误操作。维修前关闭注氮管路阀门,维修后再打开。

八、附件

维修结束后,维修人员应填写"建筑消防设施故障维修记录表"(见表6-2-26)。

表6-2-26　　　　　　　　建筑消防设施故障维修记录表

委托单位	××变压器场站	项目名称	××项目		所属系统		油浸变压器排油注氮灭火装置
故障情况			故障维修情况				故障排除确认
发现时间	故障情况描述	维修时间	维修人员	维修方法	安全保护措施		
2019年6月26日	排油阀漏油	2019年6月27日	张某李某	更换消防排油阀	佩戴安全帽,穿三防鞋		

【实例6-2-18】油浸变压器排油注氮灭火装置维修操作规程

一、维修对象

3号变压器排油注氮灭火装置。

二、维修准备

1. 资料准备

装置的使用说明书、结构图纸、安装图纸、"建筑消防设施故障维修记录表"等。

2. 准备更换的排油阀。

3. 维修扳手、旋具、钳子、人字梯等工具。

4. 防护装备,如绝缘鞋、手套等。

三、维修步骤及要求

步骤1　关闭装置电源

关闭排油注氮灭火装置电源。

步骤2　关闭检修阀

关闭消防柜内的排油管路检修阀。

步骤3　拆除排油阀

(1)拆除排油阀与管路的连接件。

(2)取下排油阀。

步骤4　安装新的排油阀

(1)安装前再次确认排油阀型号是否与原型号一致。

(2)检查排油阀与上下法兰连接处的密封面是否干净,密封条是否完整。

(3)安装排油阀,并与管路紧固连接。

步骤5　动作试验

手动启动排油阀进行动作试验，观察排油阀动作是否正常。

步骤6　擦拭观察窗

打开观察窗，对管路内部进行擦拭至完全清除油污，关闭观察窗。

步骤7　打开检修阀

缓慢打开管路上游检修阀，观察排油阀密封部位是否漏油。

步骤8　记录填写

根据本次故障维修情况填写"建筑消防设施故障维修记录表"，存档并上报。

四、注意事项

1. 维修时变压器必须处于停运状态，变压器运行时禁止操作。

2. 进行动作试验时，应尽量采用手动机械方式启动。确需通过电动启动时，应在手动非联动状态下进行，防止氮气释放阀动作而将氮气注入变压器。

3. 维修结束后，应按照管理人员要求，将装置恢复到相应状态，防止变压器检修期间发生意外。

【实例6-2-19】探火管式式灭火装置维修方案

项目名称：某项目探火管式灭火装置维修工程

编制时间：2019年10月26日

一、项目概况

某市燃煤火力发电厂内有输煤系统、锅炉房、汽机房、集控楼、燃油储罐等，配置有火灾自动报警系统、消火栓系统、自动喷水灭火系统、气体灭火系统、泡沫灭火系统、探火管式灭火装置等消防设施，其中集控楼配电室配电柜设置了共计20套直接式HFC227探火管式灭火装置。

二、故障情况说明

2019年10月26日上午月度维护保养检查时发现3#配电柜设置的编号为3#的直接式HFC227探火管式灭火装置的探火管末端的压力表显示不正常，后使用校验的标准压力表进行检查，发现该压力表已损坏，经检测分析，需要更换。

三、维修内容

更换3#探火管式灭火装置的探火管末端压力表。

四、人员及设备配置

安排张某（二级/技师）作为此次维修的负责人，带领李某（三级/高级工）执行此次维修任务，对3#探火管式灭火装置的探火管末端压力表进行更换。报请委托方向设备生产厂家采购××型压力表。张某准备扳手、万用表、电工工具、个人防护用具等仪器设备。

五、组织实施

1. 维修时间安排

维修开始时间：2019年10月27日上午8:30到场。

维修结束时间：2019年10月27日下午5:30之前。

2. 工作分工

张某负责3#探火管式灭火装置的探火管末端压力表的更换，李某负责协助张某完成压力表更换后的功能调试工作。

六、维修测试要求

3#探火管式灭火装置的探火管末端压力表更换后，需对其进行调试，确定压力表能够正常工作。调试正常后，移交委托单位确认，并填写故障维修记录。

七、注意事项

1. 带电作业时需按作业要求佩戴防护用具，登高作业时需配监护人员。

2. 维修期间，3#探火管式灭火装置的灭火系统无法正常启动，存在火灾发生后系统无法启动的风险，委托单位应加强巡查，确保维修期间消防安全。

八、附件

维修结束后，维修人员应填写"建筑消防设施故障维修记录表"（见表6-2-27）。

表6-2-27　　　　　　　　建筑消防设施故障维修记录表

委托单位	××公司	项目名称	××项目		所属系统		探头管式灭火装置
故障情况			故障维修情况				故障排除确认
发现时间	故障情况描述	维修时间	维修人员		维修方法	安全保护措施	
2019年10月26日	月度维护保养时发现3号探头管式灭火装置的探火管末端压力表不能正常工作	2019年10月28日	张某 李某		更换压力表	佩戴安全帽、防护眼镜，穿三防鞋，使用测电笔、绝缘旋具	

【实例6-2-20】探火管式灭火装置维修操作规程

一、维修对象

3#直接式HFC227探火管式灭火装置的探火管末端的压力表更换。

二、维修准备

1. 资料准备

设备使用说明书、系统图、接线图、平面布置图、各防护区管路布置图、"建筑消防设施故障维修记录表"。

2. 与灭火装置相匹配的××型压力表1只。

3. 穿戴防护用具（如绝缘鞋），准备常用工具（扳手、万用表、旋具、电工胶布等）、压力表接头及密封圈（参数、型号应与原系统匹配）。

三、维修步骤及作业要求

3号探火管式灭火装置压力表更换的步骤及作业要求如下：

步骤1　关闭连接探火管的容器阀侧部小球阀

作业要求：将需要更换的3#探火管式灭火装置的容器阀关闭，确保其在任何工况下均无法动作。

步骤2　断开探火管，拆压力表

作业要求：

（1）断开与3#探火管式灭火装置压力表相连接的探火管线路。

（2）拆下3#探火管式灭火装置的压力表。

步骤3　新压力表调试，安装

作业要求：

（1）将新压力表与3#探火管式灭火装置的探火管线路相连接。

（2）连接后，缓慢打开容器阀侧部的小球阀，使探火管内压力平衡。确认压力表正常显示后，完全打开侧部的小球阀。

（3）检查无泄漏后，将新压力表重新进行固定。

步骤4　记录填写

根据本次故障维修情况填写"建筑消防设施故障维修记录表"，存档并上报。

四、注意事项

1. 操作前，先将探火管式灭火装置的阀门关闭，确保探火管不动作。

2. 拆压力表时，先断开3#配电柜的电源，关闭容器阀侧部的小球阀，确保电气线路不发生短路等故障。

3. 更换新设备时，应采用与原设备相同型号的压力表进行更换；更换完毕后通电前应先检查连接固定是否牢固。

4. 维修结束后，整理现场，清点工具，清除现场所有杂物，以防遗留在设备内造成事故。

【技能操作】

技能 1　氮气瓶组欠压故障维修

一、操作准备

1. 技术资料

消防柜原理图、氮气释放阀接线图、产品使用说明书和设计手册等技术资料。

2. 维修工具

故障维修常备工具，如扳手、旋具、钳子、万用表、绝缘胶带等。

3. 防护装备

安全防护装备，如防砸鞋、安全帽、绝缘手套等。

4. 维修记录表格

"建筑消防设施故障维修记录表"。

二、操作程序

步骤 1　装置断电

拆卸氮气瓶组之前，应先将消防控制柜和消防柜切断电源，防止触电。

步骤 2　拆下氮气瓶组的连接管路

（1）氮气瓶组容器阀为常闭氮气释放阀

1）插上电磁型驱动装置的保险销，如图 6-2-1 所示。

2）切断电磁型驱动装置的电源线，逆时针转动电磁型驱动装置至拆下，如图 6-2-2 所示。

3）拆下氮气释放阀连接的金属软管，如图 6-2-3 所示。

（2）氮气瓶组容器阀为常开阀门

1）顺时针转动阀门手轮，关闭容器阀，如图 6-2-4 所示。

2）拆下容器阀连接的减压器或连接管，如图 6-2-5 所示。

步骤 3　拆下氮气瓶组

拆下氮气瓶组紧固抱箍后，拆下氮气瓶组，如图 6-2-6 所示。

步骤 4　安装新的氮气瓶组

将新的氮气瓶组移动到原位置后紧固固定抱箍。

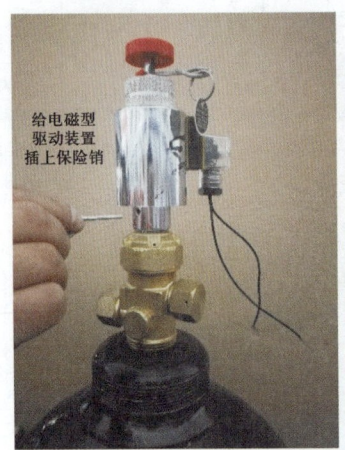 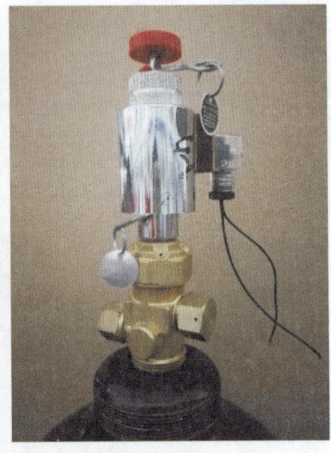

图 6-2-1　插上电磁型驱动装置的保险销

图 6-2-2　拆电磁驱动装置

图 6-2-3　拆软管

图 6-2-4 关闭瓶组容器阀

图 6-2-5 拆减压器

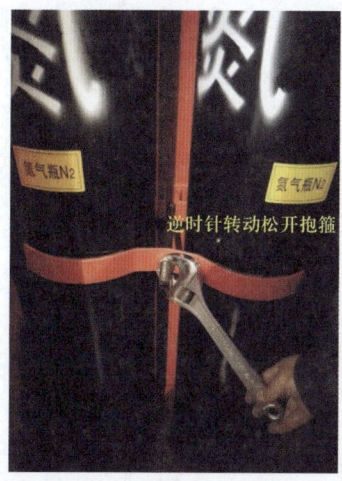

图 6-2-6 拆下抱箍

步骤5 连接氮气瓶组连接管路

(1)氮气瓶组容器阀为常闭氮气释放阀

1)连接并紧固氮气释放阀的金属软管。

2)安装电磁型驱动装置,并连接其电源线。

3)拆下电磁型驱动装置保险销。

(2)氮气瓶组容器阀为常开阀门

1)安装容器阀连接的金属软管并紧固。

2)逆时针缓慢转动阀门手轮,观察管路的情况,如无漏气完全打开。

3)用肥皂水等检查容器阀至氮气释放阀之间管路连接部位是否有气泡泄漏。如有则关闭容器阀,松开泄漏连接部位,泄压后再次紧固,重复2)继续检查,直至无气泡泄漏。

步骤6 填写维修记录

根据本次故障维修情况填写"建筑消防设施故障维修记录表",存档并上报。

三、注意事项

1. 进行维修时,变压器应处于断电维修状态,拆卸氮气瓶组时应注意电气安全,并在变压器投运前恢复。

2. 带压瓶组应妥善存放,防止倾倒。

3. 拆线检查时,做好线头标记(如拍照),线头应分别包扎固定,防止搭接或接触其他导体。

4. 氮气瓶组容器阀为氮气释放阀时,其瓶组充气应由原生产厂家进行或在其指导下由专业气体充装企业进行。

5. 维修结束后,应整理现场,清点工具,清除现场所有杂物,以防遗留在设备内造成事故。

技能2 火警指示灯亮故障维修

一、操作准备

1. 技术资料

消防控制柜电气原理图和接线端子图、火灾探测器平面布置图、火灾探测器接线说明、产品使用说明书和设计手册等技术资料。

2. 维修工具

故障维修常备工具，如旋具、钳子、万用表、绝缘胶带等。

3. 防护装备

安全防护装备，如防砸鞋、安全帽、绝缘手套等。

4. 维修记录表格

"建筑消防设施故障维修记录表"。

二、操作程序

步骤1 装置断电

维修前，应关闭消防控制柜电源，防止触电。

步骤2 通过接线端子图，找到故障灯对应的外接端子并拆下

对应接线端子图，找到报警信号对应的端子号，在消防控制柜的接线端子排上找到对应的接线并拆下。

步骤3 拆下该线路连接的火灾探测器接线

根据接线端子号找到对应的火灾探测器并拆下。

步骤4 检查火灾探测器和连接线的通断状态

如图6-2-7所示，用万用表的通断挡位，检查连接线和火灾探测器的接线端子，若为导通状态，则为故障。

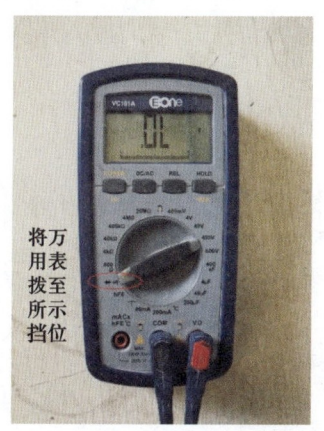 

图6-2-7 用万用表测量火灾探测器

步骤5 更换故障部件

更换有故障的火灾探测器或连接线，按照原连接方式重新接好火灾探测器和消防控制柜之间的线路。

步骤6 重新打开电源，检查状态

给消防控制柜接通电源，观察装置的报警情况，火灾报警信号应消除。

步骤 7　填写维修记录

根据本次故障维修情况填写"建筑消防设施故障维修记录表",存档并上报。

三、注意事项

1. 进行维修时,变压器应处于断电维修状态,拆卸火灾探测器时应注意安全,防止触电。

2. 拆线检查时,做好线头标记(如拍照),线头应分别包扎固定,防止搭接或接触其他导体。

3. 更换新的火灾探测器时,安装位置应与原位置相同。

4. 维修结束后,应整理现场,清点工具,清除现场所有杂物,以防遗留在设备内造成事故。

技能 3　探火管式灭火装置故障维修

一、操作准备

1. 技术资料

探火管式灭火装置设备使用说明书、系统图、接线图、平面布置图、各防护区管路布置图、产品使用说明书和设计手册等技术资料。

2. 备品备件

一批与灭火装置相匹配的备品备件。

3. 维修工具

常用工具(扳手、万用表、旋具、电工胶布等)、压力表接头及密封圈(参数、型号应与原系统匹配)。

4. 防护装备

安全防护装备,如防砸鞋、安全帽、绝缘手套等。

5. 维修记录表格

"建筑消防设施故障维修记录表"。

二、操作程序

步骤 1　压力表状态检查

检查前,切断被检查的探火管式灭火装置所在场所的非消防电源。

(1)压力表指针高于绿区。探火管内充气时压力太大或容器阀被打开,显示的是灭火剂钢瓶内压力。维修方法为：关闭容器阀侧部小球阀，缓慢释放探火管内气体，直到压力降到绿区范围内，再缓慢打开该小球阀，使探火管内压力平衡。

（2）压力表指针低于绿区。

1）采用新表或采用接口一致的校验过的压力表直接更换，如显示正常，则故障为压力表损坏，需要更换压力表。

2）如上一步不能检查出故障，则可能是探火管没有充气或管内气体泄漏。打开容器阀侧面的小球阀给探火管及时补充气体，此时压力表恢复到绿区范围，观察24 h后，再检查压力表是否保持在绿区范围，如在绿区范围内则故障排除。

压力表状态检查如图 6-2-8 所示。

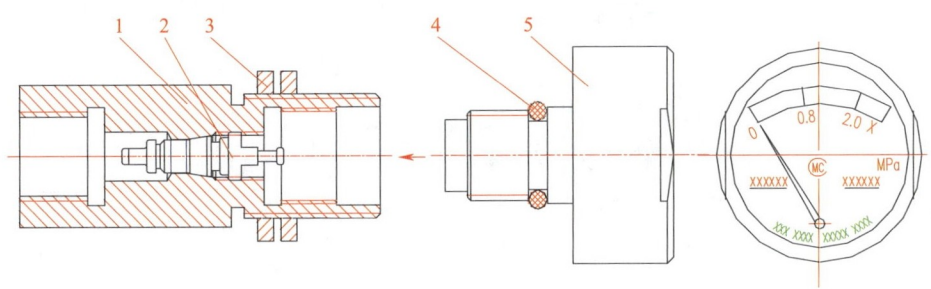

图 6-2-8 压力表状态检查
1—阀体 2—阀芯 3—并接螺母 4—密封圈 5—压力表

步骤2 探火管检查

（1）如步骤1不能检查出故障，则有可能是探火管自身泄漏或连接处泄漏，检查泄漏点。

（2）找泄漏点之前，需关闭容器阀侧面的小球阀。拆解探火管的各连接，对连接件或连接处的密封件采用涂抹泡沫液的方法检查泄漏点，如找出，对泄漏处重新连接或拧紧。

（3）如上一步不能检查出泄漏点故障，则需要采用涂抹泡沫液或浸水法对探火管进行密封性试验检查，找出探火管的泄漏点，拆解探火管的连接，更换新的探火管。

泄漏点检查如图 6-2-9 中红色线框所示。

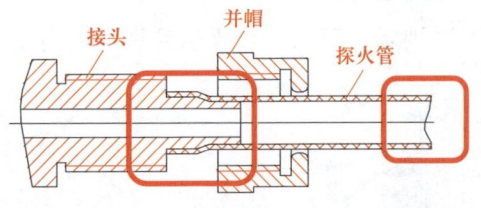

图 6-2-9 探火管及连接处泄漏点检查

步骤 3　灭火剂储瓶及容器阀检查

（1）如上述步骤 1 和 2 皆不能排除故障，则可能是容器阀被异常打开或储瓶内气体（灭火剂）泄漏。

（2）在调试压力表期间，通过排放气体来调整压力表。当排放压力较大，且排放后压力未恢复到绿区时，应考虑容器阀已被非正常打开，探火管终端压力表显示的是药剂瓶组内压力。需放掉灭火剂，检修该容器阀，以排除故障。

（3）以上都检查完毕后，对灭火剂储瓶进行检查。采用称重法对探火管装置进行检查，其灭火剂量不应小于设计量的 90%。如泄漏大于 10%，则需要重新充装。

储瓶内灭火剂检查和充装如图 6-2-10 所示。

称重检查时，移除图 6-2-10 中的 2 和 3，再进行称重；称重后，检查灭火剂量，如需补充灭火剂，按照图示进行充装。充装方法依照产品维护维修手册进行。

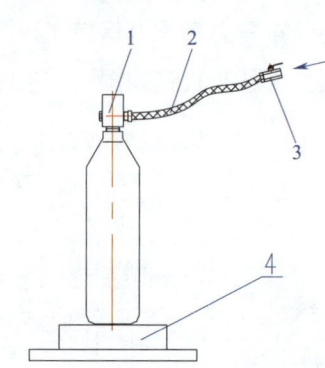

图 6-2-10　储瓶内灭火剂检查和充装
1—灭火剂储瓶容器阀　2—充装软管
3—充装控制阀　4—称重装置

步骤 4　确定故障内容

检查过程中，有可能不只是一个故障，需要检查所有的情况，再确定故障内容，并进行维修。

步骤 5　填写维修记录

根据本次故障维修情况填写"建筑消防设施故障维修记录表"，存档并上报。

三、注意事项

1. 操作前，先将探火管式灭火装置的阀门关闭，确保探火管不动作。

2. 拆设备时，先断开被保护配电柜电源，在拆探火管和压力表时关闭容器阀侧部的小球阀，并确保配电柜内的电气线路不发生短路等故障。

3. 更换新设备时，应采用与原设备相同型号的设备进行更换；更换完毕后配电柜通电前应先检查连接固定是否牢固。

4. 维修结束后，整理现场，清点工具，清除现场所有杂物，以防遗留在设备内造成事故。

培训单元 1
防排烟系统维修方案、操作规程的编制方法

【培训重点】

掌握防排烟系统的常见故障原因及维修方法。
熟练掌握防排烟系统维修方案的编制方法。
熟练掌握防排烟系统维修操作规程的编制方法。

【知识要求】

一、防烟系统的常见故障原因及维修内容要求

防烟系统的常见故障原因及维修内容要求见表 6-3-1。

表 6-3-1　　　　　　　防烟系统常见故障原因及维修内容要求

序号	故障现象	故障原因	维修内容要求
1	送风阀无法开启	设备机构故障	检查送风阀机构，对机构进行除锈并加注润滑油或者更换机构

续表

序号	故障现象	故障原因	维修内容要求
2	正压送风机无法开启	风机电动机故障	检查控制电源线路搭壳是否漏电 检查电动机是否损坏
		控制柜故障	检查控制柜配电开关 检查控制柜线路是否松动及控制柜接触器等 检查电气元件是否损坏
3	送风管道风量异常	风管连接件故障	检查风机皮带是否老化断裂 检查风机连接帆布是否损坏
		管道故障（漏风）	检查管道是否损坏、脱落

二、排烟系统的常见故障原因及维修内容要求

排烟系统的常见故障原因及维修内容要求见表6-3-2。

表6-3-2　　　　　　　排烟系统常见故障原因及维修内容要求

序号	故障现象	故障原因	维修内容要求
1	排烟阀无法开启	设备机构故障	检查排烟阀机构，对机构进行除锈并加注润滑油或者更换机构
2	排烟风机异常 电动排烟窗无法开启	风机电动机故障 排烟窗电动机故障	检查控制电源线路搭壳是否漏电 检查电动机是否损坏
		控制柜故障	检查控制柜配电开关 检查控制柜线路是否松动及控制柜接触器等 检查电气元件是否损坏
3	排烟管道风量异常	风管连接件故障	检查风机皮带是否老化断裂 检查风机连接帆布是否损坏
		管道故障（漏风）	检查管道是否损坏、脱落

【实例6-3-1】防烟系统维修方案

项目名称：××项目防烟系统维修工程

编制时间：2019年6月26日

一、项目概况

××项目，1~15号楼为一类高层住宅小区，在每栋楼屋顶设置一台正压送风机，对消防电梯前室进行加压送风，控制柜设置在屋顶电梯机房。消防控制室设置在1号楼1层，设置一台火灾自动报警控制器（联动型），控制室能控制每台正压送风机启动及停止，并接收反馈信号。

二、故障情况说明

经现场核查，由于正压送风机控制柜电动机启动电流大于热继电器保护数值，导致在启动过程中因电流过大造成热继电器动作，送风机无法启动。建议更换正压送风机控制柜热继电器。

三、维修内容

将正压送风机控制柜热继电器进行更换（动作电流按照设计图纸进行核对，大于电动机启动电流）。

四、人员及设备配置

安排张某（四级/中级工）作为此次维修的负责人，带领李某（四级/中级工）执行此次维修任务，对正压送风机控制柜热继电器进行更换。报请委托方向相关设备生产厂家采购××型热继电器。张某准备万用表、电工工具、个人防护用具等仪器设备。

五、组织实施

1. 维修时间安排

维修开始时间：2019年6月27日上午8:30。

维修结束时间：2019年6月27日下午5:30。

2. 工作分工

张某负责配电开关更换，李某负责协助张某完成系统功能的调试。

六、维修测试要求

热继电器更换后，需对15号楼屋顶正压送风机的启动功能进行测试（手动启动正压送风机、远程启动正压送风机）。调试正常后，移交委托单位确认，并填写故障维修记录表。

七、注意事项

带电作业时须按作业要求佩戴防护用具，登高作业时须配监护人员。

八、附件

维修结束后，维修人员应填写"建筑消防设施故障维修记录表"（见表6-3-3）。

表 6-3-3　　　　　　　　建筑消防设施故障维修记录表

委托单位	××公司	项目名称	××项目		所属系统	防烟系统
故障情况			故障维修情况			故障排除确认
发现时间	故障情况描述	维修时间	维修人员	维修方法	安全保护措施	
2019年6月26日	15号楼测试屋顶正压送风机远程启动功能，现场发现正压送风机无法启动	2019年6月27日	张某李某	对正压送风机热继电器进行更换	正确佩戴安全防护用具，正确执行安全监护	

【实例 6-3-2】排烟系统维修操作规程

一、维修对象

××型280℃排烟防火阀更换。

二、维修准备

1. 资料准备

控制柜使用说明书、系统图、接线图、"建筑消防设施故障维修记录表"。

2. 物资配件

××型280℃排烟防火阀（型号应与原设备参数匹配）。

3. 维修工具

故障维修常备工具，如万用表、旋具、电工胶布等。

4. 防护装备

安全防护装备，如绝缘鞋等。

三、维修步骤及作业要求

280℃排烟防火阀更换的步骤及作业要求如下。

步骤1　断电

作业要求：关闭排烟风机控制柜电源（空气开关电源、保险丝电源）。

步骤2　拆除及安装280℃排烟防火阀及相关机构接线

作业要求：

（1）拆除280℃排烟防火阀模块线路（注意线路末端是否有永久性标识，若无标识，则应在拆除前施加相应标识）。

（2）拆除原280℃排烟防火阀。

（3）更换新的280℃排烟防火阀，并按原线序将线路连接至接线端子上。

步骤3 送电

作业要求：

（1）送电之前检查280℃排烟防火阀接线是否符合要求。

（2）用万用表测试线路输出电压是否正常。

步骤4 功能测试

作业要求：

（1）手动启动本系统区域排烟风机，正常运行时间不少于5 min。

（2）手动启动正常后，通过消防报警主机远程启动本系统区域排烟风机，风机运行时间不少于5 min。

注：远程启动本系统区域排烟风机时，排烟风机控制柜应处于自动挡状态。

步骤5 记录填写

根据本次故障维修情况填写"建筑消防设施故障维修记录表"，存档并上报。

四、注意事项

1. 断电检查时，先断备电，后断主电，挂上标识牌。

2. 带电检查时，先调好万用表挡位，确认无误后再测试。

3. 拆线检查时，做好线头标记（如拍照），线头拆除后可能通电的线头必须用绝缘胶带包扎好。

4. 更换新设备时，先关闭电源，采用与原设备相同型号的配件进行更换。更换完毕后通电前应先检查接线是否牢固，有无废线头、工具是否遗留在线路板上。通电时应先开主电，后开备电。

5. 维修结束后，整理现场，清点工具，清除现场所有杂物，以防遗留在设备内造成事故。

培训单元2
消火栓系统维修方案、操作规程的编制方法

【培训重点】

掌握消火栓系统的常见故障原因及维修方法。
熟练掌握消火栓系统维修方案的编制方法。
熟练掌握消火栓系统维修操作规程的编制方法。

【知识要求】

消火栓系统常见故障原因及维修内容要求见表 6-3-4。

表 6-3-4　　　　消火栓系统常见故障原因及维修内容要求

序号	故障现象	故障原因	维修方法
1	管网无水或静压低	管网漏水	分段检查管网
2	栓口漏水	栓阀损坏	更换栓阀
	栓口打不开		
3	消火栓按钮不能报警	消火栓按钮损坏	更换消火栓按钮
		消火栓按钮总线故障	消火栓按钮总线故障修复
4	管网压力正常，放水时流量不足	阀门未完全打开	检查管网阀门
		管网堵塞	分段检查管网
		管网内有空气	管网高处放气

【实例 6-3-3】消火栓系统维修方案

项目名称：某办公楼消火栓系统维修工程

编制时间：2019 年 6 月 20 日

一、项目概况

某办公楼有地上五层和地下一层，每层设置室内消火栓箱 5 个，共设置 30 个室内消火栓箱。

二、故障情况说明

维护保养过程中发现五层东南角的室内消火栓栓口漏水，经现场核查确认为室内消火栓栓阀损坏。

三、维修内容

将五层东南角的消火栓栓阀进行更换。

四、人员及设备配置

安排张某（四级/中级工）作为此次维修的负责人，带领李某（四级/中级工）执行此次维修任务，对五层东南角的消火栓栓阀进行更换。报请委托单位采购 SN65 型消火栓栓阀。张某准备管钳 2 把，麻丝、白漆少量，动静压测试仪、个人防护用具等。

五、组织实施

1. 维修时间安排

维修开始时间：2019 年 6 月 21 日上午 8:30。

维修结束时间：2019 年 6 月 21 日下午 5:00。

2. 工作分工

张某负责消火栓管网放水、栓阀更换、管网补水，李某负责协助张某完成栓阀更换。

六、维修测试要求

栓阀更换后，需对管网补水。测试栓阀正常后，移交委托单位确认，并填写故障维修记录表。

七、注意事项

1. 登高作业时须配监护人员。

2. 在维修期间，消火栓管网会放空水，更换期间，消火栓系统不能正常运行，委托单位应加强巡查，确保维修期间消防安全。

八、附件

维修结束后，维修人员应"建筑消防设施故障维修记录表"（见表 6-3-5）。

表 6-3-5　　　　　　　建筑消防设施故障维修记录表

委托单位	××公司	项目名称	××项目		所属系统	消火栓系统
故障情况		故障维修情况				故障排除确认
发现时间	故障情况描述	维修时间	维修人员	维修方法	安全保护措施	
2019年6月20日	五层东南角的消火栓栓口漏水	2019年6月21日	张某 李某	更换室内消火栓栓阀	登高作业监护	

【实例 6-3-4】消火栓系统维修操作规程

一、维修对象

室内消火栓栓阀更换。

二、维修准备

1. 资料准备

系统图、平面布置图、"建筑消防设施故障维修记录表"。

2. 物资配件

与原室内消火栓栓阀相同规格的栓阀（SN65型消火栓栓阀）。

3. 维修工具

故障维修常备工具，如动静压测试仪、管钳（2把）、麻丝、白漆（少量）等。

4. 防护装备

安全防护装备，如安全鞋、手套等。

三、维修步骤及作业要求

消火栓栓阀更换的步骤及作业要求如下。

步骤1 管网排水

作业要求：关闭东南角的消火栓竖管上下阀门，接上水带放水。

步骤2 拆除栓阀、更换栓阀

作业要求：

（1）待管网无水后，拆除原栓阀。

（2）清除管口脏物，重新缠上麻丝，涂上白漆。

（3）更换新的栓阀。

步骤3 管网注水

作业要求：

（1）先打开栓阀，再打开竖管上下阀门。

（2）待栓口处无气排出时关闭栓阀。

步骤4 功能测试

在栓口装上动静压测试仪，测试栓口静压，静压须符合要求，静压不足需启动稳压泵使静压达到原设定值。

步骤5 记录填写

根据本次故障维修情况填写"建筑消防设施故障维修记录表"，存档并上报。

四、注意事项

1. 放水时注意排水，不要影响周围环境。

2. 补水时要先排气。

3. 补水后管网压力要符合要求。

4. 维修结束后，整理现场，清点工具，清除现场所有杂物。

培训单元 3
消防应急照明和疏散指示系统维修方案、操作规程的编制方法

【培训重点】

掌握消防应急照明及疏散指示系统、消防应急广播系统、消防电话系统、防火门监控系统、防火卷帘系统、消防电梯、消防设备电源监控系统、柴油发电机组、消防设备应急电源的常见故障原因及维修方法。

熟练掌握消防应急照明及疏散指示系统、消防应急广播系统、消防电话系统、防火门监控系统、防火卷帘系统、消防电梯、消防设备电源监控系统、柴油发电机组、消防设备应急电源维修方案的编制方法。

熟练掌握消防应急照明及疏散指示系统、消防应急广播系统、消防电话系统、防火门监控系统、防火卷帘系统、消防电梯、消防设备电源监控系统、柴油发电机组、消防设备应急电源维修操作规程的编制方法。

【知识要求】

一、消防应急照明及疏散指示系统常见故障原因及维修方法

1. 应急照明控制器常见故障原因及维修方法

应急照明控制器常见故障原因及维修方法见表 6-3-6。

表 6-3-6　　　　　　　　应急照明控制器常见故障原因及维修方法

序号	故障现象	故障原因	维修方法
1	开机后无显示或显示不正常	灯板、显示板损坏	联系并协助厂家更换灯板、显示板
		主板与灯板、显示板间接线不良	连接线重新连接

续表

序号	故障现象	故障原因	维修方法
2	开机后显示"主电故障"	主电源接线不良	主电源接线重新连接
		主电源保险管烧断	更换主电源保险管
3	开机后显示"备电故障"	备用电源保险管烧断	更换备用电源保险管
		备用电源线路接线不良	备用电源接线重新连接
		蓄电池（组）欠压	保持主电源充电8 h
		蓄电池（组）损坏	更换蓄电池（组）
4	控制器显示"集中电源或应急照明配电箱故障"	与集中电源或应急照明配电箱间通信线路断路、短路	线路故障修复
		控制器通信板损坏	更换控制器通信板
		集中电源或应急照明配电箱损坏	修复或更换损坏部件
		集中电源或应急照明配电箱电源故障	检查并修复设备的供电电源
5	控制器显示"灯具故障"	灯具损坏	更换灯具
		灯具与集中电源或应急照明配电箱间接线不良	重新连接连接线
		集中电源或应急照明配电箱与灯具间的总线短路、断路	线路故障修复
		集中电源或应急照明配电箱回路板损坏	更换回路板
6	不能自动控制系统设备应急启动、标志灯具指示状态改变	火灾报警控制器与应急照明控制器间通信线路故障、接线不良	线路故障修复，重新接线
		应急照明控制器损坏	更换应急照明控制器
		应急照明控制器控制逻辑编程错误	重新进行逻辑编程，录入
		集中电源或应急照明配电箱损坏	修复或更换损坏部件
7	不能手动控制系统设备应急启动	应急照明控制器损坏	更换应急照明控制器
		集中电源或应急照明配电箱损坏	修复或更换损坏部件
8	控制器显示"系统月自检、季度自检故障"	灯具、集中电源或应急照明配电箱损坏	修复或更换损坏部件
		系统设备蓄电池（组）容量不足	更换相应设备的蓄电池（组）

2. 应急照明集中电源常见故障原因及维修方法

应急照明集中电源常见故障原因及维修方法见表6-3-7。

表6-3-7　　　　　　应急照明集中电源常见故障原因及维修方法

序号	故障现象	故障原因	维修方法
1	无显示或显示不正常	灯板、显示板损坏	联系并协助厂家更换灯板、显示板
		主板与灯板、显示板接线不良	连接线重新连接
2	显示"主电故障"	主电源接线不良	主电源接线重新连接
		主电源保险管烧断	更换主电源保险管
3	显示"蓄电池故障"	充电回路开路或短路	线路故障修复
		蓄电池（组）损坏	更换蓄电池（组）
4	输出回路故障	输出回路开路或短路	线路故障修复
		输出回路过载保护	调整回路负载
5	不能控制系统设备应急启动、标志灯具指示状态改变	集中电源损坏	更换集中电源
		集中电源回路板损坏	更换回路板
6	持续应急时间不满足要求	蓄电池（组）容量不足	更换蓄电池（组）

3. 应急照明配电箱常见故障原因及维修方法

应急照明配电箱常见故障原因及维修方法见表6-3-8。

表6-3-8　　　　　　应急照明配电箱常见故障原因及维修方法

序号	故障现象	故障原因	维修方法
1	无显示或显示不正常	灯板、显示板损坏	联系并协助厂家更换灯板、显示板
		主板与灯板、显示板间接线不良	连接线重新连接
2	显示"主电故障"	主电源接线不良	主电源接线重新连接
		主电源保险管烧断	更换主电源保险管
3	输出回路故障	输出回路开路或短路	线路故障修复
		输出回路过载保护	调整回路负载
4	不能控制系统设备应急启动、标志灯具指示状态改变	应急照明配电箱损坏	更换应急照明配电箱
		应急照明配电箱回路板损坏	更换回路板

4. 消防应急灯具常见故障原因及维修方法

消防应急灯具常见故障原因及维修方法见表 6-3-9。

表 6-3-9　　　　　　　　消防应急灯具常见故障原因及维修方法

序号	故障现象	故障原因	维修方法
1	灯具面板、灯罩有明显机械损伤	灯具损坏	更换灯具
2	灯具光源不能应急点亮	灯具损坏	更换灯具
3	标志灯标识信息不完整	灯具损坏	更换灯具
4	自带电源型灯具持续应急时间不满足要求	蓄电池容量不足	更换蓄电池或灯具
5	照明灯具设置部位的地面水平照度不满足要求	灯具灯罩污染	清洁灯具灯罩
		灯具光源效率降低	更换灯具

二、消防应急广播系统常见故障原因及维修方法

消防应急广播系统常见故障原因及维修方法见表 6-3-10。

表 6-3-10　　　　　　　消防应急广播系统常见故障原因及维修方法

序号	故障现象	故障原因	维修方法
1	控制设备无显示或显示不正常	灯板、显示板损坏	联系并协助厂家更换灯板、显示板
		主板与灯板、显示板间接线不良	连接线重新连接
2	控制设备显示"主电故障"	主电源接线不良	主电源接线重新连接
		主电源保险管烧断	更换主电源保险管
3	控制设备显示"备电故障"	备用电源保险管烧断	更换备用电源保险管
		备用电源线路接线不良	备用电源接线重新连接
		蓄电池（组）欠压	保持主电源充电 8 h
		蓄电池（组）损坏	更换蓄电池（组）
4	控制设备显示"某扬声器故障"	扬声器与总线间断路、短路或接线不良	线路故障修复，重新接线
		扬声器损坏	更换扬声器

续表

序号	故障现象	故障原因	维修方法
5	不能进行现场语音播报	控制设备损坏	更换控制设备
		传声器损坏	更换传声器
		传声器接口接线不良	连接线重新连接
6	不能自动控制应急广播启动	消防联动控制器与控制设备间通信线路故障或接线不良	线路故障修复，重新接线
		消防联动控制器控制逻辑错误	重新编程，录入
		控制设备损坏	修复或更换损坏部件
7	扬声器不能进行语音播报	扬声器与控制设备间线路断路、短路或接线不良	线路故障修复，重新接线
		扬声器损坏	更换扬声器

三、消防电话系统常见故障原因及维修方法

消防电话系统常见故障原因及维修方法见表6-3-11。

表6-3-11　　　　消防电话系统常见故障原因及维修方法

序号	故障现象	故障原因	维修方法
1	主机无显示或显示不正常	灯板、显示板损坏	联系并协助厂家更换灯板、显示板
		主板与灯板、显示板间接线不良	连接线重新连接
2	主机显示"主电故障"	主电源接线不良	主电源接线重新连接
		主电源保险管烧断	更换主电源保险管
3	主机显示"某一分机或插孔故障"	分机或插孔与总线断路、短路或接线不良	线路故障修复，重新接线
		分机损坏	更换分机
4	主机显示"线路故障"	主机与分机或插孔间总线断路、短路或接线不良	线路故障修复，重新接线
5	主机与分机或插孔间不能通话、通话有杂音或声音小	分机损坏	更换分机
		分机未进行地址注册	在主机上重新注册
		与分机或插孔间线路存在接地故障或线路受到干扰	线路故障修复

四、防火门监控系统常见故障原因及维修方法

防火门监控系统常见故障原因及维修方法见表 6-3-12。

表 6-3-12　　防火门监控系统常见故障原因及维修方法

序号	故障现象	故障原因	维修方法
1	监控器无显示或显示不正常	灯板、显示板损坏	联系并协助厂家更换灯板、显示板
		主板与灯板、显示板间接线不良	连接线重新连接
2	监控器显示"主电故障"	主电源接线不良	主电源接线重新连接
		主电源保险管烧断	更换主电源保险管
3	监控器显示"备电故障"	备用电源保险管烧断	更换备用电源保险管
		备用电源线路接线不良	备用电源接线重新连接
		蓄电池（组）欠压	保持主电源充电 8 h
		蓄电池（组）损坏	更换蓄电池（组）
4	监控器显示"某监控模块故障"	与监控模块间线路断路或短路	线路故障修复
		监控模块与连接部件间线路断路或短路	线路故障修复
		监控模块损坏	更换监控模块
5	监控器显示"某回路故障"	回路总线断路、短路或接线不良	线路故障修复，重新接线
		回路板故障	更换回路板
6	监控器不打印	未设置成打印方式	重新进行设置
		打印机接线不良	连接线重新连接
		打印纸卡纸	重新安装打印纸
7	按键无反应	主板损坏	更换主板或监控器
8	不能自动控制常开防火门关闭	消防联动控制器与控制设备间通信线路故障，或接线不良	线路故障修复，重新接线
		消防联动控制器控制逻辑错误	重新编程，录入
		监控器控制逻辑错误	重新编程，录入
		监控模块损坏	更换监控模块
		监控器损坏	修复或更换监控器
9	防火门开合状态不符	双扇或多扇防火门顺序器损坏	更换顺序器
10	常闭防火门故障报警	常闭防火门被打开	将该门关闭
		闭门器损坏，门不能完全闭合	修复或更换闭门器

五、防火卷帘系统常见故障原因及维修方法

防火卷帘系统常见故障原因及维修方法见表 6-3-13。

表 6-3-13　　　　　　　　防火卷帘系统常见故障原因及维修方法

序号	故障现象	故障原因	维修方法
1	控制器无显示或显示不正常	灯板、显示板损坏	联系并协助厂家更换灯板、显示板
		主板与灯板、显示板间接线不良	连接线重新连接
2	控制器显示"主电故障"	主电源接线不良	主电源接线重新连接
		主电源保险管烧断	更换主电源保险管
3	控制器显示"备电故障"	备用电源保险管烧断	更换备用电源保险管
		备用电源线路接线不良	备用电源接线重新连接
		蓄电池（组）欠压	保持主电源充电 8 h
		蓄电池（组）损坏	更换蓄电池（组）
4	控制器故障灯点亮	与速放装置间线路断路、短路或接线不良	线路故障修复，重新接线
		与配接探测器间线路断路、短路或接线不良	线路故障修复，重新接线
5	不能手动操作控制器控制防火卷帘动作	卷门机电源未接通	接通卷门机电源
		卷门机损坏	联系并协助厂家更换卷门机
		卷帘控制器损坏	修复或更换卷帘控制器
6	不能联动控制卷帘启动	消防联动控制器与卷帘控制器间通信线路故障	线路故障修复
		消防联动控制器控制逻辑错误	重新编程，录入
7	不能手动操作手动控制装置控制卷帘动作	手动控制装置与卷帘控制器间接线故障	线路故障修复
		手动控制装置损坏	更换手动控制装置
8	防火卷帘关不严或无法完全开启	行程开关位置调节不准	重新调整行程开关位置
		卷帘门下有障碍物阻挡	清除卷帘门下障碍物
9	防火卷帘运行过程中存在异响、明显倾斜	轨道变形或被异物卡住	修复轨道、清除异物

六、消防电梯常见故障原因及维修方法

消防电梯常见故障原因及维修方法见表 6-3-14。

表 6-3-14　　　　　　　消防电梯常见故障原因及维修方法

序号	故障现象	故障原因	维修方法
1	电梯不能迫降	迫降按钮损坏	联系并协助厂家更换按钮
		电梯控制器损坏	联系并协助厂家维修电梯控制器
2	不能联动控制电梯迫降	消防联动控制器与电梯控制器间通信线路故障	线路故障修复
		消防联动控制器控制逻辑错误	重新编程，录入

七、消防设备电源监控系统常见故障原因及维修方法

消防设备电源监控系统常见故障原因及维修方法见表 6-3-15。

表 6-3-15　　　消防设备电源监控系统常见故障原因及维修方法

序号	故障现象	故障原因	维修方法
1	监控器无显示或显示不正常	灯板、显示板损坏	联系并协助厂家更换灯板、显示板
		主板与灯板、显示板间接线不良	连接线重新连接
2	监控器显示"主电故障"	主电源接线不良	主电源接线重新连接
		主电源保险管烧断	更换主电源保险管
3	监控器显示"备电故障"	备用电源保险管烧断	更换备用电源保险管
		备用电源线路接线不良	备用电源接线重新连接
		蓄电池（组）欠压	保持主电源充电 8 h
		蓄电池（组）损坏	更换蓄电池（组）
4	监控器显示"某传感器故障"	与传感器间线路断路、短路或接线不良	线路故障修复，重新接线
		传感器损坏	更换传感器
5	监控器显示"某回路故障"	回路总线断路、短路或接线不良	线路故障修复，重新接线
		回路板故障	更换回路板
6	消防设备电源故障，监控器不能报警	传感器损坏	更换传感器
		监控器损坏	更换监控器

续表

序号	故障现象	故障原因	维修方法
7	监控器不打印	未设置成打印方式	重新进行设置
		打印机接线不良	连接线重新连接
		打印纸卡纸	重新安装打印纸
8	按键无反应	主板损坏	更换主板
9	传感器误报警	传感器损坏	更换传感器

八、柴油发电机组

1. 柴油发电机组常见故障和排除方法

系统相关组件的常见故障为不能起动、运转不稳定、排气烟色不正常、冷却水出水温度过高、突然自动停车等，见表6-3-16。

表6-3-16　　柴油发电机组常见故障和排除方法

序号	主要原因	排除方法
	柴油发电机组不能起动	
1	燃油系统的故障 （1）燃油系统内有堵塞现象 （2）燃油系统中有空气 （3）输油泵不供油或断续供油 （4）喷油器喷雾不良 （5）供油提前角不对	（1）拆卸清洗 （2）用输油泵排除系统内的空气，检查燃油管路有无漏油、漏气处 （3）检查修理输油泵 （4）检查喷油器、喷油泵柱塞、出油阀磨损情况 （5）检查调整供油提前角
2	压缩压力不足 （1）活塞环缸套磨损 （2）活塞环结胶 （3）气门漏气 （4）压缩环境温度低	（1）检查、更换磨损零件 （2）清除结胶 （3）气门弹簧段弹力减退，气门间隙不对，气门密封性不好，做相应处理 （4）环境温度低，采取预热起动方法
3	电气设备的故障 （1）蓄电池亏电 （2）电气接线接触不良 （3）起动电动机不转或无力 （4）起动电动机离合器打滑 （5）起动电动机齿轮不能嵌入飞轮齿圈	（1）重新充电，达到规定要求 （2）检查线路牢固程度 （3）检修起动电动机 （4）检修起动电动机离合器 （5）找出原因并维修

续表

柴油发电机组运转不稳定		
序号	主要原因	排除方法
1	燃油系统的故障	（1）拆卸清洗 （2）用输油泵排除系统内的空气，检查燃油管路有无漏油、漏气处 （3）检查修理 （4）检查喷油器、喷油泵柱塞、出油阀磨损情况
2	燃油中水分过多	检查燃油含水量
3	燃油管路漏油	检查泄漏点，并修复
4	调速器工作不正常	检查校对调速器
5	气缸窜气	检查气缸盖螺母拧紧力矩和气缸盖垫片密封性
6	各缸供油不均匀	（1）喷油泵各缸供油不匀，按标定调整 （2）喷油器喷雾质量不好或偶件卡死，更换偶件修复 （3）检查喷油泵柱塞磨损或弹簧断裂情况，更换柱塞或修复弹簧
柴油发电机组排气烟色不正常		
1	冒蓝烟 （1）窜机油，活塞环装反、卡死或磨损过大 （2）气门与导管孔间隙过大	（1）检查活塞环并排除故障 （2）更换零件，保证规定间隙
2	冒白烟 （1）喷油器雾化质量不好，有滴油现象 （2）燃油中水分过多 （3）气缸内有水	（1）检查喷油压力和偶件密封性，调整、清洗或更换 （2）检查燃油含水量 （3）检查缸盖垫片密封性，检查气缸盖、缸套有无漏水处，维修或更换
3	冒黑烟 （1）柴油机超负荷 （2）喷油过多 （3）供油太迟，后燃严重 （4）气门间隙不对或气门密封性不好 （5）空气滤清器堵塞	（1）调整至规定负荷 （2）调整喷油泵供油量 （3）调整供油提前角 （4）检查气门间隙和密封性，排除故障 （5）清理滤芯

注：燃油机正常工作状态下排气烟色为浅灰色，短期大负荷也仅为深灰色，当柴油机排烟为蓝、白、黑色时，则认为烟色不正常。蓝色表示烧机油，白色表示柴油雾滴在气缸内未能完全燃烧或气缸内有水，黑色表示喷油过多未能完全燃烧

柴油发电机组冷却水出水温度过高		
1	水温表或感应塞损坏	检查更换水温表或感应塞
2	冷却水量不足	加冷却水，排除水道内气体
3	冷却水流量太小 （1）水泵流量小 （2）柴油机内部水腔积垢严重	（1）检查水泵叶轮间隙，调整风扇三角带张紧度 （2）清除水垢

续表

序号	主要原因	排除方法
4	散热器散热效果差	清理积尘和积垢
5	柴油机超负荷	调整至规定负荷
柴油发电机组突然自动停车		
1	停车后曲轴转不动 （1）曲轴与轴瓦抱死 （2）活塞与缸套抱死	（1）检修、更换零件 （2）检修、更换零件
2	停车后曲轴能轻松转动 （1）燃油系统内进入空气 （2）燃油系统堵塞 （3）空气滤清器堵塞	（1）排除空气 （2）清洗燃油系统 （3）保养或更换空气滤清器

2. 柴油发电机组操作规程

柴油发电机组操作规程见表 6-3-17。

表 6-3-17　　　　　　　　　柴油发电机组操作规程

序号	要求	操作内容
1	操作设备前对现场清理和设备状态检查的内容和要求	（1）设备间整洁，照度、通风、温度满足正常要求 （2）设备处于正常待机状态，确定控制系统控制方式：自动/手动 （3）曲轴箱油位、燃油箱油位、散热器水位均为正常值 （4）散热器循环水阀、燃油供油阀在常开位 （5）启动柴油机的蓄电池组达到启动电压 （6）应急控制柜电源开关处于开启状态
2	操作设备必须使用的工器具	手动操作发电机组时，须使用专用扳手
3	设备运行的主要工艺参数	（1）柴油发电机组起动并稳定运行 （2）柴油发电机组发出电源频率与负载设备频率一致 （3）确认柴油发电机组发出电源各相序电压平衡
4	常见故障的原因及排除方法	详见柴油发电机组常见故障和排除方法部分表格内容
5	使用启动程序	按照柴油发电机组启动控制方式进行，自动、手动程序启动供电系统
6	停车的程序和注意事项	当系统需停车时，自动状态下，市政供电（主电）恢复供电，系统自动停车；手动状态下，供电输入手动切换至市电（主电）供电，按下停车按钮，发电机组停止工作
7	保养的方式和要求	保养周期按照日、周、月、季、年的保养计划执行
8	点检、维护的具体要求	点检、维护周期按照日、周、月、季、年的保养计划执行
9	交接班的具体工作和记录内容	交接班时，做好交接班记录，对于系统中存在的问题应做好交接工作，并在本班内填写好系统存在的问题，将问题处理办法和处理时间做好交接，由接班人继续跟踪问题，直至问题处理完毕

九、消防设备应急电源常见故障原因及维修方法

消防设备应急电源常见故障原因及维修方法见表6-3-18。

表 6-3-18　　　　消防设备应急电源常见故障原因及维修方法

序号	故障现象	故障原因	维修方法
1	无显示或显示不正常	灯板、显示板损坏	联系并协助厂家更换灯板、显示板
		主板与灯板、显示板间接线不良	连接线重新连接
2	显示"蓄电池组故障"	与蓄电池组间连线断路或接线不良	重新接线
		蓄电池组之间连线断路或接线不良	重新接线
3	不能进行电源转换	应急电源损坏	联系并协助厂家维修
4	应急时间不满足要求	蓄电池组容量不够	更换蓄电池组

【实例 6-3-5】柴油发电机组维修操作规程

一、维修对象

柴油发电机组冷却装置水温表更换。

二、维修准备

1. 资料准备

柴油发电机组说明书、维修手册、"建筑消防设施故障维修记录表"。

2. 物资配件

与原机组相同型号规格的水温表、机组匹配使用的冷却液。

3. 工器具、安全防护用品

工器具：温度计、扳手、旋具、水桶、注液漏斗、棉布。

安全防护用品：安全帽、安全鞋、登高梯、手套。

三、维修步骤及作业要求

柴油发电机组冷却装置水温表更换的步骤及作业要求如下。

步骤 1　设备停机降温

作业要求：停止机组运行，并让机组自然冷却降温，用温度计测量冷却装置散热器温度，确认温度已大幅下降（建议降至50℃以下）。

步骤2　冷却装置排水

作业要求：

（1）打开冷却装置储液箱箱盖。

（2）将水桶放置在冷却装置放液口下，打开放液口阀门排放冷却液。

步骤3　水温表更换

作业要求：

（1）待冷却液排放完，关闭放液口阀门。

（2）拆除损坏的水温表。

（3）清除水温表接口处杂物，安装新水温表。

（4）清除水温表接口周边冷却液残留。

步骤4　冷却装置加注冷却液

作业要求：

（1）按机组规定冷却液使用量，利用注液漏斗从注液口缓慢加入冷却液。

（2）冷却液加注过程中，观察水温表接口处有无渗漏，如有，则再次拧紧。

（3）冷却液加注完成后，盖好冷却装置储液箱箱盖。

（4）清除注液口周边冷却液残留。

步骤5　功能测试

作业要求：

（1）启动发电机组，保持怠速运行，观察机组运行和水温表数值情况，在机组热机运行后，水温表数值应符合要求，停机待用。

（2）清洁现场卫生、清点工器具，按环保要求处理更换下来的水温表、冷却液。

步骤6　记录填写

作业要求：根据本次故障维修情况，填写"建筑消防设施故障维修记录表"，存档并上报。

四、注意事项

1. 设备间不能使用任何明火。

2. 排水时注意不要影响周边环境。

3. 排水过程中应注意不要被冷却液烫伤。

4. 操作设备时应注意不要接触发电机组机械部件，防止受到机械伤害。

5. 操作设备时应注意不要使冷却液溅入电气设备，避免发生触电和损坏电气设备。

6. 维修完成后，对设备外部液体残留、废旧物资、工器具等进行清理。

【实例6-3-6】防火门监控系统维修方案

一、项目概况

××项目，设置防火监控系统。该系统中配置防火门监控器1台，监控器配接3个回路，其中1#回路控制1~4层常开防火门，2#回路控制5~10层常开防火门，3#回路控制11~15层常开防火门。

二、故障情况说明

经现场核查，控制器2#回路板损坏，导致5~10层设置的常开防火门均无法联动控制关闭。

三、维修内容

报请委托方向设备生产厂家采购××型防火门监控器配套的回路板，对防火门监控器的2#回路板予以更换。

四、人员及设备配置

安排张某（二级/技师）作为此次维修的负责人，带领李某（三级/高级工）执行此次维修任务，对联动控制器的2#回路板进行更换。张某准备万用表、电工工具、个人防护用具等。

五、组织实施

1. 维修时间安排

维修开始时间：2019年7月27日上午8:30。

维修结束时间：2019年7月27日下午5:30。

2. 工作分工

张某负责回路板的更换、控制器运行参数的重新设置，李某负责协助张某完成系统功能的调试。

六、维修测试要求

回路板更换后，需对控制器2#回路的启动功能和负载能力、5~10层的联动控制功能进行测试。调试正常后，移交委托单位确认，并填写故障维修记录表。

七、注意事项

1. 带电作业时需按作业要求佩戴防护用具，登高作业时需配监护人员。

2. 在维修期间，防火门监控器关机导致防火门监控系统失效，委托单位应加强巡查，确保维修期间消防安全。

八、附件

维修结束后，维修人员应填写"建筑消防设施故障维修记录表"（见表6-3-19）。

表 6-3-19　　　　　　　　　建筑消防设施故障维修记录表

委托单位	××公司	项目名称	××项目	所属系统	
故障情况		故障维修情况			故障排除确认
发现时间	故障情况描述	维修时间	维修人员	维修方法	安全保护措施	
2019年7月26日	联动测试时发现 5~10 层设置的常开防火门均无法关闭	2019年7月27日	张某 李某	更换 2# 回路板	佩戴安全帽、防护眼镜，穿三防鞋，使用测电笔、绝缘旋具	经测试确认故障已排除

【实例 6-3-7】防火门监控器回路板更换操作规程

一、维修对象

防火门监控器 2# 回路板更换。

二、维修准备

1. 资料准备

设备使用说明书、系统图、接线图、平面布置图、"建筑消防设施故障维修记录表"。

2. 物资配件

与防火门监控器匹配的回路板。

3. 维修工具

故障维修常备工具，如旋具、钳子、万用表、绝缘胶带等。

4. 防护装备

安全防护装备，如防砸鞋、安全帽、绝缘手套等。

三、维修步骤及作业要求

监控器回路板更换的步骤及作业要求如下。

步骤 1　拆除原回路板

作业要求：

（1）依次关闭监控器的备用电源、主电源开关。

（2）拆除原回路板的外接回路总线连接，回路总线有极性要求时，检查回路总线线端的标号是否完整清晰，如不符合，应重新标记。

（3）从监控器上拆除原回路板。

步骤 2　更换新回路板

作业要求：

(1) 先将回路板进行拨码，号码与原回路板号码应一致。

(2) 将新回路板固定安装在监控器上。

(3) 按原线序将回路总线连接到回路板上。

步骤3 开机测试

作业要求：

(1) 先打开监控器主电源开关，再打开备用电源开关。

(2) 用万用表测试回路板输出电压是否正常。

步骤4 功能测试

作业要求：

(1) 使报警区域5~10层内符合联动控制触发条件的两只火灾探测器或一只火灾探测器和手动报警按钮发出火灾报警信号，防火门监控器应发出控制常开防火门关闭的启动信号，点亮启动指示灯。

(2) 防火门监控器发出启动信号后，逐一检查5~10层的常开防火门是否正常关闭。

(3) 使5~10层任一层常开防火门处于开启状态，检查防火门监控器是否能接收5~10层常开防火门未完全闭合的反馈信号。

(4) 对照火灾报警控制器、消防联动控制器、防火门监控器的显示信息，核查消防控制室图形显示装置的信息显示情况。

步骤5 记录填写

根据本次故障维修情况填写"建筑消防设施故障维修记录表"，存档并上报。

四、注意事项

1. 带电作业时须按作业要求佩戴防护用具，登高作业时须配监护人员。

2. 断电检查时先断备电，后断主电，挂上交流220 V标识牌。

3. 使用万用表带电检查时先调好万用表挡位，确认无误后测试。

4. 拆线检查时做好线头标记（如拍照），线头拆除后可能通电的线头必须用绝缘胶带包扎好。

5. 应采用与原设备相同型号的备件进行更换；更换完毕通电前，应先检查接线是否牢固，有无废线头、工具遗留在线路板上；通电时应先开主电，后开备电。

6. 在系统维修更换过程中，业主必须采取应急管理措施，确保维修期间消防安全，并按照当地相关要求报送消防管理机构备案。

7. 维修结束后，应整理现场，清点工具，清除现场所有杂物，以防遗留在设备内造成事故。

培训单元 4
消防设备末端配电装置的维修方法，维修方案、操作规程的编制方法

【培训重点】

掌握消防设备末端配电装置的常见故障原因及维修方法。
熟练掌握消防设备末端配电装置维修方案的编制方法。
熟练掌握消防设备末端配电装置维修操作规程的编制方法。

【知识要求】

消防设备末端配电装置常见故障原因及维修方法见表 6-3-20。

表 6-3-20　　消防设备末端配电装置常见故障原因及维修方法

序号	故障现象	故障原因	维修方法
1	指示灯不亮	指示灯损坏	更换指示灯
		指示灯接线故障	线路故障修复
2	主电不输出	主电空气开关断开	把空气开关合上
		主电线路脱开	检查线路及接头故障
		双电源切换开关损坏	更换同型号规格的双电源切换开关
		主电源输出部分故障	修复电源输出部分故障
3	主电无法切换至备电	双电源切换开关损坏	更换同型号规格的双电源切换开关
		备用电源没有电	检查备用电源情况
4	备电送不出	备电空气开关断开	把空气开关合上
		备电线路脱开	检查线路及接头故障
		双电源切换开关损坏	更换同型号规格的双电源切换开关
		备用电源输出部分故障	修复电源输出部分故障

【实例 6-3-8】消防设备末端配电装置维修方案

项目名称：某项目消防设备末端配电装置维修工程

编制时间：2019 年 9 月 20 日

一、项目概况

某项目，在消防水泵房设有消防设备末端配电装置。

二、故障情况说明

经现场核查，消防设备末端配电装置双电源切换开关损坏，导致无法将主电源切换至备用电源。

三、维修内容

将消防设备末端配电装置双电源切换开关进行更换。

四、人员及设备配置

安排张某（二级/技师）作为此次维修的负责人，带领李某（三级/高级工）执行此次维修任务，对消防设备末端配电装置双电源切换开关进行更换。报请委托方向设备生产厂家采购××型消防设备末端配电装置双电源切换开关。张某准备万用表、电工工具、个人防护用具等。

五、组织实施

1. 维修时间安排

维修开始时间：2019 年 9 月 22 日上午 8:30。

维修结束时间：2019 年 9 月 22 日下午 5:30。

2. 工作分工

张某负责双电源切换开关的更换，李某负责协助张某完成系统供电安全及功能的测试。

六、维修测试要求

双电源切换开关更换后，需对末端配电装置的双电源切换功能和负载能力、手动切换功能进行测试。调试正常后，移交委托单位确认，并填写故障维修记录表。

七、注意事项

1. 带电作业时须按作业要求佩戴防护用具并配备监护人员。

2. 在维修期间，消防设备末端配电装置停电导致其连接的消防设备（水泵）失效，委托单位应加强巡查，确保维修期间消防安全。

八、附件

维修结束后，维修人员应填写"建筑消防设施故障维修记录表"（见表 6-3-21）。

表 6-3-21　　　　　　　　建筑消防设施故障维修记录表

委托单位	××公司	项目名称	××项目		所属系统	消防设备末端配电装置
故障情况			故障维修情况			故障排除确认
发现时间	故障情况描述	维修时间	维修人员	维修方法	安全保护措施	
2019年9月20日	消防设备末端配电装置无法将主电源切换至备用电源	2019年9月22日	张某李某	更换新产品	断电并挂牌警示保护	经检测，确认故障排除

【实例 6-3-9】消防设备末端配电装置维修操作规程

一、维修对象

消防设备末端配电装置双电源切换开关更换。

二、维修准备

1. 资料准备

消防设备末端配电装置使用说明书、电气系统图、配电装置接线图、双电源切换开关产品说明书及接线图、"建筑消防设施故障维修记录表"。

2. 物资配件

与消防设备末端配电装置匹配的双电源切换开关一个。

3. 维修工具

故障维修常备工具，如万用表、旋具、电工胶布、绝缘电阻测量仪等。

4. 防护装备

安全防护装备，如绝缘鞋等。

三、维修步骤及作业要求

双电源切换开关更换的步骤及作业要求如下。

步骤 1　断电

作业要求：切断消防设备末端配电装置电源。

步骤 2　拆除双电源切换开关

作业要求：

（1）拆除双电源切换开关的线路（注意线路末端是否有永久性标识，如没有，应在拆除前施加相应标识）。

（2）拆除原双电源切换开关。

（3）更换新的双电源切换开关，更换时先按照说明书步骤进行设置并按原线序将线路连接到双电源切换开关上。

步骤3　上电

作业要求：

（1）上电前应检查所有的连接线，检查接线是否正确、牢固，有无飞毛线头，是否有多余金属及工具遗留在配电装置内。

（2）接通消防设备末端配电装置电源。

步骤4　功能测试

作业要求：

（1）测试双电源切换开关的切换功能。手动切换切换开关，看开关切换是否灵活，切换动作应到位，无卡阻现象。

（2）按照消防设备末端配电装置电源的要求，切断主电源的供电，查看双电源切换开关是否会自动切换至备用电源输出。

（3）用万用表测量备用电源输出情况，测试电压是否正常。在备用电源供电情况下设备是否工作正常，功率是否匹配，是否达到负载能力。

（4）进行绝缘电阻测量，绝缘电阻不应低于 $1\,M\Omega$。测量完毕，要进行设备对地放电。

步骤5　记录填写

根据本次故障维修情况填写"建筑消防设施故障维修记录表"，存档并上报。

四、注意事项

1. 工作人员必须穿工作服，戴好安全帽。

2. 断电检查时，先断备电，后断主电，挂上标识牌。

3. 带电检查时，先调好万用表挡位，确认无误后再测试。

4. 拆线检查时，做好线头标记（如拍照），线头拆除后可能通电的线头必须用绝缘胶带包扎好。

5. 更换新设备时，先关闭电源，应采用与原设备相同型号的配件进行更换；更换完毕后通电前应先检查接线是否牢固，有无废线头、工具遗留在线路板上；通电先开主电，后开备电。

6. 维修结束后，整理现场，清点工具，清除现场所有杂物，以防遗留在设备内造成事故。

培训单元 5
注氮控氧防火装置的维修方法，维修方案、操作规程的编制方法

【培训重点】

掌握注氮控氧防火装置故障维修方法。
掌握注氮控氧防火装置维修方案的编制方法。
掌握注氮控氧防火装置维修操作规程的编制方法。

【知识要求】

注氮控氧防火装置常见故障原因及维修方法见表 6-3-22。

表 6-3-22　　　　　　注氮控氧防火装置常见故障原因及维修方法

序号	故障类别	故障现象	故障原因	维修方法
1	管道部件故障	部件连接处气体泄漏	焊接质量不好或锈蚀	更换新部件
			部件松动	重新紧固
			密封件破损	更换密封件
		管道部件等表面锈蚀	防腐处理不好或潮湿	更换新管路
2	氧浓度探测器故障	氧浓度探测器显示异常	氧浓度探测器损坏	更换氧浓度探测器
3	控制系统故障	自动状态下，氧浓度达到设定的阈值时，不启动或是不停机	控制错误	重启设备，如故障不能排除，则联系生产企业维修
		装置显示屏黑屏，指示灯不亮	电源故障	检查电源，如故障不能排除，则联系生产企业维修

注意事项：除部分简单故障现场操作人员能够通过简单操作修复外，大部分故障应通知生产企业售后服务部门，派专人进行维修。

【实例 6-3-10】注氮控氧防火装置维修方案

项目名称：某公司中心数据机房注氮控氧防火装置维修项目

编制时间：2019 年 6 月 9 日

一、项目概况

某公司中心数据机房设置注氮控氧防火装置一台，该装置额定输出压力为 0.3 MPa，额定流量为 18 m^3/h。

二、故障情况说明

经现场检查，发现装置出口连接管路（DN25）锈蚀严重，连接部位出现漏气现象。

三、维修内容

更换装置出口管路（DN25）。

四、人员及工具配置

安排张某（一级/高级技师）作为此次维修的负责人，带领李某（三级/高级工）执行此次维修任务，对注氮控氧防火装置出口管路进行更换。工具为 2 把管钳、扳手、生料带等。

五、维修时间安排

维修开始时间为 2019 年 6 月 27 日上午 8:30。预计更换用时为 1 天。

六、维修测试要求

管路安装完毕后需进行密封试验，调试合格后移交委托单位确认，并填写故障维修记录表。

七、注意事项

维修过程中，防护区氧浓度可能会上升，需安排专职人员进行巡察，遇早期火灾应及时扑灭。

八、附件

维修结束后，维修人员应填写"建筑消防设施故障维修记录表"（表略）。

【实例 6-3-11】注氮控氧防火装置维修操作规程

一、维修对象

某公司中心数据机房注氮控氧防火装置出口连接管路（DN25）。

二、维修准备

1. 资料准备

装置的管路连接图、系统设计图、"建筑消防设施故障维修记录表"。

2. 物资配件

需要更换的管路。

3. 维修工具、防护装备

管钳（2把）、扳手、生料带、支吊架、个人防护用品等。

三、维修步骤及作业要求

更换注氮控氧防火装置出口连接管路的步骤及作业要求如下。

步骤1 装置关机

装置关闭后排净装置内的余气。

步骤2 拆除装置出口的管路

按照系统设计图或原有管路走向，重新安装出口管路，管路连接部位用生料带密封，管路用支吊架固定。

步骤3 装置开机运行

装置正常工作开始注氮后，用肥皂水等检查连接管路是否漏气。防护区内的连接管不用检查。

步骤4 记录填写

填写"建筑消防设施故障维修记录表"，签字确认后，存档并上报。

四、注意事项

1. 装置维修断电期间，应安排人员巡察防护区，如发生火灾应及时扑灭。

2. 装置连接管路的末端出口位置应与原设计管路位置一致。

3. 对于安装造成的管路防腐层破损，应通过补漆等措施补救。

【技能操作】

更换氧浓度探测器

一、操作准备

1. 技术资料

注氮控氧防火装置的系统图、接线图，氧浓度探测器的使用说明书，接线端子图等。

2. 维修工具

故障维修常备工具，如旋具、钳子、万用表等。

3. 防护装备

安全防护装备，如防砸鞋、安全帽、绝缘手套等。

4. 维修记录表格

"建筑消防设施故障维修记录表"。

二、操作程序

步骤 1　关机

操作注氮控氧防火装置控制面板上的停机按钮，使装置停机，操作方法详见二级/技师相关内容。

步骤 2　检查室内氧浓度值

读取控制器面板上的氧浓度数值，当氧浓度低于 14% 时，禁止人员进入。

步骤 3　拆卸损坏的氧浓度探测器

（1）人员进入防护区，首先拆开传感器盖子，记住传感器接线的方式，并拆卸传感器接线，如图 6-3-1 所示。

（2）从安装位置拆下传感器。

步骤 4　安装新传感器

在原位置安装新的氧浓度传感器。

步骤 5　接线

按照原接线图的方式，重新接好信号线。

步骤 6　开机

装置重新接通电源并开机，检查氧浓度示值，应正常。

步骤 7　填写维修记录

根据本次故障维修情况填写"建筑消防设施故障维修记录表"，存档并上报。

图 6-3-1　拆卸传感器接线

三、注意事项

1. 如维修前装置控制面板不能显示保护区内氧浓度，可通过便携式氧浓度仪器进行测量，或将防护区通风，确认氧浓度对人安全后才能进入。

2. 如遇新的氧浓度传感器与原传感器接线方式不同，应以新传感器的接线图为准进行接线。传感器信号类型不同时禁止接线，应联系生产企业维修。

3. 维修结束后，应整理现场，清点工具，清除现场所有杂物，以防遗留在设备内造成事故。

培训模块 七

设施检测

消防设施的检测主要包括前期准备，制定检测计划及方案，现场设施检测的开展，编制检测报告，检测报告存档、上报等几个步骤，检测的工作流程如图 7-0-1 所示。

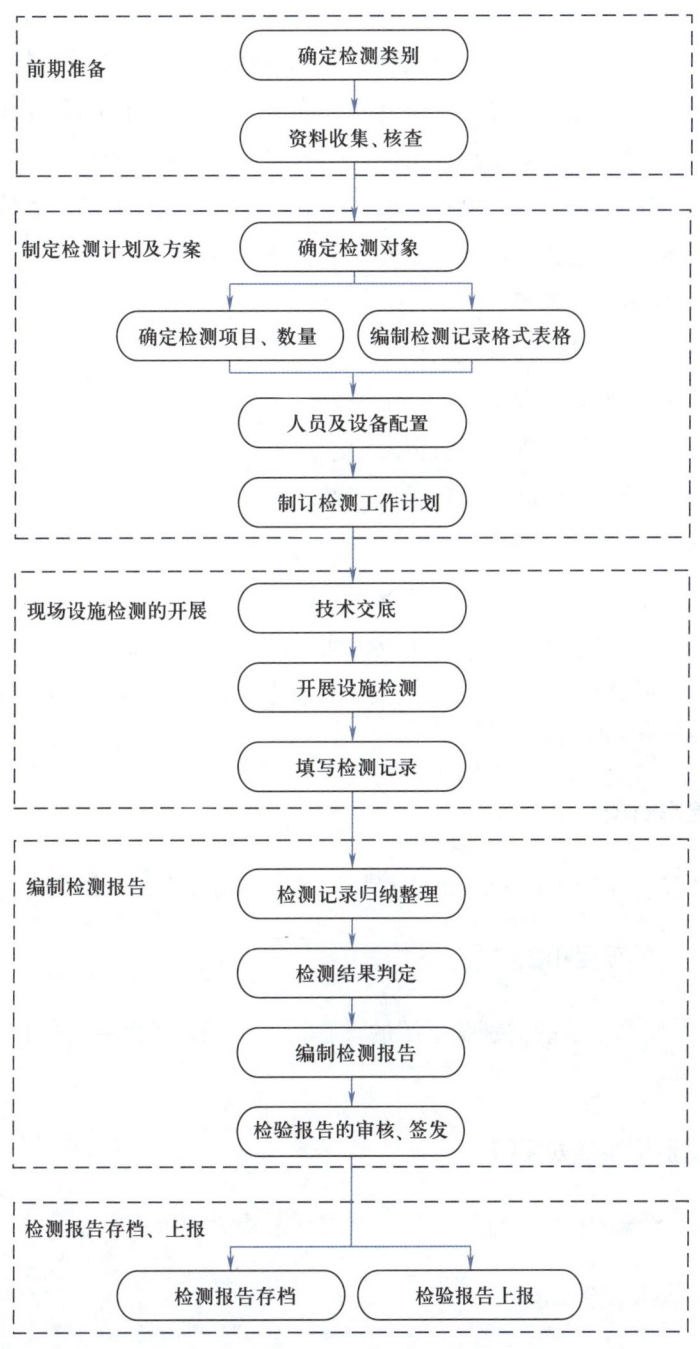

图 7-0-1 消防设施检测工作流程示意图

一、消防设施检测方案的制定

在对消防设施进行检测之前,应与委托方协商确定消防设施检测的类别。消防设施检测一般分为建、构筑物设置消防设施的全数量检测、抽样检测(消防设施的检测数量应符合国家、地方或行业工程技术标准的要求)及特定消防系统检测等几个类别,并应根据消防设施的检测类别,收集、核查以下与消防设施检测相关的技术资料。

(1)竣工验收申请报告、设计变更通知书、竣工图。

(2)工程质量事故处理报告。

(3)施工现场质量管理检查记录。

(4)各消防系统安装过程质量检查记录。

(5)各消防系统部件的现场设置情况记录。

(6)消防联动控制系统联动编程设计记录。

(7)各消防系统调试记录。

(8)系统设备的检测报告、合格证及相关材料。

(9)非竣工检测时,还需提供消防设施前一次的检测报告。

应根据确定的检测类别,参照相关技术资料制定消防设施检测的计划及方案,消防设施检测方案制定的步骤及要求如下。

1. 确定检测对象

应根据确定的检测类别,确定此次消防设施检测所涵盖的消防设施、系统的范围。

2. 确定检测的项目和数量

根据确定的检测系统的类别及系统的设置情况,确定每个系统的检测项目及各系统部件的检测数量。

3. 编制检测记录格式表格

根据拟检测系统的类别,分别编写各消防系统检测记录格式表格。

4. 确定人员及设备配置

根据检测的内容,确定从事该项目检测的消防设施操作员的数量,消防设施操作员的执业资格应符合规定,同时配备检测所需的车辆、仪器设备及耗材。

5. 制订检测工作计划

制订项目检测具体的工作计划，工作计划应包括检测日期、人员工作分工及工作时长等内容。

二、消防设施检测报告的编制

1. 检测记录的归纳整理

对消防设施的现场检测记录进行归纳整理，对照检测计划核对检测工作的完成情况。

2. 检测结果的判定

依据相关工程技术标准结合各系统的检测记录，对各消防系统的检测结果进行判定。

3. 编制检测报告

检测结束后，应编制检测报告。检测报告应包括检测开展的时间、作业人员、检测对象、检测项目和数量、不合格项的类别和不合格事实的具体描述、不合格项数量分类统计、检测结果。

4. 检测报告的审核、签发

按照规定的工作流程，对检测报告进行审核、签发。

5. 检测报告内容

检测报告的主要内容如下。

（1）封面。检测报告封面应填写检测报告编号、委托单位名称、检测项目名称、检测类别、检测时间、消防技术服务机构名称、判定结论，如图7-0-2所示。

（2）项目基本概况。项目的基本概况主要包括：建设单位、工程名称、工程地址；委托日期、检测日期及报告签发日期；施工单位名称及资质、设计单位名称及资质；检测依据；建筑概况。

（3）消防设施一览表。主要受检设备及其主要参数：产品名称、型号规格、使用数量、生产企业名称、其他（证书编号、报告编号等选填）。

（4）检测使用的主要计量标准器具。主要设备及其主要参数：设备名称、型号规格、计量认证的报告编号、计量认证的有效期。

（5）现场检测情况汇总。主要包括：检测项目、检测内容、实测结果、不合格项情况说明。

（6）系统检测结果。主要包括：检测结果判定依据、检测结论。

火灾自动报警系统
检 测 报 告

（合格）

委托单位：某市
检测项目名称：以申报为准
检测类别：竣工检测
检测时间：自动2018年01月02日至2018年12月30日

×××消防技术服务有限公司
×××消技JC(××)第××号

图 7-0-2 消防设施检测报告封面

培训单元 1
火灾自动报警系统检测方案编制

【培训重点】

掌握火灾自动报警系统的检测规程。
熟练掌握火灾自动报警系统检测方案的编制方法。

【知识要求】

火灾自动报警系统的检测包括系统设备的选型、设置、消防产品准入制度和安装质量的检查及火灾自动报警系统设备和系统基本功能的检查。火灾自动报警系统的检测规程见表 7-1-1。

表 7-1-1　　　　　　　　　　火灾自动报警系统的检测规程

检测对象	检测项目	检测内容
火灾报警控制器	自检功能	操作控制器的自检机构，进行控制器的自检功能检查
	操作级别	按照《火灾报警控制器》（GB 4717）的规定检查控制器操作级别划分情况

续表

检测对象	检测项目	检测内容
火灾报警控制器	屏蔽功能	按照地址编码表的地址编号,操作控制器屏蔽和解除屏蔽回路任一部件,进行控制器屏蔽功能检查
	主、备电转换功能	切断、恢复控制器的主电源,进行控制器主、备电转换功能检查
	故障报警功能	分别使控制器与备用电源之间连线断路、短路,使控制器与任一现场部件之间的连线断路;进行控制器故障报警功能检查
	短路隔离保护功能	使总线任一点线路短路,进行控制器短路隔离保护功能检查
	火警优先功能	使任一只非故障部位的探测器、手动火灾报警按钮发出火灾报警信号,进行控制器火警优先功能检查
	消音功能	手动操作控制器的消音键,进行控制器消音功能检查
	二次报警功能	再次使另一只非故障部位的探测器、手动火灾报警按钮发出火警报警信号,进行控制器二次报警功能检查
	负载功能	使回路配接的不少于10只火灾探测器、手动火灾报警按钮同时处于火灾报警状态,进行控制器负载功能检查
	复位功能	恢复控制器的正常连接,手动操作控制器的复位键,进行控制器复位功能检查
火灾探测器	火灾报警功能	对可恢复的探测器采用专用的检测仪器或模拟火灾的方法,使探测器监测区域的环境参数达到探测器的报警设定阈值;对不可恢复的探测器采取模拟报警方法,使探测器处于火灾报警状态;进行火灾探测器的火灾报警功能检查
	复位功能	使可恢复的探测器的监测区域恢复正常、使不可恢复的探测器恢复正常,手动操作火灾报警控制器的复位键,进行火灾探测器的复位功能检查
手动火灾报警按钮	火灾报警功能	使报警按钮动作,进行火灾手动报警按钮的火灾报警功能检查
	复位功能	复位报警按钮的机械结构,手动操作控制器的复位键
火灾显示盘	接收和显示功能	使探测器或手动报警按钮发出火灾报警信号,进行火灾显示盘的接收和显示功能检查
	消音功能	手动操作设备的消音键,进行火灾显示盘消音功能检查
	复位功能	撤除控制器的火灾报警信号,手动操作显示盘的复位按钮、按键,进行火灾显示盘复位功能检查
消防联动控制器	自检功能	操作控制器的自检机构,进行控制器的自检功能检查
	操作级别	按照《消防联动控制系统》(GB 16806)的规定检查控制器操作级别划分情况
	屏蔽功能	按照地址编码表的地址编号,操作控制器屏蔽和解除屏蔽回路任一部件,进行控制器屏蔽功能检查
	主、备电转换功能	切断、恢复控制器的主电源,进行控制器主、备电转换功能检查

续表

检测对象	检测项目	检测内容
消防联动控制器	故障报警功能	分别使控制器与备用电源之间连线断路、短路,使控制器与任一现场部件之间的连线断路,进行控制器故障报警功能检查
	短路隔离保护功能	使总线任一点线路短路,进行控制器短路隔离保护功能检查
	消音功能	手动操作控制器的消音键,进行控制器消音功能检查
	启动功能	操作控制器,启动任一个非故障部位的总线控制模块,进行控制器启动功能检查
	负载功能	输入/输出模块总数少于50个时,操作控制器使所有模块处于动作状态;模块总数不少于50个时,操作控制器使至少50个模块同时处于动作状态;进行控制器负载功能检查
	复位功能	恢复控制器的正常连接,手动操作控制器的复位键,进行控制器复位功能检查
模块	模块连接部件断线故障报警功能	使模块与连接部件之间的连接线路断路,进行模块连接部件断线故障报警功能检查
	输入模块信号接收及反馈功能	给输入模块输入模拟反馈信号,进行输入模块信号接收及反馈功能检查
	输入模块复位功能	撤销模拟反馈信号,手动操作控制器的复位键,进行输入模块复位功能检查
	输出模块启动功能	操作控制器使输出模块启动,进行输出模块启动功能检查
	输出模块复位功能	操作控制器使输出模块停止启动,进行输出模块复位功能检查

【实例 7-1-1】火灾自动报警系统检测方案及计划编制

一、项目情况概述

某开发商开发的某市住宅小区,项目位于××市××路××号。建筑面积为 162 965 m^2,有 1~6 号一类高层住宅、1 个地下车库、两处办公楼。消防控制室位于建筑地上一层,有直通室外的出口,设置火灾自动报警系统、自动喷水灭火系统等消防设施。

火灾自动报警系统配置火灾报警控制器(联动型)2 台、手动报警按钮 605 只、点型感温探测器 110 只、点型感烟探测器 2 194 只、输入模块 219 只、输入输出模块 795 只、火灾声光警报器 524 只、火灾显示盘 20 只。

按照委托方要求对本项目设置的火灾自动报警系统进行全数量检测。

根据该项目情况编制火灾自动报警系统的检测方案及计划。

二、检测方案及计划

1. 项目概况

委托方名称：某开发商。

项目名称：某市住宅小区。

项目地址：××市××路××号。

（1）建筑基本概况。本项目各建筑基本情况见表 7-1-2。

表 7-1-2　　　　　　　　　　建筑基本情况

单体建筑名称	建筑面积（m²）		建筑高度（m）	层数		建筑类别
	地上	地下		地上	地下	
1号楼	16 195.88	636.7	92.5	28	2	一类高层住宅建筑
2号楼	19 433.1	720	99.5	30	2	一类高层住宅建筑
3号楼	19 433.1	720	99.5	30	2	一类高层住宅建筑
4号楼	16 195.88	636.7	92.5	28	2	一类高层住宅建筑
5号楼	24 260.74	919.57	91.5	27	2	一类高层住宅建筑
6号楼	22 443.93	919.57	91.5	27	2	一类高层住宅建筑
南侧办公楼	9 088.4	—	14.8	3	—	多层公共建筑
物管用房	1 228.1	—	9.75	2	—	多层公共建筑
地下室	—	30133	3.8	—	1	其他工程

（2）消防设施设置情况。本项目火灾自动报警系统设备设置情况见表 7-1-3。

表 7-1-3　　　　　　　　　火灾自动报警系统设备设置情况

序号	系统设备名称	型号规格	数量	生产厂家
1	火灾报警控制器（联动型）	JB-3208G	2	××××电子有限公司
2	火灾显示盘	JB-YX-252A	20	××××电子有限公司
3	火灾声光警报器	ZD9204A	524	××××电子有限公司
4	点型感烟火灾探测器	JTY-GD-3002G	2194	××××电子有限公司
5	点型感温火灾探测器	JTW-BCD-3005A	110	××××电子有限公司
6	手动报警按钮	J-SAP-M-05	605	××××电子有限公司
7	输入模块	HJ-9205	219	××××电子有限公司
8	输入输出模块	HJ-1825	795	××××电子有限公司

2. 检测项目及数量

按照委托方的要求，本项目的检测对象、数量和项目见表 7-1-4。

表 7-1-4　　　　　　　　　检测对象、数量和项目

检测对象	检测数量	检测项目
火灾报警控制器（联动型）	2	1. 设备选型 2. 设备设置 3. 消防产品准入制度 4. 安装质量 5. 基本功能
火灾探测器	2 304	
手动报警按钮	605	
火灾声光警报器	524	
火灾显示盘	20	
模块	1 014	

3. 人员配置

从事本项目检测的人员配置见表 7-1-5。

表 7-1-5　　　　　　　　　　检测人员配置

序号	姓名	执业资格	职称	职责
1	张某	一级/高级技师	高级工程师	技术负责人
2	李某	二级/技师	工程师	项目负责人
3	王某	三级/高级工	助理工程师	检测员
4	赵某	四级/中级工	助理工程师	检测员

4. 检测仪器设备配置

根据本项目的检测内容要求，检测仪器设备的配置见表 7-1-6。

表 7-1-6　　　　　　　　　　检测仪器设备配置

序号	检测设备名称	型号规格	数量	使用状况
1	数字声级计	AR814	1	校准期限内
2	手持式激光测距仪	LM80	1	校准期限内
3	电子秒表	PC894	1	校准期限内
4	感烟探测器功能试验装置	ABS-Y02	1	校准期限内
5	感温探测器功能试验装置	ABS－W03	1	校准期限内

5. 检测进度计划安排

本项目的人员分工及检测进度计划安排见表 7-1-7。

表 7-1-7　　　　　　　　人员分工及检测进度计划安排

检测对象	检测项目	作业区域	负责人	检测时间	工期（天）
火灾报警控制器（联动型）	1. 设备选型 2. 设备设置 3. 消防产品准入制度 4. 安装质量 5. 基本功能	消防控制室	张某 李某 王某 赵某	1月16日	1
火灾探测器、手动报警按钮、火灾声光警报器、火灾显示盘、模块		1号楼、2号楼	张某 李某 王某 赵某	1月16日	1
		3号楼、4号楼		1月17日	1
		5号楼、6号楼		1月18日	1
		南侧办公楼、物管用房		1月19日	1
		地下室		1月20日	1
		1～6号楼	李某 王某 赵某	1月23日至24日	2
		南侧办公楼、物管用房		1月25日	1
		地下室		1月26日	1

6. 注意事项

（1）系统检测前技术负责人应对系统设备及系统功能检测人员做技术交底。

（2）受检单位需保证检测时能够提供进入所有区域的钥匙。

（3）受检单位需要有至少两名熟悉现场情况的工作人员配合工作。

培训单元 2
火灾自动报警系统检测报告的编制

【学习目标】

熟练掌握火灾自动报警系统检测报告的编制方法。

【知识要求】

【实例 7-1-2】火灾自动报警系统检测报告的编制

一、项目情况概述

某项目建筑面积为 31 800 m^2，用途为汽车库，项目设计单位为××建筑设计研究院有限责任公司，甲级资质；施工单位为××消防工程有限公司，一级资质。消防设备用电负荷等级为一级。消防控制室位于建筑地上一层，有直通室外的出口，内设集中报警控制器（联动型）一台，现场设置手动报警按钮127只、点型感温火灾探测器54只、点型感烟火灾探测器641只、输入模块70只、输入输出模块233只等设备。检测时间为2018年1月2日至2018年12月30日。

该项目2018年1月2日初检，存在以下问题：火灾探测器报警功能均不正常；火灾报警控制器盘后间距小于1 m；消防模块设置在配电柜内。2018年12月30日复检，尚存在以下问题：消防模块设置在配电柜内。

根据该项目情况编制火灾自动报警系统检测报告。

二、检测报告

1. 项目工程概况

（1）根据本项目的主要工程概况及委托单位、设计单位名称及资质、施工单位名称和资质等信息填写项目工程概况，示例见表7-1-8。

表7-1-8　　　　　　　　　　　　项目工程概况

工程名称	汽车库			建设单位		某市房产公司	
委托单位	某市房产公司			委托时间		2018年01月01日	
联系人	×××			联系电话		××××	
设计单位	××建筑设计研究院有限责任公司			设计资质		甲级	
施工单位	××消防工程有限公司			施工资质		一级	
检测工程概况	工程类别	☑新建□扩建□改建（□装修□建筑保温□改变用途）	使用性质	汽车库	检测工程建筑面积		31 800 m²
	工程地址及范围	××省××市××路××号					
建筑概况							
单体建筑名称	建筑面积（m²）		建筑高度（m）	层数			建筑类别
	地上	地下		地上	地下		
地下汽车库	10 000	21 800	5	1	1		汽车库
—	—	—	—	—	—		—

（2）检测依据说明。明确本项目检测的检测依据。

2. 消防设施

填写此次设施检测涵盖的火灾报警系统设备设置情况清单，检测设备设置情况填写示例见表7-1-9。

表 7-1-9　　　　　　　　火灾自动报警系统检测设备设置情况

序号	系统设备名称	型号规格	生产企业	认证证书检测报告	设置部位	设置数量
1	集中报警控制器（联动型）	×××	×××	×××	消控室	1
2	点型感烟火灾探测器	×××	×××	×××	一层	214
					地下室	427
3	点型感温火灾探测器	×××	×××	×××	一层	4
					地下室	50
4	手动报警按钮	×××	×××	×××	一层	42
					地下室	85
5	输入模块	×××	×××	×××	一层	24
					地下室	46
6	输入输出模块	×××	×××	×××	一层	72
					地下室	161

3. 检测使用的主要计量标准器具

统计本项目检测火灾自动报警系统使用的仪器设备，汇总检测仪器设备的名称、型号规格、设备编号、计量或校准证书编号、使用期限等信息。检测仪器设备表填写示例见表 7-1-10。

表 7-1-10　　　　　　　　火灾自动报警系统检测仪器设备

序号	检测设备名称	型号规格	设备编号	计量或校准证书编号	证书有效期
1	数字声级计	×××	×××	×××	×××
2	手持式激光测距仪	×××	×××	×××	×××
3	电子秒表	×××	×××	×××	×××
4	感烟探测器功能试验装置	×××	×××	×××	×××
5	感温探测器功能试验装置	×××	×××	×××	×××

4. 现场检测情况汇总

将现场实测的火灾自动报警系统检测记录进行汇总整理，包括检测项目、检测内容、检测结果、结论等，见表 7-1-11。

表 7-1-11　　　　　　　　火灾自动报警系统现场检测情况汇总

检测项目	检测内容			检测结果	结论
火灾探测器	一般规定	外观		外观完好，标志清晰	合格
		安装		牢固，无松动	合格
	点型火灾探测器	合法性	市场准入要求	符合要求	合格
			数量、规格、型号与设置	数量：54 只，型号：××× 数量：641 只；型号：×××	合格
		至墙壁、梁边、遮挡物的水平距离		Min=0.5 m	合格
		宽度小于 3 m 的内走道的安装位置、间距		居中安装；烟感间距 Max=15 m；温感间距 Max=10 m	合格
		在格栅吊顶场所的安装位置、间距		符合设计要求	合格
		其他位置安装位置、间距		符合设计要求	合格
		至送风口、空调口的水平距离		距送风口 Min=0.5 m；距空调口 Min=1.5 m	合格
		安装倾斜角		水平安装	合格
		确认灯位置及显示		朝向便于人员观察的主要入口方向，报警和监视状态有明显区别	合格
		报警功能		正常	合格
手动报警按钮	合法性	市场准入要求		符合要求	合格
		数量、规格、型号与设置		数量：127 只，型号：×××	合格
	外观、产品认证标志			外观完好，标志清晰	合格
	安装	安装牢固及安装高度		安装牢固，距地 1.3 ~ 1.5 m	合格
		设置位置、数量、间距		每个防火分区至少一个，每个防火分区的步行距离 Max=30 m	合格
		列车上的设置		—	无此项
		城市交通隧道的设置		—	无此项
	功能	报警功能		正常	合格
		报警确认灯		显示正常	合格
模块	合法性	市场准入要求		符合要求	合格
		数量、规格、型号与设置		型号：×××，数量：70 只； 型号：×××，数量：233 只	合格

续表

检测项目	检测内容	检测结果	结论
模块	外观、产品认证标志	外观完好，标志清晰	合格
	集中设置或标识	集中设置在金属模块箱中，标识尺寸不小于 100 mm × 100 mm	合格
	严禁设置在配电（控制）柜（箱）内	设置在配电柜内	不合格
	与线型感温火灾探测器连接的模块设置环境	—	无此项
	模块控制的区域	不可控制其他报警区域的设备	合格

5．检测结论

根据检测过程中发现的不合格项情况，结合地方检测规程规定的检测结果判定依据，统计火灾自动报警系统检测项目总数量及不合格数量，对火灾自动报警系统的检测进行判定，给出结论。

6．附件

火灾自动报警系统的打印记录、产品的质量证明文件等原始记录资料。

培训单元 1
自动喷水灭火系统检测规程和检测报告的编制方法

【培训重点】

掌握自动喷水灭火系统的检测规程。
熟练掌握自动喷水灭火系统检测方案及计划的编制方法。
熟练掌握自动喷水灭火系统检测报告的编制方法。

【知识要求】

自动喷水灭火系统的检测包括系统设备的选型、设置、安装质量的检查和消防产品市场准入有关规定检查及自动喷水灭火系统设备和功能的检查。自动喷水灭火系统设备和系统基本功能的检测规程至少应包含表 7-2-1 的内容。

表 7-2-1　自动喷水灭火系统设备和系统基本功能的检测规程

检测对象	检测项目	检测内容
给水设备	自动启动	将设备处于自动状态，模拟控制中心或其他远程启动信号接入，检查设备的反应时间、报警状态及动作情况
	手动启动	将设备处于自动和手动状态，分别试验消防紧急启动按键启动后设备的动作情况
	机械应急启动	具备机械应急启动操作装置的控制柜、机械应急启动设备，观察设备动作情况
	双电源	具备双电源，切换时间不超过 2 s
	巡检功能	检查设备是否具备巡检或巡检提醒功能，检查是否设置巡检回路，按巡检要求进行巡检
	信息记录	检查设备运行状况、时间等事件信息记录功能是否完备
	水位	水箱或水池设有水位显示装置，水位不低于设计最低水位
	消防水泵	盘查消防水泵转动情况，并在手动状态启动消防泵组，使用流量计、压力表测量泵组出口压力和实际流量
湿式报警阀组	放水口和控制阀	阀体设放水口，放水口公称直径不小于 20 mm；报警口和延迟器之间的控制阀应在开启位置锁止
	报警试验管路	设置报警试验管路，在不开启阀瓣的情况下可以检验水力警铃
	伺应状态	报警阀能处于伺应状态，延迟器排水口无水渗漏
	报警功能	末端排放量不低于报警阀对应报警流量时，报警阀应启动，报警口压力不低于 0.05 MPa，水力警铃及压力开关均应动作
	延迟时间	报警阀动作到警铃动作之间的延迟时间应介于 5～90 s 之间
水流指示器	动作性能	在末端试水动作后，水流指示器应发出水流报警信号
	延迟时间	设有延迟时间的水流指示器，延迟时间应介于 2～90 s 之间
洒水喷头	外观	洒水喷头外观应无机械损伤和明显变形，标志齐全，安装方向与标志一致
	质量	洒水喷头的质量与合格检测报告描述的质量的偏差不应超过 5%
信号阀	信号功能	将信号阀处于全开状态后缓慢关闭操作，观察信号阀是否输出信号变化
	密封性能	关闭阀门，在系统最大水压下观察阀门是否有渗漏现象
末端试水装置	流量系数	利用压力表和流量计测量末端试水装置流量系数
	信号反馈	查看末端试水装置开启后信号反馈情况
水泵接合器	密封性能	在系统最大水压下，观察各部件是否有渗漏现象
减压阀	调压性能	在末端放水情况下，在设定范围内往复可调并在某压力下锁定
系统功能	模拟灭火	模拟灭火流量输出至湿式报警阀动作，观察警铃、压力开关、水流指示器、消防水泵等动作情况

注：系统和其他系统联用时，其他系统对应检验项目和要求参考其他系统的对应要求。

【实例 7-2-1】自动喷水灭火系统检测方案及计划编制

一、项目情况概述

某开发商开发的某市某酒店,位于××市××路××号。酒店建筑面积为 5 000 m²,有地上 4 层和地下 1 层,采用自动喷水灭火系统保护。系统泵房设于地下一层,设置消防变频恒压给水设备 1 套,水池为 200 m³,设计最低水位为 2 m,设置 5 台 DN100 湿式报警阀组,每层设置消防信号蝶阀 2 只、水流指示器 2 只和末端试水装置 1 只;除地下室外,每层过道使用隐蔽式喷头,共使用 60 只,房间使用边墙型喷头,共使用 96 只,地下室采用下垂型喷头,共使用 30 只。室外设 2 台 DN100 消防水泵接合器。按照委托方要求对本项目设置的自动喷水灭火系统进行全数量检测。

根据该项目情况编制自动喷水灭火系统的检测方案及计划。

二、检测方案及计划

1. 项目概况

委托方名称:某开发商。

项目名称:某酒店。

项目地址:××市××路××号。

(1)建筑基本概况。本项目各建筑基本情况见表 7-2-2。

表 7-2-2　　　　　　　　　　建筑基本情况

单体建筑名称	建筑面积(m²)		建筑高度(m)	层数		建筑类别
	地上	地下		地上	地下	
某酒店	4 500	500	20	4	1	单多层公共建筑

(2)消防设施设置情况。本项目自动喷水灭火系统设备设置情况见表 7-2-3。

表 7-2-3　　　　　　　　　自动喷水灭火系统设备设置情况

序号	系统设备名称	型号规格	数量	生产厂家
1	给水设备	HBP6/40-75-ABC	1	×××有限公司
2	湿式报警阀(配有压力开关)	ZSFZ100-1.2	5	×××有限公司
3	洒水喷头	ZSTDY15-68℃	60	×××有限公司
		T-ZSTBS15-68℃	96	
		T-ZSTX15-68℃	30	

续表

序号	系统设备名称	型号规格	数量	生产厂家
4	消防信号蝶阀	ZSXDF7-Q-100-16	10	××××有限公司
5	水流指示器	ZSJZ100-M-1.2	10	××××有限公司
6	末端试水装置	ZSPM-80/1.2-S	5	××××有限公司
7	水泵接合器	SQS100-1.6	2	××××有限公司

2. 检测项目及数量

按照委托方的要求，本项目的检测对象、数量和项目见表7-2-4。

表7-2-4　　　　　　　　检测对象、数量和项目

检测对象	检测数量	检测项目
给水设备	1	1. 设备选型 2. 设备设置 3. 消防产品准入制度 4. 安装质量 5. 基本功能
湿式报警阀（配有压力开关）	5	
洒水喷头	186	
消防信号蝶阀	10	
水流指示器	10	
末端试水装置	5	
水泵接合器	2	
系统	1	

3. 人员配置

从事本项目检测的人员配置见表7-2-5。

表7-2-5　　　　　　　　检测人员配置

序号	姓名	执业资格	职称	职责
1	张某	一级/高级技师	高级工程师	技术负责人
2	李某	二级/技师	工程师	项目负责人
3	王某	三级/高级工	助理工程师	检测员
4	赵某	四级/中级工	助理工程师	检测员

4. 检测仪器设备配置

根据本项目的检测内容要求，检测仪器设备的配置见表7-2-6。

表 7-2-6　　　　　　　　　　检测仪器设备配置

序号	检测设备名称	型号规格	数量	使用状况
1	超声波流量计	DXNP	1	校准期限内
2	数显压力表	CYB-20S	1	校准期限内
3	电子秤	TD5000	1	校准期限内
4	数字声级计	AR814	1	校准期限内
5	手持式激光测距仪	LM80	1	校准期限内
6	电子秒表	PC894	1	校准期限内

5. 检测进度计划安排

本项目的人员分工及检测进度计划安排见表 7-2-7。

表 7-2-7　　　　　　　　　人员分工及检测进度计划安排

检测对象	检测项目	作业区域	负责人	检测时间	工期（天）
给水设备		泵房	张某、李某	3月16日	1
湿式报警阀、洒水喷头、水流指示器、消防信号蝶阀、末端试水装置		地下1层~地上4层	张某、李某	3月16日	1
水泵接合器		A门左侧走道		3月16日	1
给水设备	1. 设备选型 2. 设备设置 3. 消防产品准入制度 4. 安装质量 5. 基本功能	泵房	王某、赵某	3月17日	1
湿式报警阀、洒水喷头、水流指示器、消防信号蝶阀、末端试水装置		地下一层	王某、赵某	3月17日	1
湿式报警阀、洒水喷头、水流指示器、消防信号蝶阀、末端试水装置		地上1~4层	王某、赵某	3月18日	1
水泵接合器		A门左侧走道		3月18日	1
系统		全区		3月18日	1

6. 注意事项

（1）系统检测前技术负责人应对系统设备及系统功能检测人员做技术交底。

（2）受检单位需保证检测时能够提供进入所有区域的钥匙。

（3）受检单位需要有至少两名熟悉现场情况的工作人员配合工作。

【实例 7-2-2】自动喷水灭火系统检测报告的编制

一、项目情况概述

某项目建筑面积为 5 000 m², 用途为住宅, 项目设计单位为××建筑设计研究院有限责任公司, 甲级资质; 施工单位为××消防工程有限公司, 一级资质。消防设备用电负荷等级为一级。水泵房位于地下一层, 内设一套消防自动恒压给水设备, 现场设置湿式报警阀 5 只、洒水喷头 186 只, 消防信号蝶阀 10 只, 水流指示器 10 只, 末端试水装置 5 只、水泵接合器 2 只等设备。检测时间为 2018 年 2 月 1 日与 2018 年 10 月 31 日。

该项目 2018 年 2 月 1 日初检, 存在以下问题: 消防自动恒压给水设备紧急启动按钮无防止误操作装置; 双电源上口只有一路进线; 末端试水装置上无水流流向。2018 年 10 月 31 日复检, 尚存在以下问题: 末端试水装置上无水流流向。

根据该项目情况编制自动喷水灭火系统检测报告。

二、检测报告

1. 项目工程概况

（1）根据本项目的主要工程概况及委托单位、设计单位名称及资质、施工单位名称和资质等信息填写项目工程概况，示例见表 7-2-8。

表 7-2-8 项目工程概况

工程名称	×××		建设单位		×××	
委托单位	×××		委托时间		2018 年 01 月 01 日	
联系人	×××		联系电话		××××	
设计单位	××建筑设计研究院有限责任公司		设计资质		甲级	
施工单位	××消防工程有限公司		施工资质		一级	
检测工程概况	工程类别	☑新建□扩建□改建（□装修 □建筑保温□改变用途）	使用性质	住宅	检测工程建筑面积	5 000 m²
	工程地址及范围	××省××市××路××号				
建筑概况						
单体建筑名称	建筑面积（m²）		建筑高度（m）	层数		建筑类别
	地上	地下		地上	地下	
多层住宅建筑	4 500	500	20	4	1	住宅
—	—	—	—	—	—	—

（2）检测依据说明。明确本项目检测的检测依据。

2. 消防设施

填写此次设施检测涵盖的自动喷水灭火系统设备设置情况清单，检测设备设置情况填写示例见表7-2-9。

表7-2-9　　　　　　自动喷水灭火系统检测设备设置情况

序号	系统设备名称	型号规格	生产企业	认证证书检测报告	设置部位	设置数量
1	给水设备	HBP6/40-75-ABC	×××	×××	地下一层	1
2	湿式报警阀（配有压力开关）	ZSFZ100-1.2	×××	×××	一层	2
					二层	2
					三层	1
3	洒水喷头	ZSTDY15-68℃	×××	×××	一层	30
		T-ZSTBS15-68℃			二层	50
					三层	50
		T-ZSTX15-68℃			四层	56
4	消防信号蝶阀	ZSXDF7-Q-100-16	×××	×××	一层	3
					二层	3
					三层	4
5	水流指示器	ZSJZ100-M-1.2	×××	×××	一层	3
					二层	3
					三层	4
6	末端试水装置	ZSPM-80/1.2-S	×××	×××	一层	2
					二层	1
					三层	1
					四层	1
7	水泵接合器	SQS100-1.6	×××	×××	一层	2

3. 检验使用的主要计量标准器具

详细填写检测仪器设备的名称、型号规格、设备编号、计量或校准证书编号、使用期限等信息。检测仪器设备表填写示例见表7-2-10。

表 7-2-10　　　　　　　自动喷水灭火系统检测仪器设备

序号	检测设备名称	型号规格	设备编号	计量或校准证书编号	证书有效期
1	超声波流量计	DXNP	1	×××	×××
2	数显压力表	CYB-20S	1	×××	×××
3	电子秤	TD5000	1	×××	×××
4	数字声级计	AR814	1	×××	×××
5	手持式激光测距仪	LM80	1	×××	×××
6	电子秒表	PC894	1	×××	×××

4. 现场检测情况汇总

将现场实测的自动喷水灭火系统检测记录进行汇总整理，包括检测项目、检测内容、项目类别、检测结果、结论等，应与实际检测工作一致，不得漏填、多填。检测记录填写示例见表 7-2-11。

表 7-2-11　　　　　　自动喷水灭火系统现场检测情况汇总

检测项目	检测内容		项目类别	检测结果	结论
给水设备	一般规定	外观	C	外观完好，永久性标志清晰	合格
		安装	C	牢固，无松动	合格
	消防自动恒压给水设备	合法性　市场准入要求	A	符合要求	合格
		至墙壁、梁边、遮挡物的水平距离	C	Min=0.5 m	合格
		阀门标识	C	阀门标志牌上注明阀门属于敞开阀门	合格
		管道标识	B	供水管网上标有水流流向	合格
		双电源	A	系统只有一路电进入双电源	不合格
		防误操作	B	紧急启动按钮无防误操作装置	不合格
		运行记录	A	能够记录系统的压力、报警等运行记录	合格
		确认灯位置及显示	C	朝向便于人员观察的主要入口方向，报警和监视状态有明显区别	合格
		巡检功能	B	设备能够按照操作说明进行巡检	合格
		报警功能	A	正常	合格
洒水喷头	合法性	市场准入要求	A	符合要求	合格
		数量、规格、型号与设置	A	60 只 ZSTDY15-68℃；96 只 T-ZSTBS15-68℃；30 只 T-ZSTX15-68℃	合格

续表

检测项目	检测内容		项目类别	检测结果	结论
洒水喷头	外观、产品认证标志		C	外观完好,永久性标志清晰	合格
	安装	安装牢固及安装高度	B	安装牢固,距地 3 m	合格
		安装方向	A	T-ZSTBS15-68℃型洒水喷头水平安装;ZSTDY15-68℃和 T-ZSTX15-68℃型洒水喷头垂直安装	合格
		设置位置、数量、间距	B	每个防火分区至少安装 10 只,每只喷头间距 3 m	合格
末端试水装置	合法性	市场准入要求	A	符合要求	合格
		数量、规格、型号与设置	A	5 只	合格
	外观、产品认证标志		B	外观完好,永久性标志清晰	合格
	标识位置		C	标识处于防护罩上	合格
	水流方向		B	未标有水流方向	不合格
	压力表精度		B	压力表精度 1.6 级	合格

5. 检测结论

根据检测过程中发现的不合格项情况描述,结合地方检测规程规定的检测结果判定依据,统计自动喷水灭火系统检测项目总数量及不合格数量,对自动喷水灭火系统的检测进行判定,给出结论。

6. 附件

现场检测的控制器打印记录、照片、产品的质量证明文件等原始记录资料。

培训单元 2
泡沫、气体等灭火系统检测规程和检测报告的编制方法

【培训重点】

掌握泡沫、气体灭火系统的检测规程。
熟练掌握泡沫、气体灭火系统检测方案及计划的编制方法。
熟练掌握泡沫、气体灭火系统检测报告的编制方法。

【知识要求】

一、泡沫灭火系统的检测规程

泡沫灭火系统的检测包括系统设备的选型、设置、安装质量的检查和消防产品市场准入有关规定检查及泡沫灭火系统设备和系统基本功能的检查。泡沫灭火系统设备和系统基本功能的检测规程见表7-2-12。

表7-2-12 泡沫灭火系统设备和系统基本功能的检测规程

检测对象	检测项目	检测内容
泡沫消防水泵、泡沫混合液泵	手动控制	在水泵房启动消防泵,用秒表测量从启动到正常运行所需时间,消防水泵手动启动、停止应正常,并保证55 s内投入正常运行,各指示灯显示正确
	手动机械启泵	检查手动机械启泵功能的设置,测量管理人员从消防控制室至水泵房启动水泵达正常运行状态所需时间。保证当控制柜内控制线路发生故障时,能在报警后5 min内正常工作
	消防控制室远程控制	在消防控制室进行启停试验、观察反馈信号,并检查直接启泵线路是否不受联动控制器的影响
	备用泵设置,主备泵切换	在自动状态启动消防泵,模拟主泵故障,检查系统能否自动转入备用泵运行,并用秒表测量从接收到启泵信号到水泵正常运行的时间不应大于2 min(含备用泵投入)
	自动停泵	统计消防水泵的各种启动方式,查看其中是否存在自动停泵的现象
泡沫液泵	手动控制及运转	手动操控泡沫液泵的工作泵和备用泵,泡沫液泵应能按命令启动、停止,运行时状态稳定
	控制室远程控制	在消防控制室利用手动直接控制装置控制泡沫液泵,泡沫液泵应能按命令启动、停止,运行时状态稳定
	主、备泵切换	模拟工作泵故障,远程发出启泵命令,此时水泵控制柜应能自动启动备用泵
低倍数泡沫灭火系统	系统喷水试验	选最不利和最有利的两个防护区或储罐进行试验。用压力表检查,对储罐或不允许进行喷水试验的防护区,喷水口可设在靠近储罐或防护区的水平管道上。关闭非试验储罐或防护区的阀门,观察压力是否符合设计要求;用秒表测量泡沫消防水泵或泡沫混合液泵启动后泡沫混合液或泡沫到达最远保护对象的试验接口的时间不应大于5 min
	泡沫消火栓喷水试验	泡沫消火栓进行喷水试验,用压力表测量其出口压力应符合设计要求
高、中倍数泡沫灭火系统	控制方式	查看系统启动方式,自动控制的高倍数泡沫灭火系统应设有自动控制、手动控制和应急操作三种控制方式;手动控制的高倍数泡沫灭火系统应设有手动控制和应急操作两种控制方式

续表

检测对象	检测项目	检测内容
高、中倍数泡沫灭火系统	手动、自动状态的反馈和显示	转换手动、自动状态，观察消防联动控制器显示信息是否与状态一致
	联动逻辑关系	查看系统联动逻辑关系应满足在接收到首个火警信号后，启动设置在该防护区内的火灾声光警报器；在接收到同一防护区域内与首次报警的火灾探测器或手动火灾报警按钮相邻的感温火灾探测器、火焰探测器或手动火灾报警按钮的报警信号后，系统启动，并发出相关设备联动控制信号的要求
	自动试验	将系统设定在自动状态，触发首个联动触发信号，该防护区内的声光报警器应动作
		触发防护区内第二个联动触发信号，并用秒表开始计时，测量延时启动时间，查看防护区内通风和空调设施、防火阀关闭、开口封闭装置、排气口打开、入口处声光报警装置、选择阀以及泡沫灭火装置的动作情况
	手动试验	触发防护区外的紧急启动信号，该区域的声光报警器应动作，发出送风系统应关闭，通风和空调调节系统应停止，防护区开口应封闭，查看入口处声光报警装置、选择阀动作以及泡沫灭火装置的联动控制信号
	信号反馈	查看泡沫灭火装置启动及喷发的各阶段的联动控制及反馈信号，应反馈至消防联动控制器
泡沫—水喷淋和泡沫喷雾系统	启动方式	查看泡沫—水雨淋、泡沫—水预作用及泡沫喷雾系统应同时具备自动、手动和应急机械手动启动方式
	采用火灾自动报警设施控制的系统	在消防控制室远程打开电磁阀，用秒表测量系统的响应时间，雨淋阀应动作打开，压力开关应动作报警并启动喷淋泵，系统响应时间应符合设计要求，水力警铃应动作报警
		联动逻辑关系：预作用系统：人为触发同一报警区域内2只及以上独立的感烟火灾探测器或一只感烟火灾探测器与一只手动火灾报警按钮的报警信号，作为预作用阀组开启的联动触发信号，应由消防联动控制器控制预作用阀组开启，使系统转变为湿式系统；当系统设有快速排气装置时，应联动控制排气阀前的电动阀开启 雨淋系统：人为触发同一报警区域内2只及以上独立的感温火灾探测器或一只感温火灾探测器与一只手动火灾报警按钮的报警信号，作为雨淋阀组开启的联动触发信号，应由消防联动控制器控制雨淋阀组开启
		将系统设置在自动状态，模拟火灾，产生系统联动逻辑关系的触发条件，观察雨淋阀或预作用阀、出液阀、压力开关、泡沫液泵和消防水泵、水力警铃动作情况，查看消防控制室是否收到相关报警及动作反馈信号
	采用传动管控制的系统	手动打开传动管末端试验装置，观察雨淋阀是否自动开启，查看压力开关、水力警铃是否报警，查看压力开关报警信号联动启动泡沫消防泵、打开泡沫液储罐出液阀的情况
	采用湿式报警阀的系统	打开末端试验阀，观察湿式报警阀是否动作，查看压力开关、水力警铃是否报警，查看泡沫消防泵是否自动启动，查看泡沫液储罐的出液阀是否自动打开
	信号反馈	手动转换泡沫灭火控制器的手动/自动状态，并在控制室的消防联动控制器上观察上述状态的反馈是否显示正确

二、气体灭火系统检测规程

气体灭火系统的检测包括系统设备的选型、设置、安装质量的检查和消防产品市场准入有关规定检查及气体灭火系统设备和系统基本功能的检查。气体灭火系统设备和系统基本功能的检测规程见表 7-2-13。

表 7-2-13　　气体灭火系统设备和系统基本功能检测规程

检测对象	检测项目	检测内容
操作与控制功能	管网灭火系统启动方式	检查管网灭火系统应有自动控制、手动控制和机械应急操作三种启动方式
	预制灭火系统启动方式	检查预制灭火系统应有自动控制和手动控制两种启动方式
	备用瓶组切换	检查有备用瓶组的系统应有切换功能
	系统手动、自动工作状态及故障状态信号	将控制器从手动转入自动状态,在消防控制室观察能否分别收到系统的手动、自动工作状态;在气体灭火控制器上设置故障,在消防控制室观察能否收到故障状态信号
手动模拟启动试验	启动信号	按下手动操作按钮,灭火系统的启动信号应正常输出,并应能联动启动相关设备,并正常输出反馈信号
	预制灭火装置的动作时间差	一个防护区或保护对象所用多台预制灭火装置应同时启动,其动作响应时间差不得大于 2 s
	声光警报	在报警、喷射各阶段,防护区应有正常的声光报警信号
	喷放指示灯	防护区出口外上方设置的表示气体喷洒的声光警报器应启动,且其声信号与该保护对象中设置的火灾声报警器的声信号应有明显区别
	送(排)风系统	关闭防护区域的送(排)风机及送(排)风防火阀门
	通风和空调系统	停止空调系统及关闭设置在该防护区域的电动防火阀
	开口封闭装置	联动控制防护区域开口封闭装置的启动(包括门窗)
自动模拟启动试验	联动逻辑关系	在接收到首个火警信号后,应启动设置在该防护区内的火灾声光警报器;在接收到同一防护区域内与首次报警的火灾探测器或手动火灾报警按钮相邻的感温火灾探测器、火焰探测器或手动火灾报警按钮的报警信号后,系统应启动,并发出相关设备联动控制信号
	控制功能	模拟产生满足联动逻辑关系的触发信号,观察各设备的动作情况
	预制灭火装置的动作时间差	一个防护区或保护对象所用多台预制灭火装置应同时启动,其动作响应时间差不得大于 2 s
	声光警报	在报警、喷射各阶段,防护区应有正常的声光报警信号
	喷放指示灯	防护区出口外上方设置的表示气体喷洒的声光警报器应启动,且其声信号与该保护对象中设置的火灾声报警器的声信号应有明显区别

续表

检测对象	检测项目	检测内容
自动模拟启动试验	送（排）风系统	关闭防护区域的送（排）风机及送（排）风防火阀门
	通风和空调系统	停止空调系统及关闭设置在该防护区域的电动防火阀
	开口封闭装置	联动控制防护区域开口封闭装置的启动（包括门窗）
	延迟时间	用秒表测量从联动控制器接收到启动触发信号至启动气体灭火所需时间
	急停功能	模拟火灾，收到首个触发信号，观察防护区内声光报警是否动作，收到第2个触发信号，在延时启动时间内，按下手动紧急停止按钮，系统是否中止启动
	压力信号器报警、输送管道	实际喷气试验时，压力信号器动作，向消防控制室输出报警信号；储瓶间内的设备和对应防护区内的灭火剂输送管道无明显晃动和机械性损坏
手动机械应急操作试验	手动机械应急操作装置	手动启动机械应急操作装置，灭火系统应能正常启动、喷射

【实例7-2-3】泡沫灭火系统检测方案及计划编制

一、项目情况概述

某市一物流公司，位于××路××号。新建综合车间一栋，地上2层建筑面积为1 747.2 m²；丙类仓库3栋，地上一层，建筑面积分别为1 971 m²、3 954.56 m²、1 740 m²；甲类车间一栋，地上一层，建筑面积为1 740 m²；甲类仓库一栋，地上一层，建筑面积为460 m²。车间、仓库设置了泡沫—水喷淋系统，消防控制室位于厂区门卫室，有直通室外的出口，消防设备用电负荷等级为二级。泡沫—水喷淋系统泡沫液由2号丙类仓库北侧的泡沫液储罐和泡沫比例混合装置提供，泡沫液储罐2个，总有效容积为16 m³，泡沫比例混合器混合液总流量为240 L/s，采用混合比为6%（型号：AFFF/AR）的抗溶性泡沫液。共设置泡沫比例混合装置（型号：PHYM120/80）24套，泡沫喷头（型号：PT1.2）976个，雨淋阀（型号：ZSFM200-1.6EX）14套。按照委托方要求对本项目设置的泡沫灭火系统进行全数量检测。

根据该项目情况编制泡沫灭火系统的检测方案及计划。

二、检测方案及计划

1. 项目概况

委托方名称：某物流公司。

项目名称：某新建厂房、仓库。

项目地址：××市××路××号。

（1）建筑基本概况。本项目各建筑基本情况见表7-2-14。

表 7-2-14　　　　　　　　　　　　建筑基本情况

单体建筑名称	建筑面积（m²）		建筑高度（m）	层数		建筑类别
	地上	地下		地上	地下	
综合车间	1 747.2	—	—	2	—	丙类车间
丙类仓库一	1 971	—	—	1	—	丙类仓库
丙类仓库二	3 954.56	—	—	1	—	丙类仓库
丙类仓库三	1 740	—	—	1	—	丙类仓库
甲类车间	1 740	—	—	1	—	甲类车间
甲类仓库	460	—	—	1	—	甲类仓库

（2）消防设施设置情况。本项目泡沫灭火系统设备设置情况见表 7-2-15。

表 7-2-15　　　　　　　　　　　泡沫灭火系统设备设置情况

序号	系统设备名称	型号规格	数量	生产厂家
1	泡沫液储罐	—	2	××××消防设备有限公司
2	泡沫液	6%（AFFF/AR）	16	×××消防设备有限公司
3	泡沫比例混合装置	PHYM120/80	24	×××消防设备有限公司
4	雨淋阀	ZSFM 200-1.6（EX）	14	×××消防设备有限公司
5	泡沫喷头	PT1.2	976	×××消防设备有限公司

2. 检测项目及数量

按照委托方的要求，本项目的检测对象、数量和项目见表 7-2-16。

表 7-2-16　　　　　　　　　　　检测对象、数量和项目

检测对象	检测数量	检测项目
泡沫液储罐	2 套	1. 设备选型 2. 设备设置 3. 消防产品准入制度 4. 安装质量 5. 功能测试
泡沫液	16 t	
泡沫比例混合装置	24 套	
雨淋阀	14 套	
泡沫喷头	976 只	
系统功能	1 项	

3. 人员配置

从事本项目检测的人员配置见表 7-2-17。

表 7-2-17　　　　　　　　　　　　检测人员配置

序号	姓名	执业资格	职称	职责
1	张某	一级/高级技师	高级工程师	技术负责人
2	李某	二级/技师	工程师	项目负责人
3	王某	三级/高级工	助理工程师	检测员
4	赵某	四级/中级工	助理工程师	检测员

4. 检测仪器设备配置

根据本项目的检测内容要求，检测仪器设备的配置见表 7-2-18。

表 7-2-18　　　　　　　　　　　　检测仪器设备配置

序号	设备名称检测	型号规格	数量	使用状况
1	数字声级计	×××	1	校准期限内
2	卷尺	×××	1	校准期限内
3	电子秒表	×××	1	校准期限内
4	感温探测器功能试验装置	×××	1	校准期限内
5	感烟探测器功能试验装置	×××	1	校准期限内

5. 检测进度计划安排

本项目的人员分工及检测进度计划安排见表 7-2-19。

表 7-2-19　　　　　　　　　　　人员分工及检测进度计划安排

检测对象	检测项目	作业区域	负责人	检测时间	工期（天）
泡沫液储罐	1. 设备选型 2. 设备设置 3. 消防产品准入制度 4. 安装质量	泡沫罐房	张某 李某	7月25日	0.5
泡沫液		泡沫罐房			
泡沫比例混合装置		泡沫罐房			
雨淋阀 1~2 号		综合车间		7月25日- 7月26日	2
雨淋阀 3~4 号		丙类仓库一			
雨淋阀 5~8 号		丙类仓库二			
雨淋阀 9~10 号		丙类仓库三			
雨淋阀 11~13 号		甲类车间			
雨淋阀 14 号		甲类仓库			
喷头		—			

续表

检测对象	检测项目	作业区域	负责人	检测时间	工期（天）
系统功能	功能测试	综合车间	王某 赵某	7月27日	1
		丙类仓库一			
		丙类仓库二			
		丙类仓库三			
		甲类车间			
		甲类仓库			

6. 注意事项

（1）系统检测前技术负责人应对系统设备及系统功能检测人员做技术交底。

（2）受检单位需要有至少两名熟悉现场情况的工作人员配合工作。

（3）系统检查和试验完毕，应对泡沫液泵或泡沫混合液泵、泡沫液管道、泡沫混合液管道、泡沫管道、泡沫比例混合器（装置）、泡沫消火栓、管道过滤器或喷过泡沫的泡沫产生装置等，用清水进行冲洗后放空，复原系统。

【实例 7-2-4】泡沫灭火系统检测报告的编制

一、项目情况概述

项目情况概述详见【实例 7-2-3】。

项目设计单位为××工程设计有限公司，甲级资质；施工单位为××消防工程有限公司，一级资质。

2018 年 7 月 25 日、2018 年 7 月 30 日，某消防检测单位按照委托方要求对本项目设置的泡沫灭火系统进行全数量检测。2018 年 7 月 25 日初检，存在以下问题：泡沫液储罐周围通道的宽度小于 700 mm；压力开关无反馈。2018 年 7 月 30 日复检，尚存在以下问题：泡沫液储罐周围通道的宽度小于 700 mm。

根据该项目情况编制泡沫灭火系统检测报告。

二、检测报告

1. 项目工程概况

（1）根据本项目的主要工程概况及委托单位、设计单位名称及资质、施工单位名称和资质等信息填写项目工程概况，示例见表 7-2-20。

（2）检测依据说明。明确本项目检测的检测依据。

表7-2-20　　　　　　　　　　　　项目工程概况

工程名称	物流公司车间、仓库		建设单位	某市物流公司
委托单位	某市物流公司		委托时间	2018年07月20日
联系人	×××		联系电话	××××
设计单位	××工程设计有限公司		设计资质	甲级
施工单位	××消防工程有限公司		施工资质	一级
检测工程概况	工程类别	☑新建□扩建□改建（□装修□建筑保温□改变用途）	使用性质	厂房、仓库	检测工程建筑面积	11 612.76 m²
	工程地址及范围	××省××市××路××号			

建筑概况

单体建筑名称	建筑面积（m²）		建筑高度（m）	层数		建筑类别
	地上	地下		地上	地下	
综合车间	1 747.2	—	—	2	—	丙类车间
丙类仓库一	1 971	—	—	1	—	丙类仓库
丙类仓库二	3 954.56	—	—	1	—	丙类仓库
丙类仓库三	1 740	—	—	1	—	丙类仓库
甲类车间	1 740	—	—	1	—	甲类车间
甲类仓库	460	—	—	1	—	甲类仓库

2. 消防设施

填写此次设施检测涵盖的泡沫灭火系统设备设置情况清单，检测设备设置情况填写示例见表7-2-21。

表7-2-21　　　　　　　　　　泡沫灭火系统检测设备设置情况

序号	系统设备名称	型号规格	生产企业	认证证书检测报告	设置部位	设置数量
1	泡沫液储罐	—	×××	×××	泡沫房	2套
2	泡沫液	6%（AFFF/AR）	×××	×××	泡沫房	16 t
3	泡沫比例混合装置	PHYM120/80	×××	×××	泡沫房	2套
4	雨淋阀1~2号	ZSFM 200-1.6（EX）	×××	×××	综合车间	2套
5	雨淋阀3~4号	ZSFM 200-1.6（EX）	×××	×××	丙类仓库一	2套
6	雨淋阀5~8号	ZSFM 200-1.6（EX）	×××	×××	丙类仓库二	4套
7	雨淋阀9~10号	ZSFM 200-1.6（EX）	×××	×××	丙类仓库三	2套
8	雨淋阀11~13号	ZSFM 200-1.6（EX）	×××	×××	甲类车间	3套
9	雨淋阀14号	ZSFM 200-1.6（EX）	×××	×××	甲类仓库	1套
10	泡沫喷头	PT1.2	×××	×××	—	976只

3. 检测使用的主要计量标准器具

统计本项目泡沫灭火系统使用的仪器设备，汇总检测仪器设备的名称、型号规格、设备编号、计量或校准证书编号、使用期限等信息。检测仪器设备填写示例见表 7-2-22。

表 7-2-22　　　　　　　　泡沫灭火系统检测仪器设备

序号	检测设备名称	型号规格	设备编号	计量或校准证书编号	证书有效期
1	数字声级计	AR814	×××	×××	×××
2	卷尺	5 m	×××	×××	×××
3	电子秒表	PC894	×××	×××	×××
4	感温探测器功能试验装置	ABS-W03	×××	×××	×××
5	感烟探测器功能试验装置	ABS-W01	×××	×××	×××

4. 现场检测情况汇总

将现场实测的泡沫灭火系统检测记录进行汇总整理，包括检测项目、检测内容、检测结果、结论等，见表 7-2-23。

表 7-2-23　　　　　　　　泡沫灭火系统现场检测情况汇总

检测项目	检测内容	检测结果	结论
泡沫液储罐	市场准入	符合要求	合格
	数量、型号	数量：2套，型号：×××	合格
	铭牌、储量	符合设计要求	合格
	附件	符合要求	合格
	安装位置和高度	泡沫液储罐周围通道的宽度小于 700 mm	不合格
	泡沫泵站外的压力储罐安装、防护措施	符合设计要求	合格
	涂色	符合要求	合格
泡沫液	市场准入	符合要求	合格
	泡沫液的种类、规格、型号	6%（AFFF/AR）抗溶性	合格
泡沫比例混合器（装置）	市场准入	符合要求	合格
	数量、型号	数量：2套，型号：PHYM120/80	合格
	标注方向	与液流方向一致	合格
	混合比	符合设计要求	合格
	压力式安装、固定	整体安装、牢固	合格

续表

检测项目	检测内容	检测结果	结论
雨淋阀	市场准入	符合要求	合格
	数量、型号	数量：14套，型号：ZSFM 200-1.6（EX）	合格
	附件	齐全，符合产品标准要求	合格
	控制方式	具有自动控制、消防控制室远程启动及现场手动三种控制方式	合格
	启动时间	Max=15 s，DN200以上雨淋阀 Max=60 s	合格
	压力开关启泵信号	信号正常并直接启动喷淋泵	合格
	水力警铃报警	动作且3 m远处声强不小于70 dB	合格
喷头	市场准入	符合要求	合格
	数量、型号	数量：976只，型号：PT1.2	合格
	无障碍物	无影响泡沫喷洒的障碍物	合格
	过滤器	泡沫喷雾喷头设有过滤器	合格
	安装间距	符合设计要求	合格
系统功能	启动方式	具有自动、手动和应急机械手动三种方式	合格
	逻辑关系	符合设计要求	合格
	电磁阀动作，报警阀打开	符合设计要求	合格
	泡沫液储罐出液阀打开	符合设计要求	合格
	压力开关报警	符合设计要求	合格
	泡沫消防泵启动	符合设计要求	合格
	水力警铃报警	符合设计要求	合格

5. 检测结论

根据检测过程中发现的不合格项情况，结合地方检测规程规定的检测结果判定依据，统计泡沫灭火系统检测项目总数量及不合格数量，对泡沫灭火系统的检测进行判定，给出结论。

6. 附件

泡沫灭火系统产品的质量证明文件等原始记录资料。

【实例 7-2-5】气体灭火系统检测方案及计划编制

一、项目情况概述

某市新建一栋高层商务大楼，位于××路××侧，建筑有地上 21 层和地下一层，建筑高度为 83.6 m，其中地上建筑面积为 33 897.1 m^2，地下建筑面积为 14 062 m^2。消防控制室位于建筑地上一层，有直通室外的出口。3 楼档案室配有管网式气体灭火系统 1 套，设有 11 组灭火储存装置（型号：EMP70/5.7），阀驱动装置（型号：DQP4/6）一套，设一个防护分区，分区内有 24 个喷头（型号：EPT10/25），设计浓度 10%，采用全淹没式灭火方式。按照委托方要求对本项目设置的气体灭火系统进行全数量检测。

根据该项目情况编制气体灭火系统的检测方案及计划。

二、检测方案及计划

1. 项目概况

委托方名称：某开发商。

项目名称：某市商务大楼。

项目地址：××市××路××侧。

（1）建筑基本概况。本项目各建筑基本情况见表 7-2-24。

表 7-2-24　　　　　　　　　　建筑基本情况

单体建筑名称	建筑面积（m^2）		建筑高度（m）	层数		建筑类别
	地上	地下		地上	地下	
商务大楼	33 897.1	14 062	83.6	21	1	一类高层公共建筑

（2）消防设施设置情况。本项目气体灭火系统设备设置情况见表 7-2-25。

表 7-2-25　　　　　　　　　　气体灭火系统设备设置情况

序号	系统设备名称	型号规格	数量	生产厂家
1	储存装置	EMP70/5.7	11	××××消防设备有限公司
2	阀驱动装置	DQP4/6	1	××××消防设备有限公司
3	喷头	EPT10/25	24	××××消防设备有限公司

2. 检测项目及数量

按照委托方的要求，本项目的检测对象、数量和项目见表 7-2-26。

表 7-2-26　　　　　　　　　　　检测对象、数量和项目

检测对象	检测数量	检测项目
储存装置间	1	1. 设备选型 2. 设备设置 3. 消防产品准入制度 4. 安装质量 5. 功能测试
储存装置	11	
驱动装置	1	
管道及附件	全部	
防护区和保护对象	1	
喷头	24	
手动启动和停止按钮	2	

3. 人员配置

从事本项目检测的人员配置见表 7-2-27。

表 7-2-27　　　　　　　　　　　检测人员配置

序号	姓名	执业资格	职称	职责
1	张某	一级/高级技师	高级工程师	技术负责人
2	李某	二级/技师	工程师	项目负责人
3	王某	三级/高级工	助理工程师	检测员
4	赵某	四级/中级工	助理工程师	检测员

4. 检测仪器设备配置

根据本项目的检测内容要求，检测仪器设备的配置见表 7-2-28。

表 7-2-28　　　　　　　　　　　检测仪器设备配置

序号	检测设备名称	型号规格	数量	使用状况
1	卷尺	5 m	1	校准期限内
2	温度计	HTC-1	1	校准期限内
3	电子秒表	PC894	1	校准期限内
4	数字照度计	1 330B	1	校准期限内
5	感温探测器功能试验装置	ABS—W03	1	校准期限内
6	感烟探测器功能试验装置	ABS—W01	1	校准期限内

5. 检测进度计划安排

本项目的人员分工及检测进度计划安排见表7-2-29。

表7-2-29　　　　　　　　人员分工及检测进度计划安排

检测对象	检测项目	作业区域	负责人	检测时间	工期（天）
储存装置间	1. 设备选型 2. 设备设置 3. 消防产品准入制度 4. 安装质量	三层储存间	张某 李某	1月20日 9：00—11：00	0.5
储存装置		三层储存间			
驱动装置		三层储存间			
管道及附件		三层			
防护区和保护对象		三层档案室			
喷头		三层档案室			
操作与控制功能	功能测试	三层档案室	王某 赵某	1月20日 14：00—17：00	0.5
手动模拟实验		三层档案室			
自动模拟试验		三层档案室			

6. 注意事项

（1）系统检测前技术负责人应对系统设备及系统功能检测人员做技术交底。

（2）受检单位需要有至少两名熟悉现场情况的工作人员配合工作。

（3）功能测试时应拆开对应防护区的启动钢瓶的信号线，进行模拟测试。

【实例7-2-6】气体灭火系统检测报告的编制

一、项目情况概述

某项目新建一商务大楼，建筑面积为47 959.1 m²，建筑高度为83.6 m，地上21层，地下一层，用途为办公楼和汽车库，地址位于××市××路××侧。项目设计单位：××建筑设计研究院有限责任公司，甲级资质；施工单位：××消防工程有限公司，一级资质。

项目消防设备用电负荷等级为一级。消防控制室位于建筑地上一层，有直通室外的出口，3层档案室配有管网式气体灭火系统1套，共11个灭火剂瓶组，设一个防护分区，设计浓度为10%，采用全淹没式灭火方式。

2018年1月20日与2018年1月30日，某消防检测单位按照委托方要求对本项目设置的气体灭火系统进行全数量检测。2018年1月20日初检，存在以下问题：储存装置间在入口处未设置明显的"气体灭火储瓶间"标志；储存装置间未设置应急照明；设有安全保护的容器阀上保险插销（片）未拆除；自动模拟测试时，防护区声光报警未动作。2018年1月30日复检,尚存在以下问题:储存装置间在入口处未设置明显的"气体灭火储瓶间"标志。

根据该项目情况编制气体灭火系统检测报告。

二、检测报告

1. 项目工程概况

(1)根据本项目的主要工程概况及委托单位、设计单位名称及资质、施工单位名称和资质等信息填写项目工程概况,示例见表7-2-30。

表7-2-30 项目工程概况

工程名称	某市商务大楼		建设单位	某开发商
委托单位	某开发商		委托时间	2018年1月1日
联系人	×××		联系电话	××××
设计单位	××××建筑设计研究院有限责任公司		设计资质	甲级
施工单位	×××××消防工程有限公司		施工资质	一级
检测工程概况	工程类别	☑新建 □扩建 □改建(□装修 □建筑保温 □改变用途)	使用性质	办公楼、汽车库	检测工程建筑面积	47 959.1 m²
	工程地址及范围	××市××路××侧				

建筑概况

单体建筑名称	建筑面积(m²)		建筑高度(m)	层数		建筑类别
	地上	地下		地上	地下	
商务大楼	33 897.1	14 062	83.6	21	1	一类高层公共建筑

(2)检测依据说明。明确本项目检测的检测依据。

2. 消防设施

填写此次设施检测涵盖的气体灭火系统设备设置情况清单,检测设备设置情况填写示例见表7-2-31。

表7-2-31 气体灭火系统检测设备设置情况

序号	系统设备名称	型号规格	生产企业	认证证书检测报告	设置部位	设置数量
1	储存装置	EMP70/5.7	××××消防设备有限公司	×××	三层	11套
2	驱动装置	DQP4/6	××××消防设备有限公司	×××	三层	1套
3	喷头	EPT10/25	××××消防设备有限公司	×××	三层	24只

3. 检测使用的主要计量标准器具

统计本项目气体灭火系统使用的仪器设备，汇总检测仪器设备的名称、型号规格、设备编号、计量或校准证书编号、使用期限等信息。检测仪器设备表填写示例见表 7-2-32。

表 7-2-32　　　　　　　　气体灭火系统检测仪器设备

序号	检测设备名称	型号规格	数量	使用状况
1	卷尺	5 m	1	校准期限内
2	温度计	HTC-1	1	校准期限内
3	电子秒表	PC894	1	校准期限内
4	数字照度计	1 330B	1	校准期限内
5	感温探测器功能试验装置	ABS—W03	1	校准期限内
6	感烟探测器功能试验装置	ABS—W01	1	校准期限内

4. 现场检测情况汇总

将现场实测的气体灭火系统检测记录进行汇总整理，包括检测项目、检测内容、检测结果、结论等，见表 7-2-33。

表 7-2-33　　　　　　　　气体灭火系统现场检测情况汇总

检测项目	检测内容	检测结果	结论
系统类型	系统选型	符合设计要求	合格
储存装置间	设置位置	符合设计要求	合格
	标志	未设置标示	不合格
	门窗开启方向	向外开	合格
	通风要求	符合设计要求	合格
	应急照明	照度 Min=150 Lx	合格
	环境温度	符合要求	合格
储存装置	市场准入	符合要求	合格
	数量、型号的符合性	数量：11 套，型号：EMP70/5.7	合格
	铭牌	设有固定铭牌及瓶签	合格
	外观	无碰撞和机械损伤现象	合格
	储存量、备用量	符合设计要求	合格

续表

检测项目		检测内容	检测结果	结论
储存装置	储存容器	同一集流管上的储存容器	规格、充压压力和充装量相同	合格
		备用灭火剂储存容器连接、切换	—	—
		充装量	符合设计要求	合格
		储存压力	符合设计要求	合格
	操作距离		Min=1.0 m，且不小于储存容器外径的 1.5 倍	合格
	固定、表面防腐层		符合要求	合格
	储存容器和集流管的色标		涂刷红色油漆	合格
	安装高度		同一系统高度差 Max=20 mm	合格
	压力表方向		正面朝向操作面	合格
	容器阀和集流管的连接		采用挠性连接	合格
	容器阀上保险插销（片）		已拆除	合格
	低压二氧化碳储存装置的报警装置		—	—
安全泄压装置	设置		容器阀和组合分配系统集流管上设置	合格
	泄压方向、数量		未朝向操作面	合格
系统联动试验	手动模拟启动试验	启动信号	能正常输出	合格
		声光警报	正常	合格
		喷放指示灯	启动正常	合格
		送（排）风系统	关闭操作正常	合格
		通风和空调系统	关闭操作正常	合格
		开口封闭装置	启动正常	合格
	自动模拟启动试验	联动逻辑关系	符合设计要求	合格
		启动信号	能正常输出	合格
		声光警报	正常	合格
		喷放指示灯	启动正常	合格
		送（排）风系统	关闭操作正常	合格
		通风和空调系统	关闭操作正常	合格
		开口封闭装置	启动正常	合格
		延迟时间	符合设计要求，且不大于 30 s	合格
		急停功能	符合设计要求	合格
		压力信号器报警、输送管道	符合要求	合格
	手动机械应急操作试验		符合设计要求	合格

5. 检测结论

根据检测过程中发现的不合格项情况，结合地方检测规程规定的检测结果判定依据，统计气体灭火系统检测项目总数量及不合格数量，对气体灭火系统的检测进行判定，给出结论。

6. 附件

气体灭火系统产品的质量证明文件等原始记录资料。

培训单元 3
自动跟踪定位射流灭火系统与固定消防炮灭火系统检测规程和检测报告的编制方法

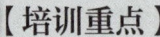

【培训重点】

掌握自动跟踪定位射流灭火系统和固定消防炮灭火系统的检测规程。

熟练掌握自动跟踪定位射流灭火系统和固定消防炮灭火系统检测方案及计划的编制方法。

熟练掌握自动跟踪定位射流灭火系统和固定消防炮灭火系统检测报告的编制方法。

【知识要求】

一、自动跟踪定位射流灭火系统的检测规程

自动跟踪定位射流灭火系统的检测包括检查系统设备应符合消防产品市场准入的有关规定，检查系统设备的选型、设置、安装以及系统的功能应符合设计要求。自动跟踪定位射流灭火系统的检测规程见表 7-2-34。

表 7-2-34　　自动跟踪定位射流灭火系统的检测规程

检测类别	检测对象	检测项目及内容
系统安装质量检查	灭火装置	检查灭火装置的安装应固定可靠
		检查灭火装置安装应在设计规定的水平和俯仰回转范围内，不与周围构件触碰
		检查与灭火装置连接的管线应安装牢固，且不得阻碍回转机构的运动
	探测装置	检查探测装置的安装应固定可靠
		检查探测装置的安装不应产生探测盲区
		检查探测装置及配线金属管或线槽应有接地保护，接地应牢靠并有明显标识
		检查进入探测装置的电缆或导线的配线应符合要求
	控制装置	检查控制装置的安装应牢固可靠
		检查控制装置的接地应安全可靠
		检查声、光警报器的安装标高应符合设计要求
	电源、备用动力、电气设备	检查供电电源应采用消防电源
		检查供电保护装置安装应符合要求
		检查电气设备的布置应符合要求
	电气线路	检查系统的供电电缆和控制线缆型号应符合要求
		检查强、弱电回路的布线应符合要求
		检查引入控制装置内的电缆及其芯线应符合设计要求
		检查电气回路的绝缘电阻应符合要求
	供水管道	检查水平管道的坡度、坡向及放空措施应符合设计要求
		检查立管的固定应符合要求
		检查埋地管道隐蔽工程试验和验收记录资料
		检查管道安装位置、标高、水平度、垂直度等的偏差应符合要求
		检查管道的安装支架、吊架、管墩应符合要求
		检查管道穿过防火墙、楼板、建筑物变形缝的安装和保护措施应符合要求
		检查管道和设备的防腐、防冻措施是否到位
	阀门	检查自动控制阀、信号阀、手动检修阀等阀门的安装应符合设计要求
		检查自动排气阀应立式安装
		检查放空阀应安装在管道的最低处
	水流指示器	检查水流指示器的电气元件部位应垂直安装在水平管道上侧，其动作方向应与水流方向一致
		检查安装在吊顶内的水流指示器应便于检修
	消防水泵、气压稳压装置	检查消防水泵应整体安装在基础上，并应固定牢固
		检查消防水泵吸水管的安装应符合要求
		检查压力表的安装应加设缓冲装置，压力表和缓冲装置之间应安装三通阀
		检查气压稳压装置的安装位置、进水管及出水管方向应符合设计要求
		检查气压稳压装置上的安全阀、压力开关等的安装应符合产品使用说明书的要求

续表

检测类别	检测对象	检测项目及内容
系统安装质量检查	消防水池、高位消防水箱	检查消防水池或高位消防水箱及进水管、出水管等的施工和安装应符合要求
		检查水池、水箱的容积、安装位置应符合设计要求
		检查消防水池、高位消防水箱的溢流管、放空管不得与生产或生活用水的排水系统直接相连
	消防水泵接合器	检查消防水泵接合器应设置永久性固定的标志,标志上应标明灭火系统名称及水压、水量要求
		检查墙壁式消防水泵接合器的安装应符合设计要求
		检查地下式消防水泵接合器的井盖和标志应符合要求
	模拟末端试水装置	检查每个保护区的管网最不利点处应设模拟末端试水装置,并应便于排水
		检查模拟末端试水装置应由探测部件、压力表、试水阀、试水接头及排水管组成,并应符合设计要求
		检查模拟末端试水装置的出水,应采取孔口出流的方式排入排水管道
		检查模拟末端试水装置的安装位置应便于操作测试
		检查模拟末端试水装置的标识应符合要求
系统功能测试	测试系统的工作压力和流量	系统工作压力和流量的测试结果应符合设计要求
	消防水泵及稳压装置的启动、运行和切换功能	测试自动或手动方式启动消防水泵,消防水泵应在规定时间内投入正常运行
		测试备用电源切换方式或备用泵切换启动消防水泵,消防水泵应在规定时间内投入正常运行
		启动消防水泵运行,观察消防水泵运行应正常,测量流量、压力应符合设计要求
		测试稳压装置应正常运行
	自动控制阀和灭火装置的手动控制功能	分别通过系统控制主机和现场控制箱,检查每台自动控制阀的开启、关闭及反馈信号应正常
		分别通过系统控制主机和现场控制箱,检查灭火装置的动作及反馈信号应正常
		对具有直流—喷雾转换功能的灭火装置,检查其直流—喷雾动作应正常
	系统主、备电源的切换功能	主、备电源手动切换应正常
		主、备电源自动切换应正常
	模拟末端试水装置的系统启动功能	测试模拟末端试水装置的系统启动功能应正常
		模拟末端试水装置出水的水压和流量应符合设计要求
	自动跟踪定位射流灭火系统的自动灭火功能	测试系统的自动灭火功能应符合设计要求
	自动跟踪定位射流灭火系统的联动控制功能	测试系统的联动控制功能应符合设计要求

二、固定消防炮灭火系统的检测规程

固定消防炮灭火系统的检测包括检查系统设备应符合消防产品市场准入的有关规定，检查系统设备的选型、设置、安装以及系统的功能应符合设计要求。固定消防炮灭火系统的检测规程见表 7-2-35。

表 7-2-35　　　　　　　　　　固定消防炮灭火系统的检测规程

检测类别	检测对象	检测项目及内容
系统安装质量检查	消防炮	检查消防炮基座上供灭火剂的立管应固定可靠
		检查消防炮的固定应牢固
		检查消防炮在其设计规定的水平和俯仰回转范围内不应与周围的构件碰撞
		检查消防炮连接的电、液、气管线应安装牢固，且不得干涉回转机构
	泡沫比例混合装置与泡沫液罐	检查泡沫液罐的安装位置应符合设计要求
		检查常压泡沫液罐的安装和防腐应符合设计要求
		检查压力式泡沫液罐及其附件的安装应符合要求
		检查设在室外的泡沫液罐安装及防护措施应符合要求
		检查压力式比例混合装置与管道连接处的安装应严密
		检查泡沫比例混合装置的标注方向应与液流方向一致
		检查平衡式泡沫比例混合装置的安装应符合设计要求
	干粉罐与氮气瓶组	检查安装在室外的干粉罐和氮气瓶组安装及防护措施应符合要求
		检查干粉罐和氮气瓶组的安装位置应符合设计要求
		检查氮气瓶组安装应防止氮气误喷射
		检查干粉罐和氮气瓶组的连接管道应采取防腐处理措施
		检查干粉罐和氮气瓶组的支架应固定牢固，且应采取防腐处理措施
	消防炮塔	检查安装消防炮塔的地面基座应稳固
		检查消防炮塔与地面基座的连接应固定可靠
		检查消防炮塔应采取相应的防腐措施
		检查消防炮塔应做防雷接地
	电源、备用动力及电气设备	检查电源负荷级别、备用动力的容量应符合设计要求
		电气设备的规格、型号、数量及安装质量应符合设计要求

续表

检测类别	检测对象	检测项目及内容
系统安装质量检查	管道及附件	检查埋地管道隐蔽工程试验和验收记录资料
		检查管道的规格、型号、位置、坡向、坡度、连接方式及安装质量应符合设计要求
		检查管道支架、吊架、管墩的位置、间距及牢固程度应符合要求
		检查管道穿过防火墙、楼板、建筑物变形缝的安装和保护措施应符合要求
		检查管道安装位置、标高、水平度、垂直度等的偏差应符合要求
		检查管道和设备的防腐、防冻措施是否到位
	消防泵房、水源及水位指示装置	检查消防泵房的位置和耐火等级应符合要求
		检查消防水池或水罐的容量及补水设施应符合要求
		检查天然水源水质和枯水期最低水位时确保用水量的措施应符合要求
		检查水位指示标志应完好
系统功能测试	系统启动功能	系统手动启动功能
		主、备电源的切换功能
		消防泵组的功能
		联动控制功能
	系统喷射功能	消防水炮的喷射压力、射程、转角、系统喷射响应时间等
		消防泡沫炮的喷射压力、射程、转角、混合比、系统喷射响应时间等
		消防干粉炮的喷射压力、射程、转角、系统喷射响应时间等
		水幕的喷射压力、系统喷射响应时间等

【实例 7-2-7】自动跟踪定位射流灭火系统检测方案及计划编制

一、项目情况概述

某高铁车站,候车大厅位于地上二层,建筑面积约为 30 000 m^2,建筑内净空高度为 25 m,配置有火灾自动报警系统、消火栓系统、自动喷水灭火系统、自动跟踪定位射流灭火系统等消防系统设施,其中自动跟踪定位射流灭火系统设置自动消防炮(20 L/s)22 台、现场控制箱 22 只、自动控制阀 22 套、图像型火灾探测器 46 只、控制主机 1

台、硬盘录像机 1 台、矩阵切换器 1 台、监视器 6 台、UPS 电源 1 套、消防水泵 2 台、气压稳压装置 1 套、模拟末端试水装置 1 套、消防供水设施及管网等。按照委托方要求对本项目设置的自动跟踪定位射流灭火系统进行全数量检测。

根据该项目情况编制自动跟踪定位射流灭火系统的检测方案及计划。

二、检测方案及计划

1. 项目概况

委托方名称：某高铁车站建设指挥部。

项目名称：某新建高铁车站。

项目地址：××市××路××号。

（1）建筑基本概况。本项目高铁车站候车大厅位于地上二层，建筑面积约为 30 000 m^2，建筑内净空高度为 25 m。

（2）消防设施设置情况。本项目自动跟踪定位射流灭火系统设置情况见表 7-2-36。

表 7-2-36　　　　　自动跟踪定位射流灭火系统设置情况

序号	系统设备名称	型号规格	数量
1	自动消防炮	ZDMS0.8/20S-×××	22 台
2	现场控制箱	×××	22 只
3	自动控制阀	DN100	22 套
4	图像型火灾探测器	×××	46 只
5	控制主机	×××	1 台
6	硬盘录像机	×××	1 台
7	矩阵切换器	×××	1 台
8	监视器	×××	6 台
9	UPS 电源	×××	1 套
10	消防水泵	XBD10/40-×××	2 台
11	气压稳压装置	×××	1 套
12	模拟末端试水装置	×××	1 套
13	消防供水设施及管网	×××	1 套

2. 检测项目及数量

按照委托方的要求，本项目的检测对象、数量和项目见表 7-2-37。

表 7-2-37　　　　　　　　　　　检测对象、数量和项目

检测对象	检测数量	检测项目
自动消防炮	22 台	
现场控制箱	22 只	
自动控制阀	22 套	
图像型火灾探测器	46 只	
控制主机	1 台	
硬盘录像机	1 台	1. 设备选型
矩阵切换器	1 台	2. 设备设置
监视器	6 台	3. 消防产品市场准入的有关规定
UPS 电源	1 套	4. 安装质量
消防水泵	2 台	5. 功能测试
气压稳压装置	1 套	
模拟末端试水装置	1 套	
消防供水设施及管网	1 套	
系统功能	1 项	

3. 人员配置

从事本项目检测的人员配置见表 7-2-38。

表 7-2-38　　　　　　　　　　　检测人员配置

序号	姓名	执业资格	职称	职责
1	张某	一级 / 高级技师	××××	项目负责人
2	李某	三级 / 高级工	××××	检测员
3	王某	三级 / 高级工	××××	检测员

4. 检测仪器设备配置

根据本项目的检测内容要求，检测仪器设备的配置见表 7-2-39。

表 7-2-39　　　　　　　　　　　检测仪器设备配置

序号	检测设备名称	型号规格	数量	使用状况
1	卷尺	5 m	1	校准期限内
2	万用表	F175	1	校准期限内
3	兆欧表	F1503	1	校准期限内
4	便携式流量计	DN50-700	1	校准期限内
5	电子秒表	PC894	1	校准期限内
6	油盘试验火	油盘直径 570 mm	1	正常
7	木垛试验火	1A 灭火级别	2	正常

5. 检测进度计划安排

本项目的人员分工及检测进度计划安排见表 7-2-40。

表 7-2-40　　　　　　　　人员分工及检测进度计划安排

检测对象	检测项目	负责人	检测时间	工期（天）
自动消防炮	1. 设备选型 2. 设备设置 3. 消防产品市场准入的有关规定 4. 安装质量	张某	第一天、第二天	2
现场控制箱				
自动控制阀				
图像型火灾探测器				
控制主机				
硬盘录像机				
矩阵切换器				
监视器				
UPS 电源				
消防水泵			第三天	1
气压稳压装置				
模拟末端试水装置				
消防供水设施及管网				
系统功能	功能测试		第四天	1

6. 注意事项

（1）系统检测前项目负责人应对检测人员做技术交底。

（2）受检单位需要有至少两名熟悉现场情况的工作人员配合工作。

（3）带电作业时须按作业要求佩戴防护用具，登高作业时应做好安全防护，并配置登高监护人员。

（4）测试系统自动灭火功能和联动控制功能时，应做好喷水灭火试验现场的安全防护。

【实例 7-2-8】自动跟踪定位射流灭火系统检测报告的编制

一、项目情况概述

项目情况概述详见【实例 7-2-7】。

根据该项目情况编制自动跟踪定位射流灭火系统检测报告。

二、检测报告

1. 项目工程概况

(1) 根据本项目的主要工程概况及委托单位、设计单位名称及资质、施工单位名称和资质等信息填写项目工程概况,示例见表7-2-41。

表7-2-41　　　　　　　　　　项目工程概况

工程名称	某高铁车站		建设单位	某高铁车站建设指挥部
委托单位	某高铁车站建设指挥部		委托时间	20××年××月××日
联系人	×××		联系电话	×××
设计单位	××工程设计有限公司		设计资质	甲级
施工单位	××消防工程有限公司		施工资质	一级
检测工程概况	工程类别	☑新建□扩建□改建(□装修□建筑保温 □改变用途)	使用性质	民用建筑	检测工程建筑面积	30 000 m²
	工程地址及范围		××市××路××号			

建筑概况

单体建筑名称	建筑面积(m²)		建筑高度(m)	层数		建筑类别
	地上	地下		地上	地下	
候车大厅	30 000	—	25	2	—	二类高层公共建筑

(2) 检测依据说明。明确本项目检测的检测依据。

2. 消防设施

本项目自动跟踪定位射流灭火系统检测设备设置情况见表7-2-42。

表7-2-42　　　　自动跟踪定位射流灭火系统检测设备设置情况

序号	系统设备名称	型号规格	生产企业	认证证书检测报告	设置部位	设置数量
1	自动消防炮	×××	×××	×××	候车大厅	22台
2	现场控制箱	×××	×××	×××		22只
3	自动控制阀	×××	×××	×××		22套
4	图像型火灾探测器	×××	×××	×××		46只
5	控制主机	×××	×××	×××	消防控制室	1台
6	硬盘录像机	×××	×××	×××		1台
7	矩阵切换器	×××	×××	×××		1台
8	监视器	×××	×××	×××		6台
9	UPS电源	×××	×××	×××		1套

续表

序号	系统设备名称	型号规格	生产企业	认证证书检测报告	设置部位	设置数量
10	消防水泵	×××	×××	×××	消防泵房	2台
11	气压稳压装置	×××	×××	×××		1套
12	模拟末端试水装置	×××	×××	×××	—	1套
13	消防供水设施及管网	×××	×××	×××	—	1套

3. 检测使用的主要计量标准器具

统计本项目自动跟踪定位射流灭火系统使用的仪器设备，汇总检测仪器设备的名称、型号规格、设备编号、计量或校准证书编号、证书有效期等信息。检测仪器设备填写示例见表7-2-43。

表7-2-43　　　　　自动跟踪定位射流灭火系统检测仪器设备

序号	检测设备名称	型号规格	设备编号	计量或校准证书编号	证书有效期
1	卷尺	×××	×××	×××	×××
2	万用表	×××	×××	×××	×××
3	兆欧表	×××	×××	×××	×××
4	便携式流量计	×××	×××	×××	×××
5	电子秒表	×××	×××	×××	×××
×××	×××	×××	×××	×××	×××

4. 现场检测情况汇总

将现场实测的自动跟踪定位射流灭火系统的检测记录进行汇总整理，包括检测类别、检测对象、检测项目及内容、检测结果、结论等，见表7-2-44。

表7-2-44　　　　　自动跟踪定位射流灭火系统现场检测情况汇总

检测类别	检测对象	检测项目及内容	检测结果	结论
系统安装质量检查	灭火装置	检查灭火装置的安装应固定可靠	符合要求	合格
		检查灭火装置应安装在设计规定的水平和俯仰回转范围内，不与周围构件触碰	符合要求	合格
		检查与灭火装置连接的管线应安装牢固，且不得阻碍回转机构的运动	符合要求	合格
	探测装置	检查探测装置的安装应固定可靠	符合要求	合格
		检查探测装置的安装不应产生探测盲区	符合要求	合格
		检查探测装置及配线金属管或线槽应有接地保护，接地应牢靠并有明显标识	符合要求	合格
		检查进入探测装置的电缆或导线的配线应符合要求	符合要求	合格

续表

检测类别	检测对象	检测项目及内容	检测结果	结论
系统安装质量检查	控制装置	检查控制装置的安装应牢固可靠	符合要求	合格
		检查控制装置的接地应安全可靠	符合要求	合格
		检查声、光警报器的安装标高应符合设计要求	符合要求	合格
	电源、备用动力、电气设备	检查供电电源应采用消防电源	符合要求	合格
		检查供电保护装置安装应符合要求	符合要求	合格
		检查电气设备的布置应符合要求	符合要求	合格
	电气线路	检查系统的供电电缆和控制线缆型号应符合要求	符合要求	合格
		检查强、弱电回路的布线应符合要求	符合要求	合格
		检查引入控制装置内的电缆及其芯线应符合设计要求	符合要求	合格
		检查电气回路的绝缘电阻应符合要求	符合要求	合格
	供水管道	检查水平管道的坡度、坡向及放空措施应符合设计要求	符合要求	合格
		检查立管的固定应符合要求	符合要求	合格
		检查埋地管道隐蔽工程试验和验收记录资料	符合要求	合格
		检查管道安装位置、标高、水平度、垂直度等的偏差应符合要求	符合要求	合格
		检查管道的安装支架、吊架、管墩应符合要求	符合要求	合格
		检查管道穿过防火墙、楼板、建筑物变形缝的安装和保护措施应符合要求	符合要求	合格
		检查管道和设备的防腐、防冻措施是否到位	符合要求	合格
	阀门	检查自动控制阀、信号阀、手动检修阀等阀门的安装应符合设计要求	符合要求	合格
		检查自动排气阀应立式安装	符合要求	合格
		检查放空阀应安装在管道的最低处	符合要求	合格
	水流指示器	检查水流指示器的电气元件部位应垂直安装在水平管道上侧,其动作方向应与水流方向一致	符合要求	合格
		检查安装在吊顶内的水流指示器应便于检修	符合要求	合格
	消防水泵、气压稳压装置	检查消防水泵应整体安装在基础上,并应固定牢固	符合要求	合格
		检查消防水泵吸水管的安装应符合要求	符合要求	合格
		检查压力表的安装应加设缓冲装置,压力表和缓冲装置之间应安装三通阀	符合要求	合格
		检查气压稳压装置的安装位置、进水管及出水管方向应符合设计要求	符合要求	合格
		检查气压稳压装置上的安全阀、压力开关等的安装应符合产品使用说明书的要求	符合要求	合格

续表

检测类别	检测对象	检测项目及内容	检测结果	结论
系统安装质量检查	消防水池、高位消防水箱	检查消防水池或高位消防水箱及进水管、出水管等的施工和安装应符合要求	符合要求	合格
		检查水池、水箱的容积、安装位置应符合设计要求	符合要求	合格
		检查消防水池、高位消防水箱的溢流管、放空管不得与生产或生活用水的排水系统直接相连	符合要求	合格
	消防水泵接合器	检查消防水泵接合器应设置永久性固定的标志,标志上应标明灭火系统名称及水压、水量要求	符合要求	合格
		检查墙壁式消防水泵接合器的安装应符合设计要求	符合要求	合格
		检查地下式消防水泵接合器的井盖和标志应符合要求	符合要求	合格
	模拟末端试水装置	检查每个保护区的管网最不利点处应设模拟末端试水装置,并应便于排水	符合要求	合格
		检查模拟末端试水装置应由探测部件、压力表、试水阀、试水接头及排水管组成,并应符合设计要求	符合要求	合格
		检查模拟末端试水装置的出水,应采取孔口出流的方式排入排水管道	符合要求	合格
		检查模拟末端试水装置的安装位置应便于操作测试	符合要求	合格
		检查模拟末端试水装置的标识应符合要求	符合要求	合格
系统功能测试	测试系统的工作压力和流量	系统工作压力和流量的测试结果应符合设计要求	符合要求	合格
	消防水泵及稳压装置的启动、运行和切换功能	测试自动或手动方式启动消防水泵,消防水泵应在规定时间内投入正常运行	符合要求	合格
		测试备用电源切换方式或备用泵切换启动消防水泵,消防水泵应在规定时间内投入正常运行	符合要求	合格
		启动消防水泵运行,观察消防水泵运行应正常,测量流量、压力应符合设计要求	符合要求	合格
		测试稳压装置应正常运行	功能正常	合格
	自动控制阀和灭火装置的手动控制功能	分别通过系统控制主机和现场控制箱,检查每台自动控制阀的开启、关闭及反馈信号应正常	功能正常	合格
		分别通过系统控制主机和现场控制箱,检查灭火装置的动作及反馈信号应正常	功能正常	合格
		对具有直流—喷雾转换功能的灭火装置,检查其直流—喷雾动作应正常	功能正常	合格

续表

检测类别	检测对象	检测项目及内容	检测结果	结论
系统功能测试	系统主、备电源的切换功能	主、备电源手动切换应正常	功能正常	合格
		主、备电源自动切换应正常	功能正常	合格
	模拟末端试水装置的系统启动功能	测试模拟末端试水装置的系统启动功能应正常	功能正常	合格
		模拟末端试水装置出水的水压和流量应符合设计要求	符合要求	合格
	自动跟踪定位射流灭火系统的自动灭火功能	测试系统的自动灭火功能应符合设计要求	符合要求	合格
	自动跟踪定位射流灭火系统的联动控制功能	测试系统的联动控制功能应符合设计要求	符合要求	合格

5. 检测结论

根据本项目自动跟踪定位射流灭火系统的检测记录汇总情况，结合相关标准和检测规程的规定，对本项目检测进行判定，给出结论。

6. 附件

自动跟踪定位射流灭火系统产品的质量证明文件、检测记录表等原始记录资料。

【实例 7-2-9】固定消防炮灭火系统检测方案及计划编制

一、项目情况概述

某石化企业新建原油码头，作业区面积约为 20 000 m^2，配置远控固定消防炮灭火系统，设置消防炮塔 2 座，每座消防炮塔的上层操作平台安装远控消防泡沫炮 1 台，下层操作平台安装远控消防水炮 1 台、自保护水喷雾系统 1 套，每台消防炮及水喷雾系统各设电动控制阀 1 台，系统还设有控制主机 1 台、无线遥控器 2 个、消防水泵 3 台（2 用 1 备）、气压稳压装置 1 套、平衡压力式泡沫比例混合装置及常压泡沫储罐 2 套、消防供水设施及管网等。按照委托方要求对本项目设置的固定消防炮灭火系统进行全数量检测。

根据该项目情况编制固定消防炮灭火系统的检测方案及计划。

二、检测方案及计划

1. 项目概况

委托方名称：某石化企业

项目名称：某石化企业新建原油码头

项目地址：××市××路××号

（1）建筑基本概况。本项目原油码头位于某港口地上一层，码头作业区面积约为 20 000 m²。

（2）消防设施情况。本项目固定消防炮灭火系统设备设置情况见表 7-2-45。

表 7-2-45　　　　　　　　固定消防炮灭火系统设备设置情况

序号	系统设备名称	型号规格	数量
1	消防水炮	PSKD150W-×××	2 台
2	消防泡沫炮	PPKD120-×××	2 台
3	自保护水喷雾系统	×××	2 套
4	电动控制阀	DN200	6 台
5	控制主机	×××	1 台
6	无线遥控器	×××	2 个
7	消防水泵	XBD14/150-×××	3 台
8	气压稳压装置	×××	1 套
9	平衡压力式泡沫比例混合装置	PHP150-×××	2 套
10	常压泡沫储罐	CYG200-×××	2 套
11	消防供水设施及管网	×××	1 套

2.检测项目及数量

按照委托方的要求，本项目的检测对象、数量和项目见表 7-2-46。

表 7-2-46　　　　　　　　检测对象、数量和项目

检测对象	检测数量	检测项目
消防水炮	2 台	
消防泡沫炮	2 台	
自保护水喷雾系统	2 套	
电动控制阀	6 台	
控制主机	1 台	1. 设备选型
无线遥控器	2 个	2. 设备设置
		3. 消防产品市场准入的制度
消防水泵	3 台	4. 安装质量
气压稳压装置	1 套	5. 功能测试
平衡压力式泡沫比例混合装置	2 套	
常压泡沫储罐	2 套	
消防供水设施及管网	1 套	
系统功能	1 项	

3. 人员配置

从事本项目检测的人员配置见表 7-2-47。

表 7-2-47　　　　　　　　　　检测人员配置

序号	姓名	执业资格	职称	职责
1	张某	一级/高级技师	××××	项目负责人
2	李某	三级/高级工	××××	检测员
3	王某	三级/高级工	××××	检测员

4. 检测仪器设备配置

根据本项目的检测内容要求，检测仪器设备的配置见表 7-2-48。

表 7-2-48　　　　　　　　　　检测仪器设备配置

序号	检测设备名称	型号规格	数量	使用状况
1	卷尺	5 m	1	校准期限内
2	万用表	F175	1	校准期限内
3	兆欧表	F1503	1	校准期限内
4	便携式流量计	DN50-700	1	校准期限内
5	电子秒表	PC894	1	校准期限内
6	手持导电率测量仪	PZ-60A	1	校准期限内
7	泡沫发泡倍数测量专用仪器	—	1	校准期限内

5. 检测进度计划安排

本项目的人员分工及检测进度计划安排见表 7-2-49。

表 7-2-49　　　　　　　　　　人员分工及检测进度计划安排

检测对象	检测项目	负责人	检测时间	工期（天）
消防水炮	1. 设备选型 2. 设备设置 3. 消防产品市场准入制度 4. 安装质量	张某	第一天	1
消防泡沫炮				
自保护水喷雾系统				
电动控制阀				
控制主机				
无线遥控器				
消防水泵				
气压稳压装置				
平衡压力式泡沫比例混合装置			第二天	1
常压泡沫储罐				
消防供水设施及管网				
系统功能	功能测试		第三天	1

6. 注意事项

（1）系统检测前项目负责人应对检测人员做技术交底。

（2）受检单位需要有至少两名熟悉现场情况的工作人员配合工作。

（3）带电作业时须按作业要求佩戴防护用具，登高作业时应做好安全防护，并配置登高监护人员。

（4）进行固定消防炮灭火系统喷水或喷泡沫液试验时，应做好试验现场的安全防护。

【实例 7-2-10】固定消防炮灭火系统检测报告的编制

一、项目情况概述

项目情况概述详见【实例 7-2-9】。

项目设计单位：××工程设计有限公司，甲级资质；施工单位：××消防工程有限公司，一级资质。

20××年××月××日至20××年××月××日，某消防检测单位按照委托方要求对本项目设置的固定消防炮灭火系统进行全数量检测，全部检测项目合格。

根据该项目情况编制固定消防炮灭火系统检测报告。

二、检测报告

1. 项目工程概况

（1）根据本项目的主要工程概况及委托单位、设计单位名称及资质、施工单位名称和资质等信息填写项目工程概况，示例见表 7-2-50。

表 7-2-50　　　　　　　　　　项目工程概况

工程名称		某石化企业原油码头		建设单位		某石化企业	
委托单位		某石化企业		委托时间		20××年××月××日	
联系人		×××		联系电话		×××	
设计单位		××工程设计有限公司		设计资质		甲级	
施工单位		××消防工程有限公司		施工资质		一级	
检测工程概况	工程类别	☑新建□扩建□改建（□装修□建筑保温□改变用途）		使用性质	工业用途	检测工程建筑面积	20 000 m²
	工程地址及范围	×××市×××路×××号					
建筑概况							
单体建筑名称		建筑面积（m²）		建筑高度（m）		层数	建筑类别
		地上	地下			地上 | 地下	
原油码头作业区		20 000	—	—		1	工业

(2)检测依据说明。明确本项目检测的检测依据。

2. 消防设施

本项目固定消防炮灭火系统检测设备清单及设置情况见表7-2-51。

表7-2-51　　　　　　固定消防炮灭火系统检测设备设置情况

序号	系统设备名称	型号规格	生产企业	认证证书检测报告	设置部位	设置数量
1	消防水炮	×××	×××	×××	原油码头作业区	2台
2	消防泡沫炮	×××	×××	×××		2台
3	自保护水喷雾系统	×××	×××	×××		2套
4	电动控制阀	×××	×××	×××		6台
5	控制主机	×××	×××	×××	集中控制室	1台
6	无线遥控器	×××	×××	×××		2个
7	消防水泵	×××	×××	×××	消防泵房	3台
8	气压稳压装置	×××	×××	×××		1套
9	平衡压力式泡沫比例混合装置	×××	×××	×××		2套
10	常压泡沫储罐	×××	×××	×××		2套
11	消防供水设施及管网	×××	×××	×××	—	1套

3. 检测使用的主要计量标准器具

统计本项目固定消防灭火系统检测使用的仪器设备,汇总检测仪器设备的名称、型号规格、设备编号、计量或校准证书编号、使用期限等信息。检测仪器设备填写示例见表7-2-52。

表7-2-52　　　　　　固定消防炮灭火系统检测仪器设备

序号	检测设备名称	型号规格	设备编号	计量或校准证书编号	证书有效期
1	卷尺	×××	×××	×××	×××
2	万用表	×××	×××	×××	×××
3	兆欧表	×××	×××	×××	×××
4	便携式流量计	×××	×××	×××	×××
5	电子秒表	×××	×××	×××	×××
6	手持导电率测量仪	×××	×××	×××	×××
7	泡沫发泡倍数测量专用仪器	×××	×××	×××	×××

4. 现场检测情况汇总

将现场实测的固定消防炮灭火系统检测记录进行汇总整理,包括检测类别、检测对象、检测项目及内容、检测结果、结论等,见表7-2-53。

表 7-2-53　　固定消防炮灭火系统现场检测情况汇总

检测类别	检测对象	检测项目及内容	检测结果	结论
系统安装质量检查	消防炮	检查消防炮基座上供给灭火剂的立管应固定可靠	符合要求	合格
		检查消防炮的固定应牢固	符合要求	合格
		检查消防炮在其设计规定的水平和俯仰回转范围内不应与周围的构件碰撞	符合要求	合格
		检查消防炮连接的电、液、气管线应安装牢固,且不得干涉回转机构	符合要求	合格
	泡沫比例混合装置与泡沫液罐	检查泡沫液罐的安装位置应符合设计要求	符合要求	合格
		检查常压泡沫液罐的安装和防腐应符合设计要求	符合要求	合格
		检查压力式泡沫液罐及其附件的安装应符合要求	符合要求	合格
		检查设在室外的泡沫液罐安装及防护措施应符合要求	符合要求	合格
		检查压力式比例混合装置与管道连接处的安装应严密	符合要求	合格
		检查泡沫比例混合装置的标注方向应与液流方向一致	符合要求	合格
		检查平衡式泡沫比例混合装置的安装应符合设计要求	符合要求	合格
	消防炮塔	检查安装消防炮塔的地面基座应稳固	符合要求	合格
		检查消防炮塔与地面基座的连接应固定可靠	符合要求	合格
		检查消防炮塔应采取相应的防腐措施	符合要求	合格
		检查消防炮塔应做防雷接地	符合要求	合格
	电源、备用动力及电气设备	检查电源负荷级别、备用动力的容量应符合设计要求	符合要求	合格
		电气设备的规格、型号、数量及安装质量应符合设计要求	符合要求	合格
	管道及附件	检查埋地管道隐蔽工程试验和验收记录资料	符合要求	合格
		检查管道的规格、型号、位置、坡向、坡度、连接方式及安装质量应符合设计要求	符合要求	合格
		检查管道支架、吊架、管墩的位置、间距及牢固程度应符合要求	符合要求	合格
		检查管道穿过防火墙、楼板、建筑物变形缝的安装和保护措施应符合要求	符合要求	合格
		检查管道安装位置、标高、水平度、垂直度等的偏差应符合要求	符合要求	合格
		检查管道和设备的防腐、防冻措施是否到位	符合要求	合格
	消防泵房、水源及水位指示装置	检查消防泵房的位置和耐火等级应符合要求	符合要求	合格
		检查消防水池或水罐的容量及补水设施应符合要求	符合要求	合格
		检查天然水源水质和枯水期最低水位时确保用水量的措施应符合要求	符合要求	合格
		检查水位指示标志应完好	符合要求	合格

续表

检测类别	检测对象	检测项目及内容	检测结果	结论
系统功能测试	系统启动功能	系统手动启动功能	功能正常	合格
		主、备电源的切换功能	功能正常	合格
		消防泵组的功能	功能正常	合格
		联动控制功能	功能正常	合格
	系统喷射功能	消防水炮的喷射压力、射程、转角、系统喷射响应时间等	符合要求	合格
		消防泡沫炮的喷射压力、射程、转角、混合比、系统喷射响应时间等	符合要求	合格
		水幕的喷射压力、系统喷射响应时间等	符合要求	合格

5. 检测结论

根据本项目固定消防炮灭火系统的检测记录汇总情况，结合相关标准和检测规程的规定，对本项目检测进行判定，给出结论。

6. 附件

本项目固定消防炮灭火系统产品的质量证明文件、检测记录表等原始记录资料。

培训单元 4
水喷雾、细水雾、干粉灭火系统检测规程和检测报告的编制方法

【培训重点】

掌握水喷雾、细水雾、干粉灭火系统的检测规程。

熟练掌握水喷雾、细水雾、干粉灭火系统的检测方案及计划的编制方法。

熟练掌握水喷雾、细水雾、干粉灭火系统的检测报告的编制方法。

【知识要求】

一、水喷雾灭火系统的检测规程

水喷雾灭火系统的检测包括系统设备的选型、设置、安装质量的检查和消防产品市场准入有关规定检查及水喷雾灭火系统设备和系统基本功能的检查。水喷雾灭火系统设备和系统基本功能的检测规程见表7-2-54。

表7-2-54　　水喷雾灭火系统设备和系统基本功能的检测规程

检测对象	检测项目	检测内容
给水设备	自动启动	将设备处于自动状态，模拟控制中心或其他远程启动信号接入，检查设备的反应时间、报警状态及动作情况
	手动启动	将设备处于自动和手动状态，分别试验消防紧急启动按键启动后设备的动作情况
	机械应急启动	具备机械应急启动操作装置控制柜、机械应急启动设备，观察设备动作情况
	双电源	具备双电源，切换时间不超过2 s
	稳压功能	检查设备是否具备稳压功能，是否能按照设定方式在设定压力进行稳压
	巡检功能	检查设备是否具备巡检或巡检提醒功能，检查是否设置巡检回路，按巡检要求进行巡检
	信息记录	检查设备运行状况、时间等事件信息记录功能是否完备
	水位	水箱或水池设有水位显示装置，水位不低于设计最低水位
	消防泵	记录消防泵正常启动时间，并在手动状态启动消防泵组，使用流量计、压力表测量泵组出口压力和实际流量
雨淋报警阀组	电动开启	通过控制柜开启雨淋报警阀电磁阀，检查雨淋阀开启情况和开启时间
	机械应急开启	通过开启手动紧急控制阀开启雨淋阀，检查雨淋阀开启情况和开启时间
	防复位	通过电磁阀或手动紧急控制阀开启雨淋阀，待雨淋阀启动后，关闭电磁阀或手动紧急控制阀，观察雨淋阀防复位机构是否正常运行并保证雨淋阀一直处于开启状态
	复位功能	检查雨淋阀启动后是否只能人为手动复位及是否能复位
	滴水阀	雨淋阀开启后，观察滴水阀是否关闭无水渗漏；雨淋阀复位后，观察滴水阀是否开启以排出余水
	报警功能	检查雨淋阀启动后报警口压力情况、压力开关是否输出信号以及水力警铃响度
	不开启阀门报警试验	检查是否设有在不开启雨淋阀的情况下检测报警装置的设施，并启动观察报警装置动作情况

续表

检测对象	检测项目	检测内容
水雾喷头	外观	水雾喷头外观应无机械损伤和明显变形，标志应齐全
	质量	水雾喷头的质量与合格检测报告描述的质量的偏差不应超过5%
信号阀	信号功能	将信号阀处于全开状态后缓慢关闭操作，观察信号阀输出信号是否变化
水泵接合器	充水密封性能	在系统最大水压下，观察各部件是否有渗漏现象
	供水能力	外部供水满足最不利点压力和流量要求
减压阀	调压性能	在有试验水流的情况下在设定范围内往复可调并在某压力下锁定
系统	自动联动	将系统整体处于自动状态，通过烟感、温感等探测器和手动报警器给出模拟火灾信号，观察火灾报警控制装置动作情况及系统各部分的联动情况，记录系统响应时间
	传动管联动	将系统整体处于自动状态，开启传动管1只喷头，观察雨淋阀动作情况及系统各部分的联动情况，记录系统响应时间
	机械应急联动	将系统整体处于自动状态，开启雨淋阀手动紧急启动控制阀，观察雨淋阀动作情况及系统各部分的联动情况，记录系统响应时间
	工作压力、流量	具备试验条件时，测量系统工作后工作压力和流量是否满足设计要求

注：系统和其他系统联用时，其他系统对应检验项目和要求参考其他系统的对应要求。

二、细水雾灭火系统的检测规程

细水雾灭火系统的检测包括系统设备的选型、设置、安装质量的检查和消防产品市场准入有关规定检查及细水雾灭火系统设备和系统基本功能的检查。细水雾灭火系统设备和系统基本功能的检测规程见表7-2-55。

表 7-2-55　　细水雾灭火系统设备和系统基本功能的检测规程

检测对象	检测项目	检测内容
细水雾灭火系统设备	外观检测	瓶组式/泵组式的铭牌、型号规格、标识应完整清晰，有水流方向标志
		瓶组式/泵组式组件应完整无损、密封性好
		同一套系统的容器规格、充装量和充装压力必须一致
	设备位置检测	储水容器、储气容器、液位显示装置和压力显示装置安装应符合产品使用说明
		超压泄放装置安装位置应符合要求
		储水箱、消防水泵、水泵控制柜、安全溢流阀及分配管安装应符合要求

续表

检测对象	检测项目	检测内容
细水雾灭火系统设备	设备位置检测	供水装置宜设在便于操作的专用设备间内，容器式系统的供水装置可以设在防护区内，但必须用钢制容器柜或隔离栏加以保护，并在防护区外设置手动应急启动装置
		专用设备间的环境温度不应低于4℃，且不高于50℃；耐火等级不应低于二级，室内应保持干燥和良好通风
		区域阀（选择阀）的安装高度宜为 1.2 ~ 1.7 m
		设置在粉尘场所的细水雾喷头，应增设不影响喷雾效果的防尘措施
储瓶式灭火装置	储气瓶	检查储气瓶内的氮气压力，压力表应在绿区范围
	启动装置	检查启动装置启动瓶内的氮气压力，压力表应在绿区范围
储水设施	储瓶式灭火装置储水瓶	检查储水瓶内液体的水质和重量，其重量不应低于原设计充装量的95%
	储水箱检测	储水箱宜采用不锈钢材质制作，应设水位仪、自动补水、过低液位报警、溢流、透气及放空装置
		具有过低液位报警、停泵功能；当到达低液位时自动补水，到达高液位时自动停止补水。补水管应带过滤器
细水雾水泵	供水泵的检测	供水泵宜采用柱塞泵
		过水部分应为不锈钢材质
		水泵应采用自灌式引水
		稳压泵组稳压正常
		补水增压运行正常
		应具有测试水泵正常工作的条件，水泵控制柜需采用双回路供电
区域阀（选择阀）	标志标识	每个区域阀（选择阀）上应设有对应防护区的永久性铭牌
	手动操作位置	区域阀（选择阀）的位置宜靠近供水装置，并应便于手动操作，方便检查维护
	三种启动方式	区域阀（选择阀）可采用电动、气动和机械操作方式
	选择阀开启时序	区域阀（选择阀）应在容器阀动作或消防水泵启动之前或同时打开
高压细水雾喷头	喷头材质	水雾喷头的材质应为不锈钢或铜合金
	参数	喷头应具有如下参数： 1. 适用范围 2. 流量特性系数 3. 喷头最大和最小工作压力 4. 最大应用高度 5. 喷头之间的最大和最小间距 6. 喷头的最大保护面积 7. 喷头距墙的最大距离 8. 距被保护物的最小距离

续表

检测对象	检测项目	检测内容
过滤器检测	设置情况	细水雾灭火系统的供水侧必须设置过滤器,其结构应保证在不拆除管道的条件下,方便更换过滤器或清洗过滤网
	材质	过滤器主体应采用铜合金或不锈钢材料制造,但必须采用不锈钢滤网
	通水截面	过滤器滤网的最大孔径不得大于喷头最小孔径的80%
	喷头设置过滤器要求	当喷头最小孔径小于800 μm时,应在配水支管的入口处或每个喷头内安装过滤器
管道安装检测	材质	灭火系统管道应采用不锈钢无缝钢管或铜及铜合金拉制管
	连接方式	管道应采用与管道同材质的管接件,可采用螺纹或法兰等连接方式
	防腐、防晃	应采用金属支、吊架固定,支、吊架应进行防腐处理,应采用防晃支架
	套管设置	穿楼板套管应高出楼板或地面50 mm,穿墙套管长度不得小于墙厚,套管与管道的间隙应采用不燃材料填塞密实
	静电接地设置	系统管道应避开有爆炸危险的粉尘、可燃气体、蒸汽、强电等场所,当不可避开时,应设防静电接地装置
系统操作与控制检测	管网灭火系统启动方式	系统应设有自动控制、手动控制和应急操作三种启动方式
	自动启动方式操作	系统的自动控制应在接收到两个独立的火灾信号后才能启动系统
	手动启动方式操作	手动操作装置应设在防护区外便于操作的地方,并应能在一处完成系统启动的全部操作;局部应用灭火系统的手动操作装置应设在保护对象附近
	机械应急操作	手动启动机械应急操作装置,灭火系统应能正常地启动、喷射
	系统释放延时	根据人员疏散要求,宜延迟启动,但延迟时间不应大于30 s
	储瓶式灭火系统启动装置	当采用气动动力源时,应保证系统操作与控制所需要的压力和用气量
	释放指示灯	防护区入口处应设细水雾喷放指示灯
	警告标示	防护区入口应张贴表明使用介质类型及关于自动释放可能的告示
联动功能检测	保护区检测数量	对于允许喷雾的防护区或被保护对象,应按防护区或被保护对象数量的20%,且不少于2个区,进行实际喷雾试验
	模拟喷放测试	对于不允许喷雾的防护区或被保护对象,应采用系统动作试验装置进行模拟系统动作试验
	测试控制方式选择	模拟系统动作试验宜采用自动控制
	联动启动模式	模拟两个独立的报警信号,控制盘应能准确收到报警信号并发出联动控制信号
	声光报警器	联动时相关声光报警信号正确
	联动正常	联动时相关泄压阀门工作正常

续表

检测对象	检测项目	检测内容
联动功能检测	流量测试	系统动作试验装置的流量应与系统设计流量一致，系统压力应符合设计要求
	喷头开启	实际喷雾时，防护区内每个喷头均应正常喷出细水雾
	机械性能	设备和管道无明显晃动和机械损坏
	喷水性能	模拟系统动作试验宜持续 1 min，防护区内实际喷雾持续 30 s，必要时应用透明塑料罩罩住喷头并收集喷水
	影响灭火过程的联动（关或开）	联动相关的自动关闭装置，通风机械和防火阀应动作正常
	选择阀开启正常	联动时选择阀动作顺序正确，其他选择阀不应打开
	水泵开启正常	联动时水泵应能自动投入使用，水箱内或容器内的储水量应能满足一次灭火的需求
	建筑消防设施联动正常	联动时除高压细水雾系统联动外，应能联动建筑物的火灾报警联动控制系统进行人员疏散及相关联动控制

三、干粉灭火系统的检测规程

干粉灭火系统的检测包括系统的选型、设置、安装质量的检查和消防产品市场准入有关规定检查及干粉灭火系统设备和系统基本功能的检查。干粉灭火系统设备和系统基本功能的检测规程见表 7-2-56。

表 7-2-56　　干粉灭火系统设备和系统基本功能的检测规程

检测对象	检测项目		检测内容
储气瓶型干粉灭火系统、贮压型干粉灭火系统	操作与控制功能		检查干粉灭火系统的启动方式，应具有自动控制、手动控制和机械应急操作三种启动方式
			控制器上应具有自动和手动状态切换功能及各种故障状态显示功能
	自动模拟启动	启动信号	控制盘应在接收到两个火灾信号后才能启动干粉灭火系统；控制器在接收到第一个火灾信号后，应发出预警信号，并有声光指示；当控制器接收到同一防护区的另一个火灾信号后，应发出火警信号，启动灭火系统，并发出声光指示
		紧急停止	紧急停止功能应能在灭火系统启动后和灭火剂喷放前的延迟阶段中止动作
		声光警报	防护区有正常的声光报警信号
		开口关闭装置	应具有联动控制防护区域开口关闭的功能

续表

检测对象	检测项目		检测内容
储气瓶型干粉灭火系统、贮压型干粉灭火系统	手动模拟启动	启动信号	按下控制盘上的手动操作按钮,对应防护区的灭火系统应能启动,并能输出反馈信号
		紧急停止	紧急停止功能应能在灭火系统启动后和灭火剂喷放前的延迟阶段中止动作
		声光警报	防护区有正常的声光报警信号
		开口关闭装置	应具有联动控制防护区域开口关闭的功能
	机械应急启动		手动启动机械应急启动装置,干粉灭火系统应能可靠启动,正常喷射
柜式干粉灭火装置	操作与控制功能		柜式干粉灭火装置应有自动控制和手动控制两种启动方式
			控制器应具有自动和手动状态切换功能及各种故障状态显示功能
	自动模拟启动	启动信号	柜式干粉灭火装置应在接收到两个火灾信号后才能启动;控制器在接收到第一个火灾信号后,应发出预警信号,并有声光指示;当控制器接收到同一防护区的另一个火灾信号后,应发出火警信号,启动灭火装置,并发出声光指示
		紧急停止	紧急停止功能应能在灭火装置启动后和灭火剂喷放前的延迟阶段中止动作
		声光警报	防护区有正常的声光报警信号
		开口关闭装置	应具有联动控制防护区域开口关闭的功能
	手动模拟启动	启动信号	按下控制盘上的手动操作按钮,对应防护区的灭火装置应能启动,并输出反馈信号
		紧急停止	紧急停止功能应能在灭火系统启动后和灭火剂喷放前的延迟阶段中止动作
		声光警报	防护区有正常的声光报警信号
		开口关闭装置	应具有联动控制防护区域开口关闭的功能
	响应时间差		一个防护区或保护对象用多台柜式灭火装置应同时启动,其动作响应时间差不应大于 2 s

【实例 7-2-11】水喷雾灭火系统检测方案及计划编制

一、项目情况概述

某企业开发的某市某厂房,项目位于××市××路××号。厂房中柴油机发电机房及小型储油间位于厂内 A 区域,建筑面积为×××m^2,采用水喷雾灭火系统保护。系统设一个雨淋报警阀组,雨淋报警阀前后设置消防信号蝶阀,系统水源连接屋顶消防水箱出水管及 1 座室外消防水泵接合器和水喷雾灭火系统加压泵。系统泵房设于地下一层，设有专用的消防给水设备，雨淋报警阀和水泵接合器设于地上一层。柴油机发电机房及小型储油间共设水雾喷头24只。消防控制室位于建筑地上一层，水喷雾灭火系统配置了火灾报警控制器（联动型）1台、手动报警按钮6只、点型感温探测器6只、点型感烟探测器6只。按照委托方要求对本项目设置的水喷雾灭火系统进行全数量检测。

根据该项目情况编制水喷雾灭火系统的检测方案及计划。

二、检测方案及计划

1. 项目概况

委托方名称：某企业。

项目名称：某厂房。

项目地址：××市××路××号。

（1）建筑基本概况。本项目各建筑基本情况见表7-2-57。

表7-2-57　　　　　　　　　　建筑基本情况

单体建筑名称	建筑面积（m²）		建筑高度（m）	层数		建筑类别
	地上	地下		地上	地下	
A区发电机房	×××	×××	××	1	1	柴油机发电机房

（2）消防设施设置情况。本项目水喷雾灭火系统设备设置情况见表7-2-58。

表7-2-58　　　　　　　　　　水喷雾灭火系统设备设置情况

序号	系统设备名称	型号规格	数量	生产厂家
1	给水设备	ZY6/30-45-ABC	1	××××有限公司
2	雨淋报警阀	ZSFM100-1.6	1	××××有限公司
3	水雾喷头	ZSTWB30-90	24	××××有限公司
4	消防信号蝶阀	ZSXDF7-Q-100-16	2	××××有限公司
5	水泵接合器	SQS100-1.6	1	××××有限公司
6	火灾报警控制器（联动型）	JB-3208G	1	××××有限公司
7	点型感烟火灾探测器	JTY-GD-3002G	6	××××有限公司
8	点型感温火灾探测器	JTW-BCD-3005A	6	××××有限公司
9	手动报警按钮	J-SAP-M-05	6	××××有限公司

2. 检测项目及数量

按照委托方的要求，本项目的检测对象、数量和项目见表7-2-59。

表 7-2-59　　　　　　　　　　　检测对象、数量和项目

检测对象	检测数量	检测项目
给水设备	1	
雨淋报警阀	1	
水雾喷头	24	
消防信号蝶阀	2	1. 设备选型
水泵接合器	1	2. 设备设置
火灾报警控制器（联动型）	1	3. 消防产品准入制度
点型感烟火灾探测器	6	4. 安装质量
点型感温火灾探测器	6	5. 功能测试
手动报警按钮	6	
系统	1	

3. 人员配置

从事本项目检测的人员配置见表 7-2-60。

表 7-2-60　　　　　　　　　　　检测人员配置

序号	姓名	执业资格	职称	职责
1	张某	一级 / 高级技师	高级工程师	技术负责人
2	李某	二级 / 技师	工程师	项目负责人
3	王某	三级 / 高级工	助理工程师	检测员
4	赵某	四级 / 中级工	助理工程师	检测员

4. 检测仪器设备配置

根据本项目的检测内容要求，检测仪器设备的配置要求见表 7-2-61。

表 7-2-61　　　　　　　　　　　检测仪器设备配置

序号	检测设备名称	型号规格	数量	使用状况
1	超声波流量计	DXNP	1	校准期限内
2	数显压力表	CYB-20S	1	校准期限内
3	电子秤	TD5000	1	校准期限内
4	数字声级计	AR814	1	校准期限内
5	手持式激光测距仪	LM80	1	校准期限内
6	电子秒表	PC894	1	校准期限内
7	探测器功能试验装置	ABS-Y02	1	校准期限内

5. 检测进度计划安排

本项目的人员分工及检测进度计划安排见表 7-2-62。

表 7-2-62　　　　　　　　人员分工及检测进度计划安排

检测对象	检测项目	作业区域	负责人	检测时间	工期（天）
给水设备	1. 设备选型 2. 设备设置 3. 消防产品准入制度 4. 安装质量	泵房	张某 李某	4月16日	1
雨淋报警阀、消防信号蝶阀		A区1层设备间		4月16日	1
水雾喷头、点型感烟火灾探测器、点型感温火灾探测器、手动报警按钮		A区柴油机发电机房		4月16日	1
水泵接合器		A区主道边		4月16日	1
火灾报警控制器（联动型）		消防控制室		4月16日	1
给水设备	功能测试	泵房	王某 赵某	4月17日	1
雨淋报警阀、消防信号蝶阀		A区1层设备间		4月17日	1
水雾喷头、点型感烟火灾探测器、点型感温火灾探测器、手动报警按钮		A区柴油机发电机房		4月17日	1
水泵接合器		A区主道边		4月17日	1
火灾报警控制器（联动型）		消防控制室		4月17日	1
系统		A区	张某 李某 王某 赵某	4月18日	1

6. 注意事项

（1）系统检测前技术负责人应对系统设备及系统功能检测人员做技术交底。

（2）受检单位需要有至少两名熟悉现场情况的工作人员配合工作。

（3）系统检查和试验完毕，应将系统所有设备恢复至正常伺应状态。

【实例 7-2-12】水喷雾灭火系统检测报告的编制

一、项目情况概述

项目情况概述详见【实例 7-2-11】。

项目设计单位：××工程设计有限公司，甲级资质；施工单位：××消防工程有限公司，一级资质。

2019年4月16日与2019年4月20日，某消防检测单位按照委托方要求对本项目设置的水喷雾灭火系统进行全数量检测。2019年4月16日初检，存在以下问题：雨淋报警阀机械应急开启阀门未设置开启操作指示牌；雨淋报警阀启动后压力开关未输出报警信号。2019年4月20日复检，尚存在以下问题：雨淋报警阀机械应急开启阀门未设置开启操作指示牌。

根据该项目情况编制水喷雾灭火系统检测报告。

二、检测报告

1. 项目工程概况

（1）根据本项目的主要工程概况及委托单位、设计单位名称及资质、施工单位名称及资质等信息填写项目工程概况表，示例见表7-2-63。

表7-2-63　　　　　　　　项目工程概况

工程名称		某厂房		建设单位		某企业
委托单位		某企业		委托时间		2019年04月10日
联系人		×××		联系电话		××××
设计单位		××工程设计有限公司		设计资质		甲级
施工单位		××消防工程有限公司		施工资质		一级
检测工程概况	工程类别	☑新建□扩建□改建（□装修□建筑保温□改变用途）		使用性质	柴油机发电机房	检测工程建筑面积	×××m²
	工程地址及范围	××市××路××号				

建筑概况					
单体建筑名称	建筑面积（m²）		建筑高度（m）	层数		建筑类别
	地上	地下		地上	地下	
A区发电机房	×××	×××	×	1	1	柴油机发电机房

（2）检测依据说明。明确本项目检测的检测依据。

2. 消防设施

填写此次设施检测涵盖的水喷雾灭火系统设备设置情况清单，检测设备设置情况填写示例见表7-2-64。

表 7-2-64　　　　　　　　　水喷雾灭火系统检测设备设置情况

序号	系统设备名称	型号规格	生产企业	认证证书检测报告	设置部位	设置数量
1	给水设备	×××	×××	×××	泵房	×××
2	雨淋报警阀	×××	×××	×××	A区设备间	×××
3	水雾喷头	×××	×××	×××	A区柴油机发电机房	×××
4	消防信号蝶阀	×××	×××	×××	A区设备间	×××
5	水泵接合器	×××	×××	×××	A区主道边	×××
6	火灾报警控制器（联动型）	×××	×××	×××	消防控制室	×××
7	点型感烟火灾探测器	×××	×××	×××	A区柴油机发电机房	×××
8	点型感温火灾探测器	×××	×××	×××	A区柴油机发电机房	×××
9	手动报警按钮	×××	×××	×××	A区柴油机发电机房	×××

3. 检测使用的主要计量标准器具

统计本项目水喷雾灭火系统使用的仪器设备，汇总检测仪器设备的名称、型号规格、设备编号、计量或校准证书编号、使用期限等信息。检测仪器设备表填写示例见表 7-2-65。

表 7-2-65　　　　　　　　　水喷雾灭火系统检测仪器设备

序号	检测设备名称	型号规格	设备编号	计量或校准证书编号	证书有效期
1	超声波流量计	DXNP	×××	×××	×××
2	数显压力表	CYB-20S	×××	×××	×××
3	电子秤	TD5000	×××	×××	×××
4	数字声级计	AR814	×××	×××	×××
5	手持式激光测距仪	LM80	×××	×××	×××
6	电子秒表	PC894	×××	×××	×××
7	探测器功能试验装置	ABS-Y02	×××	×××	×××

4. 现场检测情况汇总

将现场实测的水喷雾灭火系统检测记录进行汇总整理，包括检测项目、检测内容、检测结果、结论等，见表 7-2-66。

表 7-2-66　　　　　　　　水喷雾灭火系统现场检测情况汇总

检测项目		检测内容	检测结果	结论
给水设备	合法性	市场准入要求	符合要求	合格
		数量、型号规格与设置	数量：1套，型号：ZY6/30-45-ABC	合格
	外观、产品认证标志		外观完好，标志清晰	合格
	安装	引水方式	自灌式	合格
		备用泵	设备用泵，型号与主泵相同	合格
		设置试泵回流管道和超压回流管道	试泵回流和超压回流共用管路	合格
	功能	自动启动	自动状态下模拟控制中心和压力开关信号接入，设备按消防方式启动，消防泵启动时间 3 s	合格
		手动启动	自动和手动状态下，消防紧急启动按键启动后设备均按消防方式启动运行	合格
		机械应急启动	无此功能	—
		双电源	控制柜设有双电源，自动或手动切换时间 1 s	合格
		稳压功能	高位水箱稳压 0.2 MPa	合格
		巡检功能	具备巡检提醒功能，设巡检回路	合格
		信息记录	可详细记录事件、位置等信息，储存内存 32 Mb，可直接通过触摸屏读取	合格
		水位	高位水箱及消防水池均有水位显示装置，高位水箱水位 xm，水池水位 xm	合格
		消防泵	1 号泵：0.6 MPa，30.2 L/s 2 号泵：0.6 MPa，30.5 L/s	合格
雨淋报警阀组	合法性	市场准入要求	符合要求	合格
		数量、型号规格与设置	数量：1套，型号：ZSFM100-1.6	合格
	外观、产品认证标志		外观完好，标志清晰	合格
	安装	安装位置	高度 1.2 m，距墙侧面 1 m、正面 2 m	合格
		观测仪表和控制阀门	位置便于观察和操作	合格
		手动开启装置	机械应急开启阀门未设置开启操作指示牌	不合格
	功能	电动开启	启动电磁阀，雨淋阀正常启动，启动时间 5 s	合格
		机械应急开启	开启手动紧急启动阀，雨淋阀正常启动，启动时间 5 s	合格

续表

检测项目		检测内容	检测结果	结论
雨淋报警阀组	功能	防复位	电动和手动紧急启动后，防复位阀启动泄水，电磁阀和手动紧急启动阀关闭后仍保持泄水状态	合格
		复位功能	人工打开复位阀后才能复位	合格
		滴水阀	雨淋阀开启后，滴水阀处无水流出；雨淋阀复位后，滴水阀开始流水	合格
		报警功能	雨淋阀开启后报警口压力 0.10 MPa，压力开关输出报警信号，警铃最小响度 76.8 dB	合格
		不开启阀门报警试验	具有不开启阀门试验报警装置的管路和阀门	合格
水雾喷头	合法性	市场准入要求	符合要求	合格
		数量、型号规格与设置	数量：24 只，型号：ZSTWB30-90	合格
	安装	外观、产品认证标志	外观完好，标志清晰	合格
		安装方式	矩形安装，高度 3.0 m，间距 3.5 m	合格
		喷射方向	向下直喷	合格
	功能	外观	水雾喷头外观应无机械损伤和明显变形，标志齐全	合格
		质量	报告重量 18.2 g，实测最小重量 17.6 g，偏差 -3.3%	合格
消防信号蝶阀	合法性	市场准入要求	符合要求	合格
		数量、型号规格与设置	数量：2 只，型号：ZSXDF7-Q-100-16	合格
		外观、产品认证标志	外观完好，标志清晰	合格
	安装	安装位置	雨淋报警阀组前面及防火分区前，手轮位置便于操作	合格
	功能	信号功能	阀门从全开状态转动 4 圈手轮后输出信号变化	合格
水泵接合器	合法性	市场准入要求	符合要求	合格
		数量、型号规格与设置	数量：1 只，型号：SQS100-1.6	合格
		外观、产品认证标志	外观完好，标志清晰	合格
	安装	安装方式	室外人行道旁，距离室外消火栓 10 m	合格
	功能	充水密封性能	系统侧 1.6 MPa 下密封完好无渗漏	合格
		供水能力	最不利点压力 0.35 MPa，满足流量	合格

续表

检测项目	检测内容		检测结果	结论
系统	功能	自动联动	将系统整体处于自动状态,通过烟感等探测器和手动报警器给出火灾信号,系统报警并启动雨淋阀电磁阀,雨淋阀动作后压力开关输出信号,给水设备启动进入消防运行模式。系统响应时间30 s	合格
		传动管联动	无此功能	—
		手动紧急操作联动	将系统整体处于自动状态,开启雨淋阀手动紧急启动控制阀,雨淋阀动作,压力开关输出信号,给水设备启动进入消防运行模式。系统响应时间22 s	合格
		工作压力、流量	现场不允许喷头进行喷放测试	—

注:水喷雾灭火系统中使用的火灾自动报警系统产品按对应检验规程进行检验并进行汇总。

5. 检测结论

根据检测过程中发现的不合格项情况,结合地方检测规程规定的检测结果判定依据,统计水喷雾灭火系统检测项目总数量及不合格数量,对水喷雾灭火系统的检测进行判定,给出结论。

6. 附件

水喷雾灭火系统产品的质量证明文件等原始记录资料。

【实例7-2-13】高压细水雾灭火系统检测方案及计划编制

一、项目情况概述

某市一档案馆,位于××路××号。新建档案馆一栋,地上5层,建筑面积为17 472 m²,其中重要文献档案室设置了高压细水雾灭火系统,消防控制室位于一楼,有直通室外的出口。高压细水雾系统设计压力为10 MPa,总流量为500 L/min,设有10个保护区、选择阀(分区控制阀)10套、高压细水雾开式喷头200只。按照委托方要求对本项目设置的高压细水雾灭火系统进行全数量检测。

根据该项目情况编制高压细水雾灭火系统的检测方案及计划。

二、检测方案及计划

1. 项目概况

委托方名称:某市档案馆。

项目名称:某新建档案馆。

项目地址：××市××路××号。

（1）建筑基本概况。本项目各建筑基本情况见表7-2-67。

表7-2-67　　　　　　　　　　建筑基本情况

单体建筑名称	建筑面积（m²）		建筑高度（m）	层数		建筑类别
	地上	地下		地上	地下	
档案馆	17 472	—	22	5	—	多层民用公共建筑

（2）消防设施设置情况。本项目高压细水雾灭火系统设备设置情况见表7-2-68。

表7-2-68　　　　　　　　高压细水雾灭火系统设备设置情况

序号	系统设备名称	型号规格	数量	生产厂家
1	高压细水雾泵组	设计压力为10 MPa，流量500 L/min	1	××××消防设备有限公司
2	稳压泵组	设计压力为1.2 MPa，流量50 L/min	1	××××消防设备有限公司
3	补水增压泵组	设计压力为0.5 MPa，流量550 L/min	1	××××消防设备有限公司
4	高压细水雾开式喷头	XSW T1	200	××××消防设备有限公司
5	选择阀（分区控制阀）	DN32	10	××××消防设备有限公司

2. 检测项目及数量

按照委托方的要求，本项目的检测对象、数量和项目见表7-2-69。

表7-2-69　　　　　　　　　检测对象、数量和项目

检测对象	检测数量	检测项目
高压细水雾泵组	1	1. 设备选型 2. 设备设置 3. 消防产品准入制度 4. 安装质量 5. 功能测试
稳压泵组	1	
补水增压泵组	1	
高压细水雾开式喷头	200	
选择阀（分区控制阀）	10	
系统功能	1	

3. 人员配置

从事本项目检测的人员配置见表7-2-70。

表 7-2-70　　　　　　　　　　检测人员配置

序号	姓名	执业资格	职称	职责
1	张某	一级 / 高级技师	高级工程师	技术负责人
2	李某	二级 / 技师	工程师	项目负责人
3	王某	三级 / 高级工	助理工程师	检测员
4	赵某	四级 / 中级工	助理工程师	检测员

4. 检测仪器设备配置

根据本项目的检测内容要求，检测仪器设备的配置见表 7-2-71。

表 7-2-71　　　　　　　　　　检测仪器设备配置

序号	设备名称检测	型号规格	数量	使用状况
1	数字声级计	AR814	1	校准期限内
2	卷尺	5 m	1	校准期限内
3	电子秒表	PC894	1	校准期限内
4	探测器功能试验装置	ABS-W03	1	校准期限内
×××	×××	×××	×××	×××

5. 检测进度计划安排

本项目的人员分工及检测进度计划安排见表 7-2-72。

表 7-2-72　　　　　　　　　　人员分工及检测进度计划安排

检测对象	检测项目	作业区域	负责人	检测时间	工期（天）
高压细水雾泵组		细水雾泵房			
稳压泵组		细水雾泵房		7月25日	0.5
补水增压泵组		细水雾泵房			
高压细水雾开式喷头	1. 设备选型 2. 设备设置 3. 消防产品准入制度 4. 安装质量	细水雾泵房			
选择阀 1 ~ 2 号		档案室 1、2	张某 李某		
选择阀 3 ~ 4 号		档案室 3、4			
选择阀 5 ~ 6 号		档案室 5、6		7月25日 - 7月26日	1
选择阀 7 ~ 8 号		档案室 7、8			
选择阀 9 ~ 10 号		档案室 9、10			
喷头		—			
系统功能	功能测试	细水雾泵房 档案室 1 ~ 10 消防控制室	王某 赵某	7月27日	1

6. 注意事项

（1）系统检测前技术负责人应对系统设备及系统功能检测人员做技术交底。

（2）受检单位需要有至少两名熟悉现场情况的工作人员配合工作。

（3）系统检查和试验完毕，应对细水雾泵或选择阀下游管段等用清水冲洗后放空，复原系统。

【实例 7-2-14】细水雾灭火系统检测报告的编制

一、项目情况概述

项目情况概述详见【实例 7-2-13】。

项目设计单位：××工程设计有限公司，甲级资质；施工单位：××消防工程有限公司，一级资质。

2018 年 7 月 25 日与 2018 年 7 月 30 日，某消防检测单位按照委托方要求对本项目设置的高压细水雾灭火系统进行全数量检测。2018 年 7 月 25 日初检，存在以下问题：稳压泵组压力不能正常维持在 1.2 MPa；选择阀下游的压力开关无反馈。2018 年 7 月 30 日复检，尚存在以下问题：稳压泵组压力不能正常维持在 1.2 MPa。

根据该项目情况编制高压细水雾灭火系统检测报告。

二、检测报告

1. 项目工程概况

（1）根据本项目的主要工程概况及委托单位、设计单位名称及资质、施工单位名称和资质等信息填写项目工程概况表，见表 7-2-73。

（2）检测依据说明。明确本项目检测的检测依据。

2. 消防设施

填写此次设施检测涵盖的高压细水雾灭火系统设备设置情况清单，检测设备设置情况填写示例见表 7-2-74。

3. 检测使用的主要计量标准器具

统计本项目高压细水雾灭火系统检测使用的仪器设备，汇总检测仪器设备的名称、型号规格、设备编号、计量或校准证书编号、使用期限等信息，填写示例见表 7-2-75。

4. 现场检测情况汇总

将现场实测的高压细水雾灭火系统检测记录进行汇总整理，包括检测对象、检测项目、检测内容、检测结果、结论等，见表 7-2-76。

表 7-2-73　　　　　　　　　　项目工程概况

工程名称		档案馆大楼		建设单位	某市
委托单位		某市档案馆		委托时间	2018 年 07 月 20 日
联系人		×××		联系电话	××××
设计单位		××工程设计有限公司		设计资质	甲级
施工单位		××消防工程有限公司		施工资质	一级
检测工程概况	工程类别	☑新建 □扩建 □改建（□装修 □建筑保温 □改变用途）	使用性质	民用多层	检测工程建筑面积	17 472 m²
	工程地址及范围	××市××路××号				

建筑概况

单体建筑名称	建筑面积（m²）		建筑高度（m）	层数		建筑类别
	地上	地下		地上	地下	
档案馆	17 472	—	22	5	—	多层民用公共建筑

表 7-2-74　　　　　　　高压细水雾灭火系统检测设备设置情况

序号	系统设备名称	型号规格	生产企业	认证证书检测报告	设置部位	设置数量
1	高压细水雾泵组	×××	×××	×××	细水雾泵房	×××
2	稳压泵组	×××	×××	×××	细水雾泵房	×××
3	补水增压泵组	×××	×××	×××	细水雾泵房	×××
4	高压细水雾开式喷头	×××	×××	×××	细水雾泵房	×××
5	选择阀 1～2#	×××	×××	×××	档案室 1、2	×××
6	选择阀 3～4#	×××	×××	×××	档案室 3、4	×××
7	选择阀 5～6#	×××	×××	×××	档案室 5、6	×××
8	选择阀 7～8#	×××	×××	×××	档案室 7、8	×××
9	选择阀 9～10#	×××	×××	×××	档案室 9、10	×××
10	喷头	×××	×××	×××	—	×××

表 7-2-75　　　　　　　　　高压细水雾灭火系统检测仪器设备

序号	检测设备名称	型号规格	设备编号	计量或校准证书编号	证书有效期
1	数字声级计	×××	×××	×××	×××
2	卷尺	×××	×××	×××	×××
3	电子秒表	×××	×××	×××	×××
4	探测器功能试验装置	×××	×××	×××	×××

表 7-2-76　　　　　　　　　高压细水雾灭火系统现场检测情况汇总

检测对象	检测项目	检测内容	检测结果	结论
细水雾灭火系统设备	外观检测	瓶组式/泵组式的铭牌、型号规格完整清晰，有水流方向标志	符合要求	合格
细水雾灭火系统设备	外观检测	瓶组式/泵组式组件应完整无损、密封性好	符合要求	合格
细水雾灭火系统设备	外观检测	同一套系统的容器规格、充装量和充装压力必须一致	符合要求	合格
细水雾灭火系统设备	设备位置检测	储水容器、储气容器、液位显示装置和压力显示装置安装应符合产品使用说明	符合要求	合格
细水雾灭火系统设备	设备位置检测	超压泄放装置安装位置应符合要求	符合要求	合格
细水雾灭火系统设备	设备位置检测	储水箱、消防水泵、水泵控制柜、安全溢流阀及分配管安装应符合要求	符合要求	合格
细水雾灭火系统设备	设备位置检测	供水装置宜设在便于操作的专用设备间内，容器式系统的供水装置可以设在防护区内，但必须用钢制容器柜或隔离栏加以保护，并在防护区外设置手动应急启动装置	符合要求	合格
细水雾灭火系统设备	设备位置检测	专用设备间的环境温度不应低于4℃，且不高于50℃。耐火等级不应低于二级，室内应保持干燥和良好通风	符合要求	合格
细水雾灭火系统设备	设备位置检测	选择阀（分区控制阀）的安装高度宜为1.2～1.7 m	实测：1.65 m	合格
细水雾灭火系统设备	设备位置检测	设置在粉尘场所的细水雾喷头，应增设不影响喷雾效果的防尘措施	符合要求	合格
储瓶式灭火装置	储气瓶	检查储气瓶内的氮气压力，压力表应在绿区范围	符合要求	合格

续表

检测对象	检测项目	检测内容	检测结果	结论
储瓶式灭火装置	启动装置	检查启动装置启动瓶内的氮气压力,压力表应在绿区范围	符合要求	合格
储水设施	储瓶式灭火装置储水瓶	检查储水瓶内的水质和重量,其重量不应低于原设计充装量的95%	符合要求	合格
	储水箱检测	储水箱宜采用不锈钢材质制作,应设水位仪、自动补水、过低液位报警、溢流、透气及放空装置	符合要求	合格
		具有过低液位报警、停泵功能,当到达低液位时自动补水,到达高液位时自动停止补水。补水管应带过滤器	符合要求	合格
细水雾水泵	供水泵的检测	供水泵宜采用柱塞泵	符合要求	合格
		过水部分应为不锈钢材质	符合要求	合格
		水泵应采用自灌式引水	符合要求	合格
		稳压泵组稳压正常	压力保持不正常	不合格
		补水增压运行正常	符合要求	合格
		应具有测试水泵正常工作的条件,水泵控制柜需采用双回路供电	符合要求	合格
选择阀（分区控制阀）	标志标识	每个选择阀（分区控制阀）上应设有对应防护区的永久性铭牌	符合要求	合格
	手动操作位置	选择阀（分区控制阀）的位置宜靠近供水装置,并应便于手动操作,方便检查维护	符合要求	合格
	三种启动方式	选择阀（分区控制阀）可采用电动、气动、或机械操作方式	符合要求	合格
	选择阀开启时序	选择阀（分区控制阀）应在容器阀动作或消防水泵启动之前打开或同时打开	符合要求	合格
高压细水雾开式喷头	喷头材质	水雾喷头的材质应为不锈钢或铜合金	符合要求	合格
	参数	喷头应具有如下参数: 1. 适用范围 2. 流量特性系数 3. 喷头最大和最小工作压力 4. 最大应用高度 5. 喷头之间的最大和最小间距 6. 喷头的最大保护面积 7. 喷头距墙的最大距离 8. 距被保护物的最小距离	符合要求	合格

续表

检测对象	检测项目	检测内容	检测结果	结论
过滤器检测	设置情况	细水雾灭火系统的供水侧必须设置过滤器，其结构应保证在不拆除管道的条件下，方便更换过滤器或清洗过滤网	符合要求	合格
	材质	过滤器主体应采用铜合金或不锈钢材料制造，但必须采用不锈钢滤网	符合要求	合格
	通水截面	过滤器滤网的最大孔径不得大于喷头最小孔径的80%	符合要求	合格
	喷头设置过滤器要求	当喷头最小孔径小于800 μm时，应在配水支管的入口处或每个喷头内安装过滤器	符合要求	合格
管道安装检测	材质	灭火系统管道应采用不锈钢无缝钢管或铜及铜合金拉制管	符合要求	合格
	连接方式	管道应采用与管道同材质的管接件，可采用螺纹或法兰等连接方式	符合要求	合格
	防腐、防晃	应采用金属支、吊架固定，支、吊架应进行防腐处理，应采用防晃支架	符合要求	合格
	套管设置	穿楼板套管应高出楼板或地面50 mm，穿墙套管长度不得小于墙厚，套管与管道的间隙应采用不燃材料填塞密实	符合要求	合格
	静电接地设置	系统管道应避开有爆炸危险的粉尘、可燃气体、蒸汽、强电等场所，当不可避开时，应设防静电接地装置	符合要求	合格
系统操作与控制检测	管网灭火系统启动方式	系统应设有自动控制、手动控制和应急操作三种启动方式	符合要求	合格
	自动启动方式操作	系统的自动控制应在接收到两个独立的火灾信号后才能启动系统	符合要求	合格
	手动启动方式操作	手动操作装置应设在防护区外便于操作的地方，并应能在一处完成系统启动的全部操作；局部应用灭火系统的手动操作装置应设在保护对象附近	符合要求	合格
	机械应急操作	手动启动机械应急操作装置，灭火系统应能可靠正常地启动、喷射	符合要求	合格
	系统释放延时	根据人员疏散要求，宜延迟启动，但延迟时间不应大于30 s	符合要求	合格
	储瓶式灭火系统启动装置	当采用气动动力源时，应保证系统操作与控制所需要的压力和用气量	符合要求	合格
	释放指示灯	防护区入口处应设细水雾喷放指示灯	符合要求	合格
	警告标示	防护区入口应张贴表明使用介质类型及关于自动释放可能的告示	符合要求	合格

续表

检测对象	检测项目	检测内容	检测结果	结论
联动功能检测	保护区检测数量	对于允许喷雾的防护区或被保护对象，应按防护区或被保护对象数量的20%，且不少于2个区，进行实际喷雾试验	符合要求	合格
	模拟喷放测试	对于不允许喷雾的防护区或被保护对象，应采用系统动作试验装置进行模拟系统动作试验	符合要求	合格
	测试控制方式选择	模拟系统动作试验宜采用自动控制	符合要求	合格
	联动启动模式	模拟两个独立的报警信号，控制盘应能准确收到报警信号并发出联动控制信号	符合要求	合格
	声光报警器	联动时相关声光报警信号正确	符合要求	合格
	联动正常	联动时相关泄压阀门工作正常	符合要求	合格
联动功能检测	流量测试	系统动作试验装置的流量应与系统设计流量一致，系统压力应符合设计要求	符合要求	合格
	喷头开启	实际喷雾时，防护区内每个喷头均应正常喷出细水雾	符合要求	合格
	机械性能	设备和管道无明显晃动和机械损坏	符合要求	合格
	喷水性能	模拟系统动作试验宜持续1 min，防护区内实际喷雾持续30 s，必要时应用透明塑料罩住喷头并收集喷水	符合要求	合格
	影响灭火过程的联动（关或开）	联动相关的自动关闭装置，通风机械和防火阀应动作正常	符合要求	合格
	选择阀开启正常	联动时选择阀动作顺序正确，其他选择阀不应打开	符合要求	合格
	水泵开启正常	联动时水泵应能自动投入使用，水箱内或容器内的储水量应能满足一次灭火的需求	符合要求	合格
	建筑消防设施联动正常	联动时除高压细水雾系统联动外，应能联动建筑物的火灾报警联动控制系统进行人员疏散及相关联动控制	符合要求	合格

5. 检测结论

根据检测过程中发现的不合格项情况，结合地方检测规程规定的检测结果判定依据，统计高压细水雾灭火系统检测项目总数量及不合格数量，对高压细水雾灭火系统的检测进行判定，给出结论。

6. 附件

高压细水雾灭火系统产品的质量证明文件等原始记录资料。

【实例 7-2-15】干粉灭火系统检测方案及计划的编制

一、项目情况概述

某公司新建一大型仓库,项目位于××市××路××号,建筑面积为 2 000 m²,共设有 4 个防护区。配置有火灾自动报警系统、干粉灭火系统,其中干粉灭火系统为储气瓶型干粉灭火系统,干粉罐内充装 ABC 干粉灭火剂 1 000 kg,驱动气瓶 6 个,每个气瓶容积为 70 L,充装氮气压力为 13.5 MPa(20℃),启动气瓶 4 个,每个防护区对应一个,气瓶容积为 4 L,充装氮气压力为 6 MPa(20℃),采用全淹没式灭火方式。按照委托方要求对本项目设置的干粉灭火系统进行全数量检测。

根据该项目情况编制干粉灭火系统的检测方案及计划。

二、检测方案及计划

1. 项目概况

委托方名称:某开发商。

项目名称:某公司大型仓库。

项目地址:项目位于××市××路××号。

(1)建筑基本概况。本项目各建筑基本情况见表 7-2-77。

表 7-2-77 建筑基本情况

防护区代号	建筑面积(m²)	保护物	喷头个数(个)	长度×宽度(mm×mm)
1	2 000	货物	16	20×30
2			16	20×30
3			16	20×30
4			8	20×10

(2)消防设施设置情况。本项目干粉灭火系统设备设置情况见表 7-2-78。

表 7-2-78 干粉灭火系统设备设置情况

序号	系统设备名称	型号规格	数量	生产厂家
1	干粉罐	1.2 m³	1	××××有限公司
2	驱动气体瓶	70 L	6	××××有限公司
3	启动气体瓶	4 L	4	××××有限公司
4	减压阀	YKQ-66	1	××××有限公司

续表

序号	系统设备名称	型号规格	数量	生产厂家
5	单向阀	YD12/15	6	××××有限公司
6	集流管	JLG40	1	××××有限公司
7	选择阀	XZ40/15	4	××××有限公司
8	高压软管	RG12/15	6	××××有限公司
9	信号反馈装置	XF0.5/1.6	1	××××有限公司
10	喷头	PT22/32	56	××××有限公司

2. 检测项目及数量

按照委托方的要求，本项目的检测对象、数量和项目见表7-2-79。

表7-2-79　　　　　　　检测对象、数量及项目

检测对象	检测数量	检测项目
储存装置间	1	
储存装置	1	
阀驱动装置	4	1. 设备选型
管道及附件	全部	2. 设备设置 3. 消防产品准入制度
防护区和保护对象	4	4. 安装质量 5. 功能测试
喷头	56	
手动启动和停止按钮	2	

3. 人员配置

从事本项目检测的人员配置见表7-2-80。

表7-2-80　　　　　　　检测人员配置

序号	姓名	执业资格	职称	职责
1	张某	一级/高级技师	高级工程师	技术负责人
2	李某	二级/技师	工程师	项目负责人
3	王某	三级/高级工	助理工程师	检测员
4	赵某	四级/中级工	助理工程师	检测员

4. 检测仪器设备配置

根据本项目的检测内容要求，检测仪器设备的配置见表7-2-81。

表 7-2-81　　　　　　　　　　检测仪器设备配置

序号	检测设备名称	型号规格	数量	使用状况
1	卷尺	5 m	1	校准期限内
2	温度计	HTC-1	1	校准期限内
3	电子秒表	PC894	1	校准期限内
4	数字照度计	1 330B	1	校准期限内
5	感温探测器功能试验装置	ABS—W03	1	校准期限内
6	感烟探测器功能试验装置	ABS—Y02	1	校准期限内
7	数字声级计	AR814	1	校准期限内

5. 检测进度计划安排

本项目的人员分工及检测进度计划安排见表 7-2-82。

表 7-2-82　　　　　　　　人员分工及检测进度计划安排

检测对象	检测项目	作业区域	负责人	检测时间	工期（天）
储存装置间	1. 设备选型 2. 设备设置 3. 消防产品准入制度 4. 安装质量	储存间	张某 李某	1月20日 9：00-11：00	1
储存装置		储存间			1
驱动装置		储存间			1
管道及附件		储存间			1
防护区和保护对象		防护区			1
喷头		各防护区			1
操作与控制功能	功能测试	各防护区	王某 赵某	1月20日	1
手动模拟实验		各防护区			1
自动模拟试验		各防护区			1

6. 注意事项

（1）检测前技术负责人应对检测人员做技术交底。

（2）至少有两名熟悉现场情况的受检单位的工作人员配合检测工作。

（3）功能测试时应对阀驱动装置或阀门安装保险装置，防止发生误启动。

（4）功能测试时，应拆开对应防护区的启动钢瓶的信号线进行模拟测试。

（5）操作人员应穿戴个人安全防护装备，如安全帽、防砸鞋、防护眼镜等。

【实例 7-2-16】干粉灭火系统检测报告的编制

一、项目情况概述

项目情况概述详见【实例 7-2-15】。

项目设计单位：××建筑设计研究院有限责任公司，甲级资质；施工单位：××消防工程有限公司，一级资质。

2018年1月20日、2018年1月26日，某消防检测单位按照委托方要求对本项目设置的干粉灭火系统进行全数量检测。2018年1月20日初检，存在以下问题：储存装置间在入口处未设置明显的"干粉灭火系统储存间"标志；储存装置间窗户未设置窗帘，阳光直射灭火系统部件；设有安全保护的阀驱动装置上的保险插销未拆除；自动模拟测试时，防护区声光报警未动作。2018年1月26日复检，尚存在以下问题：储存装置间窗户未设置遮光措施。

根据该项目背景编制干粉灭火系统检测报告。

二、检测报告

1. 项目工程概况

（1）根据本项目的主要工程概况及委托单位、设计单位名称及资质、施工单位名称和资质等信息填写项目工程概况，示例见表7-2-83。

表7-2-83　　　　　　　　　项目工程概况

工程名称		某公司仓库		建设单位		某开发商
委托单位		某开发商		委托时间		2018年01月01日
联系人		×××		联系电话		××××
设计单位		××建筑设计研究院有限责任公司		设计资质		甲级
施工单位		××消防工程有限公司		施工资质		一级
检测工程概况	工程类别	☑新建□扩建□改建（☑装修□建筑保温□改变用途）	使用性质	储存货物	检测工程建筑面积	2 000 m²
	工程地址及范围	××省××市××路××号				

建筑概况

防护区代号	建筑面积（m²）	保护物	喷头个数（个）	长度×宽度（mm×mm）
1	2 000	货物	16	20×30
2			16	20×30
3			16	20×30
4			8	20×10

（2）检测依据说明。明确本项目检测的检测依据。

2. 消防设施

填写此项设施检测涵盖的干粉灭火系统及部件清单，检测设备设置情况填写示例见表7-2-84。

表 7-2-84　　　　　　　　　　干粉灭火系统检测设备设置情况

序号	系统设备名称	型号规格	数量	备注
1	干粉罐	1.2 m³	1	充装 ABC 干粉灭火剂 1 000 kg
2	驱动气体瓶	70 L	6	氮气
3	启动气体瓶	4 L	4	氮气
4	减压阀	YKQ-66	1	出口 1.6 MPa
5	单向阀	YD12/15	6	—
6	集流管	JLG40	1	—
7	选择阀	XZ40/15	4	气动型
8	高压软管	RG12/15	6	—
9	信号反馈装置	XF0.5/1.6	1	—
10	喷头	PT22/32	56	全淹没型

3. 检测使用的主要计量标准器具

统计本项目干粉灭火系统使用的仪器设备，汇总检测仪器设备的名称、型号规格、数量、使用状况等信息，填写示例见表7-2-85。

表 7-2-85　　　　　　　　　　干粉灭火系统检测仪器设备

序号	检测设备名称	型号规格	数量	使用状况
1	卷尺	5 m	1	校准期限内
2	温度计	HTC-1	1	校准期限内
3	电子秒表	PC894	1	校准期限内
4	数字照度计	1 330B	1	校准期限内
5	感温探测器功能试验装置	ABS—W03	1	校准期限内
6	感烟探测器功能试验装置	ABS—Y02	1	校准期限内
7	数字声级计	AR814	1	校准期限内

4. 现场检测情况汇总

将现场实测的干粉灭火系统检测记录进行汇总整理，包括检测项目、检测内容、检测结果、结论等，见表7-2-86。

表 7-2-86　　　　　　　　　　干粉灭火系统现场检测情况汇总

检测项目	检测内容		检测结果	结论
系统类型	系统选型		符合设计要求	合格
储存装置间	设置位置		符合设计要求	合格
	标志		标志清晰	合格
	门窗开启方向		向外开	合格
	通风要求		符合设计要求	合格
	应急照明		照度 Min=150 Lx	合格
	环境温度		符合要求	合格
	遮光措施		窗户未设置遮光措施	不合格
储存装置	市场准入		符合要求	合格
	数量、型号规格的符合性		符合要求	合格
	铭牌		设有固定铭牌及瓶签	合格
	外观		无碰撞和机械损伤现象	合格
	储存量、备用量		符合设计要求	合格
	储存容器	同一集流管上储存容器	符合要求	合格
		备用灭火剂储存容器连接、切换	—	—
		充装量	符合设计要求	合格
		储存压力	符合设计要求	合格
	操作距离		Min=1.0 m，且不小于储存容器外径的 1.5 倍	合格
	固定、表面防腐层		符合要求	合格
	储存容器和集流管的色标		涂刷红色油漆	合格
	安装高度		同一系统高度差 Max=20 mm	合格
	压力表方向		正面朝向操作面	合格
	容器阀和集流管的连接		采用挠性连接	合格
	容器阀上保险插销（片）		已拆除	合格
	安全泄压装置	设置	容器阀和组合分配系统集流管上设置	合格
		泄压方向、数量	未朝向操作面	合格

续表

检测项目	检测内容		检测结果	结论
系统联动试验	手动模拟启动试验	启动信号	能正常输出	合格
		声光警报	正常	合格
		喷放指示灯	启动正常	合格
		送（排）风系统	关闭操作正常	合格
		通风和空调系统	关闭操作正常	合格
		开口封闭装置	启动正常	合格
	自动模拟启动试验	联动逻辑关系	符合设计要求	合格
		启动信号	能正常输出	合格
		声光警报	正常	合格
		喷放指示灯	启动正常	合格
		送（排）风系统	关闭操作正常	合格
		通风和空调系统	关闭操作正常	合格
		开口封闭装置	启动正常	合格
		延迟时间	符合设计要求，且不大于30 s	合格
		急停功能	符合设计要求	合格
		信号反馈装置报警	符合要求	合格
	手动机械应急操作试验		符合设计要求	合格

5．检测结论

根据检测过程中发现的不合格项情况，结合检测规程规定的判定依据，统计干粉灭火系统检测项目总数量及不合格数量，对干粉灭火系统的检测进行判定，给出结论。

6．附件

干粉灭火系统产品的质量证明文件等原始记录资料。

培训单元 5
油浸变压器排油注氮灭火装置、探火管式灭火装置、其他灭火系统或装置检测规程和检测报告的编制方法

【培训重点】

掌握油浸变压器排油注氮灭火装置、探火管式灭火装置的检测规程。

熟练掌握油浸变压器排油注氮灭火装置、探火管式灭火装置检测方案及计划的编制方法。

熟练掌握油浸变压器排油注氮灭火装置、探火管式灭火装置检测报告的编制方法。

【知识要求】

一、油浸变压器排油注氮灭火装置的检测规程

油浸变压器排油注氮灭火装置的检测包括装置的选型、设置、安装质量的检查和消防产品市场准入有关规定的检查及装置性能的检查。油浸变压器排油注氮灭火装置的检测规程见表 7-2-87。

表 7-2-87　　油浸变压器排油注氮灭火装置的检测规程

检测对象	检测项目	检测内容
装置	手动模拟启动	将消防控制柜面板的手动/自动按钮转换到手动位置,打开防止手动误动作的保护罩,按下启动按钮。观察装置排油阀是否动作,氮气释放阀是否打开(模拟操作时灯泡应该亮起)
	自动模拟启动	通过设备接线端子图,短接任意两组火灾报警信号的方式,启动设备投入运行。观察装置排油阀是否动作,氮气释放阀是否打开(模拟操作时灯泡应该亮起)
	远程模拟启动	通过设备接线端子图,采用人工接线的方式或中控室直接发出启动信号的方式,启动设备投入消防运行,观察装置排油阀是否动作,氮气释放阀是否打开(模拟操作时灯泡应该亮起)

续表

检测对象	检测项目	检测内容
消防控制柜	电源及指示灯	检查电源指示灯是否点亮，按下面板上的"试灯"或"自检"按钮，观察面板上的指示灯应全亮
氮气瓶组	瓶组压力	容器阀为常闭型的瓶组，应打开压力表开关，读取压力表示值
消防控制柜	绝缘要求	各接线端子与外壳之间的电阻不应小于 20 MΩ，电源接线端子与外壳之间的电阻不应小于 50 MΩ
消防柜		

二、探火管式灭火装置的检测规程

探火管式灭火装置的检测包括系统设备的选型、设置、安装质量的检查和消防产品市场准入有关规定的检查及探火管式灭火装置设备和系统基本功能的检查。探火管式灭火装置设备和系统基本功能的检测规程见表 7-2-88。

表 7-2-88　　　　　探火管式灭火装置设备和系统基本功能的检测规程

检测对象	检测项目	检测内容
直接式和间接式探火管式灭火装置	外观检测	铭牌、型号规格完整清晰
		设备及其组件应完整无损、密封性好
		安装场所温度要求： 二氧化碳探火管灭火系统，温度范围为 0 ~ 49℃； 七氟丙烷探火管灭火系统，温度范围为 0 ~ 50℃； 六氟丙烷探火管灭火系统，温度范围为 -20 ~ 55℃； 干粉、超细干粉探火管灭火系统，温度范围为 -20 ~ 50℃
	安装位置检测	探火管安装应符合设计规范和产品使用说明
	安装使用检测	安装使用的探火管接头必须采用探火管专用接头
		探火管的最小弯曲半径不应小于 30 mm
		探火管与保护对象易着火表面的距离应控制在 600 ~ 800 mm
		探火管固定应采用探火管专用夹子，每两个固定点的距离不应超过 500 mm
		探火管穿过被保护的区域（如箱体等）时，应采用专用的护套保护
		探火管的末端压力表应安装在被保护区域的外部或便于检查的部位。压力表压力在设计范围内
		间接式探火管灭火系统的释放管应采用专用的接头连接。固定释放管的夹子之间的间距不应大于 1.5 m
		探火管灭火系统安装完毕后，缓慢开启灭火剂储瓶出口的检修阀给探火管内充压

续表

检测对象	检测项目	检测内容
间接式探火管式灭火装置	间接式探火管灭火装置喷头检测	喷头的型号、规格应符合设计要求,各种标志应齐全
		喷头的安装应整齐、牢固,喷头严禁附着涂层
		有碰撞危险的场所安装的喷头应加防护罩;有腐蚀气体环境和冰冻危险的场所安装的喷头应采取防护措施
		喷头的安装间距应符合设计要求
	间接式探火管灭火装置释放管道安装检测	密封填料应均匀附着在螺纹部分,不应将填料挤入管道内
		管道应采用异径管,在管道弯头处不得用补芯;需采用补芯时,三通上可用1个,四通上不应超过2个
		焊接表面不允许有裂缝、气孔、咬边、凹陷、接送坡口错位等
		管道穿过墙、楼板应加套管,管道焊缝不应置于套管内
		穿楼板套管应高出楼板或地面50 mm,穿墙套管长度不得小于墙厚
		套管与管道的间隙应采用不燃材料填塞密实
		吊架、防晃支架宜直接固定于建筑物上
		管道安装位置应符合设计要求
功能试验	释放检测	模拟火灾,对探火管进行释放。按照设计要求,正确释放为合格

【实例7-2-17】油浸变压器排油注氮灭火装置检测方案及计划编制

一、项目情况概述

×××变压器场站位于××市××区××路3号,需检测的变压器排油注氮灭火装置型号规格为BPZM-40×2-Ⅱ,位于站区的3区,保护3号变压器,保护变压器电压为35 kV,装置容量为800 kVA。该装置部件齐全,设计有氮气瓶组2瓶(充装压力为12 MPa、注氮压力为1.0 MPa)、火灾探测器4个、变压器本体设有注氮口2个、油枕断流阀和消防排油池等。该装置安装日期为2018年7月28日,预计检测日期为2018年9月18日至9月19日。

根据该项目情况编制排油注氮灭火装置的检测方案及计划。

二、检测方案及计划

1. 项目概况

委托方名称:某电力公司。

项目名称:×××变压器场站3号变压器排油注氮灭火装置检测。

项目地址:××市××区××路3号,3号区。

项目基本情况:被检变压器排油注氮灭火装置型号规格为BPZM-40×2-Ⅱ,位于站区的 3 区，保护 3 号变压器，保护变压器电压为 35 kV，装置容量为 800 kVA。变压器本体设有注氮口 2 个，装置设有排油池。该装置安装日期为 2018 年 7 月 28 日，目前装置施工已经完成，调试已经结束，预计检测日期为 2018 年 9 月 18 日至 9 月 19 日。被检装置的基本情况见表 7-2-89。

表 7-2-89　　　　　　　　　排油注氮灭火装置设备

序号	系统部件名称	型号规格	数量	生产企业
1	消防控制柜	XFKZG	1	××有限公司
2	钢瓶	40 L	2	××有限公司
3	减压器	0~1.5 MPa	1	××有限公司
4	排油阀	DN125	1	××有限公司
5	油气隔离组件	YQGL	1	××有限公司
6	火灾探测器	170℃	4	××有限公司
7	断流阀	DN80	1	××有限公司

2. 检测项目及数量

按照委托方的要求，本次检测对象、数量和项目见表 7-2-90。

表 7-2-90　　　　　　　　　检测对象、数量和项目

检测对象	检测数量	检测项目
装置	1	1. 装置选型 2. 装置设置 3. 消防产品准入制度 4. 安装质量 5. 功能测试
消防柜	1	
消防控制柜	1	
氮气瓶组	2	
注氮管路	全部	
排油管路	全部	
火灾探测器	4	
断流阀	1	

3. 人员配置

从事本项目检测的人员配置见表 7-2-91。

表 7-2-91　　　　　　　　　检测人员配置

序号	姓名	执业资质	职称	职责
1	张某	一级/高级技师	工程师	项目负责人
2	赵某	一级/高级技师	高级工程师	技术负责人
3	王某	三级/高级工	工程师	检测员
4	李某	三级/高级工	工程师	检测员

4. 检测仪器设备配置

根据本项目的检测内容要求,检测仪器仪表的配置见表7-2-92。

表7-2-92　　　　　　　　　　检测仪器仪表配置

序号	检测设备名称	型号规格	数量	使用状况
1	精密压力表	2.5 MPa	1	在有效期内
2	精密压力表	16 MPa	1	在有效期内
3	绝缘/耐压测试仪	DMT-500	1	在有效期内
4	电子秒表	PC86	1	在有效期内
×××	×××	×××	×××	×××

5. 检测进度计划安排

本项目的人员分工及检测进度计划安排见表7-2-93。

表7-2-93　　　　　　　　　人员分工及检测进度计划安排

检测对象	检测项目	检测数量	检测人员	检测时间	检测时长
装置	1. 装置选型 2. 装置设置 3. 消防产品准入制度 4. 安装质量	1	张某 王某	9月18—19日	2天
消防柜		1			
消防控制柜		1			
注氮管路		全部			
排油管路		全部			
火灾探测器		4			
断流阀		1			
氮气瓶组		2			
装置	功能检测	1	赵某 李某	9月19日	1天
消防控制柜		1			
消防柜		1			

6. 注意事项

(1)装置检测前,技术负责人应向装置功能检测人员做技术交底。

(2)受检单位需要有两名熟悉现场及装置操作的工作人员配合工作。

(3)模拟启动时应拆下氮气释放阀电磁铁,用万用表或负载代替。

(4)操作人员应穿戴个人防护装备,如安全帽,防砸鞋、防护眼镜等。

【实例 7-2-18】油浸变压器排油注氮灭火装置检测报告编制

一、项目情况概述

项目情况概述详见【实例 7-2-17】。

项目设计单位：××建筑设计研究院有限责任公司，甲级资质；施工单位：××消防工程有限公司，一级资质。

装置的检测日期为 2018 年 9 月 18 日至 9 月 19 日、2018 年 9 月 29 日，某消防检测单位按照委托方要求对本项目设置的油浸变压器排油注氮灭火装置进行检测。2018 年 9 月 19 日，检测过程中发现：消防控制柜中火灾探测器信号与标识不对应；氮气瓶组内压力低于最小工作压力 11 MPa，为 10 MPa。2018 年 9 月 29 日进行复检，项目全部合格。

根据该项目情况编制油浸变压器排油注氮灭火装置检测报告。

二、检测报告

1. 项目工程概况

（1）本项目的基本情况及委托单位、设计单位名称及资质、施工单位的名称及资质见表 7-2-94。

表 7-2-94　　　　　　　　　项目工程概况

工程名称		×××变压器场站 3 号变压器	建筑单位	某开发商
委托单位		某开发商	委托时间	2018 年 7 月
联系人		刘××	联系电话	××××
设计单位		××建筑设计研究院有限责任公司	设计资质	甲级
施工单位		××消防工程有限公司	施工资质	一级
检测时间		2018 年 9 月 18 日至 9 月 19 日、2018 年 9 月 29 日		
项目基本情况	工程类别	☑新建□扩建□改造	被检装置型号规格	BPZM-40×2-Ⅱ
	工程地址	××市××区××路 3 号 3 区		
	装置的基本情况：该装置部件齐全，设计有氮气瓶组 2 瓶（充装压力为 12 MPa、注氮压力为 1.0 MPa）、火灾探测器 4 个、变压器本体设有注氮口 2 个、油枕断流阀和消防排油池等。			
	备注			

（2）检测依据说明。明确本项目检测的检测依据。

2. 消防设施

填写此次检测涵盖的排油注氮灭火装置部件情况清单,排油注氮灭火装置设备情况见表 7-2-95。

表 7-2-95　　　　　　　　排油注氮灭火装置设备设置情况

序号	系统部件名称	型号规格	数量	生产企业
1	消防控制柜	XFKZG	1	××有限公司
2	钢瓶	40 L	2	××有限公司
3	减压器	0～1.5 MPa	1	××有限公司
4	排油阀	DN125	1	××有限公司
5	油气隔离组件	YQGL	1	××有限公司

3. 检测使用的主要计量标准器具

根据本项目的检测情况,统计本次配置的仪器仪表,汇总仪器仪表的名称、型号规格、设备编号、计量或校准证书有效期等信息,检测仪器仪表配置见表 7-2-96。

表 7-2-96　　　　　　　　排油注氮灭火装置检测仪器仪表配置

序号	检测设备名称	型号规格	数量	计量有效期
1	精密压力表	2.5 MPa	1	在有效期内
2	精密压力表	16 MPa	1	在有效期内
3	绝缘/耐压测试仪	DMT-500	1	在有效期内
4	电子秒表	PC86	1	在有效期内
×××	×××	×××	×××	×××

4. 现场检测情况汇总

将现场实测的油浸变压器排油注氮灭火装置的检测记录进行汇总整理,包括检测项目、检测内容、检测结果、结论等,见表 7-2-97。

5. 检测结论

根据检测过程中发现的不合格项情况,结合检测规程中规定的检测结果的判定依据,对该排油注氮灭火装置的检测进行判定,给出总体结论。

6. 附件

排油注氮灭火装置的产品质量证明文件等原始记录资料。

表 7-2-97　　　　　　　排油注氮灭火装置现场检测情况汇总

检测项目	检测内容	检测结果	结论
装置		符合设计要求	合格
消防柜		符合设计要求	合格
消防控制柜	1. 装置选型 2. 装置设置 3. 消防产品准入制度 4. 安装质量	符合设计要求	合格
注氮管路		符合设计要求	合格
排油管路		符合设计要求	合格
火灾探测器		符合设计要求	合格
断流阀		符合设计要求	合格
氮气瓶组		符合设计要求	合格
装置	功能检测	符合设计要求	合格
消防控制柜		符合设计要求	合格
消防柜		符合设计要求	合格

【实例 7-2-19】探火管式灭火装置检测方案及计划编制

一、项目情况概述

某市一档案馆，位于××路××号。新建档案馆一栋，地上5层的建筑面积为17 472 m²，其中计算机房（数据中心室）室设置了直接式HFC227探火管式灭火装置，消防控制室位于一楼，有直通室外的出口。数据中心室内有10个计算机标准柜，设置了10套5 kg间接式HFC227探火管式灭火装置。按照委托方要求对本项目设置的探火管式灭火装置进行全数量检测。

根据该项目情况编制探火管式灭火装置的检测方案及计划。

二、检测方案及计划

1. 项目概况

委托方名称：某市档案馆。

项目名称：某新建档案馆。

项目地址：××市××路××号。

（1）建筑基本概况。本项目各建筑基本情况见表7-2-98。

表 7-2-98　　　　　　　　　建筑基本情况

单体建筑名称	建筑面积（m²）		建筑高度（m）	层数		建筑类别
	地上	地下		地上	地下	
档案馆	17 472	—	22	5	—	多层民用公共建筑

（2）消防设施设置情况。本项目探火管式灭火装置设置情况见表7-2-99。

表 7-2-99　　　　　　　　探火管式灭火装置设置情况

序号	系统设备名称	型号规格	数量	生产厂家
1	间接式HFC227探火管式灭火装置	5 kg	10	××××消防设备有限公司
2	间接式灭火剂释放管网	DN20	10	××××消防设备有限公司
3	HFC227喷头	喷头当量号：16	10	××××消防设备有限公司

二、检测项目及数量

按照委托方的要求，本项目的检测对象、数量和项目见表7-2-100。

表 7-2-100　　　　　　　　检测对象、数量和项目

检测对象	检测数量	检测项目
间接式HFC227探火管式灭火装置	10	1. 设备选型
间接式灭火剂释放管网	10	2. 设备设置
HFC227喷头	10	3. 消防产品准入制度
系统功能	1	4. 安装质量
		5. 功能测试

3. 人员配置

从事本项目检测的人员配置见表7-2-101。

表 7-2-101　　　　　　　　检测人员配置

序号	姓名	执业资格	职称	职责
1	张某	一级/高级技师	高级工程师	技术负责人
2	李某	二级/技师	工程师	项目负责人
3	王某	三级/高级工	助理工程师	检测员
4	赵某	四级/中级工	助理工程师	检测员

4. 检测仪器设备配置

根据本项目的检测内容要求，检测仪器设备的配置见表7-2-102。

表 7-2-102　　　　　　　　检测仪器设备配置

序号	设备名称检测	型号规格	数量	使用状况
1	数字声级计	AR814	1	校准期限内
2	卷尺	5 m	1	校准期限内
3	电子秒表	PC894	1	校准期限内
4	感温探测器功能试验装置	ABS-W03	1	校准期限内
×××	×××	×××	×××	×××

5. 检测进度计划安排

本项目的人员分工及检测进度计划安排见表 7-2-103。

表 7-2-103　　　　　　　　人员分工及检测进度计划安排

检测对象	检测项目	作业区域	负责人	检测时间	工期（天）
探火管 1～2 号	1. 设备选型 2. 设备设置 3. 消防产品准入制度 4. 安装质量	数据中心机房机柜 1、2	张某、李某	7 月 25 日	0.5
探火管 3～4 号		数据中心机房机柜 3、4			
探火管 5～6 号		数据中心机房机柜 5、6			
探火管 7～8 号		数据中心机房机柜 7、8			
探火管 9～10 号		数据中心机房机柜 9、10		7 月 25—26 日	1
间接式灭火剂释放管网		对应的数据机柜内			
HFC227 喷头		对应的数据机柜内			
系统功能	功能测试	从数据中心机房 10 个机柜中任选一个机柜进行释放功能试验	张某、李某	7 月 27 日	1

6. 注意事项

（1）系统检测前技术负责人应对系统设备及系统功能检测人员做技术交底。

（2）受检单位需要有至少两名熟悉现场情况的工作人员配合工作。

（3）系统检查和试验完毕，复原系统。

【实例 7-2-20】探火管式灭火装置检测报告的编制

一、项目情况概述

项目情况概述详见【实例 7-2-19】。

项目设计单位：××工程设计有限公司，甲级资质；施工单位：××消防工程有限公司，一级资质。

2019 年 7 月 25 日与 2019 年 7 月 30 日，某消防检测单位按照委托方要求对本项目设置的探火管式灭火装置进行全数量检测。2019 年 7 月 25 日初检，存在以下问题：探火管式灭火装置的压力表显示不正常。2019 年 7 月 30 日复检，尚存在以下问题：

稳压泵组压力不能正常维持在 1.2 MPa。

根据该项目背景编制探火管式灭火装置检测报告。

二、检测报告

1. 项目工程概况

（1）根据本项目的主要工程概况及委托单位、设计单位名称及资质、施工单位名称及资质等信息，填写项目工程概况表，见表 7-2-104。

表 7-2-104　　　　　　　　　　项目工程概况

工程名称	档案馆大楼		建设单位	某市
委托单位	某市档案馆		委托时间	2019 年 07 月 20 日
联系人	×××		联系电话	××××
设计单位	××工程设计有限公司		设计资质	甲级
施工单位	××消防工程有限公司		施工资质	一级
检测工程概况	工程类别	☑新建□扩建□改建（□装修□建筑保温□改变用途）	使用性质	多层民用公共建筑	检测工程建筑面积	17 472 m²
	工程地址及范围	××市××路××号				

建筑概况						
单体建筑名称	建筑面积（m²）		建筑高度（m）	层数		建筑类别
	地上	地下		地上	地下	
档案馆	17 472	—	22	5	—	民用多层

（2）检测依据说明。明确本项目检测的检测依据。

2. 消防设施

填写此次设施检测涵盖的探火管式灭火装置设备设置情况清单，检测设备设置情况填写示例见表 7-2-105。

表 7-2-105　　　　　　探火管式灭火装置检测设备设置情况

序号	系统设备名称	型号规格	生产企业	认证证书检测报告	设置部位	设置数量
1	间接式 HFC227 探火管 1~2 号	×××	×××	×××	数据中心机房机柜 1、2	×××
2	间接式 HFC227 探火管 3~4 号	×××	×××	×××	数据中心机房机柜 3、4	×××

续表

序号	系统设备名称	型号规格	生产企业	认证证书检测报告	设置部位	设置数量
3	间接式HFC227探火管5~6号	×××	×××	×××	数据中心机房机柜5、6	×××
4	间接式HFC227探火管7~8号	×××	×××	×××	数据中心机房机柜7、8	×××
5	间接式HFC227探火管9~10号	×××	×××	×××	数据中心机房机柜9、10	×××
6	间接式灭火剂释放管网	×××	×××	×××	对应的数据中心机房机柜内	×××
7	HFC227喷头	×××	×××	×××	对应的数据中心机房机柜内	×××

3. 检测使用的主要计量标准器具

统计本项目探火管式灭火装置使用的仪器设备，汇总检测仪器设备的名称、型号规格、设备编号、计量或校准证书编号、使用期限等信息。检测仪器设备表填写示例见表7-2-106。

表7-2-106　　　　　　探火管式灭火装置检测仪器设备

序号	检测设备名称	型号规格	设备编号	计量或校准证书编号	证书有效期
1	数字声级计	×××	×××	×××	×××
2	卷尺	×××	×××	×××	×××
3	电子秒表	×××	×××	×××	×××
4	感温探测器功能试验装置	×××	×××	×××	×××
×××	×××	×××	×××	×××	×××

4. 现场检测情况汇总

将现场实测的探火管式灭火装置检测记录进行汇总整理，包括检测对象、检测项目、检测内容、检测结果、结论等，见表7-2-107。

5. 检测结论

根据检测过程中发现的不合格项情况，结合地方检测规程规定的检测结果判定依据，统计探火管式灭火装置检测项目总数量及不合格数量，对探火管式灭火装置的检测进行判定，给出结论。

表 7-2-107　　探火管式灭火装置现场检测情况汇总

检测对象	检测项目	检测内容	检测结果	结论
直接式和间接式探火管式灭火装置	外观检测	铭牌、型号规格完整清晰	符合要求	合格
		设备及其组件应完整无损、密封性好	符合要求	合格
		安装场所温度要求： 二氧化碳探火管灭火系统，温度范围为 0～49℃； 七氟丙烷探火管灭火系统，温度范围为 0～50℃； 六氟丙烷探火管灭火系统，温度范围为 -20～55℃； 干粉、超细干粉探火管灭火系统，温度范围为 -20～50℃	符合要求	合格
	安装位置检测	探火管安装应符合设计规范和产品使用说明	符合要求	合格
	安装使用检测	安装使用的探火管接头必须采用探火管专用接头	符合要求	合格
		探火管的最小弯曲半径不应小于 30 mm	符合要求	合格
		探火管与保护对象易着火表面的距离应控制在 600～800 mm	符合要求	合格
		探火管固定应采用探火管专用夹子，每两个固定点的距离不应超过 500 mm	符合要求	合格
		探火管穿过被保护的区域（如箱体等）时，应采用专用的护套保护	符合要求	合格
		探火管的末端压力表应安装在被保护区域的外部或便于检查的部位。压力表压力在设计范围内	3号探火管的压力表显示不正常，压力值为 0.5 MPa。不符合要求	不合格
		间接式探火管灭火系统的释放管应采用专用的接头连接。固定释放管的夹子之间的间距不应大于 1.5 m	符合要求	合格
		探火管灭火系统安装完毕后，缓慢开启灭火剂储瓶出口的检修阀给探火管内充压	符合要求	合格
间接式探火管灭火装置	间接式探火管式灭火装置喷头检测	喷头的型号规格应符合设计要求，各种标志应齐全	符合要求	合格
		喷头的安装应整齐、牢固，喷头严禁附着涂层	符合要求	合格
		有碰撞危险的场所安装的喷头应加防护罩；有腐蚀气体环境和冰冻危险的场所安装的喷头应采取防护措施	符合要求	合格
		喷头的安装间距应符合设计要求	符合要求	合格

续表

检测对象	检测项目	检测内容	检测结果	结论
间接式探火管灭火装置	间接式探火管式灭火装置释放管道安装检测	密封填料应均匀附着在螺纹部分,不应将填料挤入管道内	符合要求	合格
		管道应采用异径管,在管道弯头处不得用补芯;需采用补芯时,三通上可用1个,四通上不应超过2个	符合要求	合格
		焊接表面不允许有裂缝、气孔、咬边、凹陷、接送坡口错位等	符合要求	合格
		管道穿过墙、楼板应加套管,管道焊缝不应置于套管内	符合要求	合格
		穿楼板套管应高出楼板或地面50 mm,穿墙套管长度不得小于墙厚	符合要求	合格
		套管与管道的间隙应采用不燃材料填塞密实	符合要求	合格
		吊架、防晃支架宜直接固定于建筑物上	符合要求	合格
		管道安装位置应符合设计要求	符合要求	合格
功能试验	释放检测	模拟火灾,对探火管进行释放。按照设计要求,正确释放为合格	选择4号机柜内的探火管进行了联动释放试验。喷放时间为7 s,声光报警器报警分贝为80 dB,符合要求	合格

6. 附件

探火管式灭火装置产品的质量证明文件等原始记录资料。

培训单元 1
防烟、排烟系统检测规程和检测报告的编制方法

【培训重点】

掌握防烟、排烟系统的检测规程。
熟练编制防烟、排烟系统检测方案的编制方法。
熟练掌握防烟、排烟系统检测报告的编制方法。

【知识要求】

一、防烟系统检测规程

防烟系统的检测包括系统设备的选型、设置、安装质量的检查，设备是否符合消防产品市场准入有关规定的核查和防烟系统设备及系统基本功能的检查。防烟系统设备和系统基本功能的检测规程见表 7-3-1。

表 7-3-1　　　　　　　　防烟系统设备和系统基本功能的检测规程

检测对象	检测项目	检测内容
正压送风机	现场手动启动功能	手动启动控制柜按钮，正压送风机应能正常运转，消防控制室应能收到反馈信号
	消防控制室手动启动	消防控制室多线、强启启动正压送风机，正压送风机应能正常运转，消防控制室应能收到反馈信号
	末级配电箱主、备电源切换	关闭主电源，备用电源应能自动投入运行
正压送风口	风速测量	使用风速仪测量每个独立的送风系统或竖井，取最有利点的风口风速，不宜大于 7 m/s
	开启测试	手动、电动及远距离开启时应正常，消防控制室应能收到反馈信号
	复位测试	手动复位执行机构应能正常复位
电动挡烟垂壁	控制器电源切换	关闭主电源，备用电源应能自动投入运行
	手动控制功能	操作现场手动按钮和消防控制室手动触发按钮，挡烟垂壁应能下降至挡烟工作位置，消防控制室应能收到反馈信号
	断电下降功能	切断系统主电源，挡烟垂壁应能自动下降至挡烟工作位置
	下降速度测试	用秒表测量挡烟垂壁下降到挡烟工作位置时所需的时间，计算出运行速度，卷帘式挡烟垂壁电动下降或机械下降的运行速度应不小于 0.07 m/s，翻板式挡烟垂壁电动下降或机械下降的运行时间应不大于 7 s
	限位测试	手动下降、上升挡烟垂壁，其到达上、下限位时应能自动停止
系统联动功能	正压送风机、正压送风口的自动联动测试	模拟触发符合联动逻辑的火灾信号，应能联动启动加压风机，打开着火层及上、下相邻层的正压送风口，如楼梯间为电动常闭风口时，应同时打开楼梯间所有正压送风口，消防控制室应能收到反馈信号
	电动挡烟垂壁的自动联动测试	同一防火分区内且位于电动挡烟垂壁附近的两只独立火灾探测器发出报警信号后，触发消防联动控制设备发出控制信号，联动控制电动挡烟垂壁的降落
	风口联动功能	打开系统中任一常闭加压送风口，正压送风机应能自动启动
系统参数测量	送风量测试	对于常开风口的系统，开启正压送风机，用风速仪测量各风口风速，计算送风量；对于常闭送风口的系统，打开系统末端相邻三层正压送风口，用风速仪测量各风口风速，计算送风量
	余压值测试	启动正压送风机，采用数字微压计测试最高层、中间层、最底层楼梯间、前室的余压值，防烟楼梯间和前室、合用前室的余压应分别满足 40～50 Pa 和 25～30 Pa 的要求

二、排烟系统检测规程

排烟系统的检测包括系统设备的选型、设置、安装质量的检查，设备是否符合消防产品市场准入有关规定的核查和排烟系统设备及系统基本功能的检查。排烟系统设备和系统基本功能的检测规程见表 7-3-2。

表 7-3-2　　　　　　　　　排烟系统设备和系统基本功能的检测规程

检测对象	检测项目	检测内容
排烟风机	现场手动启动功能	手动启动控制柜按钮，排烟风机应能正常运转，消防控制室应能收到反馈信号
	消防控制室手动启动	消防控制室多线、强启启动排烟风机，排烟风机应能正常运转，消防控制室应能收到反馈信号
	末级配电箱主、备电源切换	关闭主电源，备用电源应能自动投入运行
	双速风机的切换	手动启动排风排烟合用风机，在消防控制室远程启动该风机，该风机应能切换至高速排烟状态
排烟口（阀）	风速测量	使用风速仪测量风口风速，不宜大于 10 m/s
	开启测试	常闭排烟口（阀）在手动、电动及远距离开启时应正常，控制室应能收到反馈信号
	复位测试	手动复位执行机构或就地控制机构应能正常复位
排烟防火阀	启动测试	排烟防火阀平时的状态应常开，手动、电动操作时动作应正常，并向消防控制中心发出排烟防火阀动作信号，手动能复位
	联动功能	启动排烟风机，关闭排烟风机入口处总管上设置的 280℃ 排烟防火阀，在关闭后应直接联动控制风机停止，并反馈排烟防火阀及风机动作信号至消防联动控制器
自动排烟窗	手动开启测试	手动操作排烟窗开关进行开启、关闭试验，排烟窗动作应灵敏、可靠
	联动试验	1. 模拟火灾，相应区域火灾报警后，同一防烟分区内排烟窗应能联动开启，与消防控制室联动的排烟窗完全开启后，状态信号应反馈到消防控制室 2. 当火灾自动报警系统自动启动时，自动排烟窗应在 60 s 内或小于烟气充满储烟仓时间内开启完毕 3. 带有温控功能的自动排烟窗，其温控释放温度应大于环境温度 30℃ 且小于 100℃
补风机	现场手动启动功能	手动启动控制柜按钮，补风机应能正常运转，消防控制室应能收到反馈信号
	消控室手动启动	消防控制室多线、强启启动补风机，补风机应能正常运转，消防控制室应能收到反馈信号
	末级配电箱主、备电源切换	关闭主电源，备用电源应能自动投入运行
系统联动功能	模拟发生火灾，联动测试	模拟触发符合联动逻辑的火灾信号： 1. 触发开启相关部位排烟窗、排烟口或排烟阀，并接收其反馈信号 2. 同时停止该部位的空气调节系统，关闭相关部位防火阀，并接收其反馈信号 3. 排烟窗、排烟口或排烟阀启动信号触发消防联动控制器，联动控制相关部位排烟风机启动（双速排烟风机切换至高速排烟状态），并接收其反馈信号 4. 启动相关部位的补风机，并接收其反馈信号

【实例 7-3-1】防烟、排烟系统检测方案及计划编制

一、项目情况概述

某开发商开发的某市住宅小区,项目位于××市××路××号。消防控制室位于建筑地上一层,有直通室外的出口,内设集中报警控制器(联动型)3台,建筑总面积为 128 891 m²。其中,1号楼地上面积 18 035.57 m²,地下面积 1 948.32 m²,建筑高度 99.25 m,地上 33 层,地下 3 层;2号楼地上面积 19 348.03 m²,地下面积 1 640.6 m²,建筑高度 99.90 m,地上 33 层,地下 3 层;3号楼地上面积 34 286.77 m²,地下面积 2 981.85 m²,建筑高度 99.25 m,地上 32 层,地下 3 层;4号楼地上面积 25 689.71 m²,地下面积 1 828.87 m²,建筑高度 99.25 m,地上 32 层,地下 3 层;地下室面积 23 131.28 m²,建筑高度 9.8 m,地下 2 层。1~4号为一类高层住宅建筑,地下室为地下车库。现场配置了正压送风机 10 台、正压送风口 354 个、排烟风机 12 台、排烟防火阀 12 个、排烟口 112 个、补风机 21 台。按照委托方要求对本项目设置的防烟、排烟系统进行全数量检测。根据该项目情况编制防烟、排烟系统的检测方案及计划。

二、检测方案及计划

1. 项目概况

委托方名称:某开发商。

项目名称:某市住宅小区。

项目地址:××市××路××号。

(1)建筑基本概况。本项目各建筑基本情况见表 7-3-3。

表 7-3-3   建筑基本情况

单体建筑名称	建筑面积(m²)		建筑高度(m)	层数		建筑类别
	地上	地下		地上	地下	
1号楼	18 035.57	1 948.32	99.25	33	3	一类高层住宅建筑
2号楼	19 348.03	1 640.6	99.90	33	3	一类高层住宅建筑
3号楼	34 286.77	2 981.85	99.25	32	3	一类高层住宅建筑
4号楼	25 689.71	1 828.87	99.25	32	3	一类高层住宅建筑
地下室	0	23 131.28	9.8	0	2	地下车库

(2)消防设施设置情况。本项目防烟、排烟系统设备设置情况见表 7-3-4。

2. 检测项目及数量

按照委托方的要求,本项目的检测对象、数量和项目见表 7-3-5。

表 7-3-4　　　　　　　　　　防烟、排烟系统设备设置情况

序号	系统设备名称	型号规格	数量	生产厂家
1	正压送风机	××××	10	××××设备有限公司
2	正压送风口	××××	354	××××设备有限公司
3	排烟风机	××××	12	××××设备有限公司
4	排烟防火阀	××××	12	××××设备有限公司
5	排烟口	××××	112	××××设备有限公司
6	补风机	××××	21	××××设备有限公司

表 7-3-5　　　　　　　　　　检测对象、数量和项目

检测对象	检测数量	检测项目
正压送风机	10	1. 设备选型 2. 设备设置 3. 消防产品准入制度 4. 安装质量 5. 基本功能 6. 系统联动功能
正压送风口	354	
排烟风机	12	
排烟防火阀	12	
排烟口	112	
补风机	21	

3. 人员配置

从事本项目检测的人员配置见表 7-3-6。

表 7-3-6　　　　　　　　　　检测人员配置

序号	姓名	执业资格	职称	职责
1	王某	一级/高级技师	工程师	技术负责人
2	张某	三级/高级工	工程师	项目负责人
3	刘某	四级/中级工	助理工程师	检测员
4	吴某	四级/中级工	助理工程师	检测员

4. 检测仪器设备配置

根据本项目的检测内容要求，检测仪器设备的配置见表 7-3-7。

表 7-3-7　　　　　　　　　　检测仪器设备配置

序号	检测设备名称	型号规格	数量	使用状况
1	电子秒表	××××	1	校准期限内
2	数字风速仪	××××	1	校准期限内
3	数字温湿度计	××××	1	校准期限内
4	钢卷尺	××××	1	校准期限内

5. 检测进度计划安排

本项目的人员分工及检测进度计划安排见表 7-3-8。

表 7-3-8　　　　　　　　　　人员分工及检测进度计划安排

检测对象	检测项目	作业区域	负责人	检测时间	工期（天）
正压送风机、排烟风机、补风机	1. 设备选型 2. 设备设置 3. 消防产品准入制度 4. 安装质量	1号楼、2号楼	王某、张某	5月11日	1
正压送风口、排烟口、排烟防火阀		3号楼、4号楼		5月12日	1
		地下室		5月13日	1
正压送风机、排烟风机、补风机、正压送风口、排烟口、排烟防火阀	基本功能	1号楼、2号楼	王某、张某	5月18日	1
		3号楼、4号楼		5月19日	1
		地下室		5月20日	1
防烟系统、排烟系统	系统联动功能	1号楼、2号楼	王某、张某	5月18日	1
		3号楼、4号楼		5月19日	1
		地下室		5月20日	1

6. 注意事项

（1）系统检测前技术负责人应对系统设备及系统功能检测人员做技术交底。

（2）受检单位需保证检测时能够提供进入所有区域内的钥匙。

（3）受检单位需要有至少两名熟悉现场情况的工作人员配合。

【实例 7-3-2】防烟、排烟系统检测报告的编制

一、项目情况概述

某市商贸公司，位于××路××号，对其办公楼进行室内装修。项目建筑名称为 G1，地上 4 层，建筑面积为 4 109.33 m²，建筑高度为 21.45 m。项目设计单位：××建筑设计研究院有限责任公司，甲级资质；施工单位：××消防工程有限公司，一级资质。

消防设备用电负荷等级为一级。消防控制室位于建筑地上一层，有直通室外的出口，内设集中报警控制器（联动型）1 台。现场配置了排烟风机 4 台，排烟防火阀 4 个，排烟口 22 个。检测时间为 2019 年 6 月 3 日至 2019 年 6 月 27 日。

该项目 2019 年 6 月 3 日初检，存在以下问题：排烟防火阀距墙大于 20 cm；消防控制室不能联动启动排烟风机。2019 年 6 月 27 日复检，均已整改完成。

根据该项目背景编制防烟、排烟系统检测报告。

二、检测报告

1. 项目工程概况

(1) 根据本项目的主要工程概况及委托单位、设计单位名称及资质、施工单位名称和资质、建筑基本情况等填写项目工程概况,示例见表7-3-9。

表7-3-9 项目工程概况

工程名称		某市商贸公司办公楼室内装修工程		建设单位		某市商贸公司
委托单位		某市商贸公司		委托时间		2019年06月03日
联系人		×××		联系电话		××××
设计单位		××建筑设计研究院有限责任公司		设计资质		甲级
施工单位		××消防工程有限公司		施工资质		一级
检测工程概况	工程类别	□新建□扩建☑改建(☑装修□建筑保温□改变用途)		使用性质	办公	检测工程建筑面积	4 109.33 m²
	工程地址及范围	××省××市××路××号				

建筑概况						
单体建筑名称	建筑面积(m²)		建筑高度(m)	层数		建筑类别
	地上	地下		地上	地下	
G1	4 109.33	—	21.45	4	—	民用建筑 公共建筑 多层

(2) 检测依据说明。明确本项目检测的检测依据。

2. 消防设施

填写此次设施检测涵盖的防烟、排烟系统设备设置情况清单,检测设备设置情况填写示例见表7-3-10。

表7-3-10 防烟、排烟系统检测设备设置情况

序号	系统设备名称	型号规格	生产企业	认证证书检测报告	设置部位	设置数量
1	排烟口	××××	××××	××××	4层	6
					3层	6
					2层	5
					1层	5
2	排烟风机	××××	××××	××××	4层	1
					3层	1
					2层	1
					1层	1

续表

序号	系统设备名称	型号规格	生产企业	认证证书检测报告	设置部位	设置数量
3	排烟防火阀	××××	××××	××××	4层	1
					3层	1
					2层	1
					1层	1

3. 检测使用的主要计量标准器具

统计本项目防烟、排烟系统使用的仪器设备的名称、型号规格、设备编号、计量或校准证书编号、使用期限等信息。检测仪器设备填写示例见表7-3-11。

表 7-3-11　　　　　　防烟、排烟系统检测仪器设备

序号	检测设备名称	型号规格	设备编号	计量或校准证书编号	证书有效期
1	电子秒表	×××	×××	×××	×××
2	数字风速仪	×××	×××	×××	×××
3	数字温湿度计	×××	×××	×××	×××
4	钢卷尺	×××	×××	×××	×××

4. 现场检测情况汇总

将现场实测的防烟、排烟系统检测记录进行汇总整理，包括检测项目、检测内容、检测结果、结论等，见表7-3-12。

表 7-3-12　　　　　　防烟、排烟系统现场检测情况汇总

检测项目	检测内容		检测结果	结论
系统设置	设置部位、形式		符合设计要求	合格
排烟风机	合法性	市场准入	符合要求	合格
		数量、型号	数量：4台，型号：×××	合格
	排烟风机排烟量		××××× m³/h	合格
	末级配电箱配电设置		符合设计要求	合格
	末级配电箱主、备电源切换		切换功能正常	合格
	控制柜检查		能正常工作及指示	合格
	手动控制		正常	合格
	消防控制室远程控制		正常	合格
	双速排烟风机的消防控制		—	无此项

续表

检测项目	检测内容	检测结果	结论
排烟阀（口）	设置位置	顶棚	合格
	至防烟分区最远点距离	Max=30 m	合格
	手动、电动开启功能、复位功能	符合要求	合格
	风口风速	Max=8.0 m/s	合格
	手动操作装置设置位置	易于操作的位置设置	合格
排烟防火阀	动作温度检查	280℃	合格
	设置位置	排烟风机入口处	合格
	手动关闭	正常	合格
	排烟防火阀联动停止排烟风机	正常	合格
补风机	设置位置	—	无此项
	末级配电箱配电设置	—	无此项
	末级配电箱主、备电源切换	—	无此项
	补风量检查	—	无此项
	手动、远程启动试验	—	无此项
排烟管道	材质及与可燃物的距离检查	采用不燃材料；距离 150 mm 以上	合格
挡烟垂壁控制器	合法性	市场准入	—	无此项
		数量、型号	—	无此项
	外观	外观检查	—	无此项
		铭牌标识	—	无此项
		接地装置及标志	—	无此项
		控制按钮检查	—	无此项
	应有主、备电转换	—	无此项
	控制功能	自动功能	—	无此项
		手动功能	—	无此项
		主电源断电时的工作情况	—	无此项
		下降速度、时间	—	无此项
		限位装置的功能	—	无此项
		位置信号反馈	—	无此项

续表

检测项目	检测内容		检测结果	结论
挡烟垂壁	合法性	市场准入	—	无此项
		数量、型号	—	无此项
	外观	标牌、标识	—	无此项
		金属零部件表面	—	无此项
		卷帘式挡烟垂壁挡烟部件	—	无此项
		各零部件的组装、拼接	—	无此项
	挡烟垂壁挡烟高度		—	无此项
系统控制功能	联动逻辑关系		符合设计要求	合格
	排烟风机		符合设计要求	合格
	排烟阀（口）		符合设计要求	合格
	排烟窗		—	无此项
	启动补风机		—	无此项
	设备动作信号		符合设计要求	合格
系统排烟量			符合设计要求	合格

5. 检测结论

根据检测过程中发现的不合格项情况，结合地方检测规程规定的检测结果判定依据，统计防烟、排烟系统检测项目总数量及不合格数量，对防烟、排烟系统的检测进行判定，给出结论。

6. 附件

防烟、排烟系统产品的质量证明文件等原始记录资料。

培训单元 2
消火栓系统检测规程和检测报告的编制方法

【培训重点】

掌握消火栓系统的检测规程。
熟练掌握消火栓系统检测方案及计划的编制方法。
熟练掌握消火栓系统检测报告的编制方法。

【知识要求】

消火栓系统的检测包括系统设备的选型、设置、安装质量的检查，消防产品市场准入有关规定的检查和消火栓系统设备及系统基本功能的检查。消火栓系统设备和系统基本功能的检测规程见表7-3-13。

表7-3-13　消火栓系统设备和系统基本功能的检测规程

检测对象	检测项目	检测内容
室内消火栓的水压	消火栓栓口的动压不应大于0.50 MPa，但当大于0.70 MPa时应设置减压装置	启动消防水泵，用压力表在系统各供水分区的最有利点测试栓口的出水压力
	测试最不利点处消火栓栓口的静水压力，应符合下列规定：一类高层民用公共建筑不应低于0.10 MPa，但当建筑高度超过100 m时不应低于0.15 MPa；高层住宅、二类高层公共建筑、多层民用建筑不应低于0.07 MPa，多层住宅不应低于0.07 MPa；工业建筑不应低于0.10 MPa，当建筑体积小于20 000 m³时，不宜低于0.07 MPa	用压力表在系统各分区的最不利点消火栓处测试栓口的静水压力
消火栓按钮的功能	当建筑内无报警系统时，启动消火栓按钮，消防水泵应启动	启动消火栓按钮进行试验
	当建筑内无报警系统时，启动消火栓按钮，当消防泵启动后，消火栓按钮处应有消防泵启动指示	启动消火栓按钮并检查泵启动指示
	设有火灾自动报警系统时，启动消火栓按钮，消防控制室应收到报警信号，显示报警部位	启动消火栓按钮进行试验
	当干式消防系统采用雨淋阀时，消火栓箱内设置的手动按钮应能直接开启雨淋阀	启动按钮，观察雨淋阀的动作情况
湿式消火栓的系统功能	当建筑内设有火灾自动报警系统时，启动消火栓按钮，消防控制室应收到报警信号，显示报警部位，并联动启动消防水泵，泵启动信号传送至消防控制室	启动消火栓按钮进行试验
	高层建筑、厂房、库房和室内净空高度超过8 m的民用建筑等场所的消火栓栓口动压不应小于0.35 MPa；其他场所的消火栓栓口动压不应小于0.25 MPa；城市隧道内消火栓最低压力不应小于0.30 MPa	用压力表在系统各分区的最不利点消火栓处测试栓口的出水压力
干式消火栓的系统功能	干式消火栓系统试验时，报警阀（电动阀/电磁阀）应及时启动，压力开关应发出信号或联动启动消防泵，水力警铃动作应发出报警信号	根据系统类型，打开消火栓阀或按下消火栓箱内手动按钮，观察报警阀（电磁阀/电动阀）或雨淋阀是否打开，水泵、压力开关、水力警铃的动作情况
	水泵自动启动时间应不大于2 min	用秒表测量从放水到水泵启动的时间
	干式消火栓系统的充水时间不应大于5 min	用秒表测定系统的充水时间

续表

检测对象	检测项目	检测内容
室外消火栓的系统功能	室外消火栓平时运行工作压力应符合设计要求，并不小于 0.14 MPa	用压力表测试栓口静水、出水压力
	火灾时出水压力最不利消火栓的出水流量不应小于 15 L/s，且供水压力从地面算起不应小于 0.10 MPa	对室外消火栓进行放水试验，用流量计和压力表分别测试其出水流量及栓口出水压力

【实例 7-3-3】消火栓系统检测方案及计划编制

一、项目情况概述

某开发区教育用房，项目位于××市××路××号。建筑面积为 15 633 m^2，单体建筑分别为行政楼、教学楼、宿舍楼，其中行政楼、教学楼的建筑面积为 10 867 m^2，地上 5 层，建筑高度为 23.95 m；宿舍楼的建筑面积为 4 766 m^2，地上 5 层，建筑高度为 19.9 m。消防设备用电负荷等级为二级。消防水源为市政供水及消防水池，室内消火栓为临时高压系统，消火栓按钮直接启动消火栓泵并有指示灯。消防水泵房设置在一层，设消防水池一处，有效容积为 396 m^3。屋顶设消防水箱一处，有效容积为 18 m^3，供火灾初期室内消火栓系统使用。室外消火栓设计用水量为 40 L/s，室内消火栓设计用水量为 15 L/s。现场配置了：室内消火栓 64 台，消火栓箱 63 只，消防卷盘 63 套，室外消火栓 4 台以及消火栓按钮 63 个。要求对该项目的消火栓系统进行检测。

根据该项目情况编制消火栓系统的检测方案及计划。

二、检测方案及计划

1. 项目概况

委托方名称：某开发区政府。

项目名称：某开发区教育用房。

项目地址：××市××路××号。

（1）建筑基本概况。本项目各建筑基本情况见表 7-3-14。

表 7-3-14　　　　　　　　　建筑基本情况

单体建筑名称	建筑面积（m^2）		建筑高度（m）	层数		建筑类别
	地上	地下		地上	地下	
行政楼、教学楼	10 867	—	23.95	5	—	多层民用公共建筑
宿舍楼	4 766	—	19.9	5	—	多层民用公共建筑

（2）消防设施设置情况。本项目消火栓系统设备设置情况见表 7-3-15。

表 7-3-15　　　　　　　　消火栓系统设备设置情况

序号	消防设备名称	型号规格	数量	生产厂家
1	室内消火栓	SNZ65	64	××××有限公司
2	消火栓箱	SG24B65-J	63	××××有限公司
3	消防卷盘	JPS0.8-19/25	63	××××有限公司
4	消火栓按钮	HM-2	63	××××有限公司
5	室外消火栓	SS100/65-1.6	4	××××有限公司

2. 检测项目及数量

按照委托方的要求，本项目的检测对象、数量和项目见表 7-3-16。

表 7-3-16　　　　　　　　检测对象、数量和项目

检测对象	检测数量	检测项目
室内消火栓	64	1. 设备选型 2. 设备设置 3. 消防产品准入制度 4. 安装质量 5. 基本功能
消火栓箱	63	
消防卷盘	63	
消火栓按钮	63	
室外消火栓	4	

3. 人员配置

从事本项目检测的人员配置见表 7-3-17。

表 7-3-17　　　　　　　　检测人员配置

序号	姓名	执业资格	职称	职责
1	张某	一级/高级技师	高级工程师	技术负责人
2	李某	二级/技师	工程师	项目负责人
3	王某	三级/高级工	助理工程师	检测员
4	赵某	四级/中级工	助理工程师	检测员

4. 检测仪器设备配置

根据本项目的检测内容要求，检测仪器设备配置见表 7-3-18。

表 7-3-18　　　　　　　　　　　检测仪器设备配置

序号	检测设备名称	型号规格	数量	使用状况
1	数字温湿度计	HTC-1	1	校准期限内
2	多功能试水检测装置	0～1.6 MPa	1	校准期限内
3	电子秒表	PC894	1	校准期限内

5. 检测进度计划安排

本项目的人员分工及检测进度计划安排见表 7-3-19。

表 7-3-19　　　　　　　　　　人员分工及检测进度计划安排

检测对象	检测项目	作业区域	负责人	检测时间	工期（天）
室内消火栓、消火栓箱、消防卷盘、消火栓按钮、室外消火栓	1. 设备选型 2. 设备设置 3. 消防产品准入制度 4. 安装质量	行政楼、教学楼、宿舍楼	张某 李某	1月16日	1
	基本功能	行政楼	王某 赵某	1月17日	1
		教学楼		1月18日	1
		宿舍楼		1月19日	1

6. 注意事项

（1）系统检测前技术负责人应对系统设备及系统功能检测人员做技术交底。

（2）委托单位需保证检测时能够提供进入所有区域内的钥匙。

（3）委托单位需要有至少两名熟悉现场情况的工作人员配合。

【实例 7-3-4】消火栓系统检测报告的编制

一、项目情况概述

某房产公司新开发的二期住宅小区，项目位于 ×× 市 ×× 路，共 4 栋高层建筑，建筑总面积为 82 726.87 m²。其中，16 号楼建筑高度为 71.4 m，地上 23 层，面积为 16 839.75 m²；17 号楼建筑高度为 89.4 m，地上 29 层，面积为 21 997.26 m²；18 号楼建筑高度为 89.4 m，地上 29 层，面积为 22 083.39 m²；19 号楼建筑高度为 89.4 m，地上 29 层，面积为 21 806.47 m²。该项目设计单位为 ×× 建筑设计研究院有限责任公司，甲级资质；施工单位为 ×× 消防工程有限公司，一级资质。消防设备用电负荷等级为一级。消防控制室位于一期住宅的 3 号楼地上一层，有直通室外的出口，内设集中报警控制器及联动控制器各 1 台、防火门监控器 1 台、图形显示器 1 台，消防水源为市政供水及消防水池，室内消火栓为临时高压系统，消火栓按钮可以联动启动消火栓泵并有报警信号。室外消火栓为二路市政供水接入小区原管网。消防水泵房位于一期住宅的 22 号楼地下一层，消防水池有效容积为 560 m^3。消防水箱设置在 22 号楼屋顶，有效容积为 36 m^3，供火灾初期室内消火栓和自动喷水灭火系统使用。室外消火栓系统设计用水量为 15 L/s，室内消火栓设计用水量为 20 L/s，喷淋设计用水量为 30 L/s。消防水泵房、消防控制室为原有工程，均已通过消防验收，本次工程接入原有消火栓系统及喷淋系统。现场设置室外消火栓 4 个、室内消火栓 495 个、消火栓按钮 495 个、消防软管卷盘 495 个等设备。

该项目消火栓系统检测时间为 2019 年 5 月 25 日与 2019 年 6 月 1 日，经 2019 年 5 月 25 日初检后，消火栓系统符合要求，根据该项目背景编制消火栓系统检测报告。

二、检测报告

1. 项目工程概况

（1）根据本项目的主要工程概况见表 7-3-20。

表 7-3-20　　　　　　　　　　项目工程概况

工程名称		某房产公司二期住宅小区		建设单位		某房产公司
委托单位		某房产公司		委托时间		2019 年 5 月 21 日
联系人		×××		联系电话		×××
设计单位		××建筑设计研究院有限责任公司		设计资质		甲级
施工单位		××消防工程有限公司		施工资质		一级
检测工程概况	工程类别	☑新建 □扩建 □改建（□装修 □建筑保温 □改变用途）		使用性质	住宅	检测工程建筑面积	82 726.87 m^2
	工程地址及范围	××市××路					

建筑概况						
单体建筑名称	建筑面积（m^2）		建筑高度（m）	层数		建筑类别
	地上	地下		地上	地下	
16 号楼	16 839.75	—	71.40	23	—	一类高层住宅建筑
17 号楼	21 997.26	—	89.40	29	—	一类高层住宅建筑
18 号楼	22 083.39	—	89.40	29	—	一类高层住宅建筑
19 号楼	21 806.47	—	89.40	29	—	一类高层住宅建筑

(2)检测依据说明。明确本项目检测的检测依据。

2. 消防设施

填写本项目涵盖的消火栓系统设备设置情况清单,检测设备设置情况填写示例见表 7-3-21。

表 7-3-21　　　　　　　　　消火栓系统设备设置情况

序号	系统设备名称	型号规格	生产企业	认证证书检测报告	设置部位	设置数量
1	室外消火栓	SS100/65-1.6	×××	×××	16号楼外围	1
					…	…
					19号楼外围	1
2	室内消火栓	×××	×××	×××	16号楼1层	4
					…	…
					16号楼23层	4
3	消火栓按钮	×××	×××	×××	19号楼1层	4
					…	…
					19号楼29层	4
4	消防软管卷盘	×××	×××	×××	17号楼1层	4
					…	…
					17号楼29层	4

3. 检测使用的主要计量标准器具

统计本项目消火栓系统检测使用的仪器设备,汇总仪器设备的型号规格、计量或校准证书编号、使用期限等,见表 7-3-22。

表 7-3-22　　　　　　　　　消火栓系统检测仪器设备

序号	检测设备名称	型号规格	设备编号	计量或校准证书编号	证书有效期
1	数字温湿度计	×××	×××	×××	×××
2	多功能试水检测装置	×××	×××	×××	×××
3	电子秒表	×××	×××	×××	×××

4. 现场检测情况汇总

将现场实测的消火栓系统检测记录进行汇总整理,包括检测项目、检测内容、检测结果、结论等,见表 7-3-23。

表 7-3-23　　　　　　　　　消火栓系统现场检测情况汇总

检测项目	检测内容		检测结果	结论
消火栓箱	市场准入		符合要求	合格
	数量、规格、型号		数量：495 台，型号：SG24B65-J	合格
	设置位置和间距		符合设计要求	合格
	外观标记		标识明显，无遮挡	合格
	箱体结构		牢固美观，开启灵活	合格
	箱内配件配置		齐全，符合相关要求	合格
	配件匹配		相匹配	合格
	水带长度		Max=25 m	合格
	干式消火栓接口		—	无此项
试验消火栓	设置位置		符合设计要求	合格
	压力表设置		设置压力表	合格
室内消火栓	市场准入		符合要求	合格
	数量、规格、型号		数量：68，型号：SN65； 数量：427 台，型号：SNW65-Ⅰ	合格
	安装高度		栓口距地 1.1 m	合格
	出水方向		与设置消火栓的墙面垂直	合格
	栓口连接、箱门开启角度		符合设计要求	合格
	最有利处栓口动压力		Max=0.5 MPa	合格
	最不利处栓口静水压力		Min=0.15 MPa	合格
消防软管卷盘	设置位置和间距		符合设计要求	合格
	安装、组件		牢固，组件齐全	合格
消火栓按钮	设置		符合设计要求	合格
	保护措施		布线穿管保护	合格
	安装固定		牢固，无松动	合格
	无报警系统	启泵功能	—	无此项
		泵启动指示	—	无此项
	有报警系统	报警信号	启动按钮，消控室接收报警信号，显示报警部位	合格
	干式消防系统	开启雨淋阀	—	无此项
室内消火栓管道	报警阀前分开设置		合用消防泵时，供水管路在报警阀前分开设置	合格
	环状管网进水管数量		至少 2 条	合格
	消防竖管直径		符合设计要求且 Min=DN100	合格
	减压阀		符合设计要求	合格

续表

检测项目	检测内容		检测结果	结论
室内消火栓管道	管网阀门状态及标识		有明显启闭标志及永久性固定标识	合格
	支吊架、防晃支架		符合设计要求	合格
	穿墙、楼板套管		穿墙不小于墙厚，穿楼面 Min=50 mm	合格
	管道补偿措施		采用波纹管和补偿器等技术措施	合格
	防冻措施		符合设计要求	合格
	红色标志		涂刷红色油漆，并注明管道名称和水流方向标识	合格
	管道试压		符合设计要求	合格
	自动排气阀		最高点处设置	合格
	干式消火栓	快速启闭装置	—	无此项
		快速排气阀	—	无此项
室外消火栓	市场准入		符合要求	合格
	数量、规格、型号		数量：4套，型号：SS100/65-1.6	合格
	设置距离、阀门状态		距路不大于 2 m，距房屋外墙不小于 5 m，阀门常开且设置永久性固定标识	合格
	建筑周围布置		符合要求	合格
	地下式室外消火栓	设置	—	无此项
		标志	—	无此项
	人防工程、地下工程的设置		—	无此项
	停车场的设置		—	无此项
	（构作物）消防水带、水枪等附件		—	无此项
	倒流防止器前设置		—	无此项
	计入室外消火栓的市政消火栓数量及位置		—	无此项
	消防水池取水口数量		—	无此项
系统功能	室内湿式消火栓	启动消火栓按钮，报警并联动启动消防水泵	正常	合格
		消火栓栓口动压力	Min=0.35 MPa	合格
	室内干式消火栓	报警阀（电动阀/电磁阀）动作、压力开关报警或联动消防水泵，水力警铃报警	—	无此项
		水泵自动启动时间	—	无此项
		充水时间	—	无此项
	室外消火栓	平时工作压力	符合设计要求且 Min=0.14 MPa	合格
		火灾时最不利消火栓出水压力	出水压力 Min=0.10 MPa	合格

5. 检测结论

根据检测过程中发现的不合格项情况，结合地方检测规程规定的检测结果判定依据，统计消火栓系统检测项目总数量及不合格数量，对消火栓系统的检测进行判定，给出结论。

6. 附件

消火栓系统产品的质量证明文件等原始记录资料。

培训单元 3

消防应急照明及疏散指示系统、消防应急广播系统、消防电话系统、防火门监控系统、防火卷帘系统、消防电梯、消防设备电源监控系统、柴油发电机组、消防设备应急电源检测规程和检测报告的编制方法

【培训重点】

掌握消防应急照明及疏散指示系统、消防应急广播系统、消防电话系统、防火门监控系统、防火卷帘系统、消防电梯、消防设备电源监控系统、柴油发电机组、消防设备应急电源的检测规程。

熟练掌握消防应急照明及疏散指示系统、消防应急广播系统、消防电话系统、防火门监控系统、防火卷帘系统、消防电梯、消防设备电源监控系统、柴油发电机组、消防设备应急电源检测方案及计划的编制方法。

熟练掌握消防应急照明及疏散指示系统、消防应急广播系统、消防电话系统、防火门监控系统、防火卷帘系统、消防电梯、消防设备电源监控系统、柴油发电机组、消防设备应急电源检测报告的编制方法。

【知识要求】

一、消防应急照明及疏散指示系统的检测规程

消防应急照明和疏散指示系统的检测包括系统设备的选型、设置、消防产品准入制度和安装质量的检查及系统设备和系统基本功能的检查。消防应急照明和疏散指示系统系统设备和系统基本功能的检测项目和检测规程见表 7-3-24。

表 7-3-24　消防应急照明和疏散指示系统系统设备和系统基本功能的检测规程

检测对象	检测项目	检测内容
应急照明控制器	自检功能	操作控制器的自检机构,进行控制器的自检功能检查
	操作级别	按照《消防应急照明和疏散指示系统》(GB 17945)的规定检查控制器操作级别划分情况
	主、备电转换功能	切断、恢复控制器的主电源,进行控制器主、备电转换功能检查
	故障报警功能	分别使控制器与备用电源之间连线断路、短路,使控制器与应急照明配电箱或集中电源通信故障,使灯具与应急照明配电箱或集中电源之间连线短路、断路,进行控制器故障报警功能检查
	消音功能	手动操作控制器的消音键,进行控制器消音功能检查
	一键检查功能	手动操作控制器的一键检查按钮,进行控制器的一键检查功能检查
应急照明集中电源	操作级别	按照《消防应急照明和疏散指示系统》(GB 17945)的规定检查集中电源操作级别划分情况
	故障报警功能	分别使集中电源的充电器与电池组之间连线断路,使任一输出回路断开,进行集中电源故障报警功能检查
	消音功能	手动操作设备的消音键,进行设备消音功能检查
	分配电输出功能	分别使集中电源处于主电输出或蓄电池电源输出状态,用万用表测量各回路输出电压,进行集中电源分配电输出功能检查
	电源转换手动测试	手动操作应急照明集中电源的主电源和蓄电池电源转换测试按键(钮)或开关,进行电源转换手动测试功能检查
	通信故障连锁控制功能	使控制器与集中电源通信故障,进行设备通信故障连锁控制功能检查
	灯具应急状态保持功能	使设备配接的灯具处于应急工作状态,任意选取一个回路,分别使该回路短路、断路,进行灯具应急状态保持功能检查
应急照明配电箱	主电源分配电输出功能	用万用表测量各回路输出电压,进行应急照明配电箱分配电输出功能检查
	主电源输出关断测试功能	分别手动操作应急照明配电箱的主电源输出关断测试按键(钮)或开关和主电源输出恢复按键(钮)或开关,进行应急照明配电箱主电源输出关断测试功能检查
	通信故障连锁控制功能	使控制器与应急照明配电箱通信故障,进行设备通信故障连锁控制功能检查
	灯具应急状态保持功能	使设备配接的灯具处于应急工作状态,任意选取一个回路,分别使该回路短路、断路,进行灯具应急状态保持功能检查

续表

检测对象	检测项目	检测内容
系统功能	系统自动应急启动功能	使火灾报警控制器发出火灾报警输出信号,进行系统自动应急启动功能检查
	标志灯具指示状态改变功能	使消防联动控制器发出符合控制逻辑的火灾报警区域信号或联动控制信号,进行标志灯具指示状态改变功能的检查
	系统自动应急启动功能	手动操作控制器的一键启动按钮,进行系统手动应急启动功能检查
照明灯具	应急启动功能	系统自动、手动应急启动后,进行灯具应急启动功能的检查
	地面水平照度	用照度计测量灯具设置部位地面的水平照度,进行灯具地面水平照度的检查
	持续应急工作时间	系统手动应急启动后,用秒表测量灯具光源的持续点亮时间,进行灯具持续应急工作时间的检查
标志灯具	应急启动和疏散指示功能	系统自动应急启动、标志灯具指示状态改变后,对照疏散指示方案进行灯具应急启动和疏散指示功能的检查
	持续应急工作时间	系统手动应急启动后,用秒表测量灯具光源的持续点亮时间,进行灯具持续应急工作时间的检查

二、消防应急广播系统的检测规程

消防应急广播系统的检测包括系统设备的选型、设置、消防产品准入制度和安装质量的检查及系统设备和系统基本功能的检查。消防应急广播系统系统设备和系统基本功能的检测规程见表 7-3-25。

表 7-3-25 消防应急广播系统系统设备和系统基本功能的检测规程

检测对象	检测项目	检测内容
消防应急广播控制设备	自检功能	操作设备的自检机构,进行设备的自检功能检查
	主、备电转换功能	切断、恢复设备的主电源,进行设备主、备电转换功能检查
	故障报警功能	分别使控制设备与任一扬声器之间的连线断路、短路,进行控制设备故障报警功能检查
	消音功能	手动操作控制设备的消音键,进行控制设备消音功能检查
	应急广播启动功能	操作消防应急广播控制设备启动应急广播,进行控制设备应急广播启动功能检查
	现场语音播报功能	将扬声器插入应急广播控制设备,现场播报语音信息,进行控制设备现场语音播报功能检查
	应急广播停止功能	操作消防应急广播控制设备停止应急广播,进行控制设备应急广播停止功能检查
扬声器	广播功能	应急广播启动时,在扬声器生产企业标称的最大设置间距、距地面 1.5~1.6 m 处用数字声级计测量广播的声压级,进行扬声器广播功能检查
系统功能	联动控制功能	使消防联动控制器发出联动控制信号,进行系统联动控制功能检查

三、消防电话系统的检测规程

消防电话系统的检测包括系统设备的选型、设置、消防产品准入制度和安装质量的检查及系统设备和系统基本功能的检查。消防电话系统系统设备和系统基本功能的检测规程见表 7-3-26。

表 7-3-26　　消防电话系统系统设备和系统基本功能的检测规程

检测对象	检测项目	检测内容
消防电话控制设备	自检功能	操作设备的自检机构,进行设备的自检功能检查
	故障报警功能	分别使总机与任一电话分机、插孔之间的连线断路、短路,进行电话总机故障报警功能检查
	消音功能	手动操作控制设备的消音键,进行控制设备消音功能检查
	接受呼叫功能	将任一部电话分机摘机,进行电话总机接受呼叫功能检查
	现场语音播报功能	将扬声器插入应急广播控制设备,现场播报语音信息,进行控制设备现场语音播报功能检查
	呼叫分机功能	按地址编号操作电话总机呼叫电话分机,进行电话总机呼叫分机功能检查
电话分机	呼叫总机功能	将电话分机摘机,进行电话分机呼叫总机功能检查
	接受呼叫功能	按地址编号操作电话总机呼叫电话分机,进行电话分机接收主机呼叫功能检查
电话插孔	通过电话插孔呼叫总机功能	将电话手柄插入电话插孔,进行通过电话插孔呼叫总机功能检查

四、防火门监控系统的检测规程

防火门监控系统的检测包括系统设备的选型、设置、消防产品准入制度和安装质量的检查及系统设备和系统基本功能的检查。防火门监控系统系统设备和系统基本功能的检测规程见表 7-3-27。

表 7-3-27　　防火门监控系统系统设备和系统基本功能的检测规程

检测对象	检测项目	检测内容
防火门监控器	自检功能	操作监控器的自检机构,进行监控器的自检功能检查
	主、备电转换功能	切断、恢复监控器的主电源,进行监控器主、备电转换功能检查
	故障报警功能	分别使监控器与备用电源之间连线断路、短路,使监控器与任一现场部件之间的连线短路、断路,进行监控器故障报警功能检查
	消音功能	手动操作监控器的消音键,进行监控器消音功能检查
	启动、反馈功能	按地址编号操作防火门监控器启动监控模块,进行监控器启动、反馈功能检查
	防火门故障报警功能	使任一扇常闭防火门处于开启状态,进行监控器防火门故障报警功能检查

续表

检测对象	检测项目	检测内容
监控模块	离线故障报警功能	使监控模块和监控器的通信总线处于离线状态，进行监控模块离线故障报警功能检查
	连接部件断线故障报警功能	使监控模块与连接部件之间的连接线断路，进行监控模块连接部件断线故障报警功能检查
	监控模块启动、反馈功能	按地址编号操作防火门监控器启动监控模块，进行监控器启动、反馈功能检查
	防火门故障报警功能	使常闭防火门处于未完全闭合状态，进行监控模块防火门故障报警功能检查
系统功能	联动控制功能	使消防联动控制器发出联动控制信号，进行系统联动控制功能检查

五、防火卷帘系统的检测规程

防火卷帘系统的检测包括系统设备的选型、设置、消防产品准入制度和安装质量的检查及系统设备和系统基本功能的检查。防火卷帘系统系统设备和系统基本功能的检测规程见表7-3-28。

表7-3-28　　防火卷帘系统系统设备和系统基本功能的检测规程

检测对象	检测项目	检测内容
防火卷帘控制器	自检功能	操作控制器的自检机构，进行控制器的自检功能检查
	主、备电转换功能	切断、恢复控制器的主电源，进行控制器主、备电转换功能检查
	故障报警功能	分别使控制器与备用电源之间连线断路、短路，使控制器与探测器间的连线断路、短路，使控制器与速放控制装置间的连线断路、短路，进行控制器故障报警功能检查
	消音功能	手动操作控制器的消音键，进行控制器消音功能检查
	手动控制功能	手动操作控制器的上升、停止和下降按钮，进行控制器手动控制功能检查
	速放控制功能	切断控制器、卷门机的主电源，手动操作控制器的速放按钮、按键，进行控制器速放控制功能检查
手动控制装置	手动控制功能	手动操作手动控制装置上升、停止和下降按钮（键），进行手动控制装置控制功能检查
疏散通道上设置的防火卷帘	联动控制功能	使消防联动控制发出首个联动控制信号，进行防火卷帘下降至距楼板面1.8 m的联动控制功能检查；使消防联动控制再次发出联动控制信号，进行防火卷帘下降至楼板面的联动控制功能检查
非疏散通道上设置的防火卷帘	联动控制功能	使消防联动控制器发出联动控制信号，进行系统联动控制功能检查

六、消防电梯的检测规程

消防电梯的检测包括系统设备的选型、设置、消防产品准入制度和安装质量的检查及消防电梯基本功能的检查。消防电梯基本功能的检测规程见表 7-3-29。

表 7-3-29　　　　　　　　消防电梯基本功能的检测规程

检测对象	检测项目	检测内容
消防电梯	迫降功能	手动触发电梯首层的迫降按钮，进行电梯迫降功能检查
	升降功能和运行时间	手动操作电梯轿厢内的楼层按键以升至顶层，用秒表测量电梯上升至顶层的时间，进行电梯升降功能和运行时间检查
	对讲电话通话功能	将电梯轿厢内的对讲电话摘机，进行对讲电话与消防控制室通话功能检查
	控制功能	操作消防联动控制器发出联动控制信号，进行电梯控制功能检查

七、消防设备电源监控系统的检测规程

消防设备电源监控系统的检测包括系统设备的选型、设置、消防产品准入制度和安装质量的检查及消防设备电源监控系统设备和系统基本功能的检查。消防设备电源监控系统系统设备和系统基本功能的检测规程见表 7-3-30。

表 7-3-30　　消防设备电源监控系统系统设备和系统基本功能的检测规程

检测对象	检测项目	检测内容
消防设备电源监控器	自检功能	操作监控器的自检机构，进行监控器的自检功能检查
	主、备电转换功能	切断、恢复监控器的主电源，进行监控器主、备电转换功能检查
	故障报警功能	分别使监控器与备用电源之间连线断路、短路，使监控器与任一现场部件之间的连线断路、短路，进行监控器故障报警功能检查
	消音功能	手动操作监控器的消音键，进行监控器消音功能检查
	消防设备电源故障报警功能	切断任一非故障部位传感器监控设备的电源，进行消防设备电源故障报警功能检查
	复位功能	恢复监控器的正常连接、消防设备的正常供电，手动操作监控器的复位键，进行监控器复位功能检查
传感器	消防设备电源故障报警功能	切断传感器监控设备的电源，进行消防设备电源故障报警功能检查

八、柴油发电机组的检测规程

柴油发电机组的检测包括系统设备的选型、设置、消防产品准入制度和安装质量的检查及柴油发电机组基本功能的检查。柴油发电机组的检测规程见表7-3-31。

表7-3-31　　　　　　　　　柴油发电机组的检测规程

检测对象	检测项目	检测内容
柴油发电机	外观检查	检查发电机组的仪表、指示灯及按钮,进行发电机外观检查
	启动功能	使发电机处于自动控制方式,启动发电机,用秒表测量发电机启动时间,进行发电机启动功能检查
	通风设施	检查发电机房通风设施的设置和运行情况,进行发电机房通风设施的检查
储油设施	储油量	检查储油设施的油位计及油位,进行储油量检查
	燃油标号	核对燃油的标号,进行燃油标号检查

九、消防设备应急电源的检测规程

消防设备应急电源的检测包括系统设备的选型、设置、消防产品准入制度和安装质量的检查及消防设备应急电源基本功能的检查。消防设备应急电源功能的检测规程见表7-3-32。

表7-3-32　　　　　　　　消防设备应急电源功能的检测规程

检测对象	检测项目	检测内容
消防设备应急电源	故障报警功能	使应急电源与电池组间的连接线断开,进行应急电源故障报警功能检查
	消音功能	手动操作应急电源的消音键,进行应急电源消音功能检查
	转换功能	切断、恢复应急电源的主电源,进行应急电源主电源转换功能检查

【实例7-3-5】消防设备电源监控系统检测方案及计划编制

一、项目情况概述

某市高铁站项目,项目位于××市××路××号。建筑面积为446 620 m^2,有2层地上建筑,2层地下车库。消防控制室位于建筑地上一层,有直通室外的出口,并设置有火灾自动报警系统、自动喷水灭火系统、消防设备电源监控系统等消防设施。

消防设备电源监控系统中配置消防设备电源监控器1台、信号传感器229只。按照委托方要求对本项目设置的消防设备电源监控系统进行全数量检测。

根据该项目情况编制消防设备电源监控系统的检测方案及计划。

二、检测方案及计划

1. 项目概况

委托方名称：某开发商。

项目名称：某市高铁站。

项目地址：××市××路××号。

（1）建筑基本概况。本项目各建筑基本情况见表7-3-33。

表7-3-33　　　　　　　　　　建筑基本情况

单体建筑名称	建筑面积（m²）		建筑高度（m）	层数		建筑类别
	地上	地下		地上	地下	
1号楼	297 747	148 873	33	2	2	一类高层公共建筑
物管用房	1 228.1	—	5.5	1	—	单层公共建筑
地下室	—	30 133	3.8	—	1	地下车库

（2）消防设施设置情况。本项目消防设备电源监控系统设备设置情况见表7-3-34。

表7-3-34　　　　　　　消防设备电源监控系统设备设置情况

序号	系统设备名称	型号规格	数量	生产厂家
1	消防设备电源监控器	GST-DJ-N500	1	××××电子有限公司
2	信号传感器	GST-DJ-D40 GST-DJ-D44 GST-DJ-S60 GST-DJ-S63	229	××××电子有限公司

2. 检测项目及数量

按照委托方的要求，本项目的检测对象、数量和项目见表7-3-35。

表7-3-35　　　　　　　　　检测对象、数量和项目

检测对象	检测数量	检测项目
消防设备电源监控器	1	1. 设备选型 2. 设备设置 3. 消防产品准入制度 4. 安装质量 5. 基本功能
信号传感器	229	

3. 人员配置

从事本项目检测的人员配置见表 7-3-36。

表 7-3-36　　　　　　　　　　检测人员配置

序号	姓名	执业资格	职称	职责
1	张某	一级/高级技师	高级工程师	技术负责人
2	李某	二级/技师	工程师	项目负责人
3	王某	三级/高级工	助理工程师	检测员
4	赵某	四级/中级工	助理工程师	检测员

4. 检测仪器设备配置

根据本项目的检测内容要求，检测仪器设备的配置见表 7-3-37。

表 7-3-37　　　　　　　　　　检测仪器设备配置

序号	检测设备名称	型号规格	数量	使用状况
1	数字万用表	UT201	1	校准期限内
2	电子秒表	PC894	1	校准期限内
3	电子示波器	TDS2000C	1	校准期限内

5. 检测进度计划安排

本项目的人员分工及检测进度计划安排见表 7-3-38。

表 7-3-38　　　　　　　　人员分工及检测进度计划安排

检测对象	检测项目	作业区域	负责人	检测时间	工期（天）
消防设备电源监控器	1. 设备选型 2. 设备设置 3. 消防产品准入制度 4. 安装质量 5. 基本功能	消防控制室	张某、李某	3月22日	1
		地上一层	张某、李某	3月22日	1
		地上二层	张某、李某	3月22日	1
		地下一层	张某、李某	3月23日	1
		地下二层	张某、李某	3月23日	1
		物管用房、地下室	张某、李某	3月23日	1
信号传感器		地上一层	王某、赵某	3月22日	1
		地上二层	王某、赵某	3月22日	1
		地下一层	王某、赵某	3月23日	1
		地下二层	王某、赵某	3月23日	1
		物管用房、地下室	王某、赵某	3月23日	1

6. 注意事项

（1）系统检测前技术负责人应对系统设备及系统功能检测人员做技术交底。

(2) 受检单位需保证检测时能够提供进入所有区域内的钥匙。
(3) 受检单位需要有至少两名熟悉现场情况的工作人员配合。
(4) 检测完成后将系统设备恢复至正常工作状态。

【实例 7-3-6】消防设备电源监控系统检测报告的编制

一、项目情况概述

某市综合购物广场项目,项目位于××市××路××号,建筑面积为 78 256 m²,有 5 层地上建筑,2 层地下车库。消防控制室位于建筑地下一层,有直通室外的出口,并设置有火灾自动报警系统、自动喷水灭火系统、消防设备电源监控系统等消防设施。

消防设备电源监控系统中配置消防设备电源监控器 1 台、现场信号传感器 89 只。按照委托方要求对本项目设置的消防设备电源监控系统进行全数量检测。

该项目 2018 年 4 月 20 日初检,存在以下问题:消防电源监控器机柜与墙的间距小于 1 m;电源监控传感器有报错相和缺相故障。2018 年 5 月 1 日复检,问题都已解决。

根据该项目背景编制消防设备电源监控系统检测报告。

二、检测报告

1. 项目工程概况

(1) 根据本项目的主要工程概况及委托单位、设计单位名称及资质、施工单位名称和资质、建筑基本情况等填写项目工程概况,示例见表 7-3-39。

表 7-3-39　　　　　　　　　项目工程概况

工程名称		×××		建设单位		×××	
委托单位		×××		委托时间		2018 年 04 月 20 日	
联系人		×××		联系电话		××××	
设计单位		××建筑设计研究院有限责任公司		设计资质		甲级	
施工单位		××消防工程有限公司		施工资质		一级	
工程概况	工程类别	☑新建□扩建□改建（□装修□改变用途）		使用性质	购物广场	建筑面积	78 256 m²
	工程地址及范围	××省××市××路××号					
建筑概况							
单体建筑名称	建筑面积（m²）		建筑高度（m）	层数		建筑类别	
	地上	地下		地上	地下		
购物广场	57 200	21 056	31.5	5	2	一类高层公共建筑	

（2）检测类型说明。明确本项目检测的检测依据。

2. 消防设施

填写此次设施检测涵盖的消防设备电源监控系统设备设置情况清单，检测设备设置情况填写示例见表7-3-40。

表7-3-40　　　　　消防设备电源监控系统检测设备设置情况

序号	系统设备名称	型号规格	生产企业	认证证书检测报告	设置部位	设置数量
1	消防设备电源监控器	GST-DJ-N500	×××	×××	消防控制室	1
2	信号传感器	GST-DJ-D40 GST-DJ-D44 GST-DJ-S60 GST-DJ-S63	×××	×××	地下1层~地上5层	89

3. 检测使用的主要计量标准器具

详细填写检测仪器设备的名称、型号规格、设备编号、计量或校准证书编号、使用期限等信息。检测仪器设备填写示例见表7-3-41。

表7-3-41　　　　　消防设备电源监控系统检测仪器设备

序号	检测设备名称	型号规格	设备编号	计量或校准证书编号	使用状况
1	数字万用表	UT201	×××	×××	校准期限内
2	电子秒表	PC894	×××	×××	校准期限内
3	电子示波器	TDS2000C	×××	×××	校准期限内

4. 现场检测情况汇总

将现场实测的消防设备电源监控系统检测记录进行汇总，包括检测项目、检测内容、项目类别、检测结果、结论等，应与实际检测工作一致，不得漏填、多填，见表7-3-42。

表7-3-42　　　　　消防设备电源监控系统检测情况汇总

检测项目	检测内容		项目类别	检测结果	结论
消防设备电源监控器	合法性	市场准入要求	A	符合要求	合格
		数量、规格、型号	A	符合要求	合格
	外观、产品认证标志		C	外观完好，标志清晰	合格
	安装	安装牢固及安装高度	C	设备安装牢固，不应倾斜	合格
		位置设置、数量、间距	C	符合要求	合格

续表

检测项目	检测内容		项目类别	检测结果	结论
消防设备电源监控器	功能	自检功能	C	正常	合格
		实时显示功能	C	显示正常	合格
		主、备电自动转换功能	C	正常	合格
		故障报警功能	C	正常	合格
		消防设备电源故障报警功能	B	正常	合格
		消音功能	C	正常	合格
		复位功能	C	正常	合格
信号传感器	合法性	市场准入要求	A	符合要求	合格
		数量、规格、型号与设置	A	符合要求	合格
	外观、产品认证标志		C	外观完好,标志清晰	合格
	安装	安装牢固及安装高度	C	符合要求	合格
		位置设置、数量、间距	C	符合要求	合格
	功能	消防设备电源故障报警功能	B	正常	合格

5. 检测结论

根据检测过程中发现的不合格项情况,结合检测结果判定依据,统计消防设备电源监控系统检测项目总数量及不合格数量,对消防设备电源监控系统的检测进行判定,给出结论。

6. 附件

现场检测时控制器的打印记录、照片、产品的质量证明文件等原始记录资料。

培训单元 4
消防设备末端配电装置检测规程和检测报告的编制方法

【培训重点】

掌握消防设备末端配电装置的检测规程。

熟练掌握消防设备末端配电装置检测方案及计划的编制方法。

熟练掌握消防设备末端配电装置检测报告的编制方法。

【知识要求】

消防设备末端配电装置的检测包括系统设备的选型、设置，安装质量的检查和消防设备末端配电装置基本功能的检查。消防设备末端配电装置基本功能的检测规程见表 7-3-43。

表 7-3-43　　　　消防设备末端配电装置基本功能的检测规程

检测对象	检测项目	检测内容
双电源切换开关	手动切换	手动切换开关，看开关切换是否灵活，切换动作应到位，无卡阻现象
	自动切换	按照消防设备末端配电装置电源的要求，切断主电源的供电，查看双电源切换开关是否会自动切换至备用电源输出
消防设备末端配电装置	负载能力	用万用表测量备用电源输出情况，测试电压是否正常。在备用电源供给情况下设备是否工作正常，功率是否匹配，是否达到负载能力
	绝缘试验	用绝缘电阻测量仪进行绝缘电阻测量，绝缘电阻应不低于 1 MΩ

【实例 7-3-7】消防设备末端配电装置检测方案及计划编制

一、项目情况概述

某医院，位于××路××号，新建病房楼一栋，地上9层，地下1层，建筑面积为 4 000 m²。该建筑设置了室内消火栓系统、自动喷水灭火系统，消防控制室位于一层西北角，有直通室外的出口。消火栓系统及喷淋系统的水源由设置在地下一层的消防水泵房提供，消防水泵采用双电源供电，设置了消防设备末端配电装置。按照委托方要求对本项目设置的消防设备末端配电装置进行检测。

根据该项目情况，编制消防设备末端配电装置的检测方案及计划。

二、检测方案及计划

1. 项目概况

委托方名称：某医院。

项目名称：某新建病房楼。

项目地址：××市××路××号。

（1）建筑基本概况。本项目各建筑基本情况见表 7-3-44。

表 7-3-44　　　　　　　　建筑基本情况

单体建筑名称	建筑面积（m²）		建筑高度（m）	层数		建筑类别
	地上	地下		地上	地下	
医院病房楼	3 500	500	27	9	1	二类高层公共建筑

（2）消防设施设置情况。本项目消防设备末端配电装置设备设置情况见表 7-3-45。

表 7-3-45　　　　　　　消防设备末端配电装置设备设置情况

序号	系统设备名称	型号规格	数量	生产厂家
1	消防水泵	BD125	2	×××× 设备有限公司
2	消防设备末端配电装置	Defu	1	×××× 设备有限公司

2. 检测项目及数量（见表 7-3-46）

表 7-3-46　　　　　　　检测对象、数量和项目

检测对象	检测数量	检测项目
消防设备末端配电装置	1	主备电自投

3. 人员配置

从事本项目检测的人员配置见表 7-3-47。

表 7-3-47　　　　　　　检测人员配置

序号	姓名	执业资格	职称	职责
1	张某	一级 / 高级技师	高级工程师	技术负责人
2	李某	二级 / 技师	工程师	项目负责人
3	王某	三级 / 高级工	助理工程师	检测员
4	赵某	四级 / 中级工	助理工程师	检测员

4. 检测仪器设备配置

根据本项目的检测内容要求，检测仪器设备的配置见表 7-3-48。

表 7-3-48　　　　　　　检测仪器设备配置

序号	设备名称检测	型号规格	数量	使用状况
1	数字万用表	AR814	1	校准明限内
2	500 V 兆欧表	Zo	1	校准期限内

5. 检测进度计划安排

本项目的人员分工及检测进度计划安排见表 7-3-49。

表 7-3-49　　　　　　　　　人员分工及检测进度计划安排

检测对象	检测项目	作业区域	负责人	检测时间	工期（天）
消防设备末端配电装置	1. 设备选型 2. 设备设置 3. 消防产品准入制度 4. 安装质量	水泵房	张某 李某	9月20日	0.5
双电源切换开关					
系统功能	功能测试	水泵房	张某 李某	9月20日	0.5

6. 注意事项

（1）系统检测前技术负责人应对系统设备及系统功能检测人员做技术交底。

（2）受检单位需要有至少两名熟悉现场情况的工作人员配合。

【实例 7-3-8】消防设备末端配电装置检测报告的编制

一、项目情况概述

某医院，位于××路××号。新建病房楼一栋，地上9层，地下1层，建筑面积为4 000 m²。该建筑设置了室内消火栓系统、自动喷水灭火系统。项目设计单位：××工程设计有限公司，甲级资质；施工单位：××消防工程有限公司，一级资质。消防控制室位于一层西北角，有直通室外的出口。消火栓系统及喷淋系统的水源由设置在地下一层的消防水泵房提供，消防水泵采用双电源供电，设置了消防设备末端配电装置。

2019年9月20日至2019年9月21日，某消防检测单位按照委托方要求对本项目设置的消防设备末端配电装置进行检测。2019年9月20日初检，存在以下问题：测试发现水泵房的消防设备末端配电装置无法将主电源切换至备用电源。2019年9月21日复检，问题已经解决。

根据该项目背景编制消防设备末端配电装置检测报告。

二、检测报告

1. 项目工程概况

（1）根据本项目的主要工程概况及委托单位、设计单位名称及资质、施工单位名称和资质等信息，填写项目工程概况（见表7-3-50）。

（2）检测依据说明。明确本项目检测的检测依据。

表 7-3-50　　　　　　　　　　　　项目工程概况

工程名称		某医院消防工程	建设单位	××医院
委托单位		×××医院	委托时间	2019年9月20日
联系人		×××	联系电话	××××
设计单位		××工程设计有限公司	设计资质	甲级资质
施工单位		××消防工程有限公司	施工资质	一级
检测工程概况	工程类别	☑新建 □扩建 □改建（□装修 □建筑保品 □改变用途）	使用性质	病房楼	检测工程建筑面积	4 000 m²
	工程地址及范围	位于××省××市××路××号				

建筑概况

单体建筑名称	建筑面积（m²）		建筑高度（m）	层数		建筑类别
	地上	地下		地上	地下	
病房楼	3 500	500	27	9	1	二类高层公共建筑

2. 消防设施

填写此次设施检测涵盖的消防设备末端配电装置设置情况清单，检测设备设置情况填写示例见表 7-3-51。

表 7-3-51　　　　　消防设备末端配电装置检测设备设置情况

系统设备名称	型号规格	生产企业	认证证书检测报告	设置部位	设置数量
消防设备末端配电装置	×××	×××	×××	水泵房	×××

3. 检测使用的主要计量标准器具

统计本项消防设备末端配电装置使用的仪器设备，汇总检测仪器设备的名称、型号规格、设备编号、计量或校准证书编号、使用期限等信息。检测仪器设备表填写示例见表 7-3-52。

表 7-3-52　　　　　消防设备末端配电装置检测仪器设备

序号	检测设备名称	型号规格	设备编号	计量或校准证书编号	证书有效期
1	万用表	×××	×××	×××	×××
2	绝缘电阻测量仪	×××	×××	×××	×××

4. 现场检测情况汇总

将现场实测的消防设备末端配电装置检测记录进行汇总整理,见表7-3-53,包括检测项目、检测内容、检测结果、结论等。

表7-3-53　　　　　消防设备末端配电装置现场检测情况汇总

检测项目	检测内容	检测结果	结论
消防设备末端配电装置	装置出厂合格证、铭牌	符合要求	合格
	装置及配套附件的容量、规格、型号	容量、规格、型号符合设计要求,应与设计图纸一致	合格
	控制方式	具有自动和手动控制方式	合格
	装置绝缘性能	$>1\ M\Omega$	合格
	安装位置和高度	离地 1.3 ~ 1.5 m 范围内	不合格
	消防设备末端配电装置接地、防护措施	符合设计要求	合格
	外观、指示灯、按钮及涂色	符合要求	合格
自动转换开关	产品合格证	符合要求	合格
	自动转换开关的容量、规格、型号	容量、规格、型号满足要求	合格

5. 检测结论

根据检测过程中发现的不合格项情况,结合地方检测规程规定的检测结果判定依据,统计消防设备末端配电装置检测项目总数量及不合格数量,对消防设备末端配电装置的检测进行判定,给出结论。

6. 附件

消防设备末端配电装置产品的质量证明文件等原始记录资料。

培训单元 5
注氮控氧防火装置检测规程和检测报告的编制方法

【培训重点】

掌握注氮控氧防火装置的检测规程。
熟练掌握注氮控氧防火装置检测方案及计划的编制方法。
熟练掌握注氮控氧防火装置检测报告的编制方法。

【知识要求】

注氮控氧防火装置的检测包括装置的选型、设置、安装质量的检查，消防产品市场准入有关规定的检查和注氮控氧防火装置基本功能的检查。注氮控氧防火装置的检测项目和检测规程见表 7-3-54。

表 7-3-54　　　　　　　注氮控氧防火装置的检测项目和检测规程

检测对象	检测项目	检测规程
设备间	环境温度要求	设有空调等环境温度控制措施，能保证环境温度在 0 ~ 40℃ 范围内
注氮控氧防火装置	安装位置	符合产品说明书的要求，氧气排放至保护空间外
	电源要求	装置电源稳定可靠
	控制功能	氧浓度达到上限时能够启动，氧浓度达到下限时能够停机
	报警功能	氧浓度达到上下限报警值时能够报警
防护区	密封性能	防护区密封性应符合要求

【实例 7-3-9】注氮控氧防火装置检测方案及计划编制

一、项目情况概述

某公司在设备间（110 室）设置了注氮控氧防火装置 1 台，通过管路将氮气输送到保护区中心数据机房（112 室）。该数据机房的房间高 3.5 m，房间容积为 540 m³。注氮控氧防火装置的输出压力为 0.3 MPa，额定流量为 18 m³/h，2019 年 5 月 17 日安装完毕，计划 2019 年 6 月 9 日进行验收。

根据该项目情况编制注氮控氧防火装置的检测方案及计划。

二、检测方案及计划

1. 项目概况

委托方名称：某开发商。

项目名称：某公司中心数据机房设置的注氮控氧防火装置检测。

项目地址：××市××区××路××号，某公司中心数据机房（112 室）及设备间（110 室）。

项目基本情况：被检注氮控氧防火装置型号规格为 ZD0.3/18，位于设备间（110 室），保护中心数据机房（112 室）。该数据机房的房间高 3.5 m，房间容积为 540 m³。注氮控氧防火装置的输出压力为 0.3 MPa，额定流量为 18 m³/h，设有注氮口 2 个。该装置安装日期为 2019 年 5 月 17 日，预计检测日期为 2019 年 6 月 9 日。被检装置的基本情况见表 7-3-55。

表 7-3-55　　　　　　　　　注氮控氧防火装置设备设置

序号	系统部件名称	型号规格	数量	生产企业
1	氮气分离组件	DQFL	1	××有限公司
2	控制器	KZQ	1	××有限公司
3	氧浓度探测器	DMT-25	1	××有限公司

2. 检测项目及数量

按照委托方的要求，本次检测对象、数量和项目见表 7-3-56。

表 7-3-56　　　　　　　　　检测对象、数量和项目

检测对象	检测数量	检测项目
装置	1	1. 装置选型 2. 装置设置 3. 消防产品准入制度 4. 安装质量 5. 性能测试
氮气分离组件	1	
控制器	1	
注氮管路及注氮口	2	
氧浓度探测器	2	

3. 人员配置

从事本项目检测的人员配置见表 7-3-57。

表 7-3-57　　　　　　　　　检测人员配置

序号	姓名	执业资质	职称	职责
1	张某	一级/高级技师	高级工程师	项目负责人
2	赵某	一级/高级技师	高级工程师	技术负责人
3	王某	三级/高级工	工程师	检测员
4	李某	三级/高级工	工程师	检测员

4. 检测仪器设备配置

根据本项目的检测内容要求，检测仪器仪表配置见表 7-3-58。

表 7-3-58　　　　　　　　　检测仪器仪表配置

序号	检测设备名称	型号规格	数量	计量有效期
1	精密压力表	1 MPa	1	在有效期内
2	数字电压表	600 V	1	在有效期内
3	电子秒表	PC86	1	在有效期内

5. 检测进度计划安排

本项目检测的人员分工及检测计划安排见表 7-3-59。

表 7-3-59　　　　　　　　人员分工及检测计划安排

检测对象	检测项目	检测数量	检测人员	检测时间	检测时长
设备间	1. 装置选型 2. 装置设置 3. 消防产品准入制度 4. 安装质量	1	张某 王某	6月9日	1天
装置		1			
氮气分离组件		1			
氧浓度探测器		1			
注氮管路及注氮口		2			
防护区		—			
控制柜	性能检测	1	赵某 李某	6月9日	1天

6. 注意事项

（1）装置检测前，技术负责人应向装置功能检测人员做技术交底。

（2）受检单位需有两名熟悉现场及装置操作的人员进行配合。

【实例 7-3-10】注氮控氧防火装置检测报告的编制

一、项目情况概述

某公司中心数据机房位于××市××区××路××号，该数据机房（112室）的房间高 3.5 m，房间容积为 540 m³，设置了注氮控氧防火装置 1 台进行消防保护，该装置设置在设备间（110 室），通过管路将氮气输送到保护区。注氮控氧防火装置型号规格为 ZD0.3/18，额定输出压力为 0.3 MPa，额定流量为 18 m³/h。项目设计单位为××建筑设计研究院有限责任公司，甲级资质；施工单位为 ×× 消防工程有限公司，一级资质。

某消防检测单位按照委托方要求对本项目设置的注氮控氧防火装置进行检测。装置的检测日期为 2018 年 6 月 9 日，检测过程中发现：氧浓度传感器与注氮口位置设置过近。2018 年 6 月 29 日进行复检，项目全部合格。

根据该项目背景编制注氮控氧防火装置检测报告。

二、检测报告

1. 项目工程概况

（1）根据本项目的基本情况及委托单位、设计单位名称及资质、施工单位的名称及资质等信息填写项目工程概况，见表 7-3-60。

545

表 7-3-60　　　　　　　　　　　项目工程概况

工程名称		某公司中心数据机房	建筑单位	某开发商
委托单位		某开发商	委托时间	2019 年 5 月
联系人		×××	联系电话	××××
设计单位		××建筑设计研究院有限责任公司	设计资质	甲级
施工单位		××消防工程有限公司	施工资质	一级
检测时间		2018 年 6 月 9 日至 2018 年 6 月 29 日		
项目基本情况	工程类别	☑新建 □扩建 □改造	被检装置型号规格	ZD0.3/18
	工程地址	××市××区××路××号		
装置的基本情况： 该装置部件齐全，设计有注氮口 2 个，氧浓度探测器 2 个，装置设有单独的设备间（110 室），设备间设有空调和排水装置				
备注		无		

（2）检测依据说明。明确本项目检测的检测依据。

2. 消防设施

填写此次检测涵盖的注氮控氧防火装置设备设置情况清单，注氮控氧防火装置设备设置情况见表 7-3-61。

表 7-3-61　　　　　　　　注氮控氧防火装置设备设置情况

序号	系统设备名称	型号规格	数量	生产企业
1	氮气分离组件	DQFL	1	××有限公司
2	控制器	KZQ	1	××有限公司
3	氧浓度探测器	DMT-25	1	××有限公司

3. 检测使用的主要计量标准器具

根据本项目的检测情况，统计本次配置的仪器仪表，汇总仪器仪表的名称、型号规格、数量设备编号、计量有效期等信息，检测仪器仪表配置见表 7-3-62。

表 7-3-62　　　　　　　　　检测仪器仪表配置

序号	检测设备名称	型号规格	数量	设备编号	计量有效期
1	精密压力表	1 MPa	1	××××	在有效期内
2	数字电压表	600 V	1	××××	在有效期内
3	电子秒表	PC86	1	××××	在有效期内

4. 现场检测情况汇总

将现场实测的注氮控氧防火装置的检测记录进行汇总整理，见表 7-3-63，包含检测项目、检测内容、项目类别、实测结果、结论等。

表 7-3-63　　　　　　　　注氮控氧防火装置现场检测情况汇总

检测项目	检测内容	项目类别	实测结果	结论
设备间	1. 装置选型 2. 装置设置 3. 消防产品准入制度 4. 安装质量	A	符合设计要求	合格
装置		A	符合设计要求	合格
氮气分离组件		A	符合设计要求	合格
氧浓度探测器		B	符合设计要求	合格
注氮管路及注氮口		B	注氮口位置与氧浓度探测器位置过近	不合格
防护区		A	符合设计要求	合格
控制柜	性能检测	A	符合设计要求	合格

5. 检测结论

根据检测过程中发现的不合格项情况，结合检测规程中规定的检测结果的判定依据，对该注氮控氧防火装置的检测进行判定，给出总体结论。

6. 附件

注氮控氧防火装置的产品资质情况或检测报告。

培训模块 八

技术管理和培训

培训模块八　技术管理和培训

培训单元 1
单位安全消防知识培训的内容和方法

【培训重点】

掌握单位消防安全知识培训的内容。
熟练掌握组织开展单位消防安全知识培训的方法。

【知识要求】

一、单位消防安全知识培训的内容

1. 概述

单位消防安全知识培训的内容应符合《社会消防安全教育培训大纲》的规定，根据不同的培训对象，选择不同的培训内容。

单位消防安全教育培训应当按照理论和实践相结合的原则，突出基础知识和基本技能，注重素质教育和能力提升，从消防安全基本知识、消防法规基本常识、消防工作基本要求和消防基本能力训练四个方面，明确消防教育培训的主要内容。

2. 消防安全基本知识

在燃烧知识方面，要求培训对象了解燃烧的概念和条件；了解燃烧的类型和特点；了解燃烧的主要产物及其毒性；了解热传播的途径。

在火灾知识方面，要求培训对象了解火灾的概念及分类；了解火灾发生的原因；了解防火的基本原理；了解火灾的危害；了解火灾蔓延的途径；了解不同类别火灾的特点；了解火灾等级划分的标准。

在火灾扑救知识方面，要求培训对象掌握火灾报警的方法、内容和要求；了解火灾扑救的基本原则；了解冷却、隔离、窒息、抑制等灭火原理；了解常见灭火剂的种类及适用范围；掌握常用消防设施、器材的种类及使用方法。

在火场疏散逃生知识方面，要求培训对象掌握疏散逃生的基本方法和要求；了解消防自救呼吸器、救生绳（袋）、缓降器等救生器材的使用方法；识别疏散指示标志；识别安全出口、疏散通道、应急照明、防火门、防火卷帘、火灾警报装置等常见疏散逃生相关设施。

在典型火灾案例分析方面，要求培训对象掌握不同类别火灾的原因及应吸取的教训。在培训过程中，应注意典型火灾案例分析的素材要依据应急管理部门公开的火灾事故调查报告编制，注意案例的科学性、真实性。

3. 消防法规基本常识

要求培训对象了解消防法规体系及主要消防法规；掌握消防工作的方针与原则；掌握《中华人民共和国消防法》《机关、团体、企业、事业单位消防安全管理规定》等法律法规规定的有关社会单位的消防安全职责、岗位消防安全职责和公民消防安全法律义务；掌握法律法规规定的有关消防（行政）刑事责任。

4. 消防工作基本要求

要求培训对象掌握本岗位火灾危险性及检查、消除火灾隐患的基本方法及要求。根据本单位制定的灭火和应急疏散预案，掌握扑救初起火灾和组织、引导在场人员安全疏散的方法、程序及要求。住宅区物业服务人员应当掌握消防安全巡查检查、消防设施维护管理、消防安全防范服务、消防宣传教育的方法、内容及要求。

5. 消防基本能力训练

要求培训对象在培训期间进行常用消防设施、器材操作训练，扑救初起火灾训练，火场疏散逃生、自救互救基本方法训练，开展消防安全巡查、检查训练。

二、单位消防安全知识培训的方法

1. 充分准备教学资源

教学资源是指教学过程中可能用到的一切资源，包括教材、教具、影像资料、实操设备等。为了达到理想的教学目的，教员会不同程度地利用教学资源，而教学资源的选择对教员来说是非常重要的。例如，讲授防火门的课程时，教员应当准备与防火门有关的教具、展板，学校的实训设备设施选择以典型性为原则，不可能配齐全部器材设施，假设学校内仅有木质防火门，那么教员应准备其他材质的防火门资料或图片、视频作为补充。

准备教学资源要做到充分利用好图像直观资源。图像是指以图片、视频、动画等形式供学员视觉直观的教学资源，展板、挂图都是教学资源的不同表现形式。教学直观分为图像直观、实物直观等多种形式，图像直观是其中十分重要的一种。在消防培训过程中，由于实物直观受到客观条件限制，图像直观显得十分重要。

图像直观主要有以下几种：

（1）有关火灾的图像直观。对于学员来说，火灾平时难以见到，与火灾有关的知识点（例如火羽流、轰燃、自燃、爆炸）或者消防安全检查中提到的火灾隐患等，较为抽象，单纯依靠教员的语言描述显得苍白无力，教学效果不佳。如果结合图像直观，就能起到事半功倍的效果，而且印象深刻。

（2）有关建筑消防设施原理的图像直观。建筑消防设施是由大量零部件、组件组成的，这些零部件在工作时的动作情况很难看到，例如无法通过肉眼看到水流指示器是怎样将水流转换为电信号的，而借助一些专门制作的动画就能够清晰地看到水流指示器的工作情况。作为教学资源，这方面的资料、素材要引起教员的注意。

（3）有关建筑消防设施操作的图像直观。以讲授灭火器操作为例，教员在实操教室内手把手地讲授了灭火器的操作方法，但限于时间有限，每个学员掌握的情况不尽相同，有的掌握得较扎实，有的则还略显生疏，如果将教员讲授的课程制作成视频，复习的时候再播放一遍，无疑会大大加深学员的印象，使上课时的记忆更加清晰。再如，在讲授消防控制室监控课程时，复习火灾报警控制器基本操作时，自检、消音等操作都可以通过视频实现图像直观。

2. 合理选择培训方法

单位消防安全知识培训的基本教学方法包括讲授法、谈话法、讨论法、演示法等。

在现代培训中还引入了头脑风暴法、卡片展示法、思维导图法、模拟教学法、角色扮演法、案例教学法、项目教学法、调查教学法、任务驱动教学法、实验教学法、情境教学法等。在培训过程中可以综合运用上述方法，也可以根据实际情况加以选择。在线课程是在网络环境下依据特定的教学目标，按一定的教学策略，组织某门课程的教学内容，并由在线学习平台承载和运行的教学过程的统称。在线课程已经成为消防设施操作员培训和单位消防安全知识培训的一种有效教学手段，将发挥越来越重要的作用。

3. 加大火灾案例教学在单位消防安全培训中的比重

作为最生动的教材，教员应当高度重视火灾案例教学在整个培训过程中的重要作用，将已经发生的不同类型的火灾通过各种有效形式和载体融入课堂。通过对火灾案例进行解析得出的成功经验，印证消防知识中的观点和方法，提高受教育者学习的主动性和积极性；通过火灾案例中发现的深刻教训，加强受教育者的责任感和使命感。要从不同角度、多方面深刻剖析火灾事故案例，使其更好地发挥提高教学水平的作用，加快受教育者将知识、技能转化为实际工作能力的速度。

培训单元 2
操作技能培训的内容和方法

【培训重点】

掌握对二级/技师及以下级别人员进行操作技能培训的内容。
掌握对二级/技师及以下级别人员进行操作技能培训的方法。

【知识要求】

一、《消防设施操作员国家职业技能标准》中"技能要求"的内容

在职业技能标准中，技能要求是完成每项工作内容应达到的结果或应具备的能力，是工作内容的细分。

《消防设施操作员国家职业技能标准》对消防设施操作员"技能要求"按照级别不同有所不同,对各级别消防设施操作员"技能要求"的内容可参见《消防设施操作员国家职业技能标准》。职业标准中标注"★"的为涉及安全生产或操作的关键技能,如考生在技能考核中违反操作规程或未达到该技能要求的,则技能考核成绩为不合格。需要注意的是,不同等级的消防设施操作员的关键技能要求并不相同,五级/初级工设有 10 项关键技能,四级/中级工设有 25 项关键技能,三级/高级工设有 5 项关键技能,二级/技师、一级/高级技师没有设置关键技能,这主要是因为按照高级别覆盖低级别的原则,二级/技师、一级/高级技师所学的内容逐渐偏理论化、抽象化,涉及消防设施设备的种类也越来越少见,所以关键技能的设置总体上是逐步偏少的。

二、二级/技师及以下级别人员操作技能培训方法

作为一级/高级技师,应当对各种培训方法深入了解,并能够合理选择、灵活运用。培训方法是指为了实现培训目标而采取的方法,培训方法多种多样,教员要实现培训目标,必须合理选择适当的培训方法。科学、合理地选择和有效地运用培训方法,要求教员能够在教学理论的指导下,考虑培训目标、培训内容、学员特性等因素,熟练把握各种培训方法的特性,综合考虑各种培训方法的要素。

在消防设施操作员三级/高级工培训过程中,我们学习了讲授法、谈话法、直观法等 3 种培训方法;在消防设施操作员二级/技师培训过程中,我们又学习了案例分析法、参观法、演示法、角色扮演法、拓展训练法 5 种培训方法。培训方法本身并无优劣之分,作为消防设施操作员一级/高级技师,应当合理选择培训方法并加以灵活运用。培训方法的选择与以下几个因素有关:

1. 培训的目的和任务

培训方法是实现培训目的和完成培训任务的手段,不同的培训目的和任务,要求运用不同的培训方法。任何方法都是为一定的目的和任务服务的,教员必须注意选用与培训目的和任务相适应并能实现目的和任务的方法。例如,讲授消防设施操作员基础知识时,应以语言性教学方法为主,辅之以演示法、参观法。

2. 培训内容的性质和特点

培训目的和任务是通过培训内容来实现的,培训内容的性质和特点不同,就应选用不同的培训方法。只有选用与培训内容的性质和特点相符合的培训方法,才能使培训内容发挥出更大的效益,否则只会适得其反。例如,技能操作课程必须在实训教室

内进行，单凭语言性培训方法很难取得好的效果。

3. 培训对象的实际情况

培训对象的年龄、性别、经历、气质、性格、思维类型等方面的不同，也会对培训方法提出不同的要求。只有选用与教学对象相适应的教学方法，才能真正有效地提高培训对象的知识水平和技能。例如，针对有消防工作经验的学员，可以简要地以语言说明概念，而对于对消防工作比较陌生的学员，就要尽量以形象的方法使其理解。

4. 教员自身素养及所具备的条件

教员自身的素养条件和驾驭能力，直接关系到所选用的培训方法能否发挥其应有的作用。教员应对自身素养及所具备的条件实事求是地进行分析，根据其特点和条件选用恰当的培训方法，以扬长避短。即使是别人行之有效的方法，也不可盲目照搬，这样才能确保方法运用自如。

5. 培训方法的类型与功能

每种培训方法都具有不同的特点与功能，教员应认清各种培训方法的优缺点，把握其适应性和局限性，或有所侧重地使用，或进行优化组合，不可盲目地使用培训方法。

培训单元 1
消防设施监控、操作、检测、维修、保养的优化创新方法

【培训重点】

掌握消防设施监控、操作、检测、维修、保养的优化创新方法。
掌握提出消防设施监控、操作、检测、维修、保养优化创新方案的方法。

【知识要求】

一、优化创新的意义

我国经济社会的快速发展、科学技术的不断进步和消防改革的持续深入,不仅推动了消防技术与产品的创新发展,还对消防设施操作员的实际操作技能水平提出了更高要求,同时对消防设施监控、操作、检测、维修和保养的优化创新提出了新需求和新挑战。

首先，长期严峻的消防安全形势，使得消防设施操作员的消防安全职责不断强化。在"双随机、一公开"的监管模式下，对于消防设施的监控、操作、检测、维修和保养工作，各级消防设施操作员既要敢于责任担当，不畏惧风险，还要敢于创新作为，善于发现和解决现实问题，有效推动消防技术服务机构主体责任的落实。

其次，我国工业化与城市化进程的不断加快，引发保护对象差异化和应用场景复杂化态势凸显。无论是消防设施监控操作还是消防设施检测维修保养，都要求消防设施操作员特别是一级/高级技师不能墨守成规，要主动创新方法、完善手段和改进措施，勇于破解当前时期凸显的新情况和新问题。

第三，消防设施监控操作和消防设施检测维修保养行业竞争态势加剧，高等级消防设施操作员承担的任务更为艰巨。随着《应急管理部关于印发〈消防技术服务机构从业条件〉的通知》（应急〔2019〕88号）发布实施，相关消防技术服务行业进入"优胜劣汰"的良性发展态势。只有通过优化创新的方法，才能不断提高服务质量和效率，降低企业成本。

一级/高级技师作为消防设施操作员的最高等级，承担着消防设施检测维修保养职业方向的领军任务，带头掌握消防设施监控、操作、检测、维修、保养的优化创新方法具有重要的现实意义。

二、优化创新方法

1. 国家政策和标准规范制订、修订的契机把握

2014年8月《关于促进智慧城市健康发展的指导意见》（发改高技〔2014〕1770号），2017年10月《关于全面推进"智慧消防"建设的指导意见》（公消〔2017〕297号），进一步明确了智慧消防建设的发展方向。另外，消防产品标准和消防工程建设技术标准，其制订、修订都会对消防设施监控、操作、检测、维修、保养带来多方面的变化。面对这些机遇和变化，要发掘出引领变革的内容，以优化创新的思维改变传统的工作方式。例如，某系统的控制器产品标准在修订时增加了"预留向上位机通信的接口"内容，并规定了通信协议。根据这条修订，可以在消防设施检测和维保的过程中引入创新方法，运用互联网思维提升检测和维保工作的效率和质量。

2. 物联网感知技术在消防设施监控方面的深度应用

城市消防远程监控系统是物联网在消防领域的典型应用。该系统针对建筑物内的火灾自动报警系统、自动喷水灭火系统、防烟排烟系统、消防应急照明与疏散指示系统等有源类建筑消防设施，通过用户信息传输装置等设备，利用模拟量采集、数据

接口监测、协议解析与转换等方式,对消防设施的运行状态信息进行数据采集和实时监控管理。这项技术随着物联网技术的发展而不断更新和完善,其中一些系统已接近于城市物联网消防远程监控系统,这对消防设施监控技术更新换代产生了明显的促进作用。

物联网感知技术在消防设施远程监控应用方面呈现出明显的优势。其特征主要有:一是感知手段更为丰富、灵活和适用,例如公共区域利用图像火灾探测技术对火焰及烟雾图像进行火灾报警和火灾确认,利用 RFID 射频识别技术对灭火器、水枪、水带、防火门等可移动消防器材设施进行在位状态或开关状态实时监测,利用开合式互感器进行在用场所的电气线路剩余电流监测;二是监控对象有效延伸和拓展,比如水压/水位监测、阀门的监测、消防车道占用的监测、巡更与消防控制室值班情况的监测,以及公众聚集场所人员密度与分布的监测等,这对早期发现火灾隐患极为有益;三是监测的智能化程度和实时性有效提升,例如利用视频监控资源,通过图像识别、无线传感、人工智能等技术监测被测物体的形态、大小、灰度以及静止时间,结合算法判断疏散通道的堵塞情况并及时报警,采用数字图像形态学方法识别消防阀门的开闭状态等。

物联网感知技术在消防设施监控中的创新应用示例如图 8-2-1 所示,平台界面显示了报警信息、消防管网的水压、消防水池/水箱的水位模拟量等在消防设施监控系统中的创新应用方案。

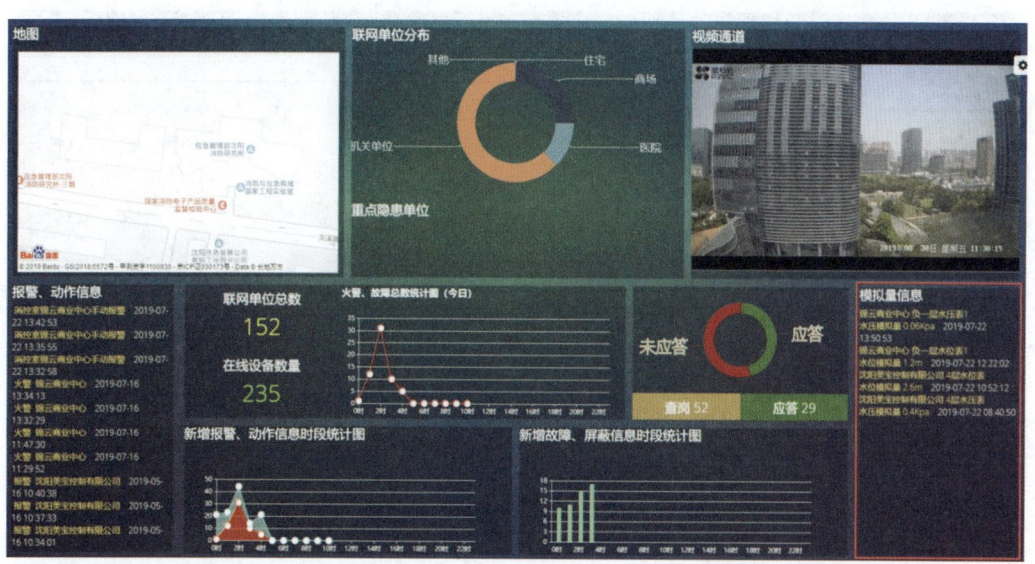

图 8-2-1　物联网感知技术在消防设施监控中的创新应用示例

3. 消防设施维保信息化手段的广泛应用

近年来,基于物联网技术的消防设施维保信息管理系统在多地开展应用。该管理系统作为基于 B/S 架构的消防设施数据库网络维护平台，为消防设施统一管理提供了人性化的操作界面，可以实现维保单位及其消防设施基本信息的录入、修改与删除，消防设施按部件位置进行注释和显示，通过划分各种权限和角色对所有用户进行分级管理，为消防设施的维保服务实时提供数据信息支撑。系统一般包括检查计划、维修管理、查询统计、系统管理四个功能模块，消防设施维保信息管理系统查询统计界面示例如图 8-2-2 所示，消防设施维保信息管理系统维修管理界面示例如图 8-2-3 所示。

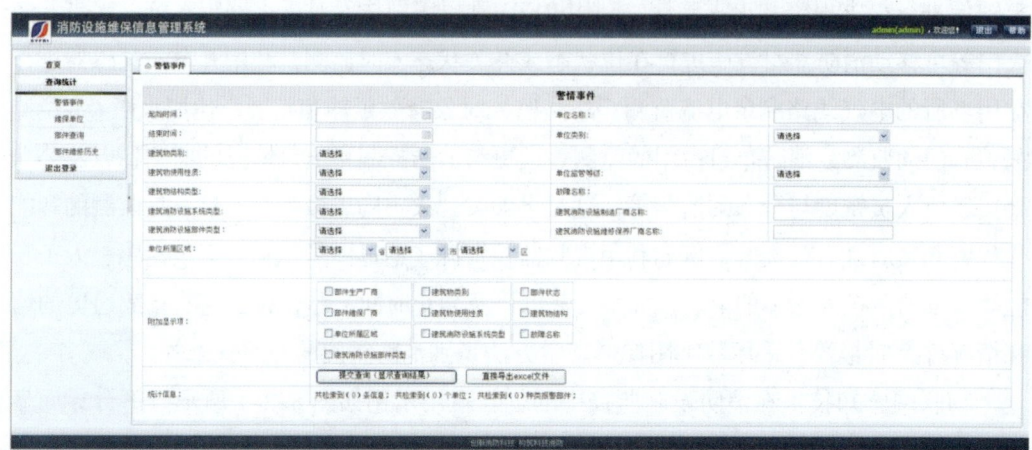

图 8-2-2　消防设施维保信息管理系统查询统计界面示例

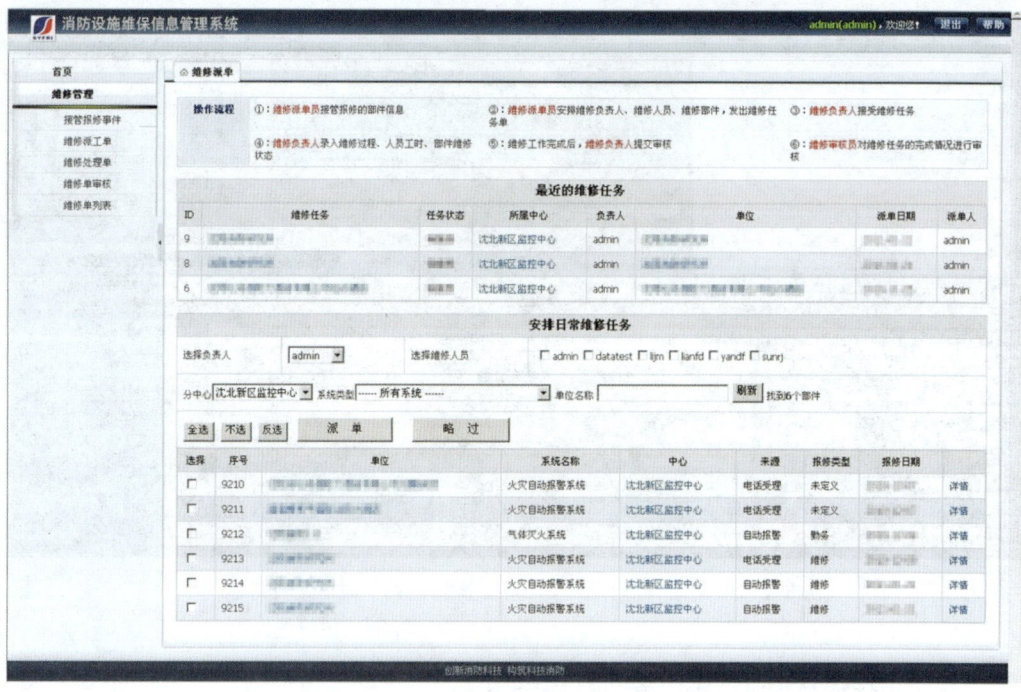

图 8-2-3　消防设施维保信息管理系统维修管理界面示例

此外，目前许多新型火灾报警控制器具备了以下物联网功能：

（1）系统内每个设备包括控制器及总线设备都具备唯一的身份标识，现场通过手机扫码可添加设备位置信息，通过手机实时上传至云平台。

（2）通过云平台可对现场系统进行远程开通、调试。

（3）通过云平台可对系统的运行状态进行监控。

（4）通过云平台可实现对系统的故障诊断、配置文件更新等远程维护。

这些信息化技术手段的综合运用，极大地提高了消防设施维护和保养的实时性和有效性。

4. 消防设施大数据的分析和利用

不同类别和不同场所的消防设施长年运行，必将产生大量数据。但是，数据本身并无实质意义，智慧消防的关键在于对大数据的分析，其重点在于预测，即利用数据探勘的技术在海量数据中找到原本不易发现的关联性或经验，以快速累积经验并做出精准的预测与决策。

智慧消防云平台不断整合消防设施运行过程中积累的大数据，通过大数据和云计算融合，为消防行业提供云端解决方案，助力消防行业实现数字化转型，并可对消防设施监控、操作、检测、维修、保养的全过程产生深远的影响。

目前基于云计算的消防设施大数据分析对消防设施综合分析评估具有重要的现实意义。一方面，终端设备传送的数据可以分区域、分时段、分单位进行数据统计和数据碰撞，平台对单位的消防设施完好率、系统检测和维保情况、隐患整改率等进行关联分析，寻找出内在的规律，实现对各单位的消防设施和管理状况乃至区域火灾风险的多维度评估。这就将原来现场进行的年度性的单一评估，变成了远程和实时的综合评估。另一方面，基于上述关联研判，不仅使相关火灾隐患能够及时被发现，还可实现动态可视化的监测预警。例如，NB-IoT、LoRa等低功耗广域网技术具有传输距离远、满足大量连接等特点，在火灾监测预警场景的应用近期备受关注。通过对火灾、漏电、用电发热、燃气、消防水源水位等独立传感设备进行无线联网，将采集的数据汇集到云平台，构建具有全方位远程监控预警、警情多级推送以及消防设施状态监控管理等功能的新型智能消防预警系统，为高层住宅、老旧小区、"九小场所"、合用场所、文化古镇等用户提供消防远程监测预警和管理工具，突出了数据信息服务的价值，特别适合于国家工程建设消防技术标准未强制规定设置火灾自动报警系统的场所。此类系统填补了消防监管的空白点，可实现多维度、多角色、多状态的及时通知和监测预警，"九小场所"消防监测预警手机端软件可视化显示示例如图8-2-4所示。

通过对消防设施产生数据的有效管理和应用，推动消防工作机制的转变，即从消防监督管理向消防安全治理转变，从注重火灾扑救向注重灾前预防转变，从减少火灾损失向减轻火灾风险转变。

5. 先进检测技术手段与方法的创新应用

目前，建筑消防设施保护对象差异化日益加大，特殊应用场景不断增加，这对电气隐患巡查和消防设施检测技术的先进性提出了更大需求。例如，对于人员密集场所开展常规的电气防火检查费时费力，且专业性极强，而一种新型的人员密集场所电气火灾隐患巡查系统，由于采用了NB-IoT/WiFi自适应通信的电气线路故障巡查仪和红外热成像温度巡查仪，可有效对人员密集场所的电气线路、配电设施进行巡查，系统能自动识别隐患并发出隐患预警提示。人员密集场所电气火灾隐患巡查系统平台界面示例如图 8-2-5 所示。

此外，消防设施检测和维保活动中经常使用各类型火灾探测器功能试验器，但由于此类产品的国家或行业标准尚未发布，其性能参差不齐。对于内部装饰美观性要求较高的应用场景，应优

图 8-2-4 "九小场所"消防监测预警手机端软件可视化显示示例

图 8-2-5 人员密集场所电气火灾隐患巡查系统平台界面示例

先选用模拟参数可控且能防止造成室内环境污染和探测器外观伤害的先进设备,以有效避免可能引发的纠纷和矛盾。同时,对于现场不能采用模拟加烟和实体火测试的保护场所(例如洁净厂房、石化场所等),更应选择先进、适用的技术手段和方法实现检测目的。

三、优化创新方案的提出

1. 方案要点

(1)精准选题。提出优化创新方案,选题十分重要。选题既要从大处着眼——从时代发展和消防安全职责的高度审视消防安全监测与消防检测维保工作,还要从小处入手——从消防设施监控、操作、检测、维修、保养工作实践中选题。

(2)分析存在的问题。具有社会影响和人员伤亡的火灾时有发生,我国消防安全责任制落实力度明显增强。在消防设施监控、操作、检测、维修、保养工作实践中,出现了许多前所未有的新挑战、新情况和新矛盾,成为行业发展的痛点、难点和堵点。发现问题并分析其原因,是合理提出优化创新方案的前提。

(3)明确实现目标。实践证明,任何创新都应以解决问题为中心和目的,如果不解决问题,那么再好的优化创新也没有价值和意义。因此,必须坚持问题导向,把解决问题作为消防设施监控、操作、检测、维修、保养优化创新的出发点和落脚点。

(4)给出思路和方法。好的创新必须要有好的思路,思路是创新的关键所在。围绕消防设施监控、操作、检测、维修、保养工作实践中的共性和个性重点难点问题,归纳总结解决问题的各种途径和手段,突破传统落后观念和方法,不断完善方法、改进措施和优化流程,努力形成科学、系统、可行的问题解决思路和方法。

(5)明确关键点。寻找决定优化创新方案成败的"穴点",并采取相应措施,往往会使难题迎刃而解;同时,明确优化创新方案中"能牵一发而动全身"的环节,并采取相应手段,形成相关问题迎刃而解的局面。

(6)保障措施及其他。根据方案实施难度,从人员、资金、设施、时间、制度等角度给出保证成果落地的保障措施;根据方案进展情况,预测推广应用前景或给出实际应用效果。

2. 方案形式

提出消防设施监控、操作、检测、维修、保养的优化创新方案,是一级/高级技师充分发挥技术管理作用的重要体现。在方案形式上,主要包括论文、著作、发明、科研成果和标准,以及基于科技手段对实际工作进行的有效改进和取得的创新成果。

培训单元 2
组织实施消防设施监控、操作、检测、维修、保养的优化创新工作

【培训重点】

掌握组织实施消防设施监控、操作、检测、维修、保养的优化创新工作的方法。

【知识要求】

一、目前存在的问题

1. 缺乏优化、创新的意识及基本方法。
2. 缺乏对日常工作数据的统计分析。
3. 缺乏消防相关工作与现代化、电子化工具的结合。
4. 缺乏消防相关工作优化、创新的专业人才。

二、组织实施的基本方法

1. 在组织实施优化创新工作时采用危险源辨识的方法对项目特点及主要危险源进行辨识并进行评价（见图 8-2-6），用评价结果对消防设施监控、操作、检测、维修、保养的优化创新工作进行指导。

2. 对区域、建筑或项目通过对照规范评定法、逻辑分析法、事件树法、综合分析法等分析方法进行评估，对评估结果进行分析，从而指导消防设施监控、操作、检测、维修、保养的优化创新工作。

3. 建立消防监控、维保及检测信息化平台，通过管理平台信息数据指导和监督消防日常工作的开展。

4. 在消防设施监控、操作、检测、维修和保养的工程中，采用有效监控手段对消防设施监控、操作、检测、维修和保养过程进行全程监控，排除人为因素对结果的影响。

危险源评价方法及评价标准

事故可能性（L）		暴露频率（E）		后果严重性（C）	
分数值	事故或危险情况发生的可能性	分数值	暴露于危险环境的频率程度	分数值	发生事故产生的后果
10	完全可能预料	10	连续暴露	100	大灾难，许多人死亡
6	相当可能	6	每天工作时间暴露	40	灾难，数人死亡
3	不经常但有可能	3	每周一次或偶然暴露	15	非常严重，一人死亡
1	可能性小，完全意外	2	每月一次暴露	7	严重致残
0.5	很不可能，可以设想	1	每年几次暴露	3	一般伤害
0.20	极不可能	0.5	非常罕见暴露	1	轻微伤害
0.1	实际上不可能				

危险等级划分（D）

风险性分值（D）	危险程度	危险等级	风险评价
>320	极其危险	Ⅰ	不可接受的风险
160~320	高度危险	Ⅱ	
70~160	显著危险	Ⅲ	
20~70	一般危险，需要注意	Ⅳ	可接受的风险
<20	稍有危险，可以接受	Ⅴ	

说明：（1）风险性分值（D）= 事故可能性（L）× 暴露频率（E）× 后果严重性（C）

（2）根据计算所得的风险性分值（D）的大小，进行风险等级划分，共分5级，级数越小，反映作业的风险性越严重。

图 8-2-6 危险源评价方法及评价标准

5. 从消防设施监控、操作、检测、维修、保养等各个工作方面，都应做好数据的记录、采集及统计，从多角度多维度对数据进行分析。以大数据的统计方法，总结出建构筑物、火灾危险源或者单独消防系统的特点，解决相关问题，并在解决问题的过程中研究优化及创新。

6. 在日常的消防工作中，应提升对工作优化、创新的意识，不能墨守成规。不管是从管理层还是从实施者的角度，对任何细节性工作都应有建设性的思路，提高工作效率及工作的准确度。

7. 目前属于信息爆炸的时代，各种新技术爆发式的发展，应及时学习其他行业的相关知识，与自己的实际工作相结合，制定出优化、创新的工作方法。

8. 注重人才的培养。任何工作都是围绕着人在开展，企业在日常工作中要注意专业人才的培养，一方面注意开展员工的学习与培训活动，另一方面从制度上鼓励员工对消防工作进行优化和创新。

总之，改进是创新，优化也是创新。创新不仅仅是科技创新，各方面工作的改进都是创新，体制、机制、规章制度的优化也都是创新。

二级/技师考核示范样例

理论知识考试

一、单项选择题（下列每题有 4 个选项，其中只有 1 个是正确的，请将其代号填写在横线空白处，每题 1 分）

1. 火灾显示盘的保养内容包括_____。
   A. 运行环境检查　　　　　　　　B. 设备外观检查
   C. 表面清洁　　　　　　　　　　D. 打印纸更换

2. 水喷雾灭火系统用于灭火、控火目的时，水雾喷头的工作压力不应小于_____Mpa。
   A. 0.1　　　　B. 0.5　　　　C. 0.35　　　　D. 0.15

3. 以下不属于消火栓箱保养项目的是_____。
   A. 消火栓箱外观标识、环境设置　　B. 组件齐全、完好
   C. 箱体清洁、保养　　　　　　　　D. 阀门清洁、保养

4. 以下不属于消防联动控制保养项目的是_____。
   A. 试验电源部分、主备电源切换功能　　B. 消防联动控制器外观
   C. 试验控制器显示功能　　　　　　　　D. 试验火警报警功能

5. 对消防水泵的维护保养，消防水泵每周最少运行一次，运行时间电动泵启动不少于 10 min，柴油泵启动不少于_____min。
   A. 10　　　　B. 20　　　　C. 30　　　　D. 40

二、多项选择题（下列每题的选项中至少有 2 个是正确的，请将其代号填写在横线空白处，每题 1 分）

1. 火灾探测报警系统维护保养计划的主要内容有_____。
   A. 火灾探测报警设备数量　　　　B. 设备维护保养内容
   C. 火灾探测报警设备平面图　　　D. 维护保养周期
   E. 人员配置

2. 下列属于水喷雾灭火系统报警阀组维保内容的是_____。
   A. 运行环境检查　　　　　　　　B. 设备外观检查

C. 报警阀组功能测试　　　　　　D. 表面清洁

E. 启泵测试

3. 以下设备中维保周期为每个季度进行一次的是_____。

A. 室外消火栓　　　　　　　　　B. 室内消火栓

C. 消火栓箱　　　　　　　　　　D. 屋顶试验消火栓

E. 出水水质

4. 以下设备中维保周期为每个季度进行一次的是_____。

A. 消防联动控制器　　　　　　　B. 输入模块

C. 输入输出模块　　　　　　　　D. 多线控制模块

E. 隔离模块

5. 灭火器的配置基准以_____为主要参数。

A. 危险等级　　　　　　　　　　B. 每具灭火器最小配置灭火级别

C. 使用温度范围　　　　　　　　D. 对物品的污损程度

E. 单位灭火级别的最大保护面积

三、判断题（下列判断正确的请在括号内打"√"，错误的请在括号内打"×"，每题 1 分）

1. 电缆火灾适合采用水喷雾灭火系统进行灭火。　　　　　　　　　（　　）
2. 室外消火栓的维护保养周期为每个季度每个设备进行一次。　　　（　　）
3. 消防联动控制系统中模块测试至少每月测试一次。　　　　　　　（　　）
4. 消防控制室图形显示装置一般包括：计算机、显示器、网络接口设备、UPS 和打印机。　　　　　　　　　　　　　　　　　　　　　　　　　　　　（　　）
5. 消防水箱的主要功能是储水功能、自动供水功能。　　　　　　　（　　）

技 能 考 核

题目一：编制消防联动控制系统维护保养计划

项目情况概述：某办公楼，地上 11 层，高度 38 m，每层建筑面积 1 500 m^2，配置有火灾自动报警系统、消火栓系统等消防设施，并设置了火灾探测报警系统及消防联动控制系统，其中消防联动控制器 1 台，手动报警按钮 25 只，感烟探测器 125 只，输入输出模块 25 只、输入模块 15 只。委托单位要求每个月对消防联动控制系统进行一次全面维护保养。

1. 考核要求

根据上述项目概况编写维护保养计划。

2. 准备工作

准备好答题计算机或纸笔。

3. 考核时限

20 min。

4. 评分项目及标准

消防联动控制系统维护保养计划

评分项目	评分要点	配分	评分标准
保养对象	保养对象不能缺少	3	1. 消防联动控制器 2. 输入输出模块 3. 输入模块
保养内容	保养内容不能缺少	7	1. 消防联动控制器（5条） （1）消防联动控制器外观及运行状况 （2）检查联动控制器及控制模块的手动控制功能 （3）检查控制器显示功能 （4）检查电源部分主、备电源切换功能 （5）检查备用电源充、放电功能 2. 模块（2条） （1）测试模块启动功能 （2）检查模块反馈功能
保养周期	符合要求	1	根据题目要求填写：按照每月维护保养一次
保养范围	保养范围按实际情况合理分配	2	1. 1～11层全楼测试 2. 应根据现场实际情况填写，不应直接填写"全部"等字样
保养数量	保养数量按实际情况合理分配	2	1. 按照题目说明填写：全测应标注各设备对应的数量（控制器1台、输入输出模块25只、输入模块15只） 2. 人数应有2个人测试
人员配置	符合要求	1	四级/中级工及以上级别人员（可以填写三级/高级工、二级/技师、一级/高级技师）
维护保养工期	维护保养工期要合理	1	1个工作日之内完成
合计	—	17	—

题目二：编制水喷雾灭火系统维护保养报告

项目情况概述：某丙类液体仓库，地上2层，高度12 m，每层建筑面积2 100 m^2，配置有火灾自动报警系统、消火栓系统、自动喷水灭火系统、柴油发电机组并设置专用机房等消防设施,其中柴油发电机房设置有水喷雾灭火系统,水雾喷头 12 个,雨淋阀组 2 套,水喷雾系统增压泵 2 台。

某维护保养公司根据维护保养计划于 2019 年 9 月 10 日对该仓库进行了维保。维保过程中,发现 1 号湿式报警阀组不能正常复位,经现场初步判断为有杂质,卡住复位装置密封面,初步处置方案为拆下复位装置,用清水冲洗干净后重新安装,调试。

1. 考核要求

根据上述项目概况编写维护保养报告。

2. 准备工作

按维护保养计划完成维护保养内容。

3. 考核时限

20 min。

4. 评分项目及标准

水喷雾灭火系统维护保养报告

评分项目	评分要点	配分	评分标准
单位基本概况	应明确建筑性质、类别、设置水喷雾系统的主要设备情况	1	
维护保养范围	明确系统的维护保养范围,水雾喷头、阀组、给水设备数量及位置	5	
维护保养情况说明	按实际情况填写	5	
故障设备处置措施	写明故障现象报警阀组不能正常复位。填写故障情况及处置措施,步骤拆下复位装置,用清水冲洗干净,重新安装、调试	5	故障情况处置措施
合计	—	16	—

一级/高级技师考核示范样例

理论知识考试

一、单项选择题（下列每题有 4 个选项，其中只有 1 个是正确的，请将其代号填写在横线空白处，每题 1 分）

1. 不属于消防联动控制系统常见故障类型的是_____。

   A. 排烟风机不能手动启动 B. 控制器主板损坏

   C. 控制器回路板损坏 D. 控制模块损坏

2. 高压二氧化碳灭火系统中更换储气钢瓶时不需要的步骤是_____。

   A. 关机或脱开驱动装置的动作机构 B. 拆除驱动瓶

   C. 拆除高压二氧化碳钢瓶 D. 设备复位

3. 下列不属于防排烟系统控制柜检查内容的是_____。

   A. 检查控制柜配电开关大小 B. 检查控制柜线路松动或控制柜接触器

   C. 检查控制柜电气元件是否损坏 D. 检查控制柜是否有标识

4. 当消火栓系统出现管网无水或静压低的故障现象时，可能的故障原因是_____。

   A. 管网漏水 B. 栓阀损坏

   C. 消火栓按钮损坏 D. 管网内有空气

5. 在编制火灾自动报警系统检测报告时，下列不在检测设备清单中的是_____。

   A. 火灾报警控制器 B. 点型感烟火灾探测器

   C. 手动报警按钮 D. 应急照明控制箱

二、多项选择题（下列每题的选项中至少有 2 个是正确的，请将其代号填写在横线空白处，每题 1 分）

1. 消防联动控制器维修方案包括_____。

   A. 项目概况 B. 维修对象

   C. 维修准备 D. 维修步骤及作业要求

   E. 故障情况说明

2. 泡沫灭火系统中，囊式压力比例混合装置泡沫液储罐胶囊破裂，产生的原因有_____。

 A. 胶囊老化，承压降低，导致系统运行时发生破裂

 B. 泡沫液失效，混合比不满足要求

 C. 储罐进水的控制阀门选型不当

 D. 灌装泡沫液方法不当而导致胶囊破裂

 E. 泡沫产生装置发泡异常

3. 排烟系统的故障类型有_____。

 A. 设备机构故障   B. 风机电机故障、排烟窗电机故障

 C. 送风管道故障   D. 控制柜故障

 E. 排烟管道故障

4. 当消火栓出现管网压力正常、放水时流量不足的故障现象时，可能的故障原因是_____。

 A. 阀门未完全打开   B. 管网堵塞

 C. 管网内有空气   D. 管网漏水

 E. 消火栓按钮损坏

5. 泡沫—水喷淋灭火系统应具有_____方式。

 A. 手动启动   B. 自动启动

 C. 现场启动   D. 应急机械启动

 E. 远程启动

三、判断题（下列判断正确的请在括号内打"√"，错误的请在括号内打"×"，每题1分）

1. 消防联动控制系统维修方案是以消防联动控制系统为对象，根据不同的故障类型，结合故障原因及维修方法进行编制的执行方案。（ ）

2. 气体灭火系统中，储气钢瓶喷放后，在重新充装前不需要进行检验。（ ）

3. 防烟系统中送风阀无法开启时，对应维修内容应包括检查送风阀机构、对机构除锈并加注润滑油或者更换机构。（ ）

4. 当消火栓按钮不能报警时，可能的故障原因是消火栓按钮损坏。（ ）

5. 编制气体灭火系统检测报告时，需明确检测类别以及检测依据。（ ）

技 能 考 核

题目一：编制气体灭火系统维修规程

2019年6月16日上午，某维护保养公司在某项目的维护保养过程中发现下列问题：2厂3#层压机设置的1个高压二氧化碳储气瓶称重装置报警器在报警，经现场排查确认为该储气瓶气体储量不足，需对该储气瓶进行更换。

1. 考核要求

根据上述项目概况编写维修规程。

2. 准备工作

现场提供防护用具（如劳保鞋），常用工具（万用表、旋具、电工胶布、扳手等），1个合格的高压二氧化碳储气瓶，"建筑消防设施故障维修记录表"。

3. 考核时限

30 min。

4. 评分项目及标准

气体灭火系统维修规程

评分项目	评分要点	配分	评分标准
维修对象	按实际情况填写	1	
维修准备	按实际情况填写	3	共3条
维修步骤及作业要求	按实际情况填写	5	共5步
注意事项	按实际情况填写故障情况及处置措施	2	防误动作准备
合计	—	11	—

题目二：编制消火栓系统维修规程

项目情况概述：某维护保养公司在维护保养某办公楼过程中，发现五层东南角设置的1处室内消火栓栓口漏水。经现场排查确认为消火栓栓阀损坏，需对栓阀进行更换。

1. 考核要求

根据上述项目概况编写维修规程。

2. 准备工作

系统图、平面布置图、"建筑消防设施故障维修记录表"。

3. 考核时限

20 min。

4. 评分项目及标准

消火栓系统维修规程

评分项目	评分要点	配分	评分标准
维修对象	根据题目填写	1	
维修准备	按实际情况填写	3	资料准备 相同规格的栓阀 穿戴防护用具工具
维修步骤及作业要求	按实际情况填写	5	管网排水 拆除、更换栓阀 管网注水 功能测试 记录填写
注意事项	按实际情况填写故障情况及处置措施	4	放水 补水 管网压力 整理现场
合计	—	13	—

附录 消防设施操作员(技师 高级技师)教材目录与标准对照表

消防设施操作员(技师 高级技师)教材目录与标准对照表

序号	教材目录	对照等级	职业功能
1	培训模块一 设施操作	二级/技师	1. 设施操作
2	培训模块二 设施保养		2. 设施保养
3	培训模块三 设施维修		3. 设施维修
4	培训模块四 设施检测		4. 设施检测
5	培训模块五 技术管理和培训		5. 技术管理和培训
6	培训模块六 设施维修	一级/高级技师	1. 设施维修
7	培训模块七 设施检测		2. 设施检测
8	培训模块八 技术管理和培训		3. 技术管理和培训